国家级实验教学示范中心联席会
计算机学科组规划教材

计算机信息安全技术

第3版·微课视频版

付永钢 主 编
刘年生 曹煦晖 陈杰 洪玉玲 副主编

清华大学出版社
北京

内 容 简 介

计算机信息安全问题是一个综合性的问题,其涉及理论、技术、应用和管理等多方面。本书对计算机信息安全体系的各部分做了完整的介绍,主要内容包括计算机信息安全技术概述、密码技术、信息认证技术、计算机病毒、网络攻击与防范技术、防火墙技术、入侵检测技术、操作系统安全、数据备份与恢复技术、软件保护技术、虚拟专用网技术、电子商务安全、网络安全检测与评估。

本书理论与实践相结合,深度融合信息安全研究的基础知识与核心内容,充分反映计算机安全领域的前沿技术和成果。本书每章都配有相应习题,并提供了 8 个实验案例。

本书可作为高等院校计算机和通信专业的计算机信息安全技术课程教材,也可作为感兴趣读者的自学用书,并可作为从事信息安全技术研究的工程技术人员的参考用书。

本书封面贴有清华大学出版社防伪标签,无标签者不得销售。

版权所有,侵权必究。举报: 010-62782989, beiqinquan@tup.tsinghua.edu.cn。

图书在版编目(CIP)数据

计算机信息安全技术:微课视频版/付永钢主编. —3 版. —北京:清华大学出版社,2024.3(2024.8重印)
国家级实验教学示范中心联席会计算机学科组规划教材
ISBN 978-7-302-65779-8

Ⅰ. ①计… Ⅱ. ①付… Ⅲ. ①电子计算机-信息安全-安全技术-教材 Ⅳ. ①TP309

中国国家版本馆 CIP 数据核字(2024)第 056224 号

策划编辑:魏江江
责任编辑:王冰飞　葛鹏程
封面设计:刘　键
责任校对:申晓焕
责任印制:沈　露

出版发行:清华大学出版社
　　　网　　址: https://www.tup.com.cn, https://www.wqxuetang.com
　　　地　　址: 北京清华大学学研大厦 A 座　　邮　编: 100084
　　　社 总 机: 010-83470000　　邮　购: 010-62786544
　　　投稿与读者服务: 010-62776969, c-service@tup.tsinghua.edu.cn
　　　质量反馈: 010-62772015, zhiliang@tup.tsinghua.edu.cn
　　　课件下载: https://www.tup.com.cn,010-83470236
印 装 者:三河市铭诚印务有限公司
经　　销:全国新华书店
开　　本:185mm×260mm　　印　张:22.5　　字　数:548 千字
版　　次:2012 年 3 月第 1 版　2024 年 4 月第 3 版　印　次:2024 年 8 月第 2 次印刷
印　　数:23501～25000
定　　价:59.80 元

产品编号:102597-01

第 3 版前言

随着现代信息技术和经济社会的高速发展,人们对计算机信息技术的应用提出了更高的要求,信息系统的规模化、多元化和集成化是现代计算机信息技术发展的基本趋势。在信息技术的广泛应用中,安全问题正面临着前所未有的挑战,信息安全日渐成为国家层面重点关注的研究领域,成为关系着国计民生的重要应用领域和学科。

在党的二十大报告中,专门明确了国家安全是民族复兴的根基,社会稳定是国家强盛的前提。必须坚定不移地贯彻总体国家安全观,把维护国家安全贯穿党和国家工作各方面全过程,确保国家安全和社会稳定,加强重点领域安全能力建设;促进文化自信,必须坚持守正创新,必须坚持问题导向,必须坚持系统观念。

计算机信息安全作为一个重要的应用学科,所涉及的内容和领域众多,其研究内容包括密码学、计算机病毒、网络攻防、防火墙、入侵检测、安全评估等诸多内容。作为计算机类专业的学生,具备信息安全的基本素养符合国家的战略。本教材的出发点是响应国家的安全战略号召,提高计算机类专业学生在安全方面的综合素养,为培养德智体美劳全面发展的合格建设者做贡献。

本书在第 1 版和第 2 版的基础上,更新了密码学部分的现代密码部分内容,对最近几年计算机病毒部分的新出现的病毒进行了补充和更新,对操作系统安全部分的内容进行了更新,在网络安全检测与评估部分补充了等级保护的一些概念和内容。此外,本书还对课后实验内容进行了改写,并更新了部分课后习题。

本书内容由浅入深,介绍了计算机信息安全技术所涉及的各方面相关知识。通过阅读本书可以了解我国计算机信息系统的安全现状、计算机信息安全产生的隐患和风险,以及其给计算机信息系统运行带来的危害、具体的安全防护措施和技术。

本书从使用和新颖的角度对教材内容进行了精心的挑选,具有如下特色。

(1) 实用、丰富、新颖的内容。本书基于一般普通高等院校计算机类专业信息安全技术的应用型人才培养的需要,以知识实用、丰富、新颖为原则,使学生初步掌握计算机信息安全的使用技能,为今后进一步深入学习、研究信息安全技术打下坚实的基础。

本书在有限的篇幅中涵盖了更大的信息量,在不影响对基础知识理解的前提下,尽可能地减少了概念性和理论性的知识介绍,而更加注重解决实际问题,同时吸取了目前已出版的信息安全类教材和论文的精髓,充分反映了计算机信息安全领域的前沿技术和成果。

(2) 完整的信息安全体系。目前计算机信息安全研究的主要方向包括密码学、计算机网络安全、计算机病毒、信息隐藏、软件保护、数据备份与恢复等方面,本教材力求融合信息安全研究的基础知识与核心内容,全面反映计算机信息安全体系。虽然本教材涵盖了信息安全研究的各个方面,但教材内容只涉及了最基础、最核心、最实用的部分。通过学习本书,读者既可以了解到信息安全的概貌,又可以迅速掌握信息安全的基本技能。

(3) 丰富的习题。为了加深读者对相关内容的理解,每章后面都附有难易程度不同的习题,以帮助读者更深入和扎实地掌握相关知识。此外,部分章节还配置了相应的实验内容。

在本书第1版的编写过程中,第3、4、12章由陈杰编写,第9、10章由洪玉玲编写,第6、7、11章由曹煦辉编写,刘年生编写了第2章的第1~3节,付永钢编写了其余章节并对整个教材进行了修改和统稿。本书第2版和第3版的修订和统稿工作均由付永钢完成。

本书主要内容的课堂授课需要50学时左右,也可根据教学对象和教学目的进行删减,建议根据课程内容安排一定学时的课内实验。另外,本书所有配图均来自相关软件,未做任何改动。

为便于教学,本书提供丰富的配套资源,包括教学大纲、教学课件、习题答案、在线作业和微课视频。

资源下载提示

数据文件:扫描目录上方的二维码下载。
在线作业:扫描封底的作业系统二维码,登录网站在线做题及查看答案。
微课视频:扫描封底的文泉云盘防盗码,再扫描书中相应章节的视频讲解二维码,即可在线学习。

计算机信息安全技术是一个不断发展和完善的研究领域,由于编者水平有限,书中错误和不当之处在所难免,敬请广大读者和专家批评指正。

编 者
2024年1月

目　　录

资源下载

第 1 章　计算机信息安全技术概述 ································· 1
  1.1　计算机信息安全的威胁因素 ································· 1
  1.2　信息安全的含义 ··· 2
  1.3　计算机信息安全的研究内容 ································· 3
    1.3.1　计算机外部安全 ······································ 3
    1.3.2　计算机内部安全 ······································ 6
    1.3.3　计算机网络安全 ······································ 6
  1.4　信息安全模型 ··· 7
    1.4.1　通信安全模型 ·· 7
    1.4.2　信息访问安全模型 ···································· 7
    1.4.3　动态安全模型 ·· 8
    1.4.4　APPDRR 模型 ······································· 9
  1.5　OSI 信息安全体系结构 ···································· 10
    1.5.1　OSI 的七层结构与 TCP/IP 模型 ························· 10
    1.5.2　OSI 的安全服务 ····································· 11
    1.5.3　OSI 安全机制 ······································· 12
  1.6　信息安全中的非技术因素 ·································· 13
    1.6.1　人员、组织与管理 ···································· 14
    1.6.2　法规与道德 ··· 14
  1.7　信息安全标准化知识 ····································· 15
    1.7.1　技术标准的基本知识 ·································· 15
    1.7.2　标准化组织 ··· 16
    1.7.3　信息安全相关标准 ···································· 17
  习题 1 ··· 18

第2章 密码技术 ... 19

2.1 密码学概述 ... 19
2.1.1 密码体制的模型 ... 19
2.1.2 密码体制的分类 ... 20
2.1.3 密码体制的攻击 ... 21
2.1.4 密码体制的评价 ... 23

2.2 传统密码体制 ... 24
2.2.1 置换密码 ... 24
2.2.2 代换密码 ... 25
2.2.3 传统密码的分析 ... 29

2.3 现代对称密码体制 ... 31
2.3.1 DES ... 32
2.3.2 AES ... 41
2.3.3 序列密码 ... 47

2.4 非对称密码体制 ... 49
2.4.1 RSA 非对称密码体制 ... 50
2.4.2 椭圆曲线非对称密码体制 ... 53
2.4.3 Diffie-Hellman 密钥交换 ... 55

2.5 密码学新进展 ... 56
2.5.1 可证明安全性 ... 56
2.5.2 基于身份的密码技术 ... 57
2.5.3 量子密码学 ... 57

习题 2 ... 58

第3章 信息认证技术 ... 60

3.1 概述 ... 60

3.2 哈希函数 ... 60
3.2.1 哈希函数概述 ... 61
3.2.2 MD5 ... 61
3.2.3 SHA-1 ... 65

3.3 消息认证技术 ... 68
3.3.1 概述 ... 68
3.3.2 消息认证方法 ... 69

3.4 数字签名 ... 73
3.4.1 数字签名概述 ... 73
3.4.2 数字签名的实现 ... 74
3.4.3 数字签名标准 ... 77

3.5 身份认证 ... 79
3.5.1 概述 ... 79

3.5.2　基于口令的身份认证 …………………………………………………… 81
　　　3.5.3　基于对称密钥的身份认证 ……………………………………………… 82
　　　3.5.4　基于公钥的身份认证 …………………………………………………… 85
　习题 3 …………………………………………………………………………………… 87

第 4 章　计算机病毒 …………………………………………………………………… 89

4.1　概述 ……………………………………………………………………………… 89
　　　4.1.1　定义 ………………………………………………………………………… 89
　　　4.1.2　计算机病毒的发展 ………………………………………………………… 90
　　　4.1.3　计算机病毒的危害 ………………………………………………………… 92

4.2　计算机病毒的特征及分类 ……………………………………………………… 93
　　　4.2.1　计算机病毒的特征 ………………………………………………………… 93
　　　4.2.2　计算机病毒的分类 ………………………………………………………… 94

4.3　常见的病毒类型 ………………………………………………………………… 96
　　　4.3.1　引导型与文件型病毒 ……………………………………………………… 96
　　　4.3.2　网络蠕虫与计算机木马 …………………………………………………… 97
　　　4.3.3　其他病毒介绍 …………………………………………………………… 100

4.4　计算机病毒制作与反病毒技术 ………………………………………………… 103
　　　4.4.1　计算机病毒的一般构成 ………………………………………………… 103
　　　4.4.2　计算机病毒制作技术 …………………………………………………… 103
　　　4.4.3　病毒的检测 ……………………………………………………………… 104
　　　4.4.4　病毒的预防与清除 ……………………………………………………… 106

　习题 4 ………………………………………………………………………………… 107

第 5 章　网络攻击与防范技术 ……………………………………………………… 109

5.1　网络攻击概述和分类 …………………………………………………………… 109
　　　5.1.1　网络安全漏洞 …………………………………………………………… 109
　　　5.1.2　网络攻击的基本概念 …………………………………………………… 110
　　　5.1.3　网络攻击的步骤概览 …………………………………………………… 112

5.2　目标探测 ………………………………………………………………………… 112
　　　5.2.1　目标探测的内容 ………………………………………………………… 112
　　　5.2.2　目标探测的方法 ………………………………………………………… 113

5.3　扫描的概念和原理 ……………………………………………………………… 116
　　　5.3.1　主机扫描 ………………………………………………………………… 116
　　　5.3.2　端口扫描 ………………………………………………………………… 117
　　　5.3.3　漏洞扫描 ………………………………………………………………… 120

5.4　网络监听 ………………………………………………………………………… 121
　　　5.4.1　网络监听原理 …………………………………………………………… 121
　　　5.4.2　网络监听检测与防范 …………………………………………………… 122

5.5　缓冲区溢出攻击 ………………………………………………………………… 123

　　　　5.5.1　缓冲区溢出原理 ………………………………………… 123
　　　　5.5.2　缓冲区溢出攻击方法 …………………………………… 125
　　　　5.5.3　防范缓冲区溢出 ………………………………………… 126
　　5.6　注入式攻击 ……………………………………………………… 127
　　5.7　拒绝服务攻击 …………………………………………………… 128
　　　　5.7.1　IP 碎片攻击 ……………………………………………… 128
　　　　5.7.2　UDP 洪泛 ………………………………………………… 131
　　　　5.7.3　SYN 洪泛 ………………………………………………… 131
　　　　5.7.4　Smurf 攻击 ……………………………………………… 131
　　　　5.7.5　分布式拒绝服务攻击 …………………………………… 132
　　5.8　欺骗攻击与防范 ………………………………………………… 133
　　　　5.8.1　IP 欺骗攻击与防范 ……………………………………… 134
　　　　5.8.2　ARP 欺骗攻击与防范 …………………………………… 136
　　习题 5 ………………………………………………………………… 137

第 6 章　防火墙技术 ……………………………………………………… 141
　　6.1　防火墙概述 ……………………………………………………… 141
　　　　6.1.1　防火墙的定义 …………………………………………… 141
　　　　6.1.2　防火墙的特性 …………………………………………… 142
　　　　6.1.3　防火墙的功能 …………………………………………… 142
　　　　6.1.4　防火墙的局限性 ………………………………………… 143
　　6.2　防火墙的分类 …………………………………………………… 144
　　　　6.2.1　防火墙的发展简史 ……………………………………… 144
　　　　6.2.2　按防火墙软硬件形式分类 ……………………………… 145
　　　　6.2.3　按防火墙技术分类 ……………………………………… 145
　　6.3　防火墙的实现技术 ……………………………………………… 146
　　　　6.3.1　包过滤技术 ……………………………………………… 146
　　　　6.3.2　代理服务技术 …………………………………………… 149
　　　　6.3.3　状态检测技术 …………………………………………… 151
　　　　6.3.4　NAT 技术 ………………………………………………… 153
　　6.4　防火墙的体系结构 ……………………………………………… 155
　　　　6.4.1　堡垒主机体系结构 ……………………………………… 155
　　　　6.4.2　双宿主主机体系结构 …………………………………… 156
　　　　6.4.3　屏蔽主机体系结构 ……………………………………… 157
　　　　6.4.4　屏蔽子网体系结构 ……………………………………… 158
　　　　6.4.5　防火墙的结构组合策略 ………………………………… 161
　　6.5　防火墙的部署 …………………………………………………… 163
　　　　6.5.1　防火墙的设计原则 ……………………………………… 163
　　　　6.5.2　防火墙的选购原则 ……………………………………… 164
　　　　6.5.3　常见防火墙产品 ………………………………………… 166

6.6　防火墙技术的发展趋势 ··· 169
　　　　6.6.1　防火墙包过滤技术发展趋势 ································ 169
　　　　6.6.2　防火墙的体系结构发展趋势 ································ 169
　　　　6.6.3　防火墙的系统管理发展趋势 ································ 170
　　　　6.6.4　分布式防火墙技术 ·· 171
　　习题 6 ··· 174

第 7 章　入侵检测技术 ··· 176
　　7.1　入侵检测概述 ·· 176
　　　　7.1.1　入侵检测技术的发展 ··· 176
　　　　7.1.2　入侵检测的定义 ··· 177
　　7.2　入侵检测系统的特点和分类 ·· 178
　　　　7.2.1　入侵检测系统的特点 ··· 178
　　　　7.2.2　入侵检测系统的基本结构 ··································· 178
　　　　7.2.3　入侵检测系统的分类 ··· 179
　　7.3　入侵检测的技术模型 ·· 180
　　　　7.3.1　基于异常的入侵检测 ··· 181
　　　　7.3.2　基于误用的入侵检测 ··· 182
　　7.4　分布式入侵检测 ··· 184
　　　　7.4.1　分布式入侵检测的优势 ······································ 184
　　　　7.4.2　分布式入侵检测技术的实现 ································ 185
　　7.5　入侵防护系统 ·· 186
　　　　7.5.1　入侵防护系统的原理 ··· 187
　　　　7.5.2　IPS 关键技术 ··· 187
　　　　7.5.3　IPS 系统分类 ··· 188
　　7.6　常用入侵检测系统介绍 ··· 189
　　7.7　入侵检测技术存在的问题与发展趋势 ··························· 192
　　　　7.7.1　入侵检测系统目前存在的问题 ···························· 192
　　　　7.7.2　入侵检测系统的发展趋势 ··································· 193
　　习题 7 ··· 194

第 8 章　操作系统安全 ··· 196
　　8.1　操作系统安全概述 ··· 197
　　　　8.1.1　操作系统安全准则 ·· 197
　　　　8.1.2　操作系统安全防护的一般方法 ···························· 199
　　　　8.1.3　操作系统资源防护技术 ······································ 200
　　8.2　UNIX/Linux 系统安全 ·· 201
　　　　8.2.1　Linux 系统概述 ·· 201
　　　　8.2.2　UNIX/Linux 系统安全概述 ································· 202
　　　　8.2.3　UNIX/Linux 的安全机制 ····································· 203
　　　　8.2.4　UNIX/Linux 安全配置 ·· 208

8.3 Windows 系统安全 210
8.3.1 Windows 系统的发展 210
8.3.2 Windows 的特点 212
8.3.3 Windows 操作系统的安全基础 212
8.3.4 Windows 7 系统安全机制 214
8.3.5 Windows 7 安全措施 218
习题 8 221

第 9 章 数据备份与恢复技术 222
9.1 数据备份概述 222
9.1.1 数据备份及其相关概念 223
9.1.2 备份的误区 223
9.1.3 数据备份策略 224
9.1.4 日常维护有关问题 226
9.2 系统数据备份 226
9.2.1 系统还原卡 227
9.2.2 克隆大师 Ghost 227
9.2.3 其他备份方法 228
9.3 用户数据备份 229
9.3.1 Second Copy 229
9.3.2 File Genie 2000 231
9.4 网络数据备份 231
9.4.1 DAS-Based 结构 232
9.4.2 LAN-Based 结构 232
9.4.3 LAN-Free 结构 232
9.4.4 Server-Free 备份方式 233
9.5 数据恢复 235
9.5.1 数据的恢复原理 235
9.5.2 硬盘数据恢复 238
习题 9 248

第 10 章 软件保护技术 250
10.1 软件保护技术概述 250
10.2 静态分析技术 250
10.2.1 静态分析技术的一般流程 250
10.2.2 文件类型分析 251
10.2.3 W32Dasm 简介 251
10.2.4 可执行文件代码编辑工具 255
10.3 动态分析技术 256
10.4 常用软件保护技术 260
10.4.1 序列号保护机制 260

10.4.2	警告窗口	261
10.4.3	功能限制的程序	261
10.4.4	时间限制	262
10.4.5	注册保护	263

10.5 软件加壳与脱壳 ………………………………………………… 263
    10.5.1 壳的介绍 …………………………………………………… 263
    10.5.2 软件加壳工具简介 ………………………………………… 264
    10.5.3 软件脱壳 …………………………………………………… 268

10.6 设计软件的一般性建议 …………………………………………… 270

习题 10 ……………………………………………………………………… 271

第 11 章　虚拟专用网技术 ……………………………………………… 272

11.1 VPN 的基本概念 …………………………………………………… 272
    11.1.1 VPN 的工作原理 …………………………………………… 272
    11.1.2 VPN 的分类 ………………………………………………… 273
    11.1.3 VPN 的特点与功能 ………………………………………… 275
    11.1.4 VPN 安全技术 ……………………………………………… 277

11.2 VPN 实现技术 ……………………………………………………… 278
    11.2.1 第二层隧道协议 …………………………………………… 278
    11.2.2 第三层隧道协议 …………………………………………… 280
    11.2.3 多协议标签交换 …………………………………………… 284
    11.2.4 第四层隧道协议 …………………………………………… 284

11.3 VPN 的应用方案 …………………………………………………… 285
    11.3.1 L2TP 应用方案 ……………………………………………… 285
    11.3.2 IPSec 应用方案 …………………………………………… 285
    11.3.3 SSL VPN 应用方案 ………………………………………… 288

习题 11 ……………………………………………………………………… 289

第 12 章　电子商务安全 ………………………………………………… 291

12.1 电子商务安全概述 ………………………………………………… 291

12.2 SSL 协议 …………………………………………………………… 292
    12.2.1 SSL 概述 …………………………………………………… 292
    12.2.2 SSL 协议规范 ……………………………………………… 293
    12.2.3 SSL 安全性 ………………………………………………… 299

12.3 SET 协议 …………………………………………………………… 300
    12.3.1 SET 概述 …………………………………………………… 301
    12.3.2 SET 的安全技术 …………………………………………… 303
    12.3.3 SET 的工作原理 …………………………………………… 306
    12.3.4 SET 的优缺点 ……………………………………………… 310

12.4 SSL 与 SET 的比较 ………………………………………………… 311

习题 12 ……………………………………………………………………… 312

第 13 章　网络安全检测与评估 …… 314

13.1　网络安全评估标准 …… 314
13.1.1　网络安全评估标准的发展历程 …… 314
13.1.2　TCSEC、ITSEC 和 CC 的基本构成 …… 317
13.1.3　CC 的评估类型 …… 321

13.2　网络安全评估方法和流程 …… 322
13.2.1　CC 评估的流程 …… 323
13.2.2　CC 评估的现状和存在的问题 …… 324
13.2.3　CC 评估发展趋势 …… 324

13.3　信息系统安全等级保护 …… 325
13.3.1　信息系统安全等级保护等级划分 …… 325
13.3.2　信息系统安全等级保护的实施 …… 325

13.4　国内外漏洞知识库 …… 326
13.4.1　通用漏洞与纰漏 …… 326
13.4.2　通用漏洞打分系统 …… 327
13.4.3　国家信息安全漏洞共享平台 …… 328
13.4.4　国家信息安全漏洞库 …… 330

13.5　网络安全检测评估系统简介 …… 331
13.5.1　Nessus …… 331
13.5.2　AppScan …… 336

习题 13 …… 342

附录 A　实验 …… 343

参考文献 …… 344

第 1 章　计算机信息安全技术概述

21 世纪是信息技术快速发展的一个世纪,信息技术已经成为一个国家的政治、军事、经济和文教等事业发展的决定性因素。但是,目前的网络和信息传播途径中仍蛰伏着诸多不安全因素,信息文明还面临着诸多威胁和风险。计算机信息安全问题已成为制约信息化发展的瓶颈,是关系国家发展的重要问题,随着全球信息化进程的加快将越来越重要。

视频讲解

本章是计算机信息安全技术的引导篇,主要介绍信息安全的基本概念、基本原则、安全体系结构、安全服务机制、信息安全现状与展望等知识,使读者掌握必要的信息安全基础知识,了解信息安全的重要意义,提高信息安全意识。

随着 Internet 技术的发展,Internet 成为日常生活中不可或缺的一部分,人们越来越多地借助 Internet 来获取信息和知识。在享受信息社会带来的巨大经济利益和娱乐的同时,计算机信息安全问题日渐成为人们必须面对的一个严峻的问题。通过网络,攻防双方可以轻易地获得对方的机密,可以篡改、破坏对方的重要信息,破坏对方的信息处理设备等。因此,随着冷战的结束,Internet 成为又一个看不见硝烟的全球性战场。

Internet 已经深入生活中的方方面面,如日常生活中的银行、电话、购物、出行、电力等都严重依赖 Internet 的存在,现在已经很难想象没有了 Internet 以后的生活。随着人们对 Internet 的依存度逐渐提高,信息安全已经成为一个全世界性的现实问题,信息安全与国家的政治稳定、军事安全、经济发展、民族兴衰等都息息相关,提高国家信息安全体系的保障能力已成为各国政府优先考虑的战略问题。在我国的"十三五"规划中,强化信息安全保障是作为一个单独章节进行表述的。在"十四五"规划的 2035 年远景纲要中,数据安全建设已经融入各个篇章。

对每个普通民众来讲,信息安全问题同样严峻,每个人的重要数据存储在硬盘设备上,可能会因操作不当或计算机病毒、恶意软件攻击等瞬间化为乌有。个人的计算机系统有可能在毫无察觉的情况下被破坏而无法运行,被别人利用而成为攻击、破坏其他计算机系统的工具,甚至成为犯罪的工具。

1.1　计算机信息安全的威胁因素

计算机系统是用于信息存储、信息加工的设施。从技术的角度来看,Internet 的不安全因素是:一方面由于它是面向所有用户的,所有资源通过网络共享;另一方面,它的技术是开放和标准的。因此,尽管 Internet 已从过去用于科研和学术目的阶段进入商用阶段,但是它的技术基础仍是不安全的。从一般意义上来说,计算机系统一般是指具体的计算机系统,但有时也用计算机系统来表示一个协作处理信息的内部网络。计算机系统面临着各种各样的威胁,这些威胁大致可以分为以下 3 方面。

(1) 直接对计算机系统的硬件设备进行破坏。

(2) 对存放在系统存储介质上的信息进行非法获取、篡改和破坏。

(3) 在信息传输过程中对信息非法获取、篡改和破坏。

从形式上来讲，自然灾害、意外事故、计算机犯罪、人为行为、黑客行为、内部泄密、外部泄密、信息丢失、电子谍报、信息战、网络协议中的缺陷等，都是威胁网络安全的重要因素。从人为的因素来考虑，影响信息安全的因素还存在着人为和非人为的两种情况。影响计算机信息安全的因素很多，这些因素可以分为以下几类。

(1) 人为的无意失误。操作员使用不当，安全配置不规范造成的安全漏洞，用户安全意识不强，选择用户口令不慎，将自己的账号随意转告他人或与别人共享等情况，都会对网络安全构成威胁。

(2) 人为的恶意攻击。此类攻击可以分为两种：主动攻击和被动攻击。主动攻击的目的在于篡改系统中所含的信息，或者改变系统的状态和操作，它以各种方式有选择地破坏信息的有效性、完整性和真实性。在不影响网络正常工作的情况下，被动攻击会进行信息的截获和窃取，分析信息流量，并通过信息的破译获得重要机密信息。被动攻击不会导致系统中信息的任何改动，而且也不会改变系统的操作和状态。因此，被动攻击主要威胁信息的保密性。这两种攻击均可对网络安全造成极大的危害，并导致机密数据的泄露。

(3) 计算机软件的漏洞和后门。计算机软件从规模和技术上来讲，不可能百分之百无缺陷和无漏洞，如广为人知的 TCP/IP 的安全问题等。然而，这些漏洞和缺陷恰恰是黑客进行攻击的首选目标。导致黑客频频攻入计算机系统内部的主要原因就是相应系统和应用软件本身的脆弱性和安全措施的不完善。另外，在软件设计之初，某些编程人员为了方便会设置软件"后门"。虽然后门通常都不为外人所知，但一旦后门洞开，将使黑客对计算机系统资源的非法使用成为可能。

虽然人为因素和非人为因素都可以对网络安全构成威胁，但相对物理实体和硬件系统及自然灾害而言，精心设计的人为攻击对计算机的信息安全威胁最大。人为因素最为复杂，人的思想最为活跃，不可能完全用静止的方法和法律、法规加以防护，这是计算机信息安全所面临的最大威胁。

要保证信息安全，就必须设法在一定程度上应对以上种种威胁，学会识别这些破坏手段，以便采取技术、管理和法律制约等方面的努力，确保网络的安全。需要指出的是，无论采用哪种防范措施，都不可能保证计算机信息的绝对安全。安全是相对的，不安全才是绝对的。

1.2　信息安全的含义

安全的本意是采取保护措施，防止来自攻击者有意或无意的破坏。信息安全是一个随着历史发展，其内涵不断丰富的概念。在 20 世纪 60—70 年代，军事通信提出了通信保密的需求，即必须考虑秘密消息在传送途中被除发信者和收信者以外的第三者（特别是敌方）截获的可能性，使截获者即使截获信息也无法得到其中的信息内容，此时，信息安全只具有信息保密的含义。到了 20 世纪 80—90 年代，信息安全不仅指机密性，还包含完整性和可用性，俗称 CIA。C 代表机密性（Confidentiality），即保证信息为授权者拥有而不泄露给未经授权者。I代表完整性(Integrity)，它包含两方面的含义：一是数据完整性，即数据未被非授权者篡改或损坏；二是系统完整性，即系统未被非授权者操纵，按既定的功能运行。A代表可用性(Availability)，即保证信息和信息系统随时为授权者提供服务，而不要出现非授权者滥用却对授权者拒绝服务的情况。除了CIA这3个基本方面外，信息安全的其他含义还有不可否认性(Non-Repudiation)、鉴别性(Authentication)、审计性(Accountability)、可靠性(Reliability)等。不可否认性，即要求无论发送方还是接收方都不能抵赖所进行的传输。鉴别性就是确认实体是它所声明的，通常用于用户、进程、系统、信息等。审计性确保实体的活动可以被跟踪。可靠性是指特定行为和结果得以执行。信息安全需求的多样化决定了信息安全含义的多样性。

一般认为，安全的信息交换应该满足的5个基本特征是机密性、完整性、不可否认性、鉴别性和可用性。

理想的信息安全是指要保护信息及承载信息的系统免受各种攻击的伤害，这种类型的保护经常是无法实现的或实现的代价太大。进一步的研究表明，信息或信息系统在受到攻击的情况下，只要有合适的检测方法能发现攻击，就可以作出恰当的响应(如发现网络攻击行为后，切断网络连接)，对攻击造成的灾难进行恢复(如对数据进行备份恢复)。检测、恢复是重要的补救措施。检测可以看成是一种应急恢复的先行步骤，其后才进行数据和信息恢复。因此，信息安全的保护技术可以分为3类：防护、检测和恢复。

实际上，信息及信息系统的安全与人、应用及相关计算环境紧密相关，不同场合对信息的安全有不同的需求。例如，电子合同的签署要求具有不可抵赖性，而电子货币的安全又要求不可追踪性，这两者是截然相反的要求。又如，有人可能认为把文件放到公共目录服务器上是安全的，而另外一些人则可能认为将文件保存到自己的计算机上且进行口令保护才是安全的。将人们在特定应用环境下对信息安全的要求称为安全策略。

综上分析，信息安全可以定义为：信息安全是研究在特定应用环境下，依据特定的安全策略，对信息及信息系统实施防护、检测和恢复的科学。

该定义明确了信息安全的保护对象、保护目标和方法。在国家标准《信息系统安全等级保护基本要求》(GB/T 22239—2008)中指出，信息系统安全需要从技术和管理两个方面来实现，基本技术要求分为五大类：物理安全、网络安全、主机安全、应用安全和数据安全。

1.3 计算机信息安全的研究内容

从目前计算机信息安全的威胁和相关技术标准来看，计算机信息安全技术研究的内容应该包括3方面：一是计算机外部安全；二是计算机信息在存储介质上的安全，有时也称为计算机内部安全；三是计算机信息在传输过程中的安全，也称为计算机网络安全。

1.3.1 计算机外部安全

计算机外部安全包括计算机设备的物理安全与信息安全有关的规章制度的建立和法律法规的制定等，它是保证计算机设备正常运行且确保系统安全的重要前提。

从前面的分析可以看出，信息安全的保障不仅是技术问题，而且更应该是人、政策和技术三大要素的紧密结合体。一个完整的国家信息安全保障体系应包括信息安全法制体系、组织管理体系、基础设施、技术保障体系、经费保障体系和安全意识教育人才培养体系。一个简单的说法是：要保障信息安全，三分靠技术，七分靠管理。足见管理在信息安全中的地位和作用。信息安全管理的原则体现在政府制定的政策法规和机构部门制定的规范制度上。同时，信息安全技术蓬勃发展，形成了一个新的产业，规模化的信息安全产业发展需要技术标准来规范信息系统的建设和使用，从而生产出满足社会广泛需求的安全产品。

1. 安全规章制度

计算机安全和密码使用是信息安全的两个重要方面，有关政策法规也因此分为相应的两部分。在信息安全的早期阶段，立法和管理的重点集中在计算机犯罪方面，各国陆续围绕着计算机犯罪等问题建立了一些安全法规，之后，立法的热点转移到密码的使用管理方面。美国的信息技术具有领先水平，其安全法规也最为完善。早在1998年，美国颁发第63号总统令，要求行政部门评估国家关键基础设施的计算机脆弱性，并要求联邦政府制定保卫国家免受计算机破坏的详细计划，紧接着于2000年1月颁布了《保卫美国计算机空间——信息系统保护国家计划1.0》，这是一个规划美国计算机安全持续发展和更新的综合方案。俄罗斯于1995年颁布了《联邦信息、信息化和信息保护法》，法规明确界定了信息资源开放和保密的范畴，提出了保护信息的法律责任；2000年，普京总统批准了《国家信息安全学说》，明确了俄罗斯联邦信息安全建设的目的、人物、原则和主要内容。其他国家，如英国、法国、日本等也制定了相应的计算机安全政策法规。

关于密码使用的政策，涉及使用密码进行加密和进行数字签名实施证书授权管理两方面。美国是最早允许在国内社会上使用密码的国家。为了各自的利益，美国国内的政府、军界、企业和个人围绕信息加密政策的争论颇多，主要涉及密码的使用范围和允许出口的长度。此后，包括中国香港在内的多个国家和地区都分别制定了自己的信息加密政策。

对于数字签名技术，出于各自利益的原因，有关国际组织、各国政府和企业很难达成一致的观点。1995年，美国犹他州通过了美国历史上也是世界历史上第一部数字签名法。在犹他州的带动下，美国的其他州也确立了自己的数字签名法，但美国联邦政府迟迟没有立法。德国有幸成为第一个以国家名义制定数字签名法的国家。

我国建立了以下国家信息安全组织管理体系：国务院信息化领导小组对Internet安全中的重大问题进行管理协调。国务院信息化领导小组办公室作为Internet安全工作的办事机构，负责组织、协调和制定有关Internet安全的政策、法规和标准，并检查监督其执行。政府有关信息安全的其他管理和执法部门分别依据其职能和权限进行信息安全的管理和执法活动。工业和信息化部协调有关部委关于信息安全的工作；公安部主管公共网络安全，即全国计算机系统安全保护工作；国家安全部主管计算机信息网络国际联网的国家安全保护管理工作；国家保密局主管全国计算机信息系统的保密工作；国家密码管理局主管密码算法与设备的审批和使用工作；国务院新闻办公室负责信息内容的监察。

我国信息安全管理的基本方针是"兴利除弊，集中监控，分级管理，保障国家安全"。对于密码管理的政策实行"统一领导、集中管理、定点研制、专控经营、满足使用"的发展和管理方针。

相对国外网络立法的情况，我国目前的信息化立法，尤其是信息安全立法正处于发展阶段。我国政府和法律界都清醒地认识到这一问题的重要性，正在积极推进这一方面的工作。

我国现有的信息安全政策法规可以分为两个层次：一是法律层次，从国家宪法和其他部门法的高度对个人、法人和其他组织涉及国家安全的信息活动的权利和义务进行规范；二是行政法规和规章层次，直接约束计算机安全和 Internet 安全，对信息内容、信息安全技术和信息安全产品的授权审批进行规定。其中，第一个层次上的法律主要有宪法、刑法、国家安全法和国家保密法，第二个层次上的行政法规和规章主要包括《中华人民共和国计算机信息系统安全保护条例》《中华人民共和国计算机信息网络国际互联网管理暂行规定》《中华人民共和国计算机信息网络国际互联网安全保护管理办法》《电子出版物管理暂行规定》《中国互联网域名注册暂行管理办法》和《计算机信息系统安全专用产品检测和销售许可证管理办法》等条例和法规。

2. 防电磁波辐射

在计算机外部安全中，计算机防电磁波辐射也是一个重要问题。它包含两个方面的内容：一是计算机系统受到外界电磁场的干扰，使得计算机系统不能正常工作；二是计算机系统本身产生的电磁波包含有用信号，造成信息泄露，为攻击者提供了信息窃取的可能。

1985 年，荷兰一位无线电技术人员 Wim Van Eck 发布了一篇非涉密的计算机显示器安全威胁类的分析文章，文章在保密组织中引起了极大的恐慌。Wim Van Eck 通过在常规电视中加入一个仅仅价值 15 美元的电子设备，成功地于数百米外窃取了一套真实系统中的信息。研究表明，不仅计算机的显示屏能辐射电磁波，其他外部设备如键盘、磁盘和打印机等设备在工作过程中同样也会辐射电磁波，造成信息泄露。

针对这个问题，美国国家安全局与美国国防部联合研究和开发了一种称为 TEMPEST (Transient Electromagnetic Pulse Emanation Surveillance Technology) 的技术。该技术的主要目的是防止计算机系统中因电磁辐射而产生的信息泄密，这是信息安全保密的一个专门研究领域。TEMPEST 技术包括对信息设备的发射信号中所携带的敏感信息进行分析、测试、接收、还原及防护等一系列技术。

目前对电磁信息安全防护的主要措施有使用低辐射设备、利用噪声干扰源、电磁屏蔽、滤波技术和光纤传输等。

(1) 使用低辐射设备。低辐射设备即 TEMPEST 设备，是防辐射泄漏的根本措施。这些设备在设计和生产时就采取了防辐射措施，将设备的电磁泄漏抑制到最低限度。此外，显示器是计算机安全的一个薄弱环节，对显示器的内部进行窃取已经是一项成熟的技术，因此选用低辐射显示器十分重要。例如，单色显示器辐射低于彩色显示器辐射，等离子显示器和液晶显示器也能进一步降低辐射。

(2) 利用噪声干扰源。电磁辐射干扰技术是指采用干扰器对计算机辐射进行电磁干扰，使窃听方难以提取有用信息。利用噪声干扰源有两种方法：一是将一台能产生噪声的干扰器放在计算机设备旁边，干扰器产生的噪声与计算机设备产生的信息辐射一起向外辐射，使计算机设备产生的辐射不易被接收复现，干扰器产生的电磁辐射不应超过 EMI 标准。二是将处理重要信息的计算机放在中间，四周放一些处理一般信息的设备，让这些设备产生的电磁泄漏一起向外辐射。

(3) 电磁屏蔽。屏蔽技术是指将计算机设备置于屏蔽室中，以此达到防止电磁辐射的目的。该技术是所有防辐射技术手段中最为可靠的一种。屏蔽技术还可以使用防信息泄露玻璃，将防信息泄露玻璃安装在电子设备显示窗上，可以解决显示窗信息泄露问题。有统计测试表明,如果电磁辐射量是100%,那么放置防信息泄露玻璃可以将89%的信息通过地线导入地下,再将10%的信息反射掉,剩下的漏网信号不足1%,这就无法还原成清晰完整的信息,从而达到保密目的。

(4) 滤波技术。滤波技术是对屏蔽技术的一种补充。被屏蔽的设备和元器件并不能完全密封在屏蔽体内,仍有电源线、信号线和公共地线需要与外界连接。因此,电磁波还是可以通过传导或辐射从外部传到屏蔽体内,或者从屏蔽体内传到外部。为此采用滤波技术,只允许某些频率的信号通过,而阻止其他频率范围的信号,从而起到滤波作用。

(5) 光纤传输。光纤传输是一种新型的通信方式。光纤为非导体,可以直接穿过屏蔽体,即使不附加滤波器,也不会引起信息泄露。光纤内传输的是光信号,不仅能量损耗小,而且不存在电磁信息泄露问题。预计未来若干年内还无法从光纤外部窃取并还原信号。

1.3.2 计算机内部安全

计算机内部安全是计算机信息在存储介质上的安全,包括计算机软件保护、软件安全、数据安全等。计算机内部安全的研究内容非常广泛,包括软件的防盗版,操作系统的安全,磁盘上的数据防破坏、防窃取,以及磁盘上的数据备份与恢复等。

由于磁盘容量大,存取数据方便,因此磁盘是目前存放计算机信息最常用的载体。但由于磁性介质都具有剩磁效应现象,保存在磁性存储介质中的数据可能会使存储介质永久性磁化,因此保存在磁性介质上的信息可能会擦除不尽,永久地保留在磁盘上。对于一些重要的信息,尽管已经使用擦除软件等手段擦除信息,但如果擦除不彻底,就会在磁盘上留下重要信息的痕迹。此时,这些痕迹一旦被别人利用,通过使用高灵敏度磁头和放大器就可以将磁盘上的信息还原出来,造成机密信息的泄露。

在计算机操作系统中,使用类似格式化命令 format 或删除命令 del 时,仅仅能破坏或删除文件的目录结构和文件指针等信息,磁盘上的原有文件内容仍然原封不动地保留在磁盘中。此时,只要不在磁盘中重新存放数据,使用 unformat 等方法就可以非常完整地将磁盘上的数据恢复出来。在 Windows 操作系统中,甚至可以从回收站找回被删除的数据,利用这些被找回的数据就可以窃取重要的机密信息。

1.3.3 计算机网络安全

计算机网络安全是指计算机信息在传输过程中通过庞大的计算机网络系统交换数据的同时确保信息的完整性、可靠性和保密性。Internet 为世界各地的人们交换信息提供了巨大便利,同时也为世界上的各类犯罪分子打开了方便之门。计算机网络已经成为攻击、破坏和获取情报的重要工具,可以说,计算机网络安全问题是计算机安全中最严重的问题,一直受到人们的广泛关注。

建立网络信息安全保障体系可以采用边界防卫、入侵检测和安全反应等技术来构成。

(1) 边界防卫。边界防卫技术通常将安全边界设在需要保护的信息周边,重点阻止病毒入侵、黑客攻击、冒名顶替、线路窃听等试图越界的行为。相关的技术包括数据加密、数据完整性检查、防火墙、访问控制和公正仲裁等。

(2) 入侵检测。入侵检测技术是指通过对行为、安全日志或审计数据,以及其他网络上可以获得的信息进行操作,检测到对系统的入侵或入侵企图的技术。入侵检测是检测和响应计算机误用的学科,其作用包括威慑、检测、响应、损失情况评估、攻击预测和起诉支持。入侵检测技术是基于入侵者的攻击行为,与合法用户的正常行为有着明显的不同。

(3) 安全反应。安全反应技术是将破坏所造成的损失降低到最小限度的技术,安全的网络信息系统必须具备在被攻陷后能迅速恢复的能力。在安全反应技术中,分布式动态备份技术与方法、动态漂移与伪装技术、各种灾难恢复技术、防守反击技术等都是需要持续研究的技术。

由此可见,计算机信息安全技术的研究内容十分广泛,包括电子学、计算机硬件设计、计算机软件设计、密码学、数学、信息论、社会学、法学等,是跨多学科的综合性研究技术。它不仅涉及国家的政治、经济和军事等重要部门,还与人们的日常生活息息相关,对现代文明社会将产生重大影响。

1.4 信息安全模型

1.4.1 通信安全模型

经典的通信安全模型如图 1.1 所示。通信一方通过公开信道将消息传送给另一方,要保护信息传输的机密性、真实性等特性,就涉及通信安全。通信的发送方要对信息进行相关的安全变换,可以是加密、签名,接收方接收后,再进行相关的逆变换,如解密、验证、签名等。双方进行的安全变换通常需要使用一些秘密信息,如加密密钥、解密密钥等。根据上述安全模型,设计安全服务需要完成以下 4 个基本任务。

(1) 设计一个算法,执行安全相关的转换,算法应具有足够的安全强度。
(2) 生成该算法所使用的秘密信息,也就是密钥。
(3) 设计秘密信息的分布与共享的方法,也就是密钥的分配方案。
(4) 设定通信双方使用的安全协议,该协议利用密码算法和密钥实现安全服务。

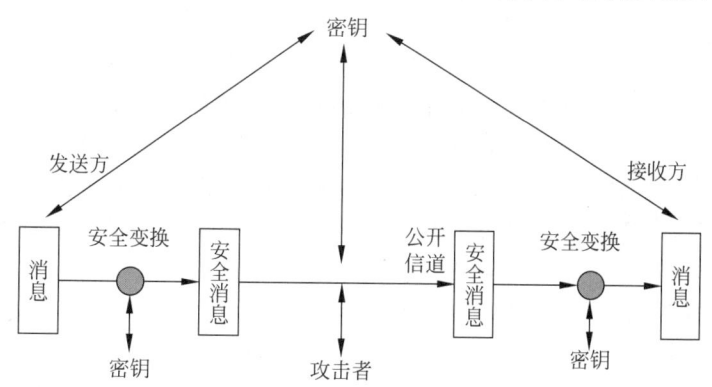

图 1.1 经典的通信安全模型

1.4.2 信息访问安全模型

还有一些与安全相关的情形不完全适用于上述模型,William Stallings 给出了如

图 1.2 所示的信息访问安全模型。该模型希望保护信息系统不受有害的访问。有害的访问分为两种：一种有害的访问是由黑客发起的，他们有时并没有恶意，只是满足于闯入计算机系统，展示自己的技术水平或利用计算机技术进行获利；另一种有害的访问来源于恶意软件，如病毒、木马、蠕虫等。对付有害攻击所需要的安全服务包括鉴别和访问控制两类。

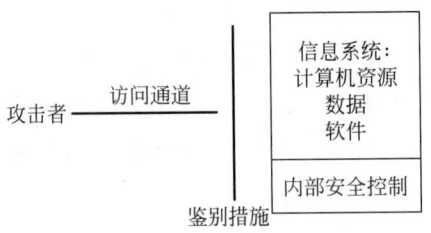

图 1.2　信息访问安全模型

1.4.3　动态安全模型

基于上述模型的安全措施都属于静态的预防和防护措施，它通过采用严格的访问控制和数据加密策略来提供防护。但在复杂系统中，这些策略是不充分的。随着全球计算机和信息系统的网络化，信息系统所面临的安全问题也发生了很大变化。任何人可以在任何地方、任何时间向任何一个目标发起攻击，而且系统还要同时面临来自外部、内部、自然等多方面的威胁。

信息环境是一个动态的和变化的环境，面临着信息业务的不断发展变化、业务竞争环境的变化、信息技术和安全技术（包括攻击技术）的飞速发展。同时系统自身也在不断变化，如人员流动、软硬件系统不断更新升级等。总之，要面对这样一个动态的系统、动态的环境，必须要用动态的安全模型、方法、技术和解决方案来应对安全问题。在这种形势下，著名的计算机安全公司（Internet Security Systems Inc.）提出了 PPDR（Policy Protection Detection Response）安全模型，该模型如图 1.3 所示。

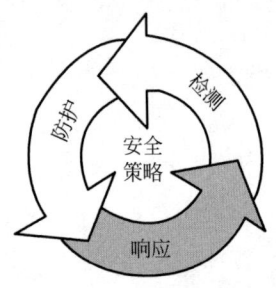

图 1.3　PPDR 安全模型

PPDR 模型由 4 个主要部分组成：安全策略（Policy）、防护（Protection）、检测（Detection）和响应（Response）。PPDR 模型是在整体的安全策略的控制和指导下，综合运用防护工具（如防火墙、身份认证、加密等）的同时，利用检测工具（如漏洞评估、入侵检测系统等）了解和评估系统的安全状态，通过适当的安全响应将系统调整到一个比较安全的状态。防护、检测和响应组成了一个完整的、动态的安全循环。

安全策略是这个模型的核心，意味着网络安全要达到的目标，以及决定各种措施的强度。

防护是安全的第一步，通常包括以下几方面。

(1) 制定安全规章（以安全策略为基础制定安全细则）。

(2) 配置系统安全（配置操作系统、安装补丁等）。

(3) 采用安全措施（安装防火墙、VPN 等）。

检测是对防护的补充，通过检测发现系统或网络的异常情况，发现可能的攻击行为。

响应是在发现异常或攻击行为后系统自动采取的行动。目前的入侵响应措施比较单一,主要包括关闭端口、中断连接、中断服务等方式,研究多种入侵响应方式将是今后的发展方向。

通用安全评价准则(Common Criteria for IT Security Evaluation,CC)为威胁、漏洞和风险等词汇定义了一个动态的安全概念和关系模型,如图 1.4 所示。这个模型反映了所有者与攻击者之间的动态对抗关系,它也是一个动态的风险模型和效益模型。所有者要采取措施,减少漏洞对资产带来的风险。攻击者要利用漏洞,从而增加对资产的风险。所有者采取什么样的保护措施是同资产和价值分不开的,它不可能付出超过资产价值的代价去保护资产。同样,攻击者也不会以超过资产价值的攻击代价进行攻击。

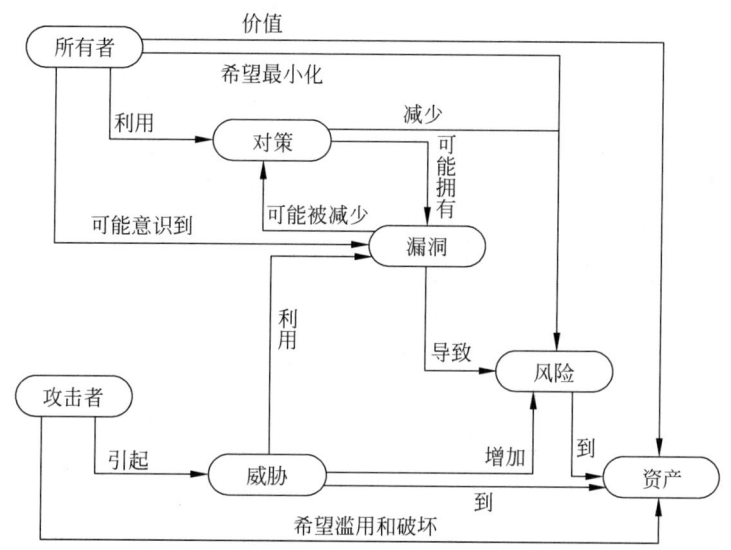

图 1.4 CC 定义的动态安全概念和关系模型

1.4.4 APPDRR 模型

网络安全的动态特性在 PPDR 模型中得到了一定程度的体现,其中主要是通过入侵的检测和响应完成网络安全的动态防护。但是,PPDR 模型不能描述网络安全的动态螺旋上升过程。为了使 PPDR 模型能够贴切地描述网络安全的本质规律,人们对 PPDR 模型进行了修正和补充,在此基础上提出了 APPDRR 模型,如图 1.5 所示。APPDRR 模型认为网络安全由风险评估(Assessment)、安全策略(Policy)、系统防护(Protection)、动态检测(Detection)、实时响应(Reaction)和灾难恢复(Restoration)6 部分组成。

根据 APPDRR 模型,网络安全的第一个重要环节是风险评估,通过风险评估掌握网络安全面临的风险信息,进而采取必要的处置措施,使信息组织的网络安全水平呈现动态螺旋上升的趋势。网络安全策略是 APPDRR 模型的第二个重要环节,起着承上启下的作用:一方面,安全策略应当随着风险评估的结果和安全需求的变化做相应的更新;另一方面,安全策略在整个网络安全工作中处于原则性的

图 1.5 APPDRR 模型

指导地位,其后的检测、响应诸环节都应在安全策略的基础上展开。系统防护是安全模型中的第三个环节,体现了网络安全的静态防护措施。接下来是动态检测、实时响应、灾难恢复3个环节,体现了安全动态防护与安全入侵、安全威胁"短兵相接"的对抗性特征。

APPDRR 模型还隐含了网络安全的相对性和动态螺旋上升的过程,即不存在百分之百的静态安全,网络安全表现为一个不断改进的过程。通过风险评估、安全策略、系统防护、动态检测、实时响应和灾难恢复6个环节的循环流动,网络安全逐渐地得以完善和提高,从而实现保护网络资源的安全目标。

1.5 OSI 信息安全体系结构

1989 年 12 月,国际标准化组织颁布了 ISO 7489-2 标准,它是该组织提出的信息处理系统开放系统互联参考模型的安全体系结构部分。1990 年,国际电信联盟将其作为 X.800 推荐标准。我国则将其作为 GB/T 9387.2-1995 国家标准。

OSI 信息安全体系结构的目标有以下两个。

(1) 将安全特征按照功能目标分配给 OSI 层,以加强 OSI 结构的安全性。

(2) 提供一个结构化的框架,以便供应商和用户据此评估安全产品。

OSI 信息安全体系结构对于构建网络环境下的信息安全解决方案具有指导意义。OSI 信息安全体系结构的核心内容是为异构计算机的进程与进程之间的通信安全性定义了五类安全服务、八类安全机制,提供了安全服务分层的思想,描述了 OSI 的安全管理框架及这些安全服务、安全机制在七层中的配置关系,从而为网络通信安全体系结构的研究奠定了重要基础。

1.5.1 OSI 的七层结构与 TCP/IP 模型

计算机网络将计算机连接起来,使得各种计算设备可以方便地交换和共享信息资源。网络设计采用了分层结构化的设计思想,如图 1.6 所示,即将网络按照功能分成一系列的层次。相邻层中较高层直接使用较低层提供的服务实现其功能,同时又向它的上一层提供服务,服务的提供是通过相邻层的接口实现的。

层次化结构有效地实现了各个层次功能的划分,并定义了规范的接口,使得每一层的功能比较简单,易于实现和维护。例如,它使网络的设计者不需要把注意力放在具体物理传输媒介和应用细节上,而专注于网络的拓扑结构。

每一层中的活动元素称为实体,位于不同系统上同一层的实体称为对等实体。不同系统之间的通信可以由对等实体间的逻辑通信来实现,对某一层上的通信所使用的规则称为该层上的通信协议。按照所属的层次顺序排列而成的协议序列称为协议栈。

事实上,除了在最下面的物理层上进行的是实际的通信外,其余各对等实体之间进行的都是虚拟通信或逻辑通信。高层实体之间的通信是调用相邻低层实体之间的通信实现的,如此下去总是要经过物理层才能实现通信。$N+1$ 层实体要想将数据 D 传送到对等实体手中,它将调用 N 层提供的通信服务,在被称为服务数据单元的 D 前面加上协议头,传送到对等的 N 层实体手中;而 N 层实体去掉协议头,将信息 D 交付到 $N+1$ 层对等实体手中。

关于上面七层协议模型中各层的含义,请参考计算机网络通信方面的书籍,这里不再赘述。

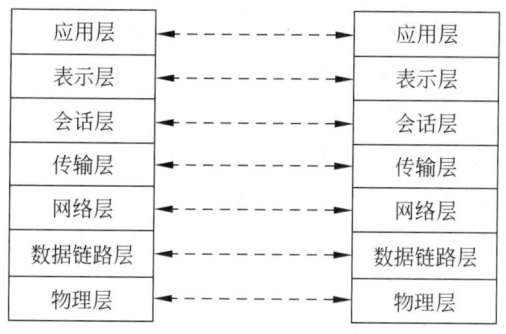

图 1.6 OSI 的七层协议模型

Internet 实际上不是由七层组成的,而是由应用层、传输层(TCP/UDP)、网络互联层(IP)和网络接口层组成的,它们的位置关系如图 1.7 所示。

对各层功能进行介绍如下。

(1) 应用层对应于 OSI 应用层、表示层和会话层的组合,为应用程序访问网络通信提供接口。常见的协议包括 FTP(文本传输协议)、Telnet(远程终端协议)、SMTP(简单邮件传输协议)和 HTTP(超文本传输协议)等。

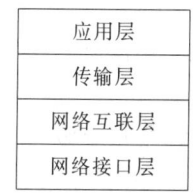

图 1.7 TCP/IP 参考模型

(2) 传输层对应于 OSI 的传输层,为高层提供一定的数据可靠性和完整性,包括两个传输协议 TCP 和 UDP,前者提供面向连接的传输服务,后者提供面向非连接的传输服务。

(3) 网络互联层与 OSI 的网络层对应,处理建立、保持、释放连接及路由等功能,该层上的协议为 IP。

(4) 网络接口层对应于 OSI 的数据链路层和物理层的组合,负责将 IP 包封装为适合于物理网络上传输的帧,并解决帧和位传输的纠错问题。不同的网络介质有不同的协议。

1.5.2 OSI 的安全服务

OSI 的五类安全服务是鉴别服务、数据机密性、数据完整性、访问控制服务和抗抵赖服务。实际上这是一些要实现的安全目标,但在 OSI 的框架之下,认为每一层和它的上一层都是一种服务关系。因此,将这些安全目标称为安全服务是恰当的。

1. 鉴别服务

鉴别服务提供对等实体鉴别和数据来源鉴别。

(1) 对等实体鉴别。对等实体鉴别提供实体的身份识别服务,该服务能够确定一个实体没有冒充其他实体,使对方(对等实体)确信他正在和所声称的另一实体通信。

(2) 数据来源鉴别。确认所收到的数据来源是所声称的实体,但对于数据的重放不提供保护。

2. 数据机密性

数据机密性安全服务能够防止数据未经授权而被泄露,防止在系统之间交换数据时数据被截获。它包括连接机密性、无连接机密性、选择字段机密性、业务流机密性 4 项服务。

3. 数据完整性

数据完整性安全服务是用于对付主动威胁的,用来防止在系统之间交换数据时,数据被修改、插入或丢失。它包括可恢复的连接完整性、不可恢复的连接完整性、选择字段的连接完整性、无连接完整性、选择字段的无连接完整性。

(1) 可恢复的连接完整性。为在某层上建立的一个连接的所有用户数据提供完整性检测,即检查整个服务数据单元序列中所有服务数据单元的数据是否被篡改,检查服务数据单元序列是否被删除、插入或乱序。一旦出现差错,该服务将提供重传或纠错等恢复操作。

(2) 不可恢复的连接完整性。与可恢复的连接完整性唯一不同的是检查到差错后不进行补救。

(3) 选择字段的连接完整性。为某层的一个连接传输的所选择部分字段提供完整性检查。检查这些服务数据单元字段序列的数据是否被篡改,检查字段序列是否被删除、插入或乱序。

(4) 无连接完整性。对某层上协议的某个服务数据单元提供完整性检查服务,确认是否被篡改。

(5) 选择字段的无连接完整性。仅对某层协议的某个服务数据单元的部分字段提供完整性检查服务,确认是否被篡改。

4. 访问控制服务和抗抵赖服务

访问控制服务是防止对资源的非授权使用,抗抵赖服务又分为数据的发送方提供交付证明和为数据的接收方提供原发证明。

1.5.3 OSI 安全机制

OSI 的安全机制分为两大类别:一类被称为特定安全机制,包括加密、数字签名、访问控制、数据完整性、鉴别交换、通信量填充和公证;另一类被称为普遍安全机制,包括可信功能度、安全标记、事件检测、安全审计追踪和安全恢复。在特定安全机制中,除了数据完整性外,都属于安全防护范畴。在 OSI 的普遍安全机制中,除了可信功能度外,都对应安全检测和恢复范围。

安全服务与 OSI 协议层的关系如表 1.1 所示。对付典型网络威胁的安全服务如表 1.2 所示。安全服务与安全机制的关系如表 1.3 所示。

表 1.1 安全服务与 OSI 协议层的关系表

安全服务		网络层次					
		物理层	数据链路层	网络层	传输层	会话层	表示层	应用层
鉴别服务	对等实体鉴别			Y	Y			Y
	数据来源鉴别			Y	Y			Y
	访问控制服务			Y	Y			
数据机密性	连接机密性	Y	Y	Y	Y		Y	Y
	无连接机密性		Y	Y	Y		Y	Y
	选择字段机密性						Y	Y
	业务流机密性	Y		Y				Y

续表

安全服务		网络层次						
		物理层	数据链路层	网络层	传输层	会话层	表示层	应用层
数据完整性	可恢复的连接完整性				Y			Y
	不可恢复的连接完整性			Y	Y			Y
	选择字段连接完整性							Y
	无连接完整性			Y	Y			Y
	选择字段无连接完整性							Y
抗抵赖服务	数据原发证明抗抵赖性							Y
	交付证明的抗抵赖性							Y

表 1.2 对付典型网络威胁的安全服务

安全威胁	安全服务
欺骗攻击	鉴别服务
非授权入侵	访问控制服务
窃听攻击	数据机密性服务
完整性破坏	数据完整性服务
服务否认	抗抵赖服务
拒绝服务	鉴别服务、访问控制服务和数据完整性服务等

表 1.3 安全服务与安全机制的关系表

安全服务		安全机制						
		加密	数字签名	访问控制	数据完整性	鉴别交换	通信量填充	公证
鉴别服务	对等实体鉴别	Y	Y			Y		
	数据来源鉴别	Y	Y					
	访问控制服务			Y				
数据机密性	连接机密性	Y					Y	
	无连接机密性	Y					Y	
	选择字段机密性	Y						
	业务流机密性	Y				Y	Y	
数据完整性	可恢复的连接完整性	Y			Y			
	不可恢复的连接完整性	Y			Y			
	选择字段连接完整性	Y			Y			
	无连接完整性	Y	Y		Y			
	选择字段无连接完整性	Y	Y		Y			
抗抵赖服务	数据原发证明抗抵赖性	Y	Y		Y			Y
	交付证明的抗抵赖性	Y	Y		Y			Y

1.6 信息安全中的非技术因素

由信息安全对安全策略的依赖性可知,所要保护的信息对象、所要达到的保护目标是人通过安全策略确定的。另外,信息保护中采用的技术和最终对安全系统的操作都是由人来完成的。不仅如此,在信息安全系统的设计、实施和验证中也不能离开人,人在信息安全管理中占据着中心地位。图1.8所示为安全环,反映了人在信息安全中的地位。

1.6.1 人员、组织与管理

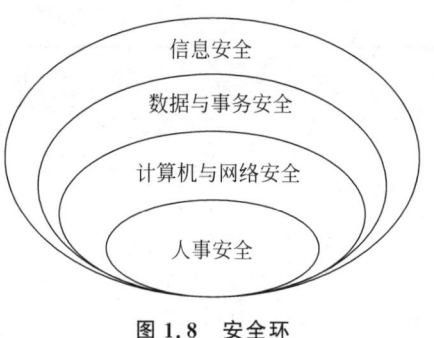

图1.8 安全环

任何安全系统的核心都是人。在信息安全领域,这一点尤其突出。因为如果用户(特别是内部用户)不正确地使用系统,就可以轻而易举地跳过技术控制。例如,计算机系统一般是通过口令来识别用户的。如果用户提供正确的口令,则系统自动认为该用户是授权用户。假设一个授权用户将他的用户名/口令告诉了其他人,那么非授权用户就可以假冒这个授权用户,而无法被系统发现。

通常,非授权的外部用户攻击一个机构的计算机系统是危险的,而一个授权的用户攻击一个机构的计算机系统将更加危险。因为内部人员对机构的计算机网络系统架构、操作员的操作规程非常清楚,而且通常还会知道足够的口令跨越安全控制,而这些安全控制足以将外部攻击者挡在门外了。可见,内部用户的越权使用是一个非常难以应对的问题。

如果系统管理员对系统的安全相关配置出现错误,或者未能及时查看安全日志,或者用户未正确采用安全机制保护信息,都将使得机构的信息系统防御能力大大降低。

未受训练的员工通常会给机构的信息安全带来另外一种风险。例如,未受训练的员工不知道数据备份之后的验证,只有当系统遭受攻击以后,该员工才发现它所备份的材料无法读出。当然,这里未受训练除了指技术方面外,还有社会工程学方面的含义。这方面的例子很多,又如,一个雇员可能会依照一个电话请求改变自己的口令,这时攻击者将获得极大的攻击效果。

由此可见,使用合格的技术培训和安全意识教育是十分重要的。

安全通常不会给企业带来直接的经济效益,但它能有效地避免损失。比较糟糕的是,企业一般都认为在安全上的投资是一种浪费,而且为系统添加安全功能往往会使原来简单的操作变得复杂,从而降低处理效率。

信息安全不仅要靠组织和内部人员有安全技术知识、安全意识和领导层对安全的重视,还必须制定一整套明确责任、明确审批权限的安全管理制度,以及专门的安全管理机构,从根本上保证所有人员的规范化使用和操作。另外,一个组织对人员的行为进行适当的记录也是一项行之有效的方法。

1.6.2 法规与道德

法律会限制信息安全保护中可用的技术及技术的使用范围,因此决定安全策略或选用安全机制时需要考虑法律或条例的规定。

例如,中华人民共和国国家密码管理局颁布的《商用密码管理条例》(1999年)规定,在中国,商用密码属于国家秘密,国家对商用密码的科研、生产、销售和使用实行专控经营。也就是说,使用未经国家批准的密码算法,或者使用国家批准的算法但未取得国家授权认可的产品都属于违法行为。因此,在采用密码算法保护本单位的商用信息时,需要采用国家授权的产品。

此外，社会道德和人们的行为习惯都会对信息安全产生影响。一些技术方法或管理办法在一个国家或区域可能不会有问题，但在另一个地方可能会受到抵制。例如，密钥托管在一些国家实施起来可能比较容易，但有些国家则认为密钥托管技术的使用侵犯了人权。信息安全的实施与所属的社会环境有紧密的联系，不能照搬他人的经验。

人们的习惯或心理接受能力也是很重要的。例如，一个公司要求其员工提供 DNA 的样本以便进行身份识别，虽然这没有法律层面的问题，但可能得不到员工的认可。如果采用这种安全机制，将比不采用任何安全机制还要严重。

1.7 信息安全标准化知识

1.7.1 技术标准的基本知识

标准是人们为了某种目的和需要而提出的统一性要求，是对一定范围内的重复性事务和概念所做的统一规定。标准又是一种特殊文件，它是为在一定范围内获得最佳秩序，对活动及其结果规定共同重复使用的规则、指导原则或特性要求。

标准在促进信息通信技术产业的发展及推广应用中发挥着极其重要的作用。统一标准是互联互通、信息共享、业务协同的基础。如果没有标准，互联网就不会发展到今天这种规模。人们很难说清楚生产一台计算机要遵循多少标准，但是每个生产商一定会考虑采用标准统一的磁盘驱动器、打印机接口和网卡等。

标准化是制定标准并使其在社会一定范围内得以推广应用的一系列活动。这些活动主要包括制定、发布、实施及修改标准等过程。信息化建设相关的标准化工作是推动国家信息化建设的重要基础性工作。在国家信息化建设过程中，标准是规范技术开发、产品生产、工程管理等行为的技术法规。统一标准是信息互通、互联、互操作的前提。只有统一技术要求、业务要求和管理要求等标准化手段，才可以保障信息化建设的相关工程及相关环节的建设在行业范围内有章可循、有法可依，形成一个有机的整体，避免盲目和重复，降低成本，提高效益，从而规范和促进国家信息化建设有序、高效、快速的健康发展。

标准的产生要经过协商一致制定，并由公认机构批准。协商一致是指普遍同意，表征为对实质性问题，有关重要方面没有坚持反对意见，并且按程序对有关各方面的观点进行了研究和对争议经过了协调。协商一致并不意味着没有异议。简言之，协商一致是指有关各界的重要一方对标准中的实质性问题普遍接受，没有坚持反对意见，但有可能会有少量的异议。为了保证标准的严肃性和权威性，标准需经公认的权威机构批准，通常权威机构包括政府主管部门、标准化组织或团体（包括国际组织或区域组织），从事标准化工作的协会或学会等。

在我国，将标准级别依据《中华人民共和国标准化法》划分为国家标准、行业标准、地方标准和企业标准 4 个层次。各层次之间有一定的依存关系和内在联系，形成一个层次分明的标准体系。此外，为适应某些领域标准快速发展和快速变化的需要，除了于 1998 年规定的四级标准之外，还增加了一种"国家标准化指导性技术文件"，作为对国家标准的补充，其代号为"GB/Z"。符合下列情况之一的项目,可以制定指导性技术文件:①技术尚在发展中,需要有相应的文件引导其发展或具有标准化价值,尚不能制定为标准的项目;②采用国际标准化组织、国际电工委员会及其他国际组织的技术报告的项目。指导性技术文件仅供使用者参考。

依据《中华人民共和国标准化法》的规定,国家标准、行业标准均可分为强制性和推荐性两种属性的标准。强制性标准是由法律规定必须遵照执行的标准。强制性标准以外的标准是推荐性标准,又称为非强制性标准。推荐性国家标准的代号为"GB/T",强制性国家标准的代号为"GB"。行业标准中的推荐性标准也是在行业标准代号后加个"T"字,如"JB/T",即为机械行业推荐性标准,以此类推。

1.7.2 标准化组织

本书所描述的很多安全技术和应用已经被认定为国际标准。另外,这些标准已经被拓展,目前已经涵盖管理实践和整个安全机制与服务体系。本书利用正在使用的最重要的或正在开发的标准来描述计算机信息安全的各个方面。各种组织都在致力于促进或推动这些标准的制定和修改,一些重要的组织如下。

(1) 国际标准化组织(International Organization for Standardization,ISO):ISO 是 1946 年成立的非政府性的国际标准化机构,在国际标准化工作中占有主导地位。ISO 的主要任务是制定国际标准,协调世界范围的标准化工作,以及与其他国际组织开展合作。ISO 在信息安全方面制定了很多安全标准,如 ISO/IEC 15408(信息安全评估公共准则)、ISO/IEC 15443(信息技术安全保障框架)、ISO/IEC 27000 系列(信息安全管理系统)等。

(2) 国际电信联盟(International Telecommunication Union,ITU):ITU 是 1947 年成立的非政府性的国际电信协调机构,是联合国负责国际电信事务的专门机构。ITU 的前身是 1865 年成立的国际电报电话咨询委员会(International Telephone and Telegraph Consultative Committee,CCITT),该组织在 1934 年被改组为国际电信联盟。ITU 的主要任务是制定国际电信标准,分配可用的无线电频率资源,提供各个国家之间的国际长途互联方案等。ITU 在信息安全领域制定了很多标准,如 X.509、X.805 等。

(3) 国际电工委员会(International Electro-technical Commission,IEC):IEC 是 1906 年成立的非政府性国际电工标准化机构,是联合国经济及社会理事会(Economic and Social Council,ECOSOC)的甲级咨询组织。IEC 的主要任务是制定电工国际标准,协调世界范围的电工标准化工作,以及与其他国际组织开展标准化方面的合作。IEC 与 ISO 联合成立了 JTC 1(信息技术第一联合技术委员会),共同制定了很多信息安全标准。

(4) 互联网工程任务组(Internet Engineering Task Force,IETF):IETF 是 1985 年成立的非政府性国际互联网研究机构,是全球互联网领域的权威技术研究组织。IETF 的主要任务是研究与制定互联网技术规范。IETF 与上述几个国际组织有一定的区别,IETF 的参与者主要是志愿人员,每年通过召开几次会议来完成相关工作。很多信息安全技术规范已通过 IETF 讨论成为公认的标准,如 PKI、IPSec、SSL、PGP 等。

(5) 美国国家标准与技术研究所(National Institute of Standard and Technology,NIST):NIST 是美国联邦政府的一个机构,负责制定美国政府使用的度量、标准和技术规范,也负责推动美国私营企业的创新。尽管是美国国家机构,NIST 联邦信息处理标准

(NIST Federal Information Processing Standards,FIPS)与 Special Publication(SP)却有着国际范围的影响力。

(6) 电气和电子工程师协会(Institute of Electrical and Electronics Engineer,IEEE)：IEEE 是 1963 年成立的非政府性的国际电子标准化机构，在国际标准化中占有重要地位。IEEE 在信息安全领域的贡献主要有两方面：一方面是电气和电磁安全，如 IEEE C2（国家电器安全规程）；另一方面是信息安全，如 IEEE 802.10、IEEE 802.11i 等。

1.7.3 信息安全相关标准

到目前为止，相关国际组织在信息安全领域已经形成了以下几个国际标准。

(1) 信息安全管理指南(ISO/IEC 13335)：该标准是由 ISO 和 IEC 共同制定的信息安全管理的指导性标准，其目的是为有效实施信息安全管理提供建议和支持，主要包括信息安全的概念与模型、信息安全管理与计划制定、信息安全管理技术、防护措施的选择、网络安全管理方针等。

(2) 信息安全管理实用规则(ISO/IEC 27001)：该标准是由 ISO 和 IEC 共同制定的信息安全管理的指导性标准，其目的是为某个机构的信息安全系统开发人员提供参考，为该机构提供用于制定安全标准、实施安全管理时的通用要素，并使不同机构之间的信息交互能够获得互信。

(3) 通用安全评价标准(ISO/IEC 15408)：该标准(简称 CC)是目前国际上最通行的信息技术产品级系统安全性评估准则，也是信息技术安全性评估结果国际互认的基础；是由 ISO 和 IEC 共同制定的信息安全评估标准，目的是为软件产品的用户与开发者提供安全评估手段。用户可以指定自己的安全需求，开发者可以指定产品的安全属性，评估者可以通过它提供的评估手段判断产品是否满足安全需求。

(4) 信息系统软件过程评估(ISO/IEC 15504)：该标准是由 ISO 和 IEC 共同制定的信息系统软件过程评估标准，其目的是为信息系统开发者提供一种结构化的软件过程评估方法。软件开发者可将它用于软件的设计、管理、监督与控制流程，并提高软件的开发、操作、升级和支持能力。

(5) 系统安全工程能力成熟模型(SSE-CMM)：该模型是由美国国家安全局、美国国防部、加拿大通信安全局，以及 60 多家公司共同开发的安全模型，其目的是通过对系统安全工程进行管理，将该工程转变为一个具有良好定义、成熟、可测量的工程。该模型于 1998 年提交 ISO 并形成一个国际标准。

(6) 信息安全管理体系标准(ISO/IEC 17799)：该标准最早是由英国标准协会制定的信息安全管理体系标准，于 1995 年英国首次出版了《信息安全管理实施细则》，它提供了一套综合的、由信息安全最佳惯例组成的实施规则，其目的是作为确定工商业信息系统在大多数情况所需控制范围的唯一参考基准。该标准于 2001 年被 ISO 采纳为国际标准 ISO/IEC 17799，并于 2005 年 6 月发布了最新版，在 2007 年 7 月 1 日正式发布为 ISO/IEC 27002。现在，该标准已经得到了很多国家的认可，是国际上具有代表性的信息安全管理体系标准。目前除英国外，还有荷兰、丹麦、澳大利亚、巴西等国已同意使用该标准；日本、瑞士、卢森堡等国也表示对该标准感兴趣，我国的台湾、香港也在推广该标准。许多国家的政府机构、银行、证券、保险公司、电信运营商、网络公司及许多跨国公司已采用了此标准对自己的信息安全进行系统的管理。

在线测试

习 题 1

一、选择题

1. 以下关于访问控制服务的说法,正确的是( )。
   A. 可控制用户访问网络资源　　　　B. 可识别发送方的真实身份
   C. 不限制用户使用网络服务　　　　D. 可约束接收方的抵赖行为
2. 以下关于信息安全问题的说法,错误的是( )。
   A. 仅依赖技术手段就可以解决　　　B. 需要政府制定政策加以引导
   C. 需要通过立法约束网络行为　　　D. 需要对网络用户进行安全教育
3. 第三方假冒发送方的身份向接收方发送信息称为( )。
   A. 窃取信息　　B. 重放信息　　C. 篡改信息　　D. 伪造信息
4. 在以下几个国际组织中,制定 X.805 安全标准的是( )。
   A. ISO　　　　B. ITU　　　　C. IRTF　　　　D. NIST
5. 在信息安全的基本要素中,防止非授权用户获取网络信息的是( )。
   A. 可用性　　　B. 可靠性　　　C. 保密性　　　D. 完整性

二、填空题

1. 在 OSI 安全体系结构中,五大类安全服务是指_____、_____、_____、_____和_____。
2. 在我国信息安全等级保护标准中,满足访问验证保护功能的等级是_____。
3. 在 PPDR 模型中,通常由_____、_____、_____和_____ 4 个主要部分组成。
4. 在 ITSEC 的安全等级中,C2 级的安全要求比 B3 级更_____。
5. 国际标准化组织的英文缩写是_____。

三、简答题

1. 计算机信息系统安全的威胁因素主要有哪些?
2. 从技术角度分析引起计算机信息系统安全问题的根本原因。
3. 信息安全的 CIA 指的是什么?
4. 简述 PPDR 安全模型的构成要素及运作方式。
5. 计算机信息安全研究的主要内容有哪些?
6. 计算机信息安全的定义是什么?
7. 在计算机安全系统中,人、制度和技术之间的关系是怎样的?请简要描述。

第 2 章 密 码 技 术

密码技术是保障信息和信息系统安全的核心技术之一,它起源于保密通信技术。密码学又分为密码编码学(Cryptography)和密码分析学(Cryptanalysis)两大部分,其中密码编码学是研究如何对信息编码以实现信息和通信安全的科学,而密码分析学则是研究如何破解或攻击受保护信息的科学。这两者既相互对立,又相互促进,推动了密码学不断向前发展。

视频讲解

2.1 密码学概述

视频讲解

本节将简要介绍密码学有关的基本概念和基础知识,包括密码体制的模型、分类、攻击和评价等。

2.1.1 密码体制的模型

在密码学中,一个密码体制或密码系统是指由明文、密文、密钥、加密算法和解密算法所组成的五元组。

(1) 明文是指未经过任何变换处理的原始消息,通常用 m(message)或 p(plaintext)表示。所有可能的明文有限集组成明文空间,通常用 M 或 P 表示。

(2) 密文是指明文加密后的消息,通常用 c(ciphertext)表示。所有可能的密文有限集组成密文空间,通常用 C 表示。

(3) 密钥是指进行加密或解密操作所需的秘密/公开参数或关键信息,通常用 k(key)表示。所有可能的密钥有限集组成密钥空间,通常用 K 表示。

(4) 加密算法是指在密钥的作用下将明文消息从明文空间映射到密文空间的一种变换方法,该变换过程称为加密,通常用字母 E 表示,即 $c=E_K(m)$。

(5) 解密算法是指在密钥的作用下将密文消息从密文空间映射到明文空间的一种变换方法,该变换过程称为解密,通常用字母 D 表示,即 $m=D_K(c)$。

图 2.1 所示为一种最基本的密码体制模型。

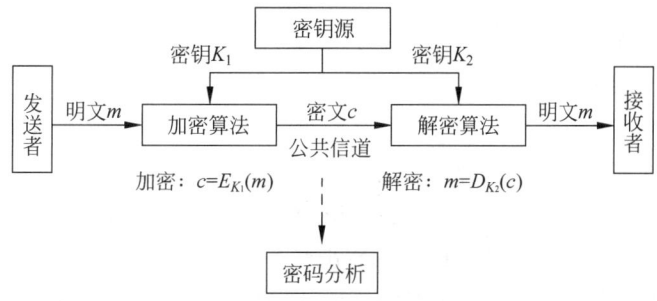

图 2.1 密码体制的基本模型

在对称密码体制中,加密密钥 k_1 和解密密钥 k_2 通常是相同的,并且加密算法是解密算法的逆过程或逆函数。即使两个密钥不相同,已知其中一个密钥也能很容易地推出另一个密钥。而在非对称密码体制中,作为公钥的加密密钥 k_1 和作为私钥的解密密钥 k_2 在本质上是完全不相同的,已知其中一个密钥推出另一个密钥在计算上是不可行的,并且解密算法一般不是加密算法的逆过程或逆函数。

2.1.2 密码体制的分类

密码体制是指实现加密和解密功能的密码方案,从密钥使用策略上,可分为对称密码体制(symmetric key cryptosystem)和非对称密码体制(asymmetric key cryptosystem)两类。

1. 对称密码体制

在对称密码体制中,消息的发送者和接收者必须对所使用的密钥完全保密,不能让任何第三方知道。对称密码体制又称为秘密密钥体制(secret key cryptosystem)、单钥密码体制(one key cryptosystem)或传统密码体制(traditional cryptosystem)。按加密过程对数据的处理方式,它可以分为分组密码和序列密码两类,经典的对称密码算法有 AES、DES、RC4 和 A5 等。

对称密码体制的优点如下。

(1) 加密和解密的速度都比较快,具有较高的数据吞吐率。不仅软件能实现较高的吞吐量,而且还适合于硬件实现,使硬件加密和解密的处理速度更快。

(2) 对称密码体制中所使用的密钥相对较短。

(3) 密文的长度往往与明文长度相同。

对称密码体制的缺点如下。

(1) 密钥分发需要安全通道,发送方如何安全、高效地把密钥送到接收方是对称密码体制的软肋。对称密钥的分发过程往往很烦琐,需要付出的代价较高。

(2) 密钥量大,难于管理。多人用对称密码算法进行保密通信时,其密钥量会随通信人数的增长而指数增长,导致密钥管理变得越来越复杂。例如,n 个人使用对称密码体制相互通信,总共需要 C_n^2 个密钥,每个人拥有 $n-1$ 个密钥,n 较大则将极大地增加密钥管理(包括密钥的生成、使用、存储、备份、存档、更新等)的复杂性和难度。

(3) 难以解决不可否认性问题。因为通信双方拥有相同的密钥,所以接收方可以否认接收某消息,发送方也可以否认发送过某消息,即对称密码体制很难解决鉴别认证和不可否认性的问题。

2. 非对称密码体制

在非对称密码体制中,加密密钥和解密密钥是完全不同的,一个是对外公开的公钥,可以通过公钥证书进行注册公开;另一个是必须保密的私钥,只有拥有者才知道。不能从公钥推出私钥,或者说从公钥推出私钥在计算上是不可行的。非对称密码体制又称为双钥密码体制(double key cryptosystem)或公开密钥密码体制(public key cryptosystem)。典型的非对称密码体制有 RSA、ECC、Rabin、Elgamal 和 NTRU 等。

非对称密码体制主要是为了解决对称密码体制中难以解决的问题而提出的,一是解决对称密码体制中密钥分发和管理的问题;二是解决不可否认性的问题。由此可知,非对称密码体制在密钥分配和管理、鉴别认证、不可否认性等方面具有重要意义。

对称密码体制主要用于信息的保密,实现信息的机密性。而非对称密码体制不仅可用来对信息进行加密,还可以用来对信息进行数字签名。在非对称密码体制中,任何人可用信息接收者的公钥对信息进行加密,信息接收者则用自己的私钥进行解密。在数字签名算法中,签名者用自己的私钥对信息进行签名,任何人可用相应的公钥验证其签名的有效性。因此,非对称密码体制不仅可保障信息的机密性,还具有认证和抗否认性的功能。

非对称密码体制的优点如下。

(1) 密钥的分发相对容易。在非对称密码体制中,公钥是公开的,而用公钥加密的信息只有对应的私钥才能解密。当用户需要与对方发送对称密钥时,只需要利用对方公钥加密这个密钥。此时,只有拥有相应私钥的对方才能解密该加密信息,并得到所发送来的对称密钥。

(2) 密钥管理简单。每个用户只需要保存好自己的私钥。如果用户对外公布自己的公钥,则 n 个用户仅会产生 n 对密钥,即密钥总量为 $2n$。当 n 较大时,密钥总量的增长是线性的,而每个用户管理密钥个数始终为一个。

(3) 可以有效地实现数字签名。这是因为消息签名的产生来自用户的私钥,其验证使用了用户的公钥,由此可以解决信息的不可否认性问题。

非对称密码体制的缺点如下。

(1) 与对称密码体制相比,非对称密码体制加密/解密速度较慢。

(2) 在同等安全强度下,非对称密码体制要求的密钥长度要长一些。

(3) 密文的长度往往大于明文的长度。

无论是对称密码体制还是非对称密码体制,在设计和使用时必须遵守柯克霍夫原则(Kerckhoffs principle)。柯克霍夫原则也称为柯克霍夫假设(Kerckhoffs assumption)或柯克霍夫公理(Kerckhoffs axiom),它主要阐述了关于密码分析的基本假设:任何一个密码系统的安全性不应取决于不易改变的算法,而应取决于密钥的安全性;只要密钥是安全的,攻击者就无法从密文推导出明文。

2.1.3 密码体制的攻击

密码分析学是密码编码学的孪生兄弟,几乎是伴随着密码编码学的产生而产生的,它是研究如何分析或破解各种密码体制的一门科学。密码分析俗称密码破译,是指在密文通信过程中,非授权者在不知道解密密钥的条件下对密文进行分析,试图得到明文或密钥的过程。通信者所采用的密码体制细节在密码学发展不同时期处理方式有较大差异,在传统密码时期是不公开的,而在现代密码时期是公开的。

密码体制的设计者和使用者都非常关心密码分析问题,因为密码体制的分析结果是评价这一密码体制安全性的重要依据。从本质上讲,解密或破译是密码分析者在不知道解密密钥的情况下从截获的密文中恢复出明文或获得密钥的过程。但密码分析者具备的条件是不尽相同的,根据密码分析者可获得的密码分析的信息量把密码体制的攻击划分为以下 5 种类型。

1. 唯密文攻击

密码分析者除了拥有所截获的一些消息的密文外,没有其他可以利用的信息。密码分析者的任务是恢复尽可能多的明文,甚至推算出加密信息的密钥,以便可解密出用同一密钥加密的其他密文。唯密文攻击(Ciphertext Only Attack,COA)可以抽象地描述如下。

已知:$C_1=E_k(P_1),C_2=E_k(P_2),\cdots,C_i=E_k(P_i)$。

可得:$P_1,P_2,\cdots,P_i$,密钥k,或者从$C_{i+1}=E_k(P_{i+1})$推导出P_{i+1}的算法。

这种攻击的方法一般采用穷举搜索法,即对截获的密文依次用所有的可能密钥进行尝试,直到得到有意义的明文。只要有足够多的计算资源和存储资源,从理论上讲,穷举搜索是可以成功的,经不起这种攻击的密码体制被认为是完全不安全的。

2. 已知明文攻击

密码分析者不仅掌握了相当数量的密文,而且知道一些已知的明文-密文对。已知明文攻击(Known Plaintext Attack,KPA)可以抽象地描述如下。

已知:$P_1,C_1=E_k(P_1),P_2,C_2=E_k(P_2),\cdots,P_i,C_i=E_k(P_i)$。

可得:密钥k,或者从$C_{i+1}=E_k(P_{i+1})$推导出P_{i+1}的算法。

密码分析者的任务就是用加密信息推导出用来加密的密钥或推导出一个算法,此算法可以对用同一密钥加密的任何新的信息进行解密。在现实中,密码分析者可能通过各种手段得到更多的信息,即得到若干明文-密文对并不是十分困难的事,而且明文消息往往采用某种特定的格式。例如,Postscript格式文件开始位置的格式总是相同的,电子现金传送消息总有一个标准的包头或标题等。对于现代密码体制的基本要求,不仅要经受得住唯密文攻击,而且要经受得住已知明文攻击。

3. 选择明文攻击

密码分析者不仅能够获得一定数量的明文-密文对,而且他们可以选择任何明文,并在使用同一未知密钥的情况下得到相应的密文。选择明文攻击(Chosen Plaintext Attack,CPA)可以抽象地描述如下。

已知:$P_1,C_1=E_k(P_1),P_2,C_2=E_k(P_2),\cdots,P_i,C_i=E_k(P_i)$,其中,$P_1,P_2,\cdots,P_i$是由密码分析者选择的。

可得:密钥k,或者从$C_{i+1}=E_k(P_{i+1})$推导出P_{i+1}的算法。

如果攻击者在加密系统中能选择特定的明文消息,则通过该明文消息对应的密文有可能确定密钥的结构或获取更多关于密钥的信息。选择明文攻击比已知明文攻击更有效,这种情况往往是密码分析者通过某种手段暂时控制加密器。这种攻击主要用于公开密钥算法,也就是说公开密钥算法(即非对称密码算法)必须经受住这种攻击。

4. 选择密文攻击

密码分析者能选择不同被加密的密文,并可得到对应解密的明文,其任务是推出密钥及其他密文对应的明文。选择密文攻击(Chosen Ciphertext Attack,CCA)可以抽象地描述如下。

已知:$C_1,P_1=D_k(C_1),C_2,P_2=D_k(C_2),\cdots,C_i,P_i=D_k(C_i)$,其中,$C_1,C_2,\cdots,C_i$是由密码分析者选择的。

可得:密钥k。

如果攻击者能从密文中选择特定的密文消息,则通过该密文对应的明文有可能推导出密钥的结构或产生更多关于密钥的信息。这种情况往往是密码分析者通过某种手段暂时控制解密器。

5. 选择文本攻击

选择文本攻击(Chosen Text Attack,CTA)是选择明文攻击和选择密文攻击的组合,即密码分析者在掌握密码算法的前提下,不仅能够选择明文并得到对应的密文,而且还能选择密文并得到对应的明文。这种情况往往是密码分析者通过某种手段暂时控制了加密器和解密器。

上述攻击的目的是推导出用来解密的密钥或新的密文所对应的明文信息。这5种攻击强度通常是依次递增的。如果一个密码系统能够抵抗选择明文攻击,那么它就能抵抗已知明文攻击和唯密文攻击。当然,密码体制的攻击绝不限于以上5种类型,还包括一些非技术手段,如密码分析者通过威胁、勒索、贿赂、购买等方式获得密钥或相关信息。在某种情况下,这些手段往往是非常有效的攻击,但不是本书所关注的内容。

2.1.4 密码体制的评价

随着现代密码学的发展,对密码算法的评价虽然没有统一的标准,但从美国国家标准与技术研究院对 AES 候选算法的选择标准来看,对密码算法的评价标准主要集中在以下几方面。

(1) 安全性:安全是最重要的评价因素。

(2) 计算的效率:即算法的速度,算法在不同的工作平台上的速度都应该考虑到。

(3) 存储条件:对 RAM 和 ROM 的要求。

(4) 软件和硬件的适应性:算法在软件和硬件上都应该能够被有效地实现。

(5) 简洁性:要求算法容易实现。

(6) 适应性:算法应与大多数的工作平台相适应,能在广泛的范围内应用,具有可变的密钥长度。

也可以概括性地认为密码算法评价的标准分为安全、费用和算法的实施特点三大类。其中,安全包括坚实的数学基础,以及与其他算法相比较的相对安全性等;费用包括在不同平台上的计算速度和存储必备条件;算法的实施特点包括软件和硬件的适应性、算法的简洁性,以及与各种平台的适应性、密钥的灵活性等。

安全性对密码体制尤为重要,从前面密码体制的攻击可以看到,一个安全的密码体制应该具有以下性质。

(1) 从密文恢复明文应该是难的,即使分析者知道明文空间(如明文是英文)。

(2) 从密文计算出明文部分信息应该是难的。

(3) 从密文探测出简单却有用的事实应该是难的,如相同的信息被发送了两次。

从密码分析者对一种密码体制攻击的效果来看,它可能达到以下结果。

(1) 完全攻破。密码分析者找到了相应的密钥,从而对任意用同一密钥加密的密文恢复出对应的明文。

(2) 部分攻破。密码分析者没有找到相应的密钥,但对于给定的密文,敌手能够获得明文的特定信息。

(3) 密文识别。对于两个给定的不同明文及其中一个明文的密文,密码分析者能够识别出该密文对应于哪个明文,或者能够识别出给定明文的密文和随机字符串。如果一个密码体制使得敌手不能在多项式时间内识别密文,则将这样的密码体制称为达到了语义安全

(semantic security)。

评价密码体制安全性有不同的途径,包括无条件安全性、计算安全性、可证明安全性。

(1) 无条件安全性。如果密码分析者具有无限的计算能力,密码体制也不能被攻破,那么这个密码体制就是无条件安全的。例如,只有单个的明文用给定的密钥加密,移位密码和代换密码都是无条件安全的。一次一密加密(one-time pad cipher)对于唯密文攻击是无条件安全的,因为敌手即使获得很多密文信息,具有无限的计算资源,仍然不能获得明文的任何信息。如果一个密码体制对于唯密文攻击是无条件安全的,则称该密码体制具有完善保密性。如果明文空间是自然语言,所有其他的密码系统在唯密文攻击中都是可破的,因为只要简单地一个接一个地去试每种可能的密钥,并且检查所得明文是否都在明文空间中。这种方法称为穷举攻击(brute force attack)。

(2) 计算安全性。密码学更关心在计算上不可破译的密码系统。如果攻破一个密码体制的最好算法用现在或将来可得到的资源都不能在足够长的时间内破译,则这个密码体制被认为在计算上是安全的。目前还没有任何一个实际的密码体制被证明是计算上安全的,因为已知的只是攻破一个密码体制的当前最好算法,也许还存在一个现在还没有发现的更好的攻击算法。实际上,密码体制对某一种类型的攻击(如穷举攻击)在计算上是安全的,但对其他类型的攻击可能在计算上是不安全的。

(3) 可证明安全性。一种安全性度量是将密码体制的安全性归约为某个经过深入研究的数学难题。例如,如果给定的密码体制是可以破解的,那么就存在一种有效的方法解决大数的因子分解问题,而因子分解问题目前不存在有效的解决方法,于是称该密码体制是可证明安全的,即可证明攻破该密码体制比解决大数因子分解问题更难。可证明安全性只是说明密码体制的安全与一个问题是相关的,并没有证明密码体制是安全的。可证明安全性有时候也被称为归约安全性。

2.2 传统密码体制

传统密码体制也称为古典密码体制,这些加密方法大多比较简单,用手工或机械操作即可实现加解密。现在,破译 Vigenère 密码只是密码课上的一个简单练习。然而,研究这些密码的原理,对于理解、构造和分析现代密码都是十分有益的。古典密码的基本设计思想是现代密码的设计基础,在现代密码学中具有一定的意义。传统密码体制又分为置换密码和代换密码两种。

2.2.1 置换密码

置换密码(permutation cipher)又称为换位密码(transposition cipher),是指根据一定的规则重新排列明文,以便打破明文的结构特性。置换密码的特点是保持明文的所有字符不变,只是利用置换打乱了明文字符的位置和次序。实际上古希腊斯巴达人使用的 Scytale 密码,以及我国古代的藏头诗、藏尾诗等都是采用置换密码方法。

这种密码算法可以描述如下。

设 m 是某固定的整数,定义 $P=C=(Z_{26})^m$,且 k 由所有 $\{1,2,\cdots,m\}$ 的置换组成。

对一个密钥 π(即一个置换),定义 $e_\pi(x_1,x_2,\cdots,x_m)=(x_{\pi(1)},x_{\pi(2)},\cdots,x_{\pi(m)})$,且 $d_{\pi^{-1}}(y_1,y_2,\cdots,y_m)=(y_{\pi^{-1}(1)},y_{\pi^{-1}(2)},\cdots,y_{\pi^{-1}(m)})$,其中 π^{-1} 是 π 的逆置换。

例 2.1 假定 $m=6$,密钥是以下置换 π:

1	2	3	4	5	6
3	5	1	6	4	2

则逆置换 π^{-1} 为:

1	2	3	4	5	6
3	6	1	5	2	4

假定给出明文:

$$shesellsseashellsbytheseashore$$

首先将明文分为 6 个字母一组:

$$shesel\ lsseas\ hellsb\ ythese\ ashore$$

每 6 个字母按置换函数 π 进行重排,得到相应的密文:

$$EESLSHSALSESLSHBLEHSYEETHRAEOS$$

用 π^{-1} 类似地进行解密。

实际上,置换密码是 Hill 密码的一个特例。对于一个给定的集合 $\{1,2,\cdots,m\}$ 的置换 π,可以定义相应的 $m \times m$ 置换阵 $k_\pi = \{k(i,j) | 1 \leqslant i \leqslant m, 1 \leqslant j \leqslant n\}$,依据公式:

$$k_{i,j} = \begin{cases} 1 & j=\pi(i) \\ 0 & 其他 \end{cases}$$

即置换阵的每一行和每一列有且仅有一个元素"1",其余元素都为"0",对于上述置换 π 和 π^{-1},相应的置换阵分别为 $k_\pi = \begin{bmatrix} 0 & 0 & 1 & 0 & 0 & 0 \\ 0 & 0 & 0 & 0 & 1 & 0 \\ 1 & 0 & 0 & 0 & 0 & 0 \\ 0 & 0 & 0 & 0 & 0 & 1 \\ 0 & 0 & 0 & 1 & 0 & 0 \\ 0 & 1 & 0 & 0 & 0 & 0 \end{bmatrix}, k_{\pi^{-1}} = \begin{bmatrix} 0 & 0 & 1 & 0 & 0 & 0 \\ 0 & 0 & 0 & 0 & 0 & 1 \\ 1 & 0 & 0 & 0 & 0 & 0 \\ 0 & 0 & 0 & 0 & 1 & 0 \\ 0 & 1 & 0 & 0 & 0 & 0 \\ 0 & 0 & 0 & 1 & 0 & 0 \end{bmatrix}$。

2.2.2 代换密码

代换密码(substitution cipher)是将明文中的字符替换为其他字符的密码体制。按照一个明文字母是否总被一个固定的字母代替进行划分,它又分为单字母代换(monogram substitution)密码和多字母代换(polygram substitution)密码。单字母代换密码又分为单表代换(monoalphabetic substitution)密码和多表代换(polyalphabetic substitution)密码。

1. 单表代换密码

单表代换密码是指对明文的所有字母都用某个固定的密文字母进行代换。加密过程是从明文字母表到密文字母表的一对一映射,即令明文 $m=m_0 m_1 m_2 \cdots m_n$,则相应的密文为 $c=e_k(m)=c_0 c_1 c_2 \cdots c_n=f(m_0)f(m_1)f(m_2)\cdots f(m_n)$。下面分别介绍几类简单的单表代换密码。

1) 移位密码

图 2.2 所示为移位密码(shift cipher)的加密和解密函数。因为英文字符有 26 个字母，可以建立英文字母和模 26 的剩余 Z_{26} 之间的对应关系，如表 2.1 所示。对于英文文本，则明文、密文空间都可定义在集合 Z_{26} 上。当然，这种方法也很容易推广到 n 个字母的情况。容易看出，移位密码满足密码系统的定义，即 $d_k(e_k(x))=x, x \in Z_{26}$。

> 设 $P=C=Z_{26}$，对 $0 \leqslant k \leqslant 25$，定义 $e_k(x)=(x+k) \bmod 26$，且 $d(y)=(y-k) \bmod 26 (x, y \in Z_{26})$。

图 2.2 英文移位密码

表 2.1 英文字母和模 26 的剩余之间的对应关系

A	B	C	D	E	F	G	H	I	J	K	L	M
0	1	2	3	4	5	6	7	8	9	10	11	12
N	O	P	Q	R	S	T	U	V	W	X	Y	Z
13	14	15	16	17	18	19	20	21	22	23	24	25

如果明文字母和密文字母被数字化，且分别表示为 x, y，则对每个明文 $x \in Z_{26}$，加密后为 $y=(x+k) \bmod 26$。$\bmod 26$ 意味着等式左右两边仅相差一个 26 的倍数。

例 2.2 凯撒(Caesar)密码是 $k=3$ 的情况，即通过简单地向右移动源字母表中的 3 个字母，则形成如表 2.2 所示的代换字母表。

表 2.2 代换字母表

a	b	c	d	e	f	g	h	i	j	k	l	m
D	E	F	G	H	I	J	K	L	M	N	O	P
n	o	p	q	r	s	t	u	v	w	x	y	z
Q	R	S	T	U	V	W	X	Y	Z	A	B	C

若明文为：

please confirm receipt

则密文为：

SOHDVH FRQILUP UHFHLSW

通过观察可以发现，移位密码是不安全的，因为它可被穷举密钥搜索所破解：仅有 26 个可能的密钥，尝试每一个可能的解密规则 d_k，直到一个有意义的明文串被获得。平均地说，一个密文在尝试 $26/2=13$ 次之后，就可以得到破解以后的明文信息。

可以设想：如果密文字母表是用随机的次序放置，而不是简单的相应于字母表的偏移，密钥量将大幅度增加。这就是下面要介绍的替换密码。

2) 替换密码

另一个众所周知的密码系统是替换密码，其定义如图 2.3 所示。

> 设 $P=C=Z_{26}$，密钥空间 K 由所有可能的 26 个符号 $0,1,\cdots,25$ 的置换组成。对每一个置换 $\pi \in K$ 定义：
> $$e_\pi(x)=\pi(x)$$
> 则
> $$d_{\pi^{-1}}(y)=\pi^{-1}(y)$$
> 其中，π^{-1} 是 π 的逆置换。

图 2.3 替换密码

置换 π 定义为：

$$\pi = \begin{bmatrix} 0 & 1 & 2 & \cdots & 23 & 24 & 25 \\ 0' & 1' & 2' & \cdots & 23' & 24' & 25' \end{bmatrix}$$

替换密码的密钥是由 26 个字母的置换组成的。这些置换的数目是 26!，超过 4.0×10^{26}，是一个非常大的数。这样，即使对现代计算机来说，穷举密钥搜索也是不可行的。然而，下面会看到，替换密码很容易被其他的分析方法所破译。

显然，替换密码的密钥（26 个元素的随机置换）太复杂而不容易记忆，因此实际中密钥句子常被使用。密钥句子中的字母被依次填入密文字母表（重复的字母只用一次），未用的字母按自然顺序排列。

例 2.3 设密钥句子为：

the message was transmitted an hour ago

源字母和代换字母如图 2.4 所示。

| 源字母： | a b c d e f g h i j k l m n o p q r s t u v w x y z |
| 代换字母： | T H E M S A G W R N I D O U B C F J K L P Q V X Y Z |

图 2.4 源字母和代换字母

若明文为：

please confirm receipt

则密文为：

CDSTKS EBUARJO JSESRCL

3) 仿射密码

凯撒密码可能的密钥数太少，而且从安全的角度看，在代换后的字母系统中，字母的次序并未改变，仅起始位置发生改变，因此存在安全隐患。仿射密码能克服这些弱点，如图 2.5 所示。

> 设 $P=C=Z_{26}$，且 $K=\{(a,b) \in Z_{26} \times Z_{26} \mid \gcd(a,26)=1\}$，对 $k=(a,b) \in K$，定义：
> $$e_k(x) = (ax+b) \bmod 26$$
> $$d_k(y) = a^{-1}(y-b) \bmod 26$$
> 其中，$(x,y) \in Z_{26}$。

图 2.5 仿射密码

在仿射密码中，用形如：

$$e_k(x) = (ax+b) \bmod 26 \quad a,b \in Z_{26}$$

的加密函数，这些函数称为仿射函数，所以命名为仿射密码。

注意：当 $a=1$ 时，仿射密码就变成了移位密码。

为了保证密文可以解密，必须要求仿射函数是双射。换句话说，对任何 $y \in Z_{26}$，要使得同余方程 $ax+b \equiv y \pmod{26}$ 有唯一解。由数论知识可知，当且仅当 $\gcd(a,26)=1$（$\gcd(\cdot)$ 表示求两个数的最大公约数的函数）时，上述同余方程对每个 y 有唯一解。

因为满足 $a \in Z_{26}$，$\gcd(a,26)=1$ 的 a 只有 12 种候选，对参数 b 没有要求，所以仿射密

码总计有 $12 \times 26 = 312$ 种可能的密钥。

例 2.4 假定 $k=(7,3)$,7^{-1} mod $26=15$,加密函数为 $e_k(x)=7x+3$,则相应的解密函数为 $d_k(y)=15(y-3)=15y-19$,其中所有的运算都是在 Z_{26} 中。容易验证,$d_k(e_k(x))=d_k(7x+3)=15(7x+3)-19=x+45-19=x$。

假设待加密的明文为 hot。首先将这 3 个字母分别转换为数字 7、14 和 19。然后加密:

$$7\begin{bmatrix}7\\14\\19\end{bmatrix}+\begin{bmatrix}3\\3\\3\end{bmatrix}=\begin{bmatrix}0\\23\\6\end{bmatrix}=\begin{bmatrix}A\\X\\G\end{bmatrix} \pmod{26}$$

最后可得密文串为 AXG,采用解密函数进行类似的计算,可以恢复明文 hot。

至此,可得出结论:通常,上述所介绍的代换密码(单表代换)不能有效抵抗密码攻击,因为语言的固有特征仍能从密文中提取出来。这种缺陷可以通过运用不止一个代换表进行代换的方式,掩盖密文的一些统计特征,从而改进单表代换密码的安全性。

2. 多表代换密码

多表代换密码是以一系列(两个以上)代换表依次对明文消息的字母进行代换的加密方法。令明文字母表为 Z_q,$f=(f_1,f_2,\cdots)$ 为代换序列,明文字母序列 $x=x_1 x_2 \cdots$,则相应的密文字母序列为 $c=e_k(x)=f(x)=f_1(x_1)f_2(x_2)\cdots$。若 f 是非周期的无限序列,则相应的密码称为非周期多表代换密码。这类密码对每个明文字母都采用不同的代换表(或密钥)进行加密,称为一次一密加密,这是一种理论上唯一不可破的密码。这种密码完全可以隐蔽明文的特点,但由于需要的密钥量和明文消息长度相同,因而该方法难于广泛使用。为了减少密钥量,在实际应用中多采用周期多表代换密码,即代换表个数有限,重复使用。

有名的多表代换密码有 Vigenère、Beaufort、Running-Key、Verna 和转轮机(rotor machine)等。Vigenère 密码如图 2.6 所示。

> 设 m 是某固定的正整数,定义 $P=C=K=(Z_{26})^m$,对一个密钥 $k=(k_1,k_2,\cdots,k_m)$,定义:
> $$e_k(x_1,x_2,\cdots,x_m)=(x_1+k_1,x_2+k_2,\cdots,x_m+k_m)$$
> 且
> $$d_k(y_1,y_2,\cdots,y_m)=(y_1-k_1,y_2-k_2,\cdots,y_m-k_m)$$
> 所有的运算都在 Z_{26} 中。

图 2.6 Vigenère 密码

Vigenère 密码是由法国密码学家 Blaisede Vigenère 于 1858 年提出的,它是一种以移位代换(当然也可以用一般的字母代换表)为基础的周期代换密码。

在 Vigenère 密码中,将 $k=(k_1,k_2,\cdots,k_m)$ 称为长为 m 的密钥字(key word)。该密码的密钥量为 26^m,即使 m 值相当小,通过穷举密钥法进行分析破解也需要很长的时间。若 $m=5$,则密钥空间大小超过 1.1×10^7,手工搜索也不容易。当明文串的长度大于 m 时,可将明文串按 m 一组分段,然后再逐段使用密钥字 k。

在 Vigenère 密码中,一个字母可被映射到 m 个可能的字母之一(假定密钥字包含 m 个不同的字符),所以分析起来比单表代换更困难。

例 2.5 设 $m=6$,且密钥字是 CIPHER,这相应于密钥 $k=(2,8,15,7,4,17)$。假定明

文串是 this cryptosystem is not secure。

首先将明文串转换为数字串，按 6 个一组分段，然后模 26 "加"上密钥字可得：

19	7	8	18	2	17		24	15	19	14	18	24
2	8	15	7	4	17		2	8	15	7	4	17
21	15	23	25	6	8		0	23	8	21	22	15
18	19	4	12	8	18		13	14	19	18	4	2
2	8	15	7	4	17		2	8	15	7	4	17
20	1	19	19	12	9		15	22	8	25	8	19
20	17	4									
2	8	15									
22	25	19									

相应的密文串为：

VPXZGIAXIVWPUBTTMJPWIZITWZT

解密过程与加密过程类似，不同的是只进行模 26 减，而不是模 26 加。

2.2.3 传统密码的分析

密码学的历史表明，密码分析者的成就似乎比密码设计者的成就更令人惊叹。许多开始时被设计者认为"百年或千年难破"的密码，没过多久就被密码分析者巧妙地攻破了。在第二次世界大战中，美军破译了日本的紫密，使得日本在中途岛战役中大败。一些专家估计，同盟国在密码破译上的成功至少使第二次世界大战缩短了 8 年。

本节将讨论一些密码分析的方法和技巧。一般的假定是攻击方知道所用的密码系统。这个假设被称为柯克霍夫假设。当然，如果攻击方不知道所用的密码体制，这将使得任务更加艰巨：分析者不得不尝试新的密码系统，但这时程序的复杂性基本上与限定在一个具体密码系统上相同。因此，密码分析的目标是设计一个在柯克霍夫假设下达到安全的系统。

简单的单表代换密码（如移位密码）极易破译。仅统计标出最高频度字母，再与明文字母表字母对应决定出移位量，就差不多得到正确解了。一般的仿射密码要复杂些，但多考虑几个密文字母统计表与明文字母统计表的匹配关系也不难推出。另外，单表代换密码也很容易用穷举密钥搜索来破译。可见，一个密码系统安全的必要条件是密钥空间必须足够大，使得穷举密钥搜索破译是不可行的，但这不是一个密码系统安全的充分条件。

多表代换密码的破译要比单表代换密码的破译难得多。在单表代换下，除了字母名称改变外，字母的频度、重复字母模式、字母结合方式等统计特性都未发生变化，依靠这些不变的统计特征就能破译单表代换。而在多表代换下，原来明文中的这些特性通过多个表的平均作用而被有效隐藏。已有的事实表明，用唯密文攻击法分析单表和多表代换密码是可行的，但用唯密文攻击法分析多字母代换密码（如 Hill 密码）是比较困难的。分析多字母代换多用已知明文攻击法。

1. 统计分析法

人类语言是高度冗余的，许多分析技巧用到了英语语言统计特性。通过对大量的小说、杂志、新闻报纸等汇编统计，人们已经获得 26 个字母的概率分布，如表 2.3 所示。

表 2.3　26 个英文字母的概率分布

字母	概率	字母	概率	字母	概率	字母	概率
A	0.082	H	0.061	O	0.075	V	0.010
B	0.015	I	0.070	P	0.019	W	0.023
C	0.028	J	0.002	Q	0.001	X	0.001
D	0.043	K	0.008	R	0.060	Y	0.020
E	0.127	L	0.040	S	0.063	Z	0.001
F	0.022	M	0.024	T	0.091		
G	0.020	N	0.067	U	0.028		

基于以上概率分布,可以将 26 个字母分为以下 5 组。

(1) E 出现的概率最高,大约为 0.12。

(2) T、A、O、I、N、S、H、R 每个出现的概率为 0.06～0.09。

(3) D、L 每个出现的概率大约为 0.04。

(4) C、U、M、W、F、G、Y、P、B 每个出现的概率为 0.015～0.023。

(5) V、K、J、X、Q、Z 出现的概率最低,每个出现的概率都少于 0.01。

应该强调的是,这些表并不包含结论性的信息。字母的分布情况高度依赖明文文本的类型,如诗歌、标语、散文、科技论文等,因此有些出入也是正常的。

一般来说,字母 E 总是最高频的字母,T 排在第二,A 或 O 排在第三,E、T、A、O、N、I、S、R、H 比其他字母的频率都要高,共约占英文文本的 70%。

当考虑位置特征时,字母 A、I、H 不常作为单词的结尾,而 E、N、R 出现在起始位置比终结位置更少,T、O、S 的出现在前后基本相等。当然,分组的划分破坏了一些位置特征。

当对单表代换密码和置换密码进行密码分析时,密码分析者就可以利用该语言的统计规律性进行分析,较容易得到正确的解密结果;而对多表代换密码分析,则先用 Kasiski 测试法或重合指数法(coincidence index)决定密钥的长度,然后再用改进的拟重合指数测试法确定密钥的具体内容。

例 2.6　假设从仿射密码获得的密文为:

FMXVEDKAPHFERBNDKRXRSREFMORUDSDKDVSHVUFEDKAPRKDLYEVLRHHR

上述仅有 57 个密文字母,但这对仿射密码是足够的。密文字母出现的频率是 R(8 次),D(7 次),E(5 次),H(5 次),K(5 次),F(4 次),S(4 次),V(4 次)。可以假定 R 是 e 的加密,且 D 是 t 的加密,因为 e 和 t 分别是两个最常见的字母。数值化后,有 $e_k(4)=17$,且 $e_k(19)=3$。代入加密函数 $e_k(x)=ax+b$,可得到一个含两个未知量的线性方程组:

$$\begin{cases} 4a+b=17 \\ 19a+b=3 \end{cases}$$

这个系统有唯一的解 $a=6, b=19$(在 Z_{26} 上)。但这是一个非法的密钥,因为 $\gcd(a,26)=2>1$,所以上面的假设有误。

下一个猜想可能 R 是 e 的加密,E 是 t 的加密,得 $a=13$,又是不可能的。继续假定 R 是 e 的加密,且 K 是 t 的加密。于是产生了 $a=3, b=5$,这至少是一个合法的密钥。接下来计算相应于 $k=(3,5)$ 的解密函数,然后解密密文看是否得到了有意义的英文串。容易证明这是一个有效的密钥。

最后的明文为：

algorithms are quite general definitions of arithmetic processes

2. 明文-密文对分析法

Hill 密码在唯密文攻击下是很难破的，但很容易被已知明文攻击所攻破。首先假定确定了 m 的值，且得到至少 m 对不同的 m 元组：

$$x_j = (x_{1j}, x_{2j}, \cdots, x_{mj}) \qquad y_j = (y_{1j}, y_{2j}, \cdots, y_{mj}) \qquad 1 \leqslant j \leqslant m$$

已知 $y_j = e_k(x_j), 1 \leqslant j \leqslant m$。如果定义两个 $m \times m$ 矩阵 $\boldsymbol{X} = (x_{ij}), \boldsymbol{Y} = (y_{ij})$，则有矩阵方程 $\boldsymbol{Y} = \boldsymbol{XK}$，$\boldsymbol{K}$ 是未知密钥。假定 $\boldsymbol{X}$ 是可逆的，则可计算 $\boldsymbol{K} = \boldsymbol{X}^{-1}\boldsymbol{Y}$，因此可攻破系统（如果 $\boldsymbol{X}$ 不可逆，则尝试其他 m 个明文-密文对）。

例 2.7 明文 friday 是用 Hill 密码加密的，$m=2$，得到密文 POCFKU，则有：

$$e_k(5, 17) = (15, 16) \qquad e_k(8, 3) = (2, 5) \qquad e_k(0, 24) = (10, 20)$$

从最初两个明文-密文对，得到如下矩阵方程：

$$\begin{bmatrix} 15 & 16 \\ 2 & 5 \end{bmatrix} = \begin{bmatrix} 5 & 17 \\ 8 & 3 \end{bmatrix} \boldsymbol{K}$$

容易计算 $\begin{bmatrix} 5 & 17 \\ 8 & 3 \end{bmatrix}^{-1} = \begin{bmatrix} 9 & 1 \\ 2 & 15 \end{bmatrix}$，则有：

$$\boldsymbol{K} = \begin{bmatrix} 9 & 1 \\ 2 & 15 \end{bmatrix} \begin{bmatrix} 15 & 16 \\ 2 & 5 \end{bmatrix} \bmod 26 = \begin{bmatrix} 7 & 19 \\ 8 & 3 \end{bmatrix}$$

然后可用第三个明文-密文对，对 $\boldsymbol{K}$ 进行验证。

2.3 现代对称密码体制

现代对称密码体制按加密形式可分为序列密码体制和分组密码体制，本节将重点介绍这两种密码体制。

分组密码是现代密码学的重要分支之一，其主要任务是提供数据保密性。在信息化网络时代，越来越多的敏感或机密信息需要通过网络传输、存储和处理，保密成为人们的一种迫切需要。

所谓分组密码，通俗地说就是数据在密钥的作用下，一组一组等长地被处理，且通常情况是明文、密文等长。这样做的好处是处理速度快，节约了存储资源，避免了浪费带宽。

分组密码也是许多密码组件的基础，很容易转化为流密码、Hash 函数。

分组密码的另一个特点是容易标准化，由于其固有的特点（高强度、高速率、便于软硬件实现）而成为标准化进程的首选体制。数据加密标准（Data Encryption Standard，DES）就是首先成为分组密码的典型代表。DES 算法完全公开，任何个人和团体都可以使用，其信息的安全性取决于各自密钥的安全性，这正是现代分组密码的特征。

DES 是曾被广泛使用的分组密码，遍及世界的政府、银行和标准化组织将 DES 作为安全和认证通信的基础。DES 算法的公开是密码学史上里程碑式的事件，开创了密码学民间应用之先河，大大推进了现代密码学的进展。随着计算技术的进步，DES 的 56 位密钥长已不适应现在的商业应用。

1997年4月,美国国家标准与技术研究院发起了征集高级加密标准(Advanced Encryption Standard,AES)的活动,许多优秀的算法被提交,进一步刺激了分组密码设计理论和实践的发展。

2.3.1 DES

DES算法是1975年由美国IBM公司的W. Tuchman和C. Meyers首先提出的,并于1977年被美国国家标准局公布为数据加密标准的一种分组加密算法。DES的出现是密码学历史上的一大进步,推动了现代密码学的快速发展。

DES算法在商业等领域有着广泛的应用,如在UNIX操作系统中就使用了DES算法,在Windows XP中使用3DES算法。DES曾经受到青睐,但近几年来,由于密码攻击技术的提高,DES的安全性已经受到了严重的挑战,但作为世界上首例加密标准,理解DES算法思想还是十分有必要的。

1. DES算法描述

DES是对数据分组加密的分组密码算法,分组长度为64位,密钥长度为56位。每64位明文加密成64位密文,没有数据压缩和扩展。若输入64位,则第8,16,24,32,40,48,56,64位为奇偶检验位,因而实际密钥只有56位。DES算法完全公开,其保密性完全依赖密钥。

图2.7所示为DES全部16轮的加/解密框图,其最上方的64位输入分组数据,可能是明文,也可能是密文(中间密文),视使用者要做加密或解密而定。加密与解密的不同处仅在于最右边的16个子密钥的使用顺序不同,加密的子密钥顺序为$K_1,K_2,\cdots,K_{16}$,而解密的子密钥顺序正好相反,为$K_{16},K_{15},\cdots,K_1$。

DES算法首先对输入的64位明文X进行一次初始置换IP,如图2.8所示,以打乱原来的次序。将置换后的数据X_0分成左右两部分,左边记为L_0,右边记为R_0,对R_0施行在子密钥控制下的变换f,其结果记为$f(R_0,K_1)$,得到的32位输出再与L_0做逐位异或(XOR)运算,其结果成为下一轮的R_1,R_0则成为下一轮的L_1。对L_1,R_1施行与L_0,R_0同样的过程得L_2,R_2,如此循环16次,最后得L_{16},R_{16}。如图2.9所示,对64位数字L_{16},R_{16}施行初始置换的逆置换IP^{-1},即得密文Y。运算过程可用以下公式简洁地表示:

$$R_i=L_{i-1}\oplus f(R_{i-1},K_i)$$
$$L_i=R_{i-1}(i=1,2,3,\cdots,16)$$

注意:在16次循环后并未交换L_{16}和R_{16},而直接将R_{16}和L_{16}作为IP^{-1}的输入,这样做使得DES的解密和加密完全相同。在以上过程中,只需要输入密文并反序输入子密钥即可,最后获得的就是相应的明文。

以上是对DES加/解密过程的描述。将从$L_{i-1}R_{i-1}$到L_iR_i的一次变换过程称为一轮加密,DES加密过程要经过16轮,或者称为16轮迭代,每一轮施行的变换完全相同,只是每轮输入的数据不同。

第 2 章 密码技术　　33

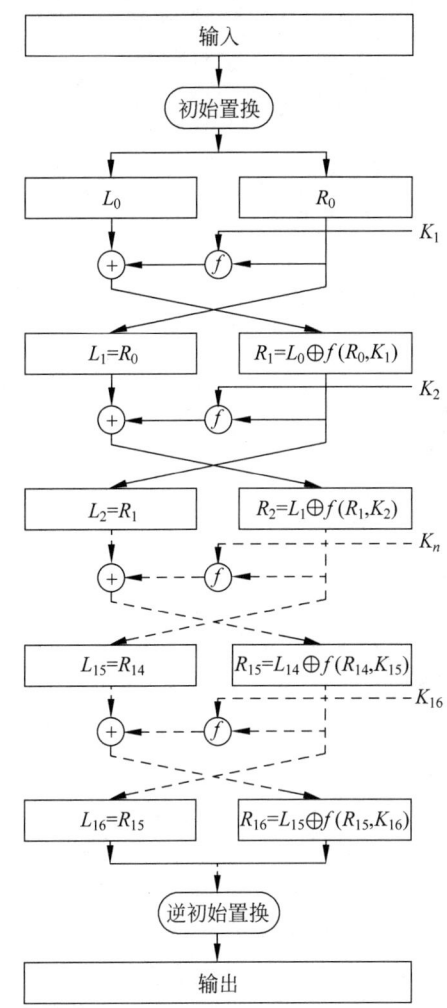

图 2.7　DES 加密计算过程

58	50	42	34	26	18	10	2
60	52	44	36	28	20	12	4
62	54	46	38	30	22	14	6
64	56	48	40	32	24	16	8
57	49	41	33	25	17	9	1
59	51	43	35	27	19	11	3
61	53	45	37	29	21	13	5
63	55	47	39	31	23	15	7

图 2.8　DES 的初始置换 IP

40	8	48	16	56	24	64	32
39	7	47	15	55	23	63	31
38	6	46	14	54	22	62	30
37	5	45	13	53	21	61	29
36	4	44	12	52	20	60	28
35	3	43	11	51	19	59	27
34	2	42	10	50	18	58	26
33	1	41	9	49	17	57	25

图 2.9　DES 的逆初始置换 IP^{-1}

初始置换 IP 及其逆置换 IP^{-1} 并没有密码学意义,因为 X 与 $IP(X)$(或 Y 与 $IP^{-1}(Y)$)的一一对应关系是已知的,如 X 的第 58 位是 $IP(X)$ 的第 1 位,X 的第 50 位是 $IP(X)$ 的第 2 位。它们的作用在于打乱原来输入 X 的 ASCII 码字划分的关系,并将原来明文的第 x_8,x_{16},$\cdots$,x_{64} 位(校验位)变成 IP 输出的一个字节。

f 函数是整个 DES 加密法中最重要的部分,而其中的重点又在 S-盒(substitution boxes)上。f 函数可记作 $f(A,J)$,其中 A 为 32 位输入,J 为 48 位输入,在第 i 轮 $A = R_{i-1}$,$J = K_i$,K_i 为由初始密钥(也称为种子密钥)推导出的第 i 轮子密钥,$f(A,J)$ 输出为 32 位,它的计算过程如图 2.10 所示。

将 A 经过一个选择扩展运算 E(图 2.11)变为 48 位,记作 $E(A)$。计算 $E(A) \oplus J = B$,对 B 施行代换 S,此代换由 8 个代换盒组成,就是前面说过的 S-盒。每个 S-盒有 6 位输入、4 位输出,将 B 依次分为 8 组,每组 6 位,记作 $B = B_1 B_2 B_3 B_4 B_5 B_6 B_7 B_8$,其中 B_j 作为第 j 个 S-盒 S_j 的输入,S_j 的输出为 C_j,$C = C_1 C_2 C_3 C_4 C_5 C_6 C_7 C_8$ 就是代换 S 的输出。

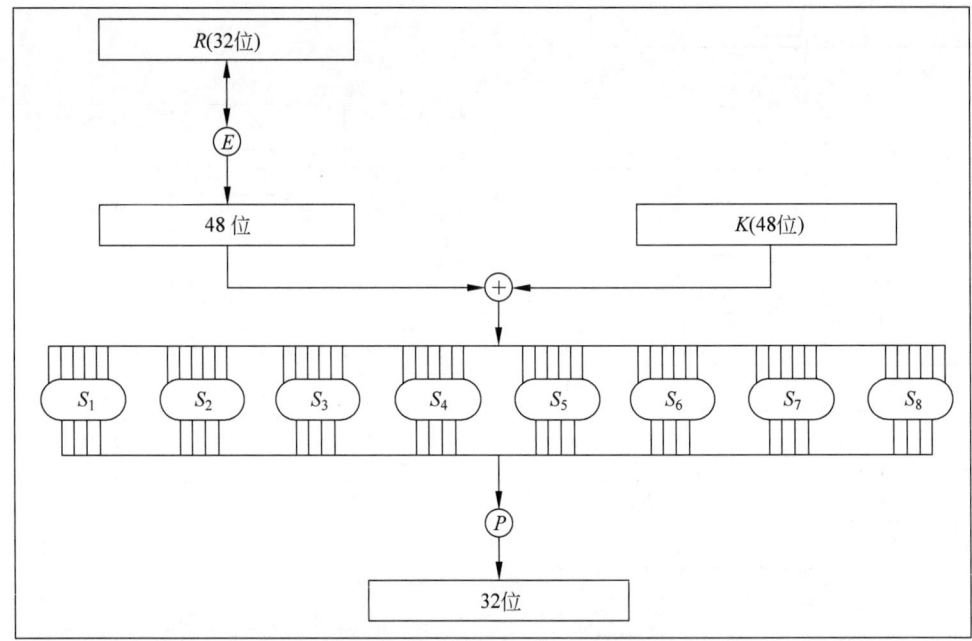

图 2.10 $f(A,J)$ 的计算过程

因此,代换 S 是一个 48 位输入、32 位输出的选择压缩运算。将结果 C 再施行一个置换 P(图 2.12),即得 $f(A,J)$,其中在第 i 轮为 $f(R_{i-1}, K_i)$。

32	1	2	3	4	5
4	5	6	7	8	9
8	9	10	11	12	13
12	13	14	15	16	17
16	17	18	19	20	21
20	21	22	23	24	25
24	25	26	27	28	29
28	29	30	31	32	1

图 2.11 $f(A,J)$ 的选择扩展置换 E

16	7	20	21
29	12	28	17
1	15	23	26
5	18	31	10
2	8	24	14
32	27	3	9
19	13	30	6
22	11	4	25

图 2.12 $f(A,J)$ 的选择压缩置换 P

S-盒是 DES 算法中唯一的非线性部件,当然也就是整个算法的安全性所在。它的设计原则与过程一直因为种种不为人知的因素所限而未被公布出来。有些人甚至还大胆猜测,是否设计者故意在 S-盒的设计上留下了一些陷门(trapdoor),以便他们能轻易地破解出别人的密文。当然以上的猜测是否属实,迄今仍无法得知,不过有一点可以确定,那就是 S-盒的设计的确相当神秘。

每个 S-盒是有 6 位输入、4 位输出的变换,其变换规则为:取 $\{0,1,\cdots,15\}$ 上的 4 个置换,即它的 4 个排列排成 4 行,得到一个 4×16 矩阵。若给定该 S-盒的输入 $b_0 b_1 b_2 b_3 b_4 b_5$,其输出对应该矩阵第 x 行第 y 列所对应的数的二进制表示,这里 x 的二进制表示为 $b_0 b_5$,y 的二进制表示为 $b_1 b_2 b_3 b_4$,这样,每个 S-盒可用一个 4×16 矩阵来表示。8 个 S-盒如表 2.4 所示。

表 2.4 DES 的 S-盒

代换函数 S_i	行号	列号															
		0	1	2	3	4	5	6	7	8	9	10	11	12	13	14	15
S_1	0	14	4	13	1	2	15	11	8	3	10	6	12	5	9	0	7
	1	0	15	7	4	14	2	13	1	10	6	12	11	9	5	3	8
	2	4	1	14	8	13	6	2	11	15	12	9	7	3	10	5	0
	3	15	12	8	2	4	9	1	7	5	11	3	14	10	0	6	13
S_2	0	15	1	8	14	6	11	3	4	9	7	2	13	12	0	5	10
	1	3	13	4	7	15	2	8	14	12	0	1	10	6	9	11	5
	2	0	14	7	11	10	4	13	1	5	8	12	6	9	3	2	15
	3	13	8	10	1	3	15	4	2	11	6	7	12	0	5	14	9
S_3	0	10	0	9	14	6	3	15	5	1	13	12	7	11	4	2	8
	1	13	7	0	9	3	4	6	10	2	8	5	14	12	11	15	1
	2	13	6	4	9	8	15	3	0	11	1	2	12	5	10	14	7
	3	1	10	13	0	6	9	8	7	4	15	14	3	11	5	2	12
S_4	0	7	13	14	3	0	6	9	10	1	2	8	5	11	12	4	15
	1	13	8	11	5	6	15	0	3	4	7	2	12	1	10	14	9
	2	10	6	9	0	12	11	7	13	15	1	3	14	5	2	8	4
	3	3	15	0	6	10	1	13	8	9	4	5	11	12	7	2	14
S_5	0	2	12	4	1	7	10	11	6	8	5	3	15	13	0	14	9
	1	14	11	2	12	4	7	13	1	5	0	15	10	3	9	8	6
	2	4	2	1	11	10	13	7	8	15	9	12	5	6	3	0	14
	3	11	8	12	7	1	14	2	13	6	15	0	9	10	4	5	3
S_6	0	12	1	10	15	9	2	6	8	0	13	3	4	14	7	5	11
	1	10	15	4	2	7	12	9	5	6	1	13	14	0	11	3	8
	2	9	14	15	5	2	8	12	3	7	0	4	10	1	13	11	6
	3	4	3	2	12	9	5	15	10	11	14	1	7	6	0	8	13
S_7	0	4	11	2	14	15	0	8	13	3	12	9	7	5	10	6	1
	1	13	0	11	7	4	9	1	10	14	3	5	12	2	15	8	6
	2	1	4	11	13	12	3	7	14	10	15	6	8	0	5	9	2
	3	6	11	13	8	1	4	10	7	9	5	0	15	14	2	3	12
S_8	0	13	2	8	4	6	15	11	1	10	9	3	14	5	0	12	7
	1	1	15	13	8	10	3	7	4	12	5	6	11	0	14	9	2
	2	7	11	4	1	9	12	14	2	0	6	10	13	15	3	5	8
	3	2	1	14	7	4	10	8	13	15	12	9	0	3	5	6	11

2. 子密钥计算

DES 子密钥产生过程(图 2.13)中的输入为使用者所持有的 64 位初始密钥。在加密或解密时,使用者先将初始密钥输入子密钥产生流程中即可。首先经过密钥置换 PC-1 (Permuted Choice 1),如表 2.5 所示,将初始密钥的 8 个奇偶校验位剔除掉,留下真正的 56 位初始密钥。然后分为两个 28 位的分组 C_0 和 D_0,再分别经过一个循环左移函数 LS_1,得到 C_1 与 D_1,连成 56 位数据。最后依密钥置换 PC-2(Permuted Choice 2)做重排动作,如表 2.6 所示,便可输出子密钥 K_1。$K_2 \sim K_{16}$ 的产生方法以此类推。其中需要注意的是,密钥置换 PC-1 的输入为 64 位,输出为 56 位;而密钥置换 PC-2 的输入为 56 位,输出为 48 位。

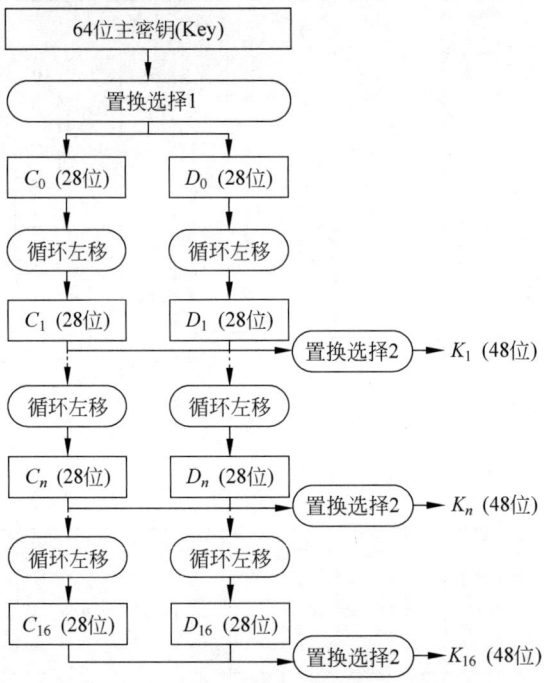

图 2.13　DES 子密钥产生过程

表 2.5　密钥置换 PC-1

57	49	41	33	25	17	9
1	58	50	42	34	26	18
10	2	59	51	43	35	27
19	11	3	60	52	44	36
63	55	47	39	31	23	15
7	62	54	46	38	30	22
14	6	61	53	45	37	29
21	13	5	28	20	12	4

表 2.6　密钥置换 PC-2

14	17	11	24	1	5
3	28	15	6	21	10
23	19	12	4	26	8
16	7	27	20	13	2
41	52	31	37	47	55
30	40	51	45	33	48
44	49	39	56	34	53
46	42	50	36	29	32

对每个 i,$1 \leqslant i \leqslant 16$,计算 $C_i = \text{LS}_i(C_{i-1})$,$D_i = \text{LS}_i(D_{i-1})$,$K_i = \text{PC-2}(C_i D_i)$。其中,$\text{LS}_i$ 表示一个或两个位置的左循环移位,当 $i=1,2,9,16$ 时,移一个位置;当 $i=3,4,5,6,7,8,10,11,12,13,14,15$ 时,移两个位置。

3. DES 工作模式

在实际应用中,DES 是根据其加密算法所定义的明文分组的大小(64 位)将数据分割成若干 64 位的加密区块,再以加密区块为单位,分别进行加密处理。如果最后剩下不足一个区块的大小,则称为短块。关于短块的处理方法一般有填充法、序列密码加密法、密文挪用技术。根据数据加密时每个加密区块间的关联方式来区分,可以分为 ECB(Electronic Codebook)、CBC(Cipher Block Chaining)、CFB(Cipher Feedback)和 OFB(Output Feedback)4 种加密模式。

(1) ECB 模式。ECB 模式是分组密码的基本工作模式。图 2.14 所示为 ECB 加密模式示意图。

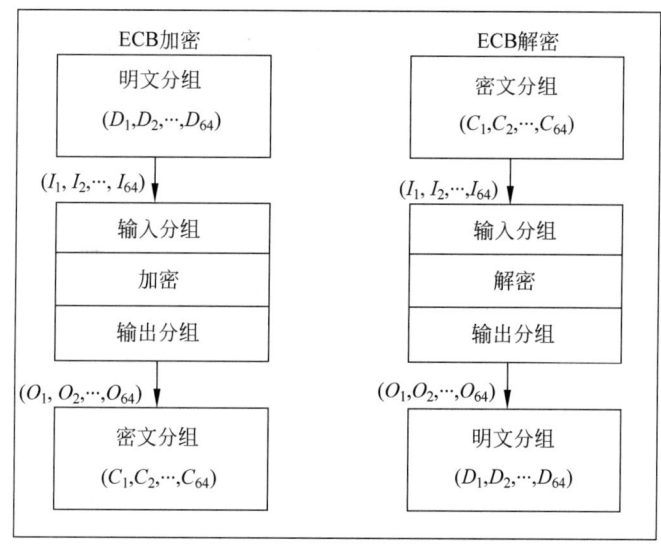

图 2.14 ECB 加密模式示意图

在 ECB 模式下,每一个加密区块依次独立加密并产生独立的密文区块,每一个加密区块的加密结果均不受其他区块的影响。使用此种方式,可以利用并行处理来加速加/解密运算,且在网络传输时若任一区块有错误发生,均不会影响其他区块传输的结果,这是该模式的优点。

ECB 模式的缺点是容易暴露明文的数据模式。在计算机系统中,许多数据都具有固有的模式,这主要是由数据结构和数据冗余引起的。如果不采取措施,对于在要加密的文件中出现多次的明文,此部分明文若恰好是加密区块的大小,则可能会产生相同的密文,且密文内容在被剪切粘贴、替换时也不易被发现。

(2) CBC 模式。图 2.15 所示为 CBC 加密模式示意图。第一个加密块先与初始向量(Initialization Vector,IV)做异或(XOR)运算,再进行加密。其他每个加密区块加密之前,必须与前一个加密区块的密文做一次异或运算,再进行加密。每一个区块的加密结果均会受到前面所有区块内容的影响,所以即使在明文中出现多次相同的明文,也会产生不同的密文。再者,密文内容若被剪贴、替换,或者在网络传输过程中发生错误,则其后续的密文将被破坏,无法顺利解密还原。这是该模式的优点,也是该模式的缺点。

另外,必须选择一个初始向量,用以加密第一个区块。在加密作业时,无法利用并行处

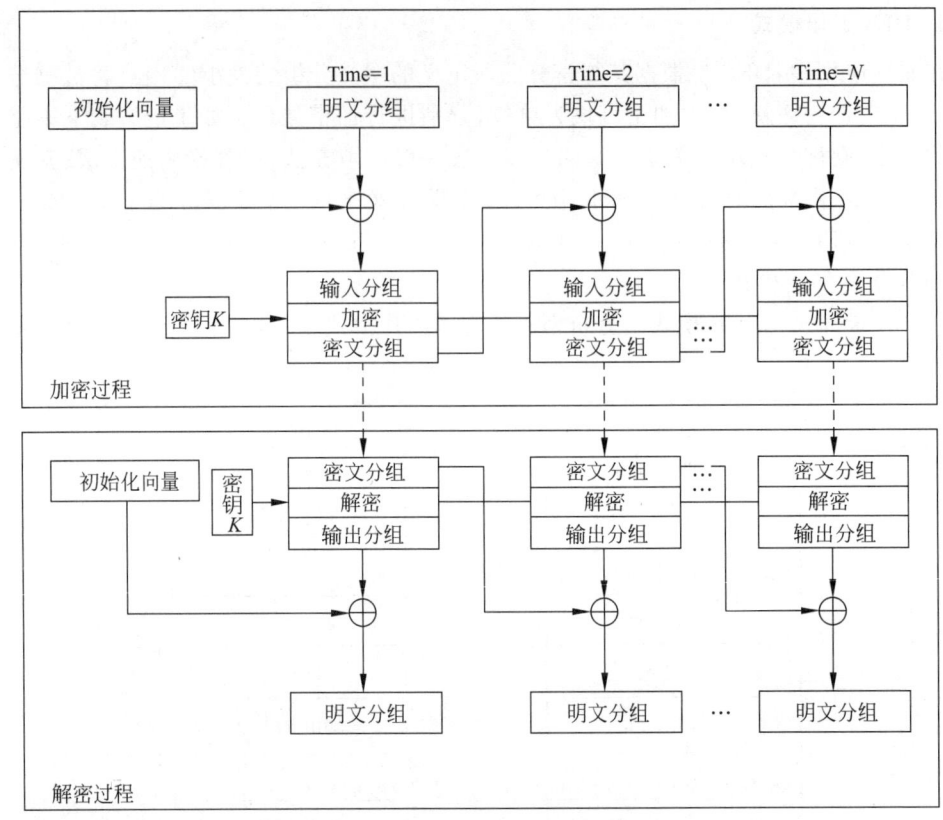

图 2.15 CBC 加密模式示意图

注：所有的分组长度均为 64 位。

理来加速加密运算，但因做异或运算的加密区块结果已存在，仍可以利用并行处理来加速解密运算。

(3) CFB 模式。图 2.16 所示为 CFB 加密模式示意图。该模式可以将区块加密算法作为流密码加密器 (stream cipher) 使用，流密码加密器可以按照实际需要，每次加密区块大小自定 (如每次 8 个位)，每一个区块的明文与前一个区块加密后的密文做异或运算后成为密文。因此，每一个区块的加密结果也受之前所有区块内容的影响，也会使得在明文中出现多次相同的明文均产生不相同的密文。在此模式下，与 CBC 模式一样，为了加密第一个区块，必须选择一个初始向量，此初始向量必须唯一，每次加密时必须不一样，也难以利用并行处理来加速加密运算。

(4) OFB 模式。图 2.17 所示为 OFB 加密模式的示意图。

输出反馈模式与 CFB 模式大致相同，都是每一个区块的明文与之前区块加密后的结果做异或运算后产生密文。不同之处在于，之前区块加密后的结果为独立产生，每一个区块的加密结果不受之前所有密文区块内容的影响，如果有区块在传输过程中遗失或发生错误，将不至于无法完全解密。在此模式下，为了加密第一个区块，必须设置一个初始向量，否则难以利用并行处理来加速加密运算。

容易看出，这 4 种操作模式有不同的优点和缺点。在 ECB 模式和 OFB 模式中改变一个明文块将引起相应密文块的改变，而其他密文块不变，在某些情况下这可能是一个好的特

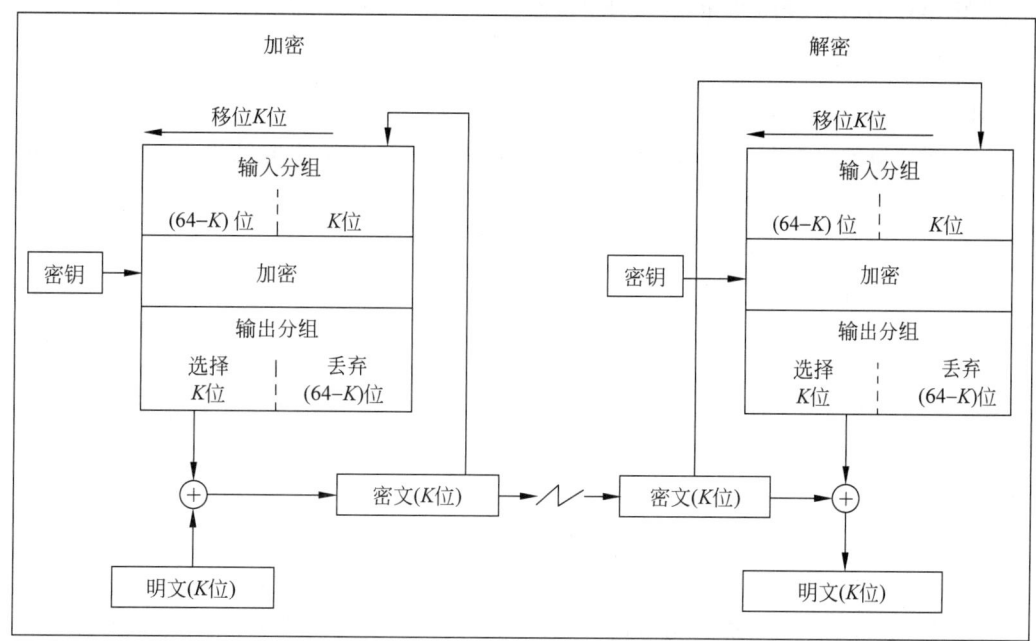

图 2.16 CFB 加密模式示意图

注：输入分组初始化时为一适当的初始化向量。

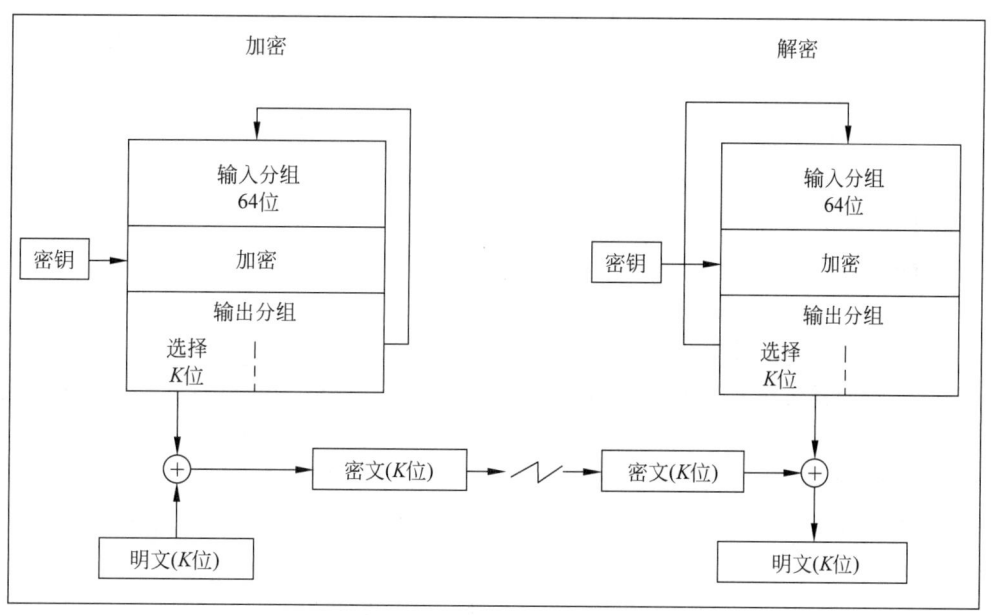

图 2.17 OFB 加密模式示意图

注：输入分组初始化时为一适当的初始化向量。

性。例如，OFB 模式通常用来加密卫星传输。

另一方面，如果在 CBC 模式和 CFB 模式中改变一个明文块，那么相应的密文块及其后的所有密文块将会改变，这个特性意味着 CBC 模式和 CFB 模式适用于鉴别的目的。更明确地说，这些模式能用来产生消息鉴别码(Message Authentication Code, MAC), MAC 附在明文块序列的后面,用来保护消息的完整性。

4. DES 安全性

DES 算法存在以下几方面的安全问题。

(1) DES 算法具有互补性,即若明文组 x 和密钥 k 分别逐位取补得 bx 和 bk,且 $y=\text{DES}_k(x)$,则 by=DES_{bk}(bx),其中 by 是 y 的逐位取补。这种互补性使得在对抗选择性明文攻击时可以减少其可能的密钥数,此时密钥数为 2^{55} 个。

(2) 存在弱密钥和半弱密钥。在 DES 算法中,至少存在 4 个弱密钥和至少 12 个半弱密钥。如果使用弱密钥或半弱密钥,则在多重加密时,第二次加密会还原第一次加密。

(3) 由于 S-盒是 DES 算法实现非线性变换的关键,而它的设计准则至今还没有完全公开,因此有许多密码学家怀疑它存在"陷门"。一旦知道这些"陷门",就可以破解 DES 算法。

(4) DES 算法的密钥长度太短,只有 56 位,密钥量约为 7×10^{16} 个,对抗穷举攻击法、差分攻击法和线性攻击法等的能力较差。

自 1977 年以来,尽管计算机硬件及破解密码技术的发展日新月异,但若撇开 DES 的密码太短、易于被使用穷尽密钥搜索法找到密钥的攻击法不谈,在目前所知的攻击法中(如差分攻击法或线性攻击法),对于 DES 的安全性也仅仅做到了"质疑"的地步,并未从根本上破解 DES。换言之,若是系统能用类似 Triple-DES 或 DESX 的方式加长 DES 密钥长度,则该系统仍不失为一个安全的密码系统。

由于目前尚不存在一个评价密码系统的统一标准和严格的理论,因此人们只能从一个密码系统抵抗现有的密码分析手段的能力来评价它的好坏。自 1975 年以来,许多机构、公司和学者(包括美国国家安全局(NSA)、美国国家标准与技术研究院、IBM 公司、Bell 实验室和一大批著名的密码学家)对 DES 进行了大量的研究与分析。

对 DES 的批评主要集中在以下几点。

(1) DES 的密钥长度(56 位)可能太短。

(2) DES 的迭代次数可能太少。

(3) S-盒中可能有不安全因素。

(4) DES 的一些关键部分不应当保密。

比较一致的看法是 DES 的密钥太短。DES 的密钥量仅为 2^{56}(约为 10^{17})个,不能抵抗穷尽密钥搜索攻击(所谓穷尽密钥搜索攻击是指攻击者在得到一组明文-密文对条件下,可对明文用不同的密钥加密,直到得到的密文与已知的明文-密文对中的相符,就可确定所用的密钥),事实证明的确如此。1997 年 1 月 28 日,美国的 RSA 数据安全公司在 RSA 安全年会上公布了一项"秘密密钥挑战"竞赛,分别悬赏 1000 美元、5000 美元和 1 万美元用于攻破不同密钥长度的 RC5,同时还悬赏 1 万美元破译密钥长度为 56 位的 DES。RSA 发起这场挑战赛是为了调查 Internet 上分布式计算的能力,并测试不同密钥长度的 RC5 和密钥长度为 56 位的 DES 的相对强度。美国科罗拉多州的程序员 Rocke Verser 从 1997 年 3 月 13 日起,用了 96 天的时间,在 Internet 上数万名志愿者的协同工作下,于 6 月 17 日成功地找到了 DES 的密钥,获得了 RSA 公司颁发的 1 万美元的奖励。这一事件表明,依靠 Internet 的分布式计算能力,用穷尽密钥搜索攻击方法破译已成为可能。1998 年 7 月,电子前哨基金会(EFF)使用一台价值 25 万美元的计算机在 56 小时内破解了 56 位的 DES。1999 年 1

月 RSA 数据安全会议期间,电子前哨基金会用 22 小时 15 分钟就宣告完成 RSA 公司发起的 DES 的第三次挑战。

最有意义的分析技巧就是差分分析(在密码学中,"分析"和"攻击"这两个术语的含义相同,以后不加区别)。差分分析(differential cryptanalysis)是由 Biham 和 Shamir 于 1991 年提出的选择明文攻击,可以攻击很多分组密码(包括 DES)。差分分析涉及带有某种特性的密文对和明文对比较,其中分析者寻找明文有某种差分的密文对。一些差分有较高的重现概率,差分分析用这些差分的特征来计算可能密钥的概率,最后定位最可能的密钥。据说,这种攻击很大程度上依赖于 S-盒的结构,然而,DES 的 S-盒被优化可以抗击差分分析。尽管差分攻击比 DES 公布更迟,IBM 公司 Don Coppersmith 在一份内部报告中说:"IBM 设计小组早在 1974 年已经知道差分分析,所以设计 S-盒和置换变换时避开了它,这就是 DES 能够抵抗差分分析方法的原因。我们不希望外界掌握这一强有力的密码分析方法,因此这些年来我们一直保持沉默。"

轮数对差分分析有较大的影响。如果 DES 仅使用 8 轮,则在个人计算机上只需几分钟就可破译密码。在完全的 16 轮上,差分分析仅比穷尽密钥搜索稍微有效。然而,如果增加到 17 或 18 轮,则差分分析攻击和穷尽密钥搜索攻击花费同样的时间。如果 DES 被增加到 19 轮,则穷尽密钥搜索攻击比差分分析更容易。这样,尽管差分分析是理论可破的,但因为需花费大量的时间和数据支持,所以并不实用。然而,差分分析攻击显示,对任何少于 16 轮的 DES,在已知明文攻击下比穷尽密钥搜索更有效。1993 年,Masui 介绍了线性攻击 (linear cryptanalysis),是一种已知明文攻击,用线性近似来描述分组密码的行为。线性分析证明比差分分析更有效。事实上,Matsui 在试验性条件下能恢复一个 DES 密钥,线性分析能用 2^{21} 个已知明文破译 8 轮 DES,用 2^{43} 个已知明文破译 16 轮 DES。

如前所述,DES 已经达到它的信任终点。1997 年 4 月 15 日,美国国家标准与技术研究院发起征集 AES 算法的活动,目的是确定一个非保密的、公开披露的、全球免费使用的分组密码算法,用于保护 21 世纪政府的敏感信息,并希望能够成为秘密和公开部门的数据加密标准。

2.3.2 AES

AES 又称为 Rijndael 加密算法,是由比利时密码学家 Joan Daemen 和 Vincent Rijmen 所设计的。这个标准用来替代原先的 DES。经过 5 年的甄选流程,Rijndael 加密算法被作为最终的高级加密标准候选算法,由美国国家标准与技术研究院于 2001 年 11 月 26 日发布于 FIPS PUB 197,并在 2002 年 5 月 26 日成为有效的标准。

1. AES 算法描述

AES 算法密钥长度可分为 128、192 和 256 位 3 种情况,而 AES 算法的输入数据都是 128 位,所有运算都是在一个称为状态的二维字节数组上进行。一个状态由 4 行组成,每一行包括 4 字节。如图 2.18 所示,输入字节数组 $in_0, in_1, \cdots, in_{15}$,加密或解密的运算都在该状态矩阵上进行,最后的结果为 128 位的输出字节数组 $out_0, out_1, \cdots, out_{15}$。

AES 算法加密、解密的基本流程如图 2.19 所示。首先对明文、密文进行一次密钥加变换,然后进行多轮的循环运算。循环轮数依赖于密钥长度,如表 2.7 所示。AES 算法采用代换/置换网络结构,每一轮循环由以下 3 层组成。

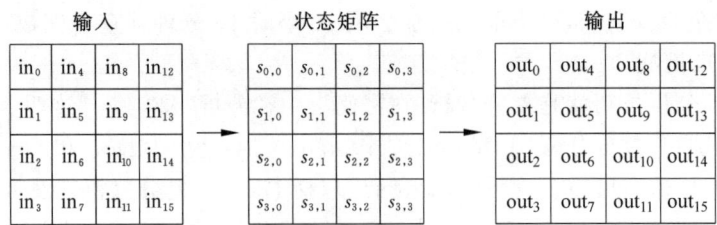

图 2.18 状态矩阵及其输入和输出

(1) 非线性层：进行字节代换（SubBytes），即 S-盒替换，起到混淆的作用。

(2) 线性混合层：进行行变换运算（ShiftRows）和列变换运算（MixColumns），以确保多轮之上的高度扩散。

(3) 密钥加（AddRoundKey）层：轮密钥简单地异或运算到中间状态上。

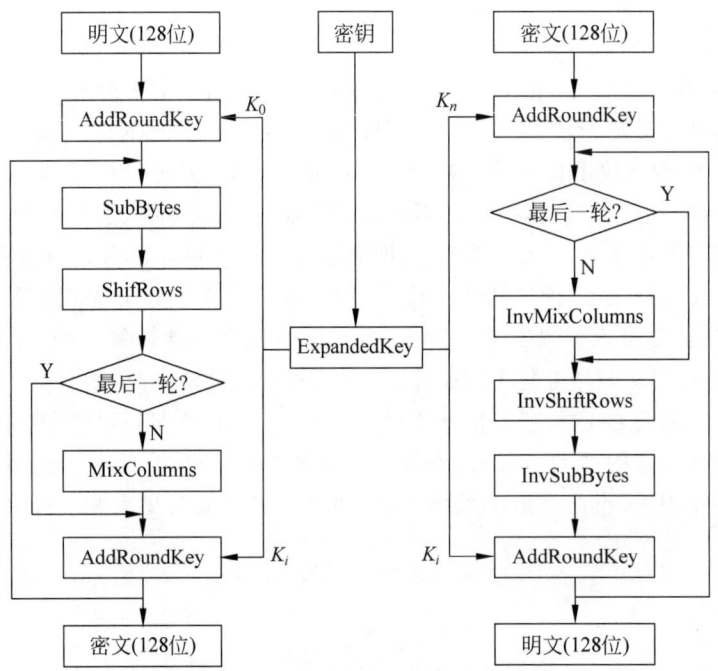

图 2.19 AES 算法加密、解密的基本流程

表 2.7 轮数与密钥长度的关系

算法类别	密钥长度 Nk/words	分组大小 Nb/words	轮数 Nr
AES-128	4	4	10
AES-192	6	4	12
AES-256	8	4	14

加密运算与解密运算的轮运算内部运算顺序有所不同，而且加密运算的最后一次循环不需要正向列混合变换，解密运算的最后一轮运算不需要逆列混合变换。在 AES 运算中，每轮运算用到的轮密钥由 AES 密钥进行密钥扩展运算（ExpandedKey）获得。

AES 每一轮的运算都包括字节代换、行位移变换、列混合变换和轮密钥加运算 4 个步骤，其中前 3 个步骤又可分为正向算法（加密算法）和逆向算法（解密算法）。

(1) 字节代换。

字节代换是一个简单的查表操作,这个操作是非线性的字节代换操作,通过使用 S-盒代换表进行查表,将状态中的每个字节独立地映射为新的字节。AES 中的 S-盒是由 16×16 字节组成的矩阵,包含了 8 位所能表示的 256 位数的代换(见表 2.8)。在字节代换过程中,将状态表中的每个字节按照图 2.20 所示方式映射为新的字节:将字节的高 4 位作为行值,低 4 位作为列值,以这些数值为索引从 S-盒的对应位置取出元素作为输出。例如,十六进制数 0x95 所对应的 S-盒行值是 9,列值是 5(该位置在 S-盒中的值是 0x2a),相应地 0x95 就被映射为 0x2a。

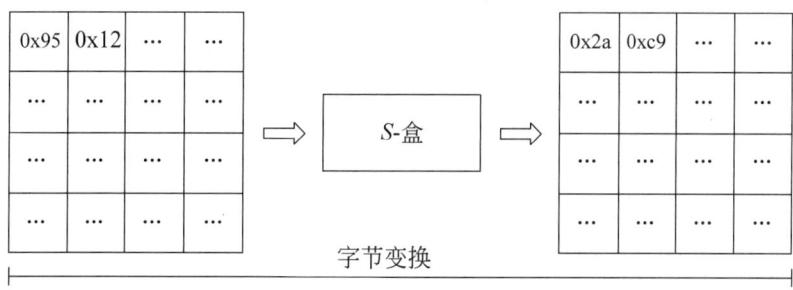

图 2.20　AES 的字节代换

逆字节代换是指通过查逆 S-盒代换表进行字节代换。逆字节代换的 S-盒表如表 2.9 所示。

表 2.8　AES 的 S-盒代换表

行/列	0	1	2	3	4	5	6	7	8	9	A	B	C	D	E	F
0	0x63	0x7c	0x77	0x7b	0xf2	0x6b	0x6f	0xc5	0x30	0x01	0x67	0x2b	0xfe	0xd7	0xab	0x76
1	0xca	0x82	0xc9	0x7d	0xfa	0x59	0x47	0xf0	0xad	0xd4	0xa2	0xaf	0x9c	0xa4	0x72	0xc0
2	0xb7	0xfd	0x93	0x26	0x36	0x3f	0xf7	0xcc	0x34	0xa5	0xe5	0xf1	0x71	0xd8	0x31	0x15
3	0x04	0xc7	0x23	0xc3	0x18	0x96	0x05	0x9a	0x07	0x12	0x80	0xe2	0xeb	0x27	0xb2	0x75
4	0x09	0x83	0x2c	0x1a	0x1b	0x6e	0x5a	0xa0	0x52	0x3b	0xd6	0xb3	0x29	0xe3	0x2f	0x84
5	0x53	0xd1	0x00	0xed	0x20	0xfc	0xb1	0x5b	0x6a	0xcb	0xbe	0x39	0x4a	0x4c	0x58	0xcf
6	0xd0	0xef	0xaa	0xfb	0x43	0x4d	0x33	0x85	0x45	0xf9	0x02	0x7f	0x50	0x3c	0x9f	0xa8
7	0x51	0xa3	0x40	0x8f	0x92	0x9d	0x38	0xf5	0xbc	0xb6	0xda	0x21	0x10	0xff	0xf3	0xd2
8	0xcd	0x0c	0x13	0xec	0x5f	0x97	0x44	0x17	0xc4	0xa7	0x7e	0x3d	0x64	0x5d	0x19	0x73
9	0x60	0x81	0x4f	0xdc	0x22	0x2a	0x90	0x88	0x46	0xee	0xb8	0x14	0xde	0x5e	0x0b	0xdb
A	0xe0	0x32	0x3a	0x0a	0x49	0x06	0x24	0x5c	0xc2	0xd3	0xac	0x62	0x91	0x95	0xe4	0x79
B	0xe7	0xc8	0x37	0x6d	0x8d	0xd5	0x4e	0xa9	0x6c	0x56	0xf4	0xea	0x65	0x7a	0xae	0x08
C	0xba	0x78	0x25	0x2e	0x1c	0xa6	0xb4	0xc6	0xe8	0xdd	0x74	0x1f	0x4b	0xbd	0x8b	0x8a
D	0x70	0x3e	0xb5	0x66	0x48	0x03	0xf6	0x0e	0x61	0x35	0x57	0xb9	0x86	0xc1	0x1d	0x9e
E	0xe1	0xf8	0x98	0x11	0x69	0xd9	0x8e	0x94	0x9b	0x1e	0x87	0xe9	0xce	0x55	0x28	0xdf
F	0x8c	0xa1	0x89	0x0d	0xbf	0xe6	0x42	0x68	0x41	0x99	0x2d	0x0f	0xb0	0x54	0xbb	0x16

表 2.9　AES 的逆 S-盒代换表

行/列	0	1	2	3	4	5	6	7	8	9	A	B	C	D	E	F
0	0x52	0x09	0x6a	0xd5	0x30	0x36	0xa5	0x38	0xbf	0x40	0xa3	0x9e	0x81	0xf3	0xd7	0xfb
1	0x7c	0xe3	0x39	0x82	0x9b	0x2f	0xff	0x87	0x34	0x8e	0x43	0x44	0xc4	0xde	0xe9	0xcb
2	0x54	0x7b	0x94	0x32	0xa6	0xc2	0x23	0x3d	0xee	0x4c	0x95	0x0b	0x42	0xfa	0xc3	0x4e
3	0x08	0x2e	0xa1	0x66	0x28	0xd9	0x24	0xb2	0x76	0x5b	0xa2	0x49	0x6d	0x8b	0xd1	0x25
4	0x72	0xf8	0xf6	0x64	0x86	0x68	0x98	0x16	0xd4	0xa4	0x5c	0xcc	0x5d	0x65	0xb6	0x92

续表

行/列	0	1	2	3	4	5	6	7	8	9	A	B	C	D	E	F
5	0x6c	0x70	0x48	0x50	0xfd	0xed	0xb9	0xda	0x5e	0x15	0x46	0x57	0xa7	0x8d	0x9d	0x84
6	0x90	0xd8	0xab	0x00	0x8c	0xbc	0xd3	0x0a	0xf7	0xe4	0x58	0x05	0xb8	0xb3	0x45	0x06
7	0xd0	0x2c	0x1e	0x8f	0xca	0x3f	0x0f	0x02	0xc1	0xaf	0xbd	0x03	0x01	0x13	0x8a	0x6b
8	0x3a	0x91	0x11	0x41	0x4f	0x67	0xdc	0xea	0x97	0xf2	0xcf	0xce	0xf0	0xb4	0xe6	0x73
9	0x96	0xac	0x74	0x22	0xe7	0xad	0x35	0x85	0xe2	0xf9	0x37	0xe8	0x1c	0x75	0xdf	0x6e
A	0x47	0xf1	0x1a	0x71	0x1d	0x29	0xc5	0x89	0x6f	0xb7	0x62	0x0e	0xaa	0x18	0xbe	0x1b
B	0xfc	0x56	0x3e	0x4b	0xc6	0xd2	0x79	0x20	0x9a	0xdb	0xc0	0xfe	0x78	0xcd	0x5a	0xf4
C	0x1f	0xdd	0xa8	0x33	0x88	0x07	0xc7	0x31	0xb1	0x12	0x10	0x59	0x27	0x80	0xec	0x5f
D	0x60	0x51	0x7f	0xa9	0x19	0xb5	0x4a	0x0d	0x2d	0xe5	0x7a	0x9f	0x93	0xc9	0x9c	0xef
E	0xa0	0xe0	0x3b	0x4d	0xae	0x2a	0xf5	0xb0	0xc8	0xeb	0xbb	0x3c	0x83	0x53	0x99	0x61
F	0x17	0x2b	0x04	0x7e	0xba	0x77	0xd6	0x26	0xe1	0x69	0x14	0x63	0x55	0x21	0x0c	0x7d

对于 S-盒代换表和逆 S-盒代换表中的数据计算，通过在有限域 $GF(2^8)$ 上计算每个子字节的乘法逆进行实现。

S-盒代换表中的数据计算过程如下。

① 首先将状态表中的每项值看作一个字节，将其转换为二进制数，然后在有限域 $GF(2^8)$ 中求其乘法逆。

② 经①处理后的字节值需要进行如下仿射变换。

$$\begin{bmatrix} y_0 \\ y_1 \\ y_2 \\ y_3 \\ y_4 \\ y_5 \\ y_6 \\ y_7 \end{bmatrix} = \begin{bmatrix} 1 & 0 & 0 & 0 & 1 & 1 & 1 & 1 \\ 1 & 1 & 0 & 0 & 0 & 1 & 1 & 1 \\ 1 & 1 & 1 & 0 & 0 & 0 & 1 & 1 \\ 1 & 1 & 1 & 1 & 0 & 0 & 0 & 1 \\ 1 & 1 & 1 & 1 & 1 & 0 & 0 & 0 \\ 0 & 1 & 1 & 1 & 1 & 1 & 0 & 0 \\ 0 & 0 & 1 & 1 & 1 & 1 & 1 & 0 \\ 0 & 0 & 0 & 1 & 1 & 1 & 1 & 1 \end{bmatrix} \cdot \begin{bmatrix} x_0 \\ x_1 \\ x_2 \\ x_3 \\ x_4 \\ x_5 \\ x_6 \\ x_7 \end{bmatrix} \oplus \begin{bmatrix} 1 \\ 1 \\ 0 \\ 0 \\ 0 \\ 1 \\ 1 \\ 0 \end{bmatrix}$$

③ 将最后的结果转换为字节。

逆 S-盒代换表中的数据计算过程如下。

① 将状态表中的每项值看作一个字节，将其转换为二进制数，并进行如下变换。

$$\begin{bmatrix} b'_0 \\ b'_1 \\ b'_2 \\ b'_3 \\ b'_4 \\ b'_5 \\ b'_6 \\ b'_7 \end{bmatrix} = \begin{bmatrix} 0 & 0 & 1 & 0 & 0 & 1 & 0 & 1 \\ 1 & 0 & 0 & 1 & 0 & 0 & 1 & 0 \\ 0 & 1 & 0 & 0 & 1 & 0 & 0 & 1 \\ 1 & 0 & 1 & 0 & 0 & 1 & 0 & 0 \\ 0 & 1 & 0 & 1 & 0 & 0 & 1 & 0 \\ 0 & 0 & 1 & 0 & 1 & 0 & 0 & 1 \\ 1 & 0 & 0 & 1 & 0 & 1 & 0 & 0 \\ 0 & 1 & 0 & 0 & 1 & 0 & 1 & 0 \end{bmatrix} \cdot \begin{bmatrix} b_0 \\ b_1 \\ b_2 \\ b_3 \\ b_4 \\ b_5 \\ b_6 \\ b_7 \end{bmatrix} \oplus \begin{bmatrix} 1 \\ 0 \\ 1 \\ 0 \\ 0 \\ 0 \\ 0 \\ 0 \end{bmatrix}$$

② 用变换后的结果求其在 $GF(2^8)$ 中的乘法逆。

③ 将最后的结果转换为字节。

此时读者可能会产生疑问,为什么通过正向 S-盒代换以后,再通过逆 S-盒代换就能得到原来的状态值呢?实际上,这个变换过程中主要用到了乘法逆和异或运算,可以验证正向变换矩阵和逆向变换矩阵相乘会得到一个单位矩阵,因而最终结果能得到原来的状态值。

注意:AES 与 DES 加密的 S-盒的区别如下。

① AES 的 S-盒的原理是运用了 $GF(2^8)$ 的乘法逆和矩阵的可逆运算来保证加密与解密过程的可逆性。DES 的 S-盒设计主要是为了确保非线性关系,并不需要可逆。因而两者在设计理念上有极大的不同。

② AES 的 S-盒与 DES 的 S-盒在形式上差别也很大。AES 的 S-盒输入和输出的位数相同,均为 128 位,大小为 16×16 的字节矩阵,且只有 1 组;而 DES 的 S-盒输入为 6 位,输出只有 4 位,大小是 4×16 的位矩阵,并且有 8 组。同时,两个 S-盒在输入的坐标选择规定上也有所不同。

(2) 行位移变换。

行位移变换是线性变换,它与列混合运算相互影响,在多轮变换后,使密码信息达到充分的扩散。正向行位移变换是指状态矩阵中的行按照不同的偏移量进行循环左移运算,第 0 行循环左移 0 字节,第 1 行循环左移 1 字节,第 2 行循环左移 2 字节,第 3 行循环左移 3 字节。逆向行位移变换(InvShiftRows)与正向行位移变换类似,只是位移方向为循环右移。

(3) 列混合变换。

正向列混合变换对状态的每一列进行操作。将每一列视作一个系数在 $GF(2^8)$ 上的多项式,乘上一个固定的多项式 $c(x)$,然后模 x^4+1。$c(x)$ 的定义如下:

$$c(x) = \{03\}x^3 + \{01\}x^2 + \{01\}x + \{02\}$$

这种运算可用矩阵乘法来表示,记 $b(x) = c(x) \otimes a(x)$,则

$$\begin{bmatrix} b_0 \\ b_1 \\ b_2 \\ b_3 \end{bmatrix} = \begin{bmatrix} 02 & 03 & 01 & 01 \\ 01 & 02 & 03 & 01 \\ 01 & 01 & 02 & 03 \\ 03 & 01 & 01 & 02 \end{bmatrix} \cdot \begin{bmatrix} a_0 \\ a_1 \\ a_2 \\ a_3 \end{bmatrix}$$

由于 $c(x)$ 与 x^4+1 互素,因此 $c(x)$ 可逆,且 $c^{-1}(x) = d(x) = \{0B\}x^3 + \{0D\}x^2 + \{09\}x + \{0E\}$。逆列混合变换(InvMixColumns)类似于正向列混合变换,只需要将 $c(x)$ 换成 $d(x)$,即将系数矩阵换成其乘法逆矩阵:

$$\begin{bmatrix} a_0 \\ a_1 \\ a_2 \\ a_3 \end{bmatrix} = \begin{bmatrix} 0E & 0B & 0D & 09 \\ 09 & 0E & 0B & 0D \\ 0D & 09 & 0E & 0B \\ 0B & 0D & 09 & 0E \end{bmatrix} \cdot \begin{bmatrix} b_0 \\ b_1 \\ b_2 \\ b_3 \end{bmatrix}$$

(4) 轮密钥加变换。

轮密钥加变换是指将状态矩阵与当前轮的轮密钥进行异或运算。轮密钥是由初始密钥通过密钥扩展获得的,轮密钥的长度与状态矩阵长度相同。轮密钥加变换非常简单,却能影响状态矩阵中的每一位。密钥编排的复杂性和 AES 的其他阶段运算的复杂性确保了该算法的安全性。

2. 密钥扩展算法

密钥扩展是指将初始密钥通过一个密钥扩展函数扩展后,得到每一轮加密、解密所使用的轮密钥。因为 AES 算法要求进行一次初始密钥加法,并且每一轮都需要一个轮密钥,所以所需要的轮密钥位的总数等于 128×(Nr+1)。因此,如果密钥长度为 128 位,轮数为 10(即 Nr=10),那么就需要 1408 位的轮密钥。经过密钥扩展后,最高位的 128 位分组就作为初始密钥加法的轮密钥,扩展密钥的下一个 128 位分组作为第一轮的轮密钥,以此类推。最后,最低位的 128 位作为最后一轮的轮密钥。解密时的轮密钥顺序刚好与加密时相反,也就是加密时最后一轮的 128 位轮密钥就是解密时的第一轮密钥,其他顺序以此类推。

扩展密钥是以 4 字节字为元素的一维阵列,其中前 Nk(密钥长度)个字为用户输入密钥,后面的每个字都由它前面的字经过递归方式定义。具体算法分 Nk≤6 和 Nk>6 两种情况,这两种情况略有不同,具体如下。

(1) 当 Nk≤6 时,即 AES 算法密钥长度为 128 和 192 位时,其程序如下。

```
KeyExpansion (byte Key[4 * Nk], word W[Nb * (Nr + 1)])
{
    for (i = 0; i < Nk; i++)
        W[i] = (Key[4 * i], Key[4 * i + 1], Key[4 * i + 2], Key[4 * i + 3]);
    for (i = Nk; i < Nb * (Nr + 1); i++)
    {
        temp = W[i - 1];
        if (i % Nk == 0)
            temp = SubByte(RotByte(temp))^Rcon[i/Nk];
        W[i] = W[i - Nk]^temp;
    }
}
```

(2) 当 Nk>6 时,即 AES 算法密钥长度为 256 位时,其程序如下。

```
KeyExpansion (byte Key[4 * Nk], word W[Nb * (Nr + 1)])
{
    for (i = 0; i < Nk; i++)
        W[i] = (Key[4 * i], Key[4 * i + 1], Key[4 * i + 2], Key[4 * i + 3]);
    for (i = Nk; i < Nb * (Nr + 1); i++)
    {
        temp = W[i - 1];
        if (i % Nk == 0)
            temp = SubByte(RotByte(temp))^Rcon[i/Nk];
        else if (i % Nk == 4)
            temp = SubByte(temp);
        W[i] = W[i - Nk]^temp;
    }
}
```

在上面的子程序中,Key[4 * Nk]为初始密钥,作为以字节为元素的一维阵列;SubByte 函数对输入用 Sbox 进行字节代换;RotByte 函数对输入字节$[a_0, a_1, a_2, a_3]$进行循环左移一个字节,得到$[a_1, a_2, a_3, a_0]$;Rcon[i]是轮常量,其定义为[RC[i], {00}, {00}, {00}],其中 i 是从 1 开始的,RC[i]表示 x^{i-1} 在有限域 GF(2^8)中的值。表 2.10 所示为前 10 个 RC 的十六进制值。

表 2.10 RC[i] 部分值

i	1	2	3	4	5	6	7	8	9	10
RC[i]	01	02	04	08	10	20	40	80	1B	36

3. AES 安全性

AES 加密算法自 2002 年成为有效标准至今,除了一次旁道攻击成功外,尚无其他成功破解的报道。AES 算法的安全性到目前为止是可靠的。当然,针对 AES 密码系统,不断有新的攻击方法提出,包括功耗分析、积分攻击和旁道攻击等,但这些攻击尚不能对 AES 构成实际的威胁。其中,旁道攻击不攻击密码本身,而是攻击那些在不安全系统(会在不经意间泄露信息)上的加密系统。

2.3.3 序列密码

1. 序列密码体制原理

根据图 2.1 所示的保密通信系统模型,信源可以是报文、语言、图像、数据等,一般都是经编码器转化为 0,1 序列,加密是针对 0,1 序列进行的。

序列密码将明文消息序列 $m=m_1,m_2,\cdots,m_n$ 用密钥流序列 $k=k_1,k_2,\cdots,k_n$ 逐位加密,得到密文序列 $c=c_1,c_2,\cdots,c_n$,其中加密变换为 E_k:

$$c_i = E_k(m_i)$$

记作 $c=E_k(m)$,其解密变换为 D_k:

$$m_i = D_k(c_i)$$

记作 $m=D_k(c)$。

在序列密码中,加密变换常采用二元加法运算:

$$c_i = m_i \oplus k_i \qquad m_i = c_i \oplus k_i$$

图 2.21 所示为一个二元加法流密码系统的模型。其中,k 为密钥序列生成器的初始密钥(也称种子密钥)。为了密钥管理的方便,k 一般较短,它的作用是控制密钥序列生成器生成长的密钥流序列 $k=k_1,k_2,\cdots$。

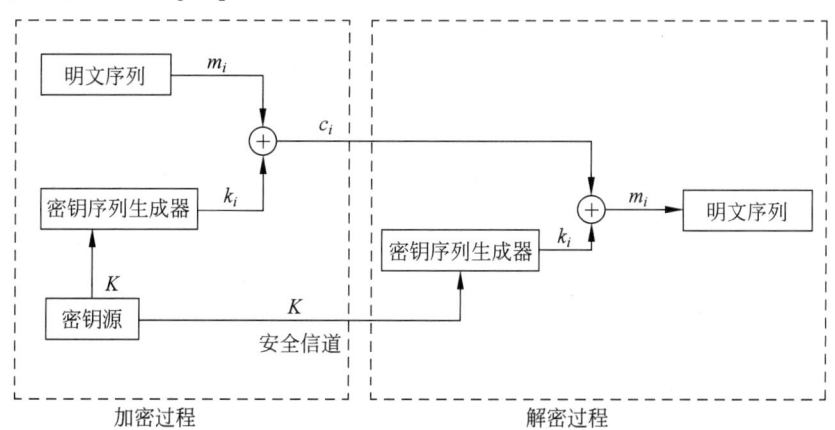

图 2.21 二元加法流密码系统的模型

恢复明文的关键是获取密钥流 k_i。如果非法接收者获取了密钥流 k_i,当然也就能由密

文 c_i 恢复出明文 m_i,因此密码系统的安全性取决于密钥流的性能。当密钥流序列是完全随机序列时,该系统便被称为完善保密系统,即不可破的系统。然而,在通常的序列密码中,加密、解密用的密钥序列是伪随机序列,一般是由线性移位寄存器和非线性密钥生成器组合而成。线性移位寄存器具有序列周期长、实现简单和速度快等优点,但是它是可以预测的,密码强度较低;非线性密钥生成器主要提高密钥序列的不可预测性、随机性和复杂性,提高抗各种密码攻击的能力。RC4、A5 和 SEAL 等算法都属于序列密码体制,下面以 RC4 算法为例进行说明。

2. RC4 算法

RC4 是由美国麻省理工学院的 Ron Rivest 在 RSA 数据安全公司开发的可变密钥长度的流密码,是世界上普遍使用的流密码之一。RC4 的一个显著优点是软件实现很容易,它不仅已经应用于 Microsoft Windows、Lotus Notes 等软件中,而且应用于安全套接字层(Secure Socket Layer,SSL)以保护 Internet 的信息流。RC4 是一种基于非线性数据表变换的流密码,它以一个足够大的数据表 S 为基础,对表进行非线性变换,产生非线性的密钥流序列。RC4 数据表的大小随着参数 n 的变化而变化。通常取 $n=8$,此时总共可以生成 2^8 个元素的数据表,主密钥的长度至少为 40 位。RC4 密钥流的每个输出都是数据表 S 中的一个随机元素。密钥流的生成需要两个算法:密钥调度算法和伪随机生成算法。前者用于设置数据表 S 的初始排列,后者用于选取随机元素并修改 S 的原始排列顺序。

对密钥调度算法初始化数据表 S,有 $S(i)=i$ $(0 \leqslant i \leqslant 255)$(1 字节)。在初始化时,选取一系列数字,并将其加载到密钥数据表 $k(0), k(1), \cdots, k(255)$ 中,该操作过程可用以下伪代码进行描述。

```
for i from 0 to 255
        S[i] := i
endfor
        j := 0
for i from 0 to 255
        j := (j + S[i] + K[i mod keylength]) mod 256
        swap values of S[i] and S[j]
endfor
```

数据表 S 随机化的实现步骤如下。

(1) 对表 S 进行线性填充,即 $S(0)=0, S(1)=1, S(2)=2, \cdots, S(255)=255$。

(2) 用种子密钥填充另一个 256 字符的 K 表 $k(0), k(1), \cdots, k(255)$,如果密钥的长度小于 K 的长度,则依次重复填充,直至将 K 填满。

(3) $j=0$。

(4) for $0 \leqslant i \leqslant 255$。

① $j=(j+S(i)+K(i \text{ mod keylength})) \text{ mod } 256$。

② 交换 $S(i)$ 和 $S(j)$。

当密钥调度算法完成 S 的初始化后,伪随机生成算法就开始工作,为密钥流选取字节,从 S 中选取随机元素,并修改 S 以便下一次选取,选取过程取决于索引 i 和 j。该操作过程可用以下伪代码进行表示。

```
    i := 0
    j := 0
while GeneratingOutput:
    i := (i + 1) mod 256
    j := (j + S[i]) mod 256
    swap values of S[i] and S[j]
    K := S[(S[i] + S[j]) mod 256]
    output K
endwhile
```

选取密钥流的每个字(1字节)的步骤如下。

(1) $i=0$, $j=0$。
(2) $i=(i+1) \bmod 256$。
(3) $j=(j+S(i)) \bmod 256$。
(4) 交换 $S(i)$ 和 $S(j)$。
(5) 输出密钥字 $K=S((S(i)+S(j)) \bmod 256)$。

2.4 非对称密码体制

非对称密码体制又称为公钥密码体制,其主要特征是加密密钥可以公开,但不会影响到解密密钥的机密性。1976 年,W. Diffie 和 N. E. Hellman 在 *IEEE Transactions on Information Theory* 上发表了题为"密码学的新方向"的论文,该论文首次提出了非对称密码体制概念,开创了现代密码学研究的新领域,对密码学的发展有着极为重要的意义。非对称密码体制可用于保护数据的机密性、完整性和身份识别。

非对称密码体制的典型特点如下。

(1) 在非对称密码体制中,有一对密钥(pk,sk)。密钥 pk 是公开的,即公开密钥,简称公钥,这个密钥可以让每个人都知道。密钥 sk 是保密的,即私人密钥,简称私钥。

(2) 在非对称密码体制中,进行加密和解密时使用不同的加密密钥和解密密钥,这里要求加密密钥和解密密钥不能相互推导出来或很难推导出来。

(3) 一般来说,非对称密码体制是建立在严格的数学基础上的,公开密钥和私人密钥是通过数学方法产生的,公钥算法的安全性是建立在某个数学问题很难解决的基础上的。

下面通过示例简单介绍非对称密码体制中的一个应用。假设 Alice 和 Bob 要用公钥密码体制进行通信(Alice 的密钥对为 KAP 和 KAS,而 Bob 的密钥对为 KBP 和 KBS)。

(1) Alice 和 Bob 互相拥有对方的公钥,但都不知道对方的私钥。

(2) Alice 用自己的私钥 KAS 加密的信息,任何人都可以用其对应的公钥 KAP 进行解密。Bob 只要能用 KAP 正常解密这段信息,就可以断定这个信息是 Alice 发出的,而 Alice 也不能否认她发出的这段信息。因为只有 Alice 拥有自己的私钥,而只有用 Alice 的私钥加密的信息才能用 Alice 自己的公钥解密。这实现了 Alice 对其发送的信息的不可否认性及收信者对 Alice 的身份认证。

(3) Alice 用 Bob 的公钥 KBP 加密一段信息,这段信息只有 Bob 本人才能打开,因为只有 Bob 才拥有自己的私钥 KBS,而只有 Bob 自己的私钥才能解密用 Bob 的公钥加密的信息。这实现了信息传送的保密性。

(4) Alice 用自己的私钥对资料 P 加密后形成密文 C1,再用 Bob 的公钥加密密文 C1,并将形成的密文 C2 传送给 Bob。Bob 用自己的私钥可以解密出 C1,并用 Alice 的公钥解密出原资料 P。这时 Bob 可以安全地接收到资料 P,即他可以确认该资料确实来自 Alice,并在中途未被更改过。这是因为其他人没有 Bob 的私钥 KBS,无法解密出 C1,即使能解密出 C1 且更改了资料 P,也无法再还原成 C1(因为第三方没有 Alice 的私钥)。从这方面讲,Bob 并没有 Alice 的私钥因而无法更改密文 C1 的内容,也无法否认接收到的原信息。这实现了信息的完整性验证。

综上所述,公钥密码体制可以完成以下工作:资料的保密性、资料的完整性、发送者的不可否认性和对发送者的认证,即加密模型和认证模型,如图 2.22 所示。

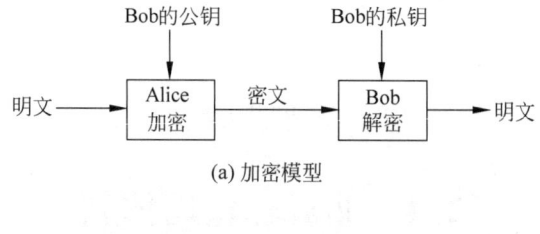

(a) 加密模型

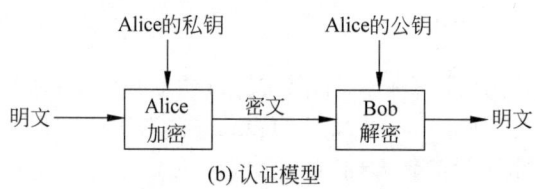

(b) 认证模型

图 2.22 非对称密码体制中的两种模型

非对称密码体制根据其所依据的数学难题一般可以分为 3 类:大整数分解问题类、离散对数问题类和椭圆曲线类。有时也将椭圆曲线类归为离散对数类。非对称密码体制的出现是现代密码学的一个重大突破,给计算机网络安全带来了新的活力,为解决计算机网络安全提供了新的理论和技术基础。这里重点介绍两种有代表性的非对称密码体制:RSA 非对称密码体制和椭圆非对称曲线密码体制。

2.4.1 RSA 非对称密码体制

1977 年,即 Diffie-Hellman 的论文发表一年后,美国麻省理工学院的 3 名教授 Ron Rivest、Adi Shamir 和 Leonard Adelman 根据这一想法开发了一种实用加密方法,这就是 RSA,它是以 3 位开发人员姓的首字母大写命名的。该体制既可用于加密,又可用于数字签名,易懂、易实现,是目前仍然安全且逐步被广泛应用的一种体制。国际上的一些标准化组织 ISO、ITU 和 SWIFT 等均已接受 RSA 体制作为标准。在 Internet 所采用的 PGP 加密中,已将 RSA 作为传送会话密钥和数字签名的标准算法。

1. RSA 公钥体制的基本原理

RSA 体制基于"大数分解和素数检测"这一著名的数论难题:将两个大素数相乘十分容易,但将该乘积分解为两个大素数因子却极端困难。素数检测就是判定一个给定的正整在 RSA 中，公开密钥和私人密钥是一对大素数(100~200 位十进制数或更大)的函数。在使用 RSA 公钥体制之前，每个参与者必须产生一对密钥。

(1) RSA 密码体制的密钥产生。

① 随机选择两个不同的大素数 p 和 q，计算乘积 $n=p\times q$。

② 计算欧拉函数值 $\Phi(n)=(p-1)(q-1)$。

③ 随机选取加密密钥 k，使 k 和 $\Phi(n)$ 互素，即保证 $\gcd(k,\Phi(n))=1$，其中 $\gcd(\cdot)$ 是求两个数的最大公约数函数。在模 $\Phi(n)$ 意义下，k 有逆元。因为与 $\Phi(n)$ 互素的数可能不止一个，所以 k 的值是随机选择的。可以先设 k 为一个初值，并且 $k<\Phi(n)$，然后采用试探法求出满足条件的 k。可以令 $sk=k$(或 $pk=k$)，这里要注意的是，如果选取一个密钥的值大于 $\Phi(n)$，就不能正确求出另一个密钥了。

④ 利用欧几里得扩展算法计算 sk 的逆元，即解密密钥 pk，以满足：
$$sk \cdot pk = 1 \bmod \Phi(n)$$
即
$$pk = sk^{-1} \bmod \Phi(n)$$

注意：pk 和 n 也互素。pk 和 n 是公开密钥，sk 是私人密钥。当不再需要两个素数 p 和 q 时，应该将其丢弃，但绝不可以泄密。

(2) RSA 体制的加密。在对消息 m 进行加密时，首先将它分解为比 n 小的数据分组 m_i，即 $m=m_1m_2\cdots m_i\cdots$。然后用每块明文自乘 sk 次幂，再按模 n 求余数，就可以得到密文。

密文：
$$C_i = m_i^{sk} \bmod n$$

密文序列：
$$C = C_1C_2\cdots C_i\cdots$$

(3) RSA 体制的解密。RSA 体制的解密与加密算法基本相同，将每块密文自乘 pk 次幂，再按模 n 求余数，就可以得到明文。

明文：
$$m_i = C_i^{pk} \bmod n$$

明文序列：
$$m = m_1m_2\cdots m_i\cdots$$

可以证明，解密变换是加密变换的逆变换。

实际上，由假设 $pk=sk^{-1} \bmod \Phi(n)$ 可知，存在一个正整数 r，使得 $pk\cdot sk=r\Phi(n)+1$ 成立，从而有 $m^{pk\cdot sk}=m^{r\Phi(n)+1}$。因为有限群 Z_p^* 中元素个数为 $\Phi(p)$ 个，故由 Lagrange 定理可知，当 $\gcd(m,p)\neq p$ 时，$m^{r\Phi(n)+1}\equiv m^{r\Phi(p)\Phi(q)+1}\equiv m\cdot m^{\Phi(p)\Phi(q)}\equiv m(\bmod p)$；而当 $\gcd(m,p)=p$ 时，两边都为 0，该式也成立。因此，$m^{r\Phi(n)+1}\equiv m(\bmod p)$ 对任意 m 都成立。

同理可证 $m^{r\Phi(n)+1}\equiv m(\bmod q)$。

由此可得 $m^{r\Phi(n)+1}\equiv m(\bmod n)$。

此时 $m^{pk\cdot sk}(\bmod n)=m$，即解密变换就是加密变换的逆变换。

RSA 使用了大数的指数运算,选定大整数 n 后,明文(密文)分组是小于 n 的二进制值。显然,由 pk 无法算出 sk,明文发送方和接收方都必须知道 n 的值,发送方知道 sk 的值,而接收方只知道 pk 的值,从而公开密钥为 KU={pk,n},私人密钥为 KR={sk,n}。

下面通过示例说明 RSA 的加密和解密过程。

(1) 选择两个素数 $p=47, q=61$。

(2) 计算 $n=p \cdot q=2867$。

(3) 计算 $\Phi(n)=(p-1)(q-1)=2760$。

(4) 令 sk=167,它小于 $\Phi(n)$ 且与 $\Phi(n)=2760$ 互为素数。

(5) 求出 pk,使得 sk·pk=1 mod 2760,易得 pk=1223,因为 $1223 \times 167 = 204241 = 74 \times 2760 + 1$。

(6) 结果得到的公开密钥为 KU={1223,2867},私人密钥为 KR={167,2867}。

现用明文输入 $m=123\,456\,789$ 时的加密和解密过程来说明上述密码系统的应用。在加密时,首先将明文分成 3 组,即

$$m_1 = 123$$
$$m_2 = 456$$
$$m_3 = 789$$

用私钥 sk 进行加密:

$$C_1 = m_1^{167} \bmod 2867 = 1770$$
$$C_2 = m_2^{167} \bmod 2867 = 1321$$
$$C_3 = m_3^{167} \bmod 2867 = 1297$$

得到密文:

$$C = 1770\ 1321\ 1297$$

解密时,用公开密钥 pk 解密:

$$m_1 = C_1^{1223} \bmod 2867 = 123$$
$$m_2 = C_2^{1223} \bmod 2867 = 456$$
$$m_3 = C_3^{1223} \bmod 2867 = 789$$

这样就将明文恢复出来了。

2. RSA 体制的安全性

从技术上说,RSA 的安全性完全依赖于大素数的分解问题,这个问题的求解困难性虽然从未在数学上得到理论证明,但目前为止还没有在应用中找到一种有效的方法来进行大素数分解。

RSA 算法的安全性取决于 p、q 的保密性及分解大数的难度,即已知 $n=pq$,分解出 p、q 的困难性。因此在计算出 n 后,要立即彻底删除 p、q 的值。

目前攻击 RSA 算法主要有两种:一种是由 n 企图分解出 p、q;另一种是穷举密钥法。穷举法没有大素数分解法有效。当前运用计算机和素数理论,已能够分解出 129 位的十进制数。

一般来说,密钥长度越长,安全性越好。RSA 实验室建议,个人使用 RSA 算法时,公开模数的长度至少要达到 768 位,公司要用到 1024 位,极其重要的单位要用到 2048 位。当

然,随着密钥长度变长以后,加密和解密的速度会降低很多,影响效率。为了提高加密速度,通常取加密的 sk 为特定的小整数,如 EDI(电子数据交换)国际标准中规定选择的 $k=2^{16}+1$,ISO/IEC 9796 甚至允许取 $k=3$,这样导致加密速度一般比解密速度快 10 倍以上。尽管如此,与对称加密体制相比,RSA 的加密、解密速度还是太慢,所以它很少用于大量数据的加密,而一般只用于数字签名、密钥管理和认证。

2.4.2 椭圆曲线非对称密码体制

非对称密码体制的构造依赖于一个阶数相当大的有限群,特别是阶数含大素数因子的群。实际上,有限域乘法群和椭圆曲线加法群是非常方便的候选对象。用这两种群可以构造 Diffie-Hellman 密钥交换算法、ElGamal 加密算法和 ElGamal 数字签名算法。

椭圆曲线密码(Elliptic Curve Cryptography,ECC)是基于椭圆曲线算术的一种非对称密码方法。椭圆曲线在密码学中的使用是在 1985 年由 Neal Koblitz 和 Victor Miller 分别独立提出的。椭圆曲线密码有一些突出的优点:密钥长度短,抗攻击性强,单位比特的安全性强度高。例如,160 位的 ECC 与 1024 位的 RSA 有相同的安全强度。此外,ECC 的计算量小,处理速度快,如在相同的强度下,用 160 位的 ECC 进行加密、解密或数字签名要比用 1024 位的 RSA 快了大约 10 倍。目前 ECC 算法已经成为一种非常流行的非对称密码算法。

由于学习椭圆曲线密码体制需要较多的数学知识,本节仅介绍一些基本概念,感兴趣的读者可以参考相关资料。

1. 椭圆曲线

实数域上的椭圆曲线是指方程:
$$y^2 + axy + by = x^3 + cx^2 + dx + e$$
的所有解 $(x,y) \in \mathbf{R} \times \mathbf{R}$($\mathbf{R}$ 表示实数域),再加上一个无穷远点(记作 O)所构成的一个集合 E,其中 a,b,c,d,e 是满足某些简单条件的实数。

在 E 上定义加法运算,对所有的 $P,Q \in E$,运算规则如下。

(1) O 是加法的单位元,有 $O = -O$。

(2) 对椭圆曲线上的任何一点 P,有 $P+O=P=O+P$。

(3) 如果 $P=(x_1,y_1)$,那么 $-P=(x_1,-y_1-ax_1-b)$。

(4) 如果 $Q=-P$,那么 $P+Q=O$。

(5) 如果 $P \neq O, Q \neq O, Q \neq -P, Q \neq P$,设 R 是过点 P 和 Q 的直线与 E 的交点,那么 $Q+P=-R$。

(6) Q 的倍数定义:在点 Q 处作 E 的切线,并找出另一交点 S,定义 $Q+Q=2Q=-S$。

结合(5),类似地可以定义 $3Q=Q+Q+Q,\cdots,nQ=Q+\cdots+Q$。

可以证明 E 关于上述定义的加法运算构成一个交换群。

2. 有限域上的椭圆曲线

实数是连续的,导致定义于其上的椭圆曲线也是连续的,但连续的椭圆曲线并不适合加密,所以在密码学上人们关心的是定义在有限域上的椭圆曲线。

有限域 F 上的椭圆曲线是指方程:

$$y^2 + axy + by = x^3 + cx^2 + dx + e$$

的所有解$(x,y) \in F \times F$,再加上一个无穷远点O所构成的一个集合E,其中$a,b,c,d,e \in F$是满足某些简单条件的实数。

由上面有限域F上椭圆曲线的定义,可以看出有限域上的椭圆曲线是离散的。下面介绍定义于有限域Z_p($p>3$且是素数)上的一类简单且常用的椭圆曲线$y^2=x^3+ax+b$,至于其他类型有限域上的椭圆曲线,有兴趣的读者可以参阅有关文献。

有限域Z_p($p>3$且是素数)上的椭圆曲线$y^2=x^3+ax+b$是由一个称为无穷远点的O和满足同余方程:

$$y^2 = x^3 + ax + b \pmod{p}$$

的解$(x,y) \in Z_p \times Z_p$组成的集合E,其中$a,b \in Z_p$,并满足:

$$4a^3 + 27b^2 \pmod{p} \neq 0$$

为了以后叙述方便,将Z_p上的这类椭圆曲线记作$E_p(a,b)$。与实数域上的椭圆曲线上的加法定义方式相同,椭圆曲线$E_p(a,b)$上的加法定义如下(所有的运算都在Z_p上)。

对任意$P=(x_1,y_1),Q=(x_2,y_2) \in E$,有

$$P+Q = \begin{cases} O & x_1=x_2, y_1=-y_2 \\ (x_3,y_3) & \text{其他} \end{cases}$$

其中,

$$\begin{matrix} x_3 = \lambda^2 - x_2 - x_1 \\ y_3 = \lambda(x_1-x_3) - y_1 \end{matrix}, \quad \lambda = \begin{cases} (y_2-y_1)/(x_2-x_1) & P \neq Q \\ (3x_1^2+a)/(2y_1) & P=Q \end{cases}$$

最后对所有的$P \in E$,定义$P+(-P)=O$。

注意:Z_p($p>3$且是素数)上的椭圆曲线没有实数域上的椭圆曲线的直观几何解释,然而可以验证,$E_p(a,b)$关于上述定义的加法运算仍然构成了一个交换群。

若E是有限域Z_p上的椭圆曲线,且G是E的一个循环子群,α是G的生成元,$\beta \in G$。那么已知α和β,求满足:

$$n\alpha = \beta$$

的最小整数n,称为椭圆曲线上的离散对数问题,n可以表示为$n=\log_\alpha \beta$。这里由对数n和点α计算出β是比较容易的,而由点β和α计算出n是非常困难的。

3. 椭圆曲线上的密码

下面介绍椭圆曲线上的Menezes-Vanstone公钥密码体制,它是ElGamal公钥密码体制在椭圆曲线上的实现,于1993年由A. J. Menezes和S. A. Vanstone提出。

Menezes-Vanstone公钥密码算法描述如下。为了叙述方便,这里称发送方为A,接收方为B。

1) 密钥生成

(1) A选择一个大素数p。

(2) A选取有限域Z_p上的一个椭圆曲线E,且包含一个阶足够大的元素α,α的阶记作$n=\text{ord}(\alpha)$。

(3) A选取整数d,满足$1 \leq d \leq n-1$,并计算$\beta=d\alpha$。

(4) A 的公钥为 (E, p, α, β, n),私钥为 d。

2) 加密

(1) B 获取 A 的公钥 (E, p, α, β, n)。

(2) B 选取整数 k,满足 $1 \leqslant k \leqslant n-1$,计算 $y_0 = k\alpha$ 和 $\delta = (c_1, c_2) = k\beta$。

(3) 对明文 $x = (x_1, x_2) \in Z_p^* \times Z_p^*$ $(Z_p^* = Z_p - \{0\})$,B 计算:
$$y_1 = c_1 x_1 \bmod p$$
$$y_2 = c_2 x_2 \bmod p$$

(4) B 得到密文 $y = (y_0, y_1, y_2) \in E \times Z_p^* \times Z_p^*$,并将其发送给 A。

3) 解密

(1) A 收到 B 发送的密文 $y = (y_0, y_1, y_2)$。

(2) A 计算 $dy_0 = (c_1, c_2)$。

(3) A 分别计算 c_1 和 c_2 在 Z_p 上的逆元 c_1^{-1}, c_2^{-1}。

(4) A 获得明文 $(c_1^{-1} y_1 \bmod p, c_2^{-1} y_2 \bmod p) = (c_1^{-1} c_1 x_1 \bmod p, c_2^{-1} c_2 x_2 \bmod p) = (x_1, x_2) = x$。

4. ECC 的安全性

椭圆曲线密码的安全性依赖于椭圆曲线离散对数问题(Elliptic Curve Discrete Logarithm Problem, ECDLP)的难解性。从目前的研究来看,椭圆曲线离散对数问题比有限域上的离散对数问题似乎更难处理。对于求解一般椭圆曲线离散对数问题,迄今还没有出现类似于求解有限域上的离散对数问题的 index-calculs 类型的亚指数时间的算法。这就意味着,可以在椭圆曲线密码体制中采用较小的数,以得到与使用更大的有限域同样的安全强度。

另外,如果定义于有限域 F 上的椭圆曲线 E 含有的点的个数恰好等于有限域 F 含有的元素个数,则将这样的椭圆曲线称为异常椭圆曲线。这类曲线易受攻击,在所有椭圆曲线密码体制中,该类曲线禁止使用。

2.4.3 Diffie-Hellman 密钥交换

1976 年,Whifield Diffie 与 Martin Hellman 提出了公钥密码的概念,其中设计的算法被称为 Diffie-Hellman 算法。该算法的目的是使两个用户之间能安全地交换密钥,以便提供后续的数据加密、数字签名等用途。Diffie-Hellman 算法的安全性建立在求解离散对数的困难性基础上。目前很多安全产品采用了这种密钥交换技术。

下面给出离散对数的基本描述。设 α 是素数 P 的原根,它是一个整数,并且它的幂能够生成 $1 \sim P-1$ 的所有整数,即 $\alpha \bmod P$、$\alpha^2 \bmod P$、$\cdots$、$\alpha^{P-1} \bmod P$ 均不同,它们组成了 $1 \sim P-1$ 的所有整数。对于任意小于 P 的整数 C 与 P 的原根 α,能够找到唯一的指数 i,使得 $C = \alpha^i \bmod P (0 \leqslant i \leqslant P-1)$ 成立,则称 i 是 C 的基为 α、模为 P 的离散对数,并将该值记作 $\mathrm{dlog}_{\alpha, P}(C)$。

根据原根的定义和性质,可以定义 Diffie-Hellman 密钥交换算法,该算法如图 2.23 所示。该算法可以描述如下。

(1) 选择两个全局公开的参数:素数 P 与其原根 α。

(2) 假设用户 A 和 B 希望交换一个密钥,用户 A 选择一个作为私有密钥的随机数

$X_A < P$,并计算公开密钥 $Y_A = \alpha^{X_A} \bmod P$。A 对 X_A 的值保密存放,而使 Y_A 能被 B 公开获得。类似地,用户 B 选择一个私有的随机数 $X_B < P$,并计算公开密钥 $Y_B = \alpha^{X_B} \bmod P$。B 对 X_B 的值保密存放,而使 Y_B 能被 A 公开获得。

(3) 用户 A 产生共享秘密密钥的计算方式是 $K_B = (Y_B)^{X_A} \bmod P$。同样,用户 B 产生共享秘密密钥的计算是 $K_A = (Y_A)^{X_B} \bmod P$。这里 A 和 B 计算密钥会产生相同的结果:$K = (Y_B)^{X_A} \bmod P = (\alpha^{X_B} \bmod P)^{X_A} \bmod P = (\alpha^{X_B})^{X_A} \bmod P = (\alpha)^{X_A X_B} \bmod P = (\alpha^{X_A} \bmod P)^{X_B} \bmod P = (Y_A)^{X_B} \bmod P$,因此相当于 A 与 B 双方已经交换了一个相同的秘密密钥。

(4) 因为 X_A 和 X_B 是严格保密的,一个攻击方可以利用的参数只有 P、α、Y_A 和 Y_B。因而攻击方必须计算离散对数来确定密钥。例如,攻击方要获取用户 B 的秘密密钥,必须先计算 $X_B = \mathrm{dlog}_{\alpha, P}(Y_B)$,然后再使用用户 B 采用的方法计算其秘密密钥 K。通过 Diffie-Hellman 密钥交换算法进行密钥交换的安全性依赖于这样一个事实:虽然计算以一个素数为模的指数相对容易,但计算离散对数却很困难。对于大的素数,计算出离散对数几乎是不可能的。

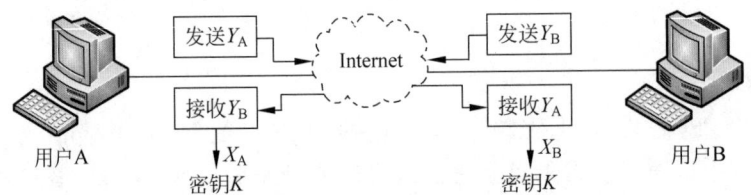

图 2.23 Diffie-Hellman 密钥交换的工作原理

下面通过示例进行说明。密钥交换基于素数 $P = 97$ 和 97 的一个原根 $\alpha = 5$。A 和 B 分别选择私有密钥 $X_A = 36$ 和 $X_B = 58$,并分别计算其公开密钥:$Y_A = 5^{36} \bmod 97 = 50 \bmod 97$,$Y_B = 5^{58} \bmod 97 = 44 \bmod 97$。在他们相互获取了公开密钥之后,各自通过计算得到双方共享的秘密密钥:$K = (Y_B)^{X_A} \bmod 97 = 44^{36} \bmod 97 = 75 \bmod 97$,$K = (Y_A)^{X_B} \bmod 97 = 50^{58} \bmod 97 = 75 \bmod 97$。攻击者从 (50,44) 出发,要计算出 75 很不容易。

但是这种算法不能抵御中间人攻击,这是因为它无法认证密钥交换的参与者。针对如何确认参与者身份的问题,需要通过数字签名或公钥证书等技术进行解决。

2.5 密码学新进展

密码学将信息安全核心算法作为其研究目标,其研究内容也随着信息安全不断发展的需求而增长。本节介绍几个有代表性的密码学研究新方向,以及这些算法与传统密码算法相比较的特点。

2.5.1 可证明安全性

可证明安全性是指一个密码算法或密码协议,其安全性可以通过"归约"的方法得到证明。归约是将一个公认的难解问题通过多项式时间转换为密码算法(或协议)的破译问题。换句话说,可证明安全性是假定攻击者能够成功,则可以从逻辑上推出这些攻击信息,可以使得攻击者或系统的使用者能够解决一个公认的数学难题。

这种思想使密码算法或密码协议的安全性论证比以往的方法更加科学、可信,因此成为密码学研究的一个热点问题。

2.5.2 基于身份的密码技术

利用用户的部分身份信息可以直接推导出它的公开密钥的思想,早在1984年Shamir就提出来了。对普通公钥密码来说,证书权威机构是在用户生成自己的公、私密钥对之后,对用户身份和公钥进行捆绑(签名),并公开这种捆绑关系。而对于基于身份的公钥密码来说,与证书权威机构对应的可信第三方,在用户的公、私密钥对生成过程中已经参与,而且公开密钥可以选择为用户的部分身份信息的函数值。这时,用户与其公钥的捆绑关系不是通过数字签名,而是通过可信第三方对密码参数进行可信、统一(而不是单独对每个用户的公钥)、公开的保障。可以看出,在多级交叉通信的情况下,对基于身份的密码使用比普通公钥密码的使用减少了一个签名、验证层次,从而受到人们的关注。

Shamir、Fiat和Feige在1984年之后的几年中,提出了基于身份的数字签名方案和身份识别方案,但是直到2001年,Boneh和Franklin才提出一个比较完善的基于身份的加密方案。Boneh和Franklin的方案使用了椭圆曲线的Weil配对映射,从此人们总是将基于身份的密码与椭圆曲线的Weil配对联系在一起,成为近年来密码学的一个相当活跃的研究分支。

2.5.3 量子密码学

量子计算是近年来兴起的一个研究领域。早在1982年,物理学家们注意到,一些量子力学中的现象无法在现有计算机上进行仿真。但在1994年,美国电话电报公司的研究实验室提出了与现在计算机系统不同的结构模型,称为量子计算机,它通过量子力学原理实现超常规的计算。研究人员在假设可以制造一台量子计算机的前提下提出一种算法,可以在多项式时间内分解大整数。这是量子计算机理论的重大突破,与密码学有重要的联系。下面介绍的量子密钥分发技术足以显示量子密码技术的重要性。

1. 量子力学现象

光子和基本粒子都具有一定力学性质。力的分解与合成满足平行四边形法则或矢量的加法法则。特别地,如果有一个过O点的力F,以及一个方向e,则可以得到F在方向e上的分量F_1,如图2.24所示。容易看出,F在与自身同方向上的分量是自己,而在与F垂直方向上的分量是0。

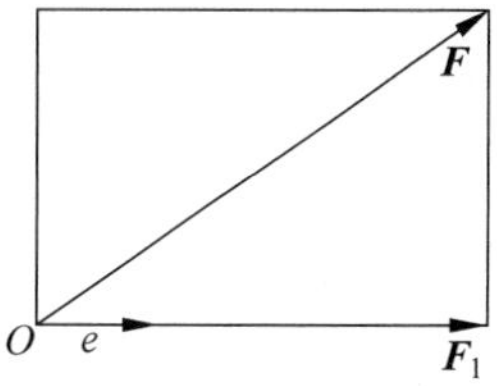

可以用另一种方法表述该现象:用方向e对F进行测量,得到结果F_1。现在用光子来做一个实验。当光子传送时,它会在某个方向(如上下、左右或某个方向)上振荡。如果一束光中的所有光子都沿着一个方向振荡,则称为极化,否则称为非极化。一束光通过一个偏光镜时,将得到极化的光束。一水平方向的极化光束F,当遇到水平极化偏光镜e时,它们会全部通过,即得到的还是F。而当F遇到垂直方向的极化偏光镜e时,则没有光子能通过。一般地,一极化的光束按照其大小和极性可以看成是矢量,当遇到一个与其极性的夹角成α的偏光镜e时,则通过的光束与e同向,而且其大小为$F_1 = F \cdot \cos \alpha$。人们发现,用偏光镜过滤光束和用方向

图2.24 力的分解

对力进行测量,其实是同样的道理。

对一个光子的解释要更加困难。一个光子遇到偏光镜 e 时,如果光子极性与一个偏光镜 e 是平行(或垂直)的,光子将通过(或被阻止)。但当光子极性与一个偏光镜 e 夹角为 α 时,这个光子要么改变为 e 的方向通过,要么被阻止。因为光子是最小单位,所以不能有一个不完整的光子通过。对此物理学家给出的一个稍微合理的解释是,此时这个光子改变为 e 的方向通过的概率为 $p=\cos\alpha$。

选定两个垂直的方向,如水平方向和垂直方向(用"—"和"|"表示),或者45°左对角线和右对角线(用"/"和"\"表示)。两种情况都称为一组极化基。第一组基记作 $B_1=\{-,|\}$;第二组基记作 $B_2=\{/,\backslash\}$。

由上面的讨论可知,在一组基上的两个方向之一的光子,如果用本组基方向上的偏光镜进行测量,则可以得到正确的结果;而用另外一组极化基之一测量,则只能得到随机的结果。下面通过示例说明如何通过光量子分发密钥。

2. 量子密钥分发技术

例 2.8 假设 Alice 想和 Bob 共享一个随机位串。Alice 想将 01110010 传送给 Bob,便随机选取一个等长的基序列 $B_1,B_2,B_1,B_1,B_2,B_2,B_1,B_2$。通信双方约定对于基 $B_1=\{-,|\}$,将 1 编码为"—",将 0 编码为"|";对于基 $B_2=\{/,\backslash\}$,将 1 编码为"/",将 0 编码为"\"。Alice 传递给 Bob 的光子序列如下。

|,/,—,—,\,\,—,\

Bob 随机选择另一基序列 $B_2,B_2,B_2,B_1,B_2,B_1,B_1,B_2$,并用该基序列接收 Alice 传递的信息,所收到的量子位如下。

∗,/,∗,—,\,∗,—,\

需要注意的是,"∗"表示一些随机位。Bob 会告诉 Alice 在接收时使用的基序列。Alice 通过与自己选择的基序列对比后告诉 Bob,他所选取的第 2、4、5、7、8 个基是正确的。这样,Alice 和 Bob 可以在发送、接收序列中对应地选出相同的子序列。

/,—,\,—,\

通过译码,双方共享了一个序列 11010。此序列可作为双方以后通信中的数据加密密钥。

在线测试

习 题 2

一、选择题

1. ( )算法属于公开密钥算法。
   A. AES　　　　B. DES　　　　C. RSA　　　　D. 天书密码
2. ( )算法属于置换密码。
   A. 移位密码　　B. 天书密码　　C. Vigenère 密码　D. 仿射密码
3. 在 DES 加密过程中,需要进行( )轮变换。
   A. 8　　　　　B. 16　　　　　C. 24　　　　　D. 32

4. 以下关于 ECC 的描述中,正确的是(　　)。
　　A. 它是一种典型的基于流的对称密码算法
　　B. 它的安全基础是大素数的因子分解非常困难
　　C. 在安全性相当时,其密钥长度小于 RSA 算法
　　D. 在密钥长度相当时,其安全性低于 RSA 算法
5. 在以下几种分组密码操作中,最简单的操作模式是(　　)。
　　A. ECB 模式　　　　B. CBC 模式　　　　C. OFB 模式　　　　D. CFB 模式
6. 在以下几种密钥长度中,不符合 AES 规范的是(　　)。
　　A. 128 位　　　　　B. 168 位　　　　　C. 192 位　　　　　D. 256 位

二、填空题

1. 给定密钥 $K=10010011$,若明文为 $P=11001100$,则采用异或运算加密的方法得到的密文为_____。
2. 在数据加密标准 DES 中,需要进行_____轮相同的变换才能够得到 64 位密文输出。
3. RSA 算法的安全性完全取决于_____及_____。
4. Diffie-Hellman 算法的最主要应用领域是_____。
5. 在 DES 算法中,每次加密的明文分组大小为_____位。

三、简答题

1. 简述研究密码学的意义及密码学研究的内容。
2. 比较代替密码中移位密码、单表代换密码和多表代换密码的安全性优劣,并说明理由。
3. 已知仿射密码的加密函数可以表示为:
$$f(a)=(aK_1+K_0)\bmod 26$$
明文字母 e、h 对应的密文字母是 f、w,请计算密钥 K_1 和 K_0 来破译此密码。
4. 用 Vigenère 密码加密明文"please keep this message in secret",其中使用的密码为"computer",求其密文。
5. 设英文字母 $a,b,c,\cdots$,分别编号为 $0,1,2,\cdots,25$,仿射密码加密变换为 $c=(3m+5)\bmod 26$,其中 m 表示明文编号,c 表示密文编号。
　(1) 试对明文 security 进行加密。
　(2) 写出该仿射密码的解密函数。
　(3) 试对密文进行解密。
6. 简述序列密码算法与分组密码算法的不同点。
7. 在一个使用 RSA 的公开密钥系统中,如果攻击者截获了公开密钥 $pk=5$,公开模数 $n=35$,密文 $c=10$,那么明文是什么?
8. 在一个使用 RSA 的公开密钥系统中,假设用户的私人密钥被泄露了,但他仍使用原来的模数重新产生一对密钥,这样做安全吗?
9. 简述对称密码与公钥密码的主要区别,以及它们的主要应用领域。
10. 简述对称密钥与非对称密钥算法中密钥分发的主要区别,以及它们所采用的主要技术手段。

第 3 章　信息认证技术

3.1　概　　述

视频讲解

在当前开放式的网络环境中,任何在网络上的通信都可能遭到黑客的攻击,窃听机密消息,伪造、复制、删除和修改消息等攻击越来越多。所有的攻击都可能对正常通信造成破坏性的影响。因此,一个真实可靠的通信环境成为能够有效进行网络通信的基本前提。作为信息安全中的一个重要组成部分,认证技术也显得尤为重要。

为了防止通信中的消息被非授权使用者攻击,有效的方法就是要对发送或接收到的消息具有鉴别能力,能鉴别消息的真伪和通信对方的真实身份。实现这样功能的过程称为认证。

一个安全的认证系统应满足以下条件。
(1) 合法的接收者能够检验所接收消息的合法性和真实性。
(2) 合法的发送方对所发送的消息无法进行否认。
(3) 除了合法的发送方之外,任何人都无法伪造、篡改消息。

通常情况下,一个完整的身份认证系统中除了有消息发送方和接收方外,还要有一个可信任的第三方,负责密钥分发、证书的颁发、管理某些机密信息等工作。当通信双方遇到争执、纠纷时,第三方还需要充当仲裁者的角色。

通信双方进行认证的目的是进行真实而安全的通信。所谓认证就是在通信过程中,通信一方验证另一方所声称的某种属性。信息安全中的认证技术主要有两种:消息认证和身份认证。

如果验证的是消息的某种属性,则该认证方式称为消息认证。消息认证用于保证信息的完整性与不可抵赖性,验证消息在传送和存储过程中是否遭到篡改、重放等攻击。若认证的属性是关于通信中的某一方或双方身份,则该认证过程称为身份认证。身份认证主要用于鉴别用户身份,是用户向对方出示自己身份的证明过程,通常是确认通信的对方是否拥有进入某个系统或使用系统中某项服务的合法权利的第一道关卡,并确认消息的发送者和接收者是否合法。

3.2　哈 希 函 数

哈希函数也称单向散列函数,是信息安全领域广泛使用的一种密码技术,它主要用于提供消息的完整性验证。哈希函数以任一长度的消息 M 为输入,产生固定长度的数据输出。这个定长输出称为消息 M 的散列值或消息摘要。由于哈希函数具有单向的特性,因此该散列值也称数据的"指纹"。

3.2.1 哈希函数概述

由于哈希(Hash)函数通过产生定长的散列值作为数据的特征"指纹",因此用于消息认证的哈希函数必须具有以下性质。

(1) 哈希函数的输入可以是任意长度的数据块 M,产生固定长度的散列值 h。

(2) 给定消息 M,很容易计算散列值 h。

(3) 给定散列值 h,根据 $H(M)=h$ 推导出 M 很难,这条性质被称为单向性。单向性要求根据报文计算散列值很简单,但反过来根据散列值计算出原始报文十分困难。

(4) 已知消息 M,通过同一个 $H(\cdot)$ 计算出不同的 h 是很困难的。

(5) 给定消息 M,要找到另一消息 M' 满足 $H(M)=H(M')$,这在计算上是不可行的,这条性质被称为弱抗碰撞性。该性质是保证无法找到一个替代报文,否则就可能破坏使用哈希函数进行封装或签名的各种协议的安全性。哈希函数的重要之处就是赋予 M 唯一的"指纹"。

(6) 对于任意两个不同的消息 $M \neq M'$,它们的散列值不可能相同,这条性质被称为强抗碰撞性。强抗碰撞性对于消息的哈希函数安全性要求更高,该性质保证了对生日攻击的防御能力。

碰撞性是指对两个不同的消息 M 和 M',如果它们的散列值相同,则发生了碰撞。实际中需要处理的消息是无限的,但可能的散列值却是有限的。不同的消息可能会产生同一散列值,因此碰撞是存在的。但是,哈希函数要求用户不能按既定的需要找到一个碰撞,意外的碰撞更是不太可能的。显然,从安全性的角度来看,哈希函数输出的位越长,抗碰撞的安全强度越大。

在信息认证技术中,哈希函数扮演着非常重要的角色,在通信安全中起着重要的作用,同时也是许多密码协议的基本模块。哈希函数的散列值也被称为哈希值、消息摘要、数字指纹、密码校验和、信息完整性检验码、操作检验码等。即使对明文进行轻微的改动,哪怕只是一个字母或一个标点符号,其对应的散列值也会有很大的不同。

哈希函数的设计建立在压缩函数的思想上。压缩函数的输入是消息分组和文本前一分组的输出,即分组 M_j 的散列值为:

$$h_j = f(M_j, h_{j-1})$$

该散列值和下一轮的消息分组一起作为压缩函数下一轮的输入。最后一个分组的散列值就成为整个消息的散列值。

目前常用的哈希函数有 MD5、SHA-1 和 RIPEMD-160 等,本章重点介绍 MD5 和 SHA-1 算法的基本原理。

3.2.2 MD5

MD5 算法是由麻省理工学院的 Ron Rivest 提出的。MD5 是一种常用的哈希函数,它可以将任意长度的消息经过变换得到一个 128 位的散列值,目前被广泛用于各种软件的密码认证和密钥识别上。

对 MD5 算法简要的叙述可以概括为:MD5 以 512 位分组来处理输入的信息,且每一分组又被划分为 16 个 32 位子分组,经过了一系列的处理后,算法的输出由 4 个 32 位分组组成,将这 4 个 32 位分组级联后将生成一个 128 位散列值。

MD5 是经 MD2、MD3 和 MD4 发展而来的,它的作用是让大容量信息在数字签名前被"压缩"成一种保密的格式(将一个任意长度的字串变换成一定长的大整数)。无论是 MD2、MD4,还是 MD5,它们都需要获得一个随机长度的信息并产生一个 128 位的信息摘要。虽然这些算法的结构或多或少有些相似,但 MD2 的设计与 MD4 和 MD5 完全不同,这是因为 MD2 是为 8 位计算机做设计优化的,而 MD4 和 MD5 是面向 32 位计算机的。

MD5 的算法步骤如下。

1) 数据填充与分组

数据填充与分组的具体步骤如下。

(1) 将输入信息 M 按顺序进行分组,每 512 位为一组,即 $M=M_1,M_2,\cdots,M_{n-1},M_n$。

(2) 将 M_n 的长度填充为 448 位。当 M_n 的长度 L 小于 448 位时,在信息 M_n 后加一个"1",然后再填充若干"0",使得最后 M_n 的长度为 448 位。当 M_n 的长度大于 448 位时,在信息 M_n 后添加一个"1",然后再填充 $512-L+448$ 个"0",使最后信息 M_n 的长度为 512 位,M_{n+1} 的长度为 448 位。此时填充后的信息 M 的长度恰好是一个比 512 的倍数少 64 位的数,也就是信息长度等于 $512\times(n-1)+448$,其中 n 为某个整数。

(3) 将填充前的信息 M 的长度 L 转换为 64 位二进制数,如果原信息长度 L 超过 64 位所能表示的范围,则只保留最后 64 位。

(4) 再将该 64 位二进制数增加到填充后的信息 M 的 M_n 后面,使得最后一块的长度为 512 位。

经过这些处理,现在信息的位长为 $(n-1)\times512+448+64=n\times512$,即长度恰好是 512 的整数倍。这样做的原因是为了满足后面处理中对信息长度的要求。

2) 初始化散列值

MD5 算法的中间结果和最终结果保存在 128 位的缓冲区中,缓冲区用 4 个 32 位的变量表示,这些变量被称为链接变量(chaining variable)。对链接变量进行初始化:

$A=0\text{x}01234567$

$B=0\text{x}89\text{abcdef}$

$C=0\text{xfedcba}98$

$D=0\text{x}76543210$

当设置好这 4 个链接变量后,就开始进入算法的 4 轮循环运算。循环的总次数是信息中 512 位信息分组的数目。

3) 计算散列值

将上面 4 个链接变量复制到另外 4 个变量中,即 A 到 a,B 到 b,C 到 c,D 到 d。

主循环有 4 轮(MD4 只有 3 轮),每轮循环都很相似,主循环如图 3.1 所示。第一轮进行 16 次操作,每次操作对 a、b、c 和 d 中的 3 个做一次非线性函数运算,然后将所得结果加上第 4 个变量(文本的一个子分组和一个常数)。将函数运算后的所得结果循环左移某个位数,并加上 a、b、c 或 d,以该结果取代 a、b、c 或 d。

每轮运算使用的非线性函数都是一个基本的逻辑函数,其输入是 3 个 32 位的信息,输出是一个 32 位的信息,按位进行逻辑运算。4 轮运算所使用的函数分别为:

$$F(X,Y,Z)=(X\wedge Y)\vee((\neg X)\wedge Z)$$

$$G(X,Y,Z)=(X\wedge Z)\vee(Y\wedge(\neg Z))$$

$$H(X,Y,Z)=X\oplus Y\oplus Z$$

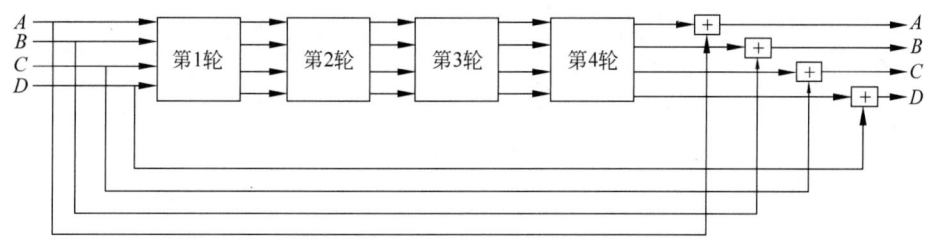

图 3.1 MD5 主循环

$$I(X,Y,Z) = Y \oplus (X \vee (\neg Z))$$

其中，∧是与，∨是或，¬是非，⊕是异或。如果 X、Y 和 Z 的对应位是独立且均匀的，那么这 4 个函数结果的每一位也应是独立且均匀的。

MD5 的基本操作过程如图 3.2 所示。

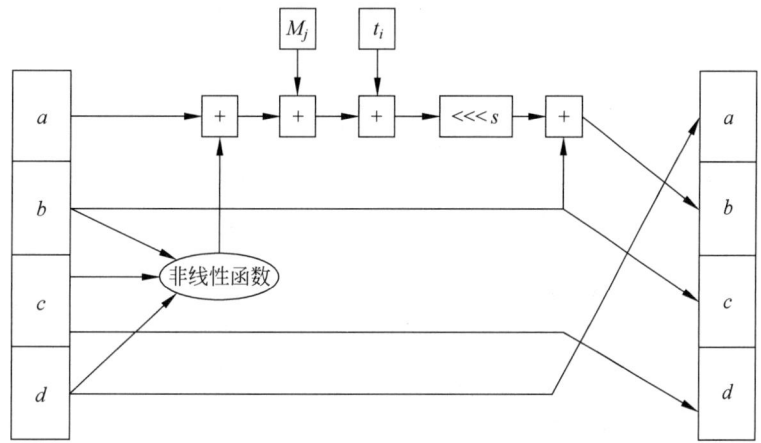

图 3.2 MD5 的基本操作过程

4 轮的迭代操作分别为：

$\text{FF}(a,b,c,d,M_j,s,t_i)$ 表示 $a = b + ((a + F(b,c,d) + M_j + t_i) \lll s)$

$\text{GG}(a,b,c,d,M_j,s,t_i)$ 表示 $a = b + ((a + G(b,c,d) + M_j + t_i) \lll s)$

$\text{HH}(a,b,c,d,M_j,s,t_i)$ 表示 $a = b + ((a + H(b,c,d) + M_j + t_i) \lll s)$

$\text{II}(a,b,c,d,M_j,s,t_i)$ 表示 $a = b + ((a + I(b,c,d) + M_j + t_i) \lll s)$

其中，M_j 表示消息的第 j 个子分组（从 0 到 15）；常数 $t_i = 2^{32} \times \text{abs} \sin(i)$ 的整数部分；$i = 1,2,\cdots,64$，i 的单位是弧度；+ 为模 2^{32} 加法；$\lll s$ 表示循环左移 s 位。

4 轮迭代共 64 步如下。

第 1 轮：

```
FF(a,b,c,d,M0,7,0xd76aa478)
FF(d,a,b,c,M1,12,0xe8c7b756)
FF(c,d,a,b,M2,17,0x242070db)
FF(b,c,d,a,M3,22,0xc1bdceee)
FF(a,b,c,d,M4,7,0xf57c0faf)
FF(d,a,b,c,M5,12,0x4787c62a)
FF(c,d,a,b,M6,17,0xa8304613)
```

$FF(b,c,d,a,M_7,22,0xfd469501)$
$FF(a,b,c,d,M_8,7,0x698098d8)$
$FF(d,a,b,c,M_9,12,0x8b44f7af)$
$FF(c,d,a,b,M_{10},17,0xffff5bb1)$
$FF(b,c,d,a,M_{11},22,0x895cd7be)$
$FF(a,b,c,d,M_{12},7,0x6b901122)$
$FF(d,a,b,c,M_{13},12,0xfd987193)$
$FF(c,d,a,b,M_{14},17,0xa679438e)$
$FF(b,c,d,a,M_{15},22,0x49b40821)$

第2轮：

$GG(a,b,c,d,M_1,5,0xf61e2562)$
$GG(d,a,b,c,M_6,9,0xc040b340)$
$GG(c,d,a,b,M_{11},14,0x265e5a51)$
$GG(b,c,d,a,M_0,20,0xe9b6c7aa)$
$GG(a,b,c,d,M_5,5,0xd62f105d)$
$GG(d,a,b,c,M_{10},9,0x02441453)$
$GG(c,d,a,b,M_{15},14,0xd8a1e681)$
$GG(b,c,d,a,M_4,20,0xe7d3fbc8)$
$GG(a,b,c,d,M_9,5,0x21e1cde6)$
$GG(d,a,b,c,M_{14},9,0xc33707d6)$
$GG(c,d,a,b,M_3,14,0xf4d50d87)$
$GG(b,c,d,a,M_8,20,0x455a14ed)$
$GG(a,b,c,d,M_{13},5,0xa9e3e905)$
$GG(d,a,b,c,M_2,9,0xfcefa3f8)$
$GG(c,d,a,b,M_7,14,0x676f02d9)$
$GG(b,c,d,a,M_{12},20,0x8d2a4c8a)$

第3轮：

$HH(a,b,c,d,M_5,4,0xfffa3942)$
$HH(d,a,b,c,M_8,11,0x8771f681)$
$HH(c,d,a,b,M_{11},16,0x6d9d6122)$
$HH(b,c,d,a,M_{14},23,0xfde5380c)$
$HH(a,b,c,d,M_1,4,0xa4beea44)$
$HH(d,a,b,c,M_4,11,0x4bdecfa9)$
$HH(c,d,a,b,M_7,16,0xf6bb4b60)$
$HH(b,c,d,a,M_{10},23,0xbebfbc70)$
$HH(a,b,c,d,M_{13},4,0x289b7ec6)$
$HH(d,a,b,c,M_0,11,0xeaa127fa)$
$HH(c,d,a,b,M_3,16,0xd4ef3085)$
$HH(b,c,d,a,M_6,23,0x04881d05)$
$HH(a,b,c,d,M_9,4,0xd9d4d039)$
$HH(d,a,b,c,M_{12},11,0xe6db99e5)$
$HH(c,d,a,b,M_{15},16,0x1fa27cf8)$
$HH(b,c,d,a,M_2,23,0xc4ac5665)$

第 4 轮：

II(a,b,c,d,M_0,6,0xf4292244)
II(d,a,b,c,M_7,10,0x432aff97)
II(c,d,a,b,M_{14},15,0xab9423a7)
II(b,c,d,a,M_5,21,0xfc93a039)
II(a,b,c,d,M_{12},6,0x655b59c3)
II(d,a,b,c,M_3,10,0x8f0ccc92)
II(c,d,a,b,M_{10},15,0xffeff47d)
II(b,c,d,a,M_1,21,0x85845dd1)
II(a,b,c,d,M_8,6,0x6fa87e4f)
II(d,a,b,c,M_{15},10,0xfe2ce6e0)
II(c,d,a,b,M_6,15,0xa3014314)
II(b,c,d,a,M_{13},21,0x4e0811a1)
II(a,b,c,d,M_4,6,0xf7537e82)
II(d,a,b,c,M_{11},10,0xbd3af235)
II(c,d,a,b,M_2,15,0x2ad7d2bb)
II(b,c,d,a,M_9,21,0xeb86d391)

4 轮循环操作完成之后，将 A、B、C、D 分别加上 a、b、c、d，即

$$A = A + a$$
$$B = B + b$$
$$C = C + c$$
$$D = D + d$$

这里的加法是模 2^{32} 加法。然后用下一分组数据继续运行算法。

4) 输出

对每个分组都作相应的处理后，最后的输出就是 A、B、C 和 D 的级联，即 A 作为低位，D 作为高位，共计 128 位输出。

MD5 被广泛用于加密和解密技术中，在很多操作系统（如 Linux 等）中，用户的密码是以 MD5 值的方式保存的。用户在登录验证时，系统首先把用户输入的密码计算成 MD5 值，然后再与系统中保存的密码 MD5 值进行比较。在该操作过程中，系统在不知道用户密码的情况下就可以确定用户登录系统的合法性。这不但可以避免用户的密码被具有系统管理员权限的用户知道，而且还在一定程度上增加了密码被破解的难度。

3.2.3　SHA-1

安全散列算法（Secure Hash Algorithm，SHA）是由美国国家标准与技术研究院提出的，并于 1993 年作为联邦信息处理标准（FIPS 180）发布，1995 年又发布了其修订版（FIPS 180-1），通常称为 SHA-1。SHA 算法也是建立在 MD4 算法之上的，其设计是在 MD4 的基础上改进而成的。

SHA-1 算法的输入是长度小于 2^{64} 位的消息，输出是 160 位的散列值，输入消息以 512 位的分组为单位进行处理。

与 MD5 算法相同，SHA 算法首先也需要对消息进行填充补位。补位是这样进行的：先添加一个 1，然后再添加若干 0，使得消息长度满足对 512 取模后余数是 448。以"abc"为例显示补位的过程。

原始信息：
$$01100001\ 01100010\ 01100011$$
补位第一步：
$$01100001\ 01100010\ 01100011\ 1$$
首先补一个"1"，然后补 423 个"0"。

补位第二步：
$$01100001\ 01100010\ 01100011\ 10\cdots0$$
可以将最后补位完成后的数据用十六进制写为：

61626380 00000000 00000000 00000000
00000000 00000000 00000000 00000000
00000000 00000000 00000000 00000000
00000000 00000000

现在，数据的长度是 448 了，可以进行下一步操作。

填充完信息后，需要将原始信息的长度补到已经进行了补位操作的信息后面。通常用一个 64 位的数据来表示原始信息的长度。如果信息长度不大于 2^{64}，那么第一个字就是 0。在进行了补长度的操作后，整个信息就变为（十六进制格式）：

61626380 00000000 00000000 00000000
00000000 00000000 00000000 00000000
00000000 00000000 00000000 00000000
00000000 00000000 00000000 00000018

如果原始的信息长度超过了 512，需要将它补成 512 的倍数。然后将整个信息分成几个 512 位的数据块，分别处理每一个数据块，从而得到散列值。

与 MD5 算法不同，SHA 的中间结果和最终结果保存在 160 位的缓冲区中，缓冲区用 5 个 32 位的变量表示，这些变量初始化为：

$$A = 0\text{x}67452301$$
$$B = 0\text{xefcdab89}$$
$$C = 0\text{x98badcfe}$$
$$D = 0\text{x10325476}$$
$$E = 0\text{xc3d2e1f0}$$

在进入主循环函数处理前，将上面 5 个变量复制到 5 个变量中：A 到 a，B 到 b，C 到 c，D 到 d，E 到 e。

当设置好这 5 个变量后，就开始进入每轮 20 步的 4 轮循环运算，循环的总次数是信息中 512 位信息分组的数目，主循环结构如图 3.3 所示。每一步操作都使用一个非线性的逻辑函数对 a、b、c、d、e 中的 3 个变量进行一次按位的逻辑运算。

这几个非线性函数定义为：

$$f_t(X,Y,Z) = \begin{cases} (X \wedge Y) \vee ((\neg X) \wedge Z) & 0 \leqslant t \leqslant 19 \\ X \oplus Y \oplus Z & 20 \leqslant t \leqslant 39 \\ (X \wedge Y) \vee (X \wedge Z) \vee (Y \wedge Z) & 30 \leqslant t \leqslant 59 \\ X \oplus Y \oplus Z & 40 \leqslant t \leqslant 79 \end{cases}$$

其中，$\wedge$、$\vee$、$\neg$ 和 $\oplus$ 分别是与、或、非和异或运算。

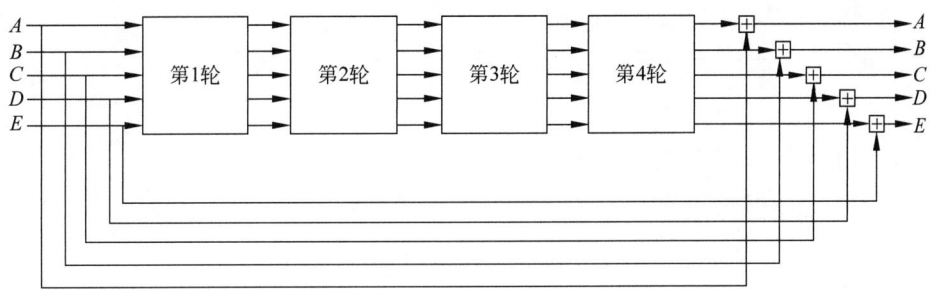

图 3.3 SHA-1 的主循环

与此同时,每一步操作也都使用一个加法常量 K_t。K_t 定义如下:

$$K_t = \begin{cases} 0x5a827999 & 0 \leqslant t \leqslant 19 \\ 0x6ed9eba1 & 20 \leqslant t \leqslant 39 \\ 0x8f1bbcdc & 40 \leqslant t \leqslant 59 \\ 0xca62c1d6 & 60 \leqslant t \leqslant 79 \end{cases}$$

这些数的取值来自 $0x5a827999 = 2^{30} \times \sqrt{2}$,$0x6ed9eba1 = 2^{30} \times \sqrt{3}$,$0x8f1bbcdc = 2^{30} \times \sqrt{5}$,$0xca62c1d6 = 2^{30} \times \sqrt{10}$。

接着对 512 位的信息进行处理,将其从 16 个 32 位的信息分组($M_0,\cdots,M_{15}$)变成 80 个 32 位的信息分组($W_0,\cdots,W_{79}$)。W_t 定义如下:

$$W_t = \begin{cases} M_t & t = 0,1,\cdots,15 \\ (M_{t-3} \oplus M_{t-8} \oplus M_{t-14} \oplus M_{t-16}) \lll 1 & t = 16,17,\cdots,79 \end{cases}$$

设 t 是操作序号($t=0,\cdots,79$),$\lll s$ 表示循环左移 s 位,则 SHA-1 中的每一步操作可表示为:

TEMP $= (a \lll 5) + f_t(b,c,d) + e + W_t + K_t$

$e = d$

$d = c$

$c = b \lll 30$

$b = a$

$a =$ TEMP

图 3.4 所示为 SHA-1 的一次基本操作的运算过程。在 4 轮循环结束后,将进行:

$A = A + a$

$B = B + b$

$C = C + c$

$D = D + d$

$E = E + e$

这里的加法是模 2^{32} 加法。

然后用同样的方法对下一个分组进行运算,直到所有分组都处理完毕,最后将 A、B、C、D、E 输出,就得到 SHA 的散列值。

从上面的原理可以看出,通过使用不同移位、不同逻辑函数和不同初始变量,SHA 和 MD5 实现了同样的功能。

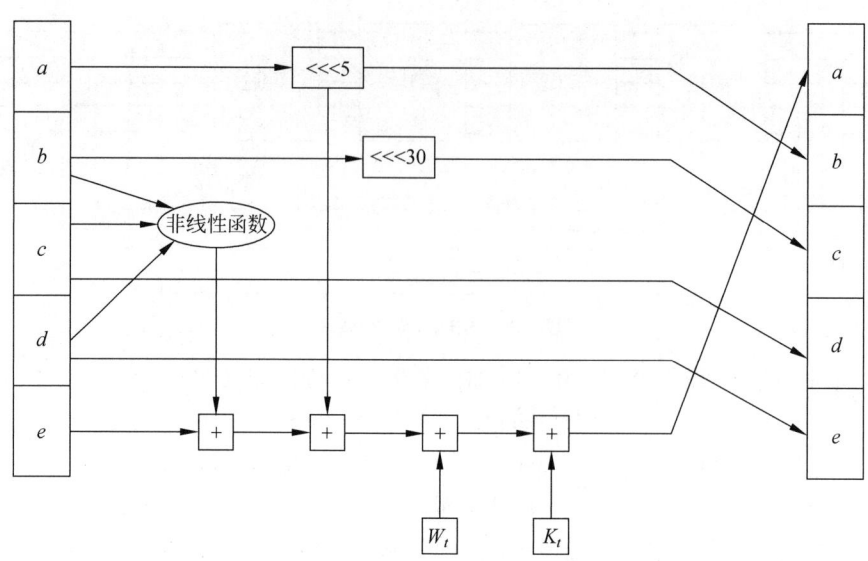

图 3.4 SHA-1 的基本操作过程

2001年，NIST发布FIPS 180-2，新增了3个哈希函数，分别为SHA-256、SHA-384和SHA-512，其散列值的长度分别为256、384和512。同时，NIST指出FIPS 180-2的目的是要与使用AES而增加的安全性相适应。SHA性质对比如表3.1所示。

表 3.1 SHA 性质对比

性　　质	SHA-1	SHA-256	SHA-384	SHA-512
散列值长度	160	256	384	512
信息长度	$<2^{64}$	$<2^{64}$	$<2^{128}$	$<2^{128}$
分组大小	512	512	1024	1024
字长	32	32	64	64
步数	80	80	80	80

3.3 消息认证技术

消息认证是指使合法的接收方能够检验消息是否真实的过程。检验内容包括验证通信的双方和验证消息内容是否伪造或遭到篡改。消息认证技术主要通过密码学的方法来实现，对通信双方的验证可采用数字签名和身份认证技术，对消息内容是否伪造或遭到篡改的验证可采用比较认证码的方式。

本节首先对消息认证技术进行概述，然后介绍基于密码学的各种认证方法。

3.3.1 概述

随着Internet技术的发展，对网络传输过程中信息的保密性提出了更高的要求，主要包括以下内容：

(1) 对敏感的信息进行加密，即使别人截取信息也无法得到其内容。

(2) 保证数据的完整性,防止截获人在信息中加入其他信息。
(3) 对数据和信息的来源进行验证,以确保发信人的身份。

现在业界普遍采用加密技术来实现以上要求,以实现消息的安全认证。消息认证就是验证所收到的消息确实是来自真正的发送方且未被修改的消息,也可以验证消息的顺序和及时性。

消息认证实际上是对消息产生一个指纹信息——消息认证码(Message Authentication Code,MAC)。消息认证码是利用密钥对待认证消息产生的新数据块,是对该数据块加密得到的。它对待保护的信息来说是唯一的,因此可以有效地保证消息的完整性,以及实现发送消息方的不可抵赖和不能伪造性。

消息认证技术可以防止数据伪造和篡改,以及证实消息来源的有效性,已广泛应用于当今的信息网络环境中。随着密码技术与计算机计算能力的提高,消息认证码的实现方法也在不断地改进和更新,实现方式的多样化为安全的消息认证提供了保障。

3.3.2 消息认证方法

消息认证主要使用密码技术来实现。在实际使用中,通过消息认证函数 f 产生用于鉴别的消息认证码,将其用于某个身份认证协议,发送方和接收方通过消息认证码对其进行相应的认证。

由此可见,在消息认证中,认证函数 f 是认证系统的一个重要组成部分。常见的认证函数主要有以下 3 种。

(1) 消息加密:将整个消息的密文作为认证码。
(2) 哈希函数:通过哈希函数产生定长的散列值作为认证码。
(3) 消息认证码:将消息与密钥一起产生定长值作为认证码。

1. 基于加密方法的消息认证

就加密的方式而言,消息认证可以分为基于对称加密的消息认证和基于非对称加密的消息认证。

基于对称加密方式的消息认证简单明了,如图 3.5 所示。假设 K 是通信双方共同拥有的会话密钥,发送方 A 只需使用 K 对消息 M 进行加密,将密文 C 发送给接收方 B 即可。由于密钥 K 只有 A 和 B 共同拥有,因此能够保证消息的机密性。此外,由于 A 是除 B 外唯一拥有密钥和产生正确密文 M 的一方,若 B 使用 K 对密文 C 进行解密还原出正确的消息 M,就可以知道消息 M 的内容没有遭到篡改,同时也保证消息来自 A。

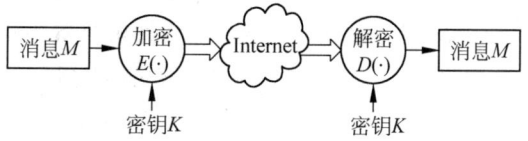

图 3.5 基于对称加密方式的消息认证过程

然而,在实际使用中,简单的加密并不能达到消息认证的真正目的。消息 M 对接收方 B 来说是未知的,因此当 B 对密文进行解密后,需要判断 M 的合法性。如果 M 本身具有某种结构,如文本文章,那么 B 只需对解密后的消息进行结构上的分析即可判断 M 的合法性。

但是,在实际通信中,消息 M 可能是随机的二进制位序列,如可执行代码、声音文件等,即使解密后仍无法判断消息 M 是否合法。

解决这一问题的方法是发送方在对消息 M 进行加密前,首先对消息通过校验函数 $F(\cdot)$ 产生一个校验码,将校验码附加在消息 M 之上,再进行加密,整个过程如图 3.6 所示。

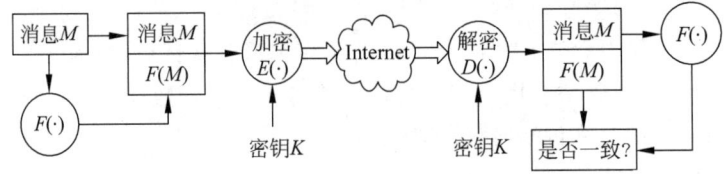

图 3.6　添加校验码的消息认证过程

在公开密钥加密体制中,如图 3.7 所示,发送方 A 可以使用自己的私钥 K_{AS} 对消息 M 进行加密,由于只有对应 A 的公钥 K_{AP} 才能正确解密出消息 M,因此采用该方法可以对消息 M 的来源进行认证。同时,该方法与前面所讲的对称加密方法一样,在实际应用中需要在消息 M 加密之前附加一定的校验码来提高认证的能力。

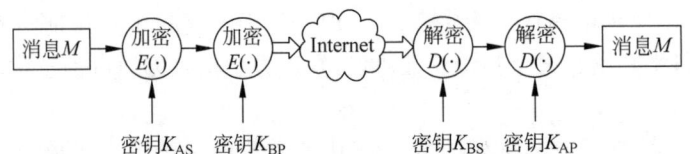

图 3.7　基于公钥加密的消息认证过程

由于解密时使用的是 A 的公钥 K_{AP},因此该方法不能保证消息的机密性,要保证消息的机密性,必须使用接收方 B 的公钥 K_{BP}。A 可以先使用自己的私钥 K_{AS} 对消息进行加密,然后再使用接收方 B 的公钥 K_{BP} 进行加密,则同时既保证了机密性,又提供了消息认证的能力。

2. 基于哈希函数的消息认证

哈希函数由于其单向性和抗碰撞性,因此常用来做消息认证。哈希函数以一个变长的消息 M 作为输入,产生一个定长的散列值 $H(M)$,即消息摘要。散列值是原始消息的函数,原始信息任何内容的变化都将导致散列值的改变,因此散列值可用于检测信息的完整性。

简单的消息认证方法可以用通信双方的共享密钥 K 对散列值 $H(M)$ 进行加密,将加密后的结果 $C=E_K(H(M))$ 以附件的方式附着在消息 M 上进行传输,接收方收到消息后,只需对 C 进行解密,即可获得散列值 $H(M)$,然后使用哈希函数对消息 M 计算另一个散列值 $H'(M)$,通过比较 $H(M)$ 与 $H'(M)$ 二者是否匹配,即可完成对消息进行的认证,如图 3.8 所示。

若需要保证消息的机密性,可将散列值附加在消息上,并使用双方的会话密钥 K 对其进行加密,得到加密后的密文 $C=E_K(M\|H(M))$,并对其进行传输,如图 3.9 所示。由于哈希函数的散列值具有对原始消息进行差错检测的能力,因此接收方可以通过这种方式来验证消息是否遭到篡改。因为只有使用通信双方所拥有的会话密钥 K 才能对密文进行解密,因此只要密钥不泄露就可验证消息来自正确的发送方,同时也保证了消息的机密性。

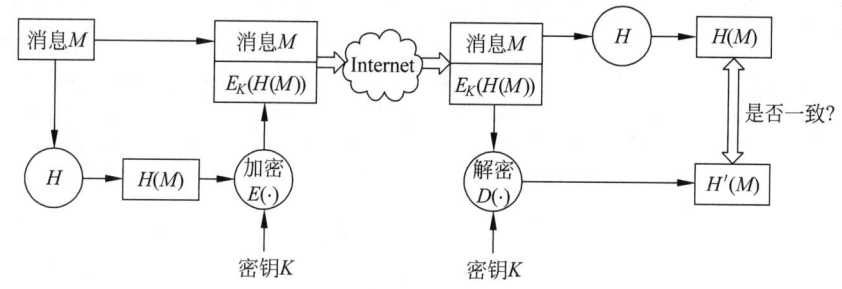

图 3.8 使用哈希函数的消息认证过程

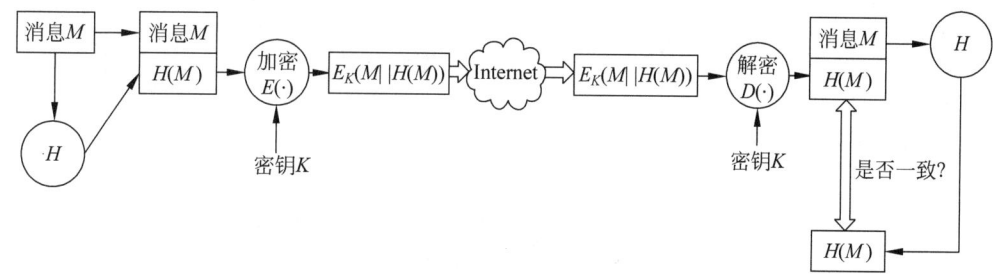

图 3.9 保证机密性的哈希函数消息认证过程

采用公钥加密的方法同样可以用于消息认证。该方法是发送方 A 使用自己的私钥 K_{AS} 对散列值 $H(M)$ 进行加密,将加密后的密文 $C=E_{KAS}(H(M))$ 附着在原始消息 M 上进行传输。接收方 B 只需使用 A 的公钥对密文进行解密,得到散列值 $H(M)$ 后就能对消息进行认证。

同样,如果需要保证消息的机密性,则可使用接收方 B 的公钥 K_{BP} 对消息 M 和加密后的密文 $C=E_{KAS}(H(M))$ 进行加密,得到新的密文 $X=E_{KBP}(M \| E_{KAS}(H(M)))$。由于使用了接收方 B 的公钥进行加密,因此只有正确的接收方 B 才能对密文进行正确解密,从而保证消息的机密性并提供认证的能力。

采用公钥进行非对称加密能提供很好的机密性,而且与对称加密相比,密钥的管理相对容易。但由于非对称加密算法产生的密文不紧凑,加密速度慢,不适合加密数据量较大的消息,因此在实际使用中,通常将对称加密与公钥加密相结合使用。具体方法是使用一个对称密钥 K 对消息 M 和加密后的密文 $C=E_{KAS}(H(M))$ 进行加密,再使用接收方 B 的公钥 K_{BP} 对密钥 K 进行加密,将两个加密结果进行传输,如图 3.10 所示。由于使用密钥 K 对消息进行了加密,同时使用了接收方的公钥 K_{BP} 对密钥 K 进行加密,因此只有正确的接收方 B 才能获得对称密钥 K,保证了消息的机密性和认证功能。同时,由于对称加密的速度较快,因此在保证了安全性的基础上提高了运算的速度。

3. 基于消息认证码(MAC)的消息认证

使用消息认证码进行消息认证,其基本思想与使用哈希函数类似,同样都是对消息产生一个定长的输出,用于鉴别消息的完整性。使用哈希函数时往往需要对散列值进行加密,在不需要保证消息机密性的条件下,使用加密反而会影响速度。消息认证码在进行定长输出时,使用了一个密钥来与消息一起产生定长的输出,这个定长的输出就是消息认证码。

消息认证码的使用过程如图 3.11 所示,假设通信双方 A、B 拥有会话密钥 K,用于产生

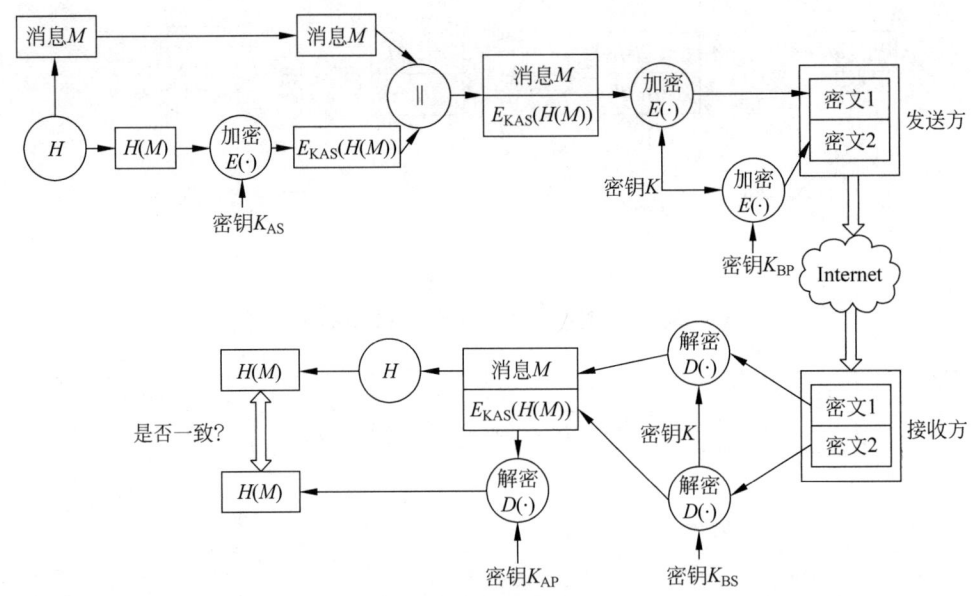

图 3.10 混合加密认证

MAC 的函数为 C。当发送方 A 要向接收方 B 发送消息 M 时,先计算出消息 M 的 MAC 值,即 $MAC = C_K(M)$,然后将 MAC 值附加在消息 M 上一起发送给 B。接收方 B 收到消息后,使用与发送方相同的会话密钥 K 计算出消息 M 的 MAC 值,然后与发送方 A 发送过来的 MAC 值进行比较,若二者匹配,则消息合法。由于共享密钥 K 只有 A 和 B 共享,攻击者想篡改消息 M,但没有密钥 K,那么计算出来的 MAC 值将与原先的 MAC 值不同,因此接收方 B 就能通过比较 MAC 值来判断消息的合法性。

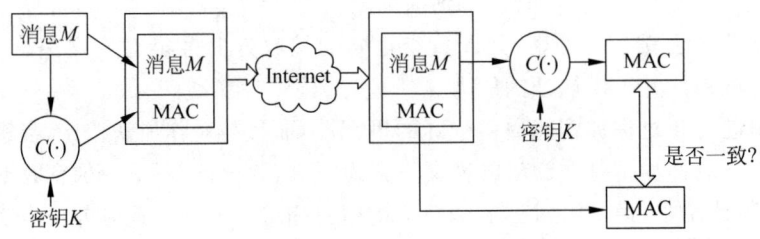

图 3.11 基于消息认证码的认证过程

MAC 函数与加密函数的相似之处在于使用了密钥,但差别在于加密函数是可逆的,而 MAC 函数是单向的,它无须可逆,因此比加密更不容易破解。当然,使用 MAC 函数只能保证信息的完整性,若要保证信息的机密性,仍然要使用加密的方法,具体方法与使用哈希函数的方法类似。

创建 MAC 函数的一种常见方法是采用分组算法的 CBC 模式来产生消息认证码。基于 DES 的 MAC 算法是一种常见的 MAC 算法,该算法采用 DES 运算的密码分组连接(CBC)方式,其初始向量为 0,将需要认证的数据分成连续的 64 位分组 $D_1, D_2, \cdots, D_N$,如果最后一个分组不足 64 位,则在其后用 0 填充成 64 位的分组数据块。具体计算过程如下:

$$C_1 = E_K(D_1)$$
$$C_2 = E_K(D_2 \oplus C_1)$$

$$C_3 = E_K(D_3 \oplus C_2)$$
$$\vdots$$
$$C_N = E_K(D_N \oplus C_{N-1})$$

其中,$E(\cdot)$表示 DES 的加密算法,K 表示加密密钥。最后的消息认证码由 C_N 最左边的 M 位表示($16 \leqslant M \leqslant 64$)。

哈希函数同样也可以用来产生消息认证码。假设 K 是通信双方 A 和 B 共同拥有的密钥,A 要发送消息 M 给 B 时,在不需要进行加密的条件下,A 只需将 M 和 K 共同通过哈希函数计算出其散列值,即 $H(M \| K)$,该散列值就是 M 的消息认证码。由于密钥 K 只有 A 和 B 才共享,因此攻击者能够获得消息 M,但没有密钥 K 也无法计算出正确的散列值,从而保证了消息 M 的完整性。

3.4 数字签名

数字签名是采用密码学的方法对传输中的明文信息进行加密,以保证信息发送方的合法性,同时防止发送方的欺骗和抵赖。可以说,数字签名在网络信息安全中起到与现实生活中签名相同的功能。本节首先介绍数字签名的原理,接着介绍两类数字签名方法,即直接签名和仲裁签名,最后介绍数字签名标准(Digital Signature Standard,DSS)的原理。

3.4.1 数字签名概述

在实际网络通信中,用户可能受到来自多方面的攻击。在现实环境中,可以通过当面交易的方式或通过手写签名盖章的方式来解决通信双方的欺骗和抵赖行为。但在网络环境中,每个人都是虚拟的,如何能够实现同现实中手写签名类似的功能,这就是数字签名要解决的问题。在了解数字签名概念之前,先看下面的例子。

用户 A 与 B 相互之间要进行通信,双方拥有共享的会话密钥 K,在通信过程中可能会遇到以下问题。

(1) A 伪造一条消息,并称该消息来自 B。A 只需要产生一条伪造的消息,用 A 和 B 的共享密钥通过哈希函数产生认证码,并将认证码附于消息之后。由于哈希函数的单向性和密钥 K 是共享的,因此无法证明该消息是 A 伪造的。

(2) B 可以否认曾经发送过某条消息。因为任何人都有办法伪造消息,所以无法证明 B 是否发送过该消息。

上述例子说明使用哈希函数可以进行报文鉴别,但无法阻止通信用户的欺骗和抵赖行为。

因此,当通信双方不能互相信任的情况下,需要用除了报文鉴别以外的技术来防止类似的欺骗和抵赖行为。

数字签名也称电子签名。1999 年通过的欧盟《电子签名共同框架指令》对其定义为:"以电子形式所附或逻辑上与其他电子数据相关的数据,作为一种判别的方法。"

2001 年审议通过的联合国贸法会《电子签名示范法》对其定义为:"在数据电文中以电子形式所含、所附或在逻辑上与数据电文有联系的数据,它可用于鉴别与数据电文相关的签名人和表明签名人认可数据电文所含信息。"

由此可见,数字签名应该能够在数据通信过程中识别通信双方的真实身份,保证通信的真实性及不可抵赖性,起到与手写签名或盖章同等作用。

数字签名的基本原理可以描述如下。

假设 A 要发送一个电子文件给 B,A、B 双方只需经过下面 3 个步骤即可。

(1) A 用其私钥加密文件,这便是签名过程。

(2) A 将加密的文件送到 B。

(3) B 用 A 的公钥解开 A 送来的文件。

以上方法符合 Schneier 总结的 5 个签名特征。

(1) 签名是可信的。因为 B 是用 A 的公钥解开加密文件的,这说明原文件只能被 A 的私钥加密,而只有 A 才知道自己的私钥。

(2) 签名是无法被伪造的。因为只有 A 知道自己的私钥,因此只有 A 能用自己的私钥加密一个文件。

(3) 签名是无法重复使用的。签名在这里就是一个加密过程,自己无法重复使用。

(4) 文件被签名以后是无法被篡改的。因为加密的文件被改动后是无法被 A 的公钥解开的。

(5) 签名具有不可否认性。因为除 A 以外无人能用 A 的私钥加密一个文件。

3.4.2 数字签名的实现

实现数字签名的方法有多种,这些方法可分为两类:直接数字签名和仲裁数字签名。

1. 直接数字签名

直接数字签名实现比较简单,只涉及通信双方。在直接数字签名中,接收方需要知道发送方的公钥,按照上面提到的数字签名的 3 个步骤直接实现即可。但在数字签名的具体应用中,还有一些问题需要解决。

签名后的文件可能被 B 重复使用。例如,如果签名后的文件是一张支票,B 很容易多次用该电子支票兑换现金,为此 A 需要在文件中加上一些该支票的特有凭证,如时间戳(timestamp)等,以防止上述情况发生。

另外,公钥算法的效率是相当低的,不宜用于长文件信息的加密,为此可以采用哈希函数,将原文件信息 M 通过一个单向的哈希函数作用,生成相当短的输出 H。首先得到 $\text{Hash}(M) = H$,然后将公钥算法作用在 H 上生成签名 S,记作 $E_{k_1}(H) = S$(k_1 为 A 的私钥),A 将 $M \| S$ 传给 B,B 收到 $M \| S$ 后,需要验证 S 是否为 A 的签名。

此时需要验证 $H_1 = H_2$,即 $D_{k_2}(S) = \text{Hash}(M)$,如果两者相等,则认为 S 就是 A 的签名。

以上方法实际上是将签名过程从原文件转移到一个很短的散列值上,从而大大地提高了效率,并得以被广泛采用。直接数字签名如图 3.12 所示,该过程可以总结为以下步骤。

(1) 发送方首先对被发送文件采用哈希函数进行运算,得到一个固定长度的数字串,称为报文摘要。

(2) 发送方生成发送文件的报文摘要,用自己的私钥对摘要进行加密,形成发送方的数

字签名 S。

（3）这个数字签名将作为报文的附件和报文 M 一起发送给接收方。

（4）接收方接收到报文后，用同样的哈希算法计算出新的报文摘要，再用发送方的公钥对报文附件的数字签名进行解密。此时比较两个报文摘要，如果值相同，则接收方可以确认该数字签名是发送方的。

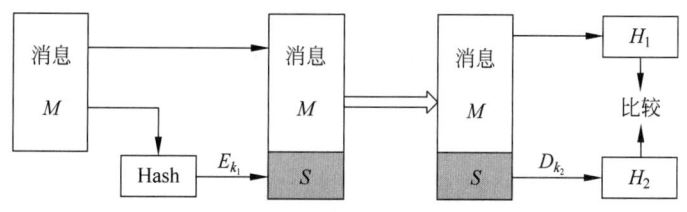

图 3.12　直接数字签名

以上数字签名只涉及通信双方，并且假定接收方知道发送方的公开密钥，称为直接数字签名。

直接数字签名的弱点是：签名的有效性依赖于发送方私人密钥的安全性，如果发送方的私人密钥丢失或被盗用，则攻击者可以伪造签名。这个弱点可以通过仲裁的方式进行解决。

2. 仲裁数字签名

由于直接数字签名存在安全缺陷，在实际应用中多采用仲裁数字签名，通过引入仲裁者来解决直接数字签名中的问题。

在仲裁数字签名中，假设用户 A 与 B 要进行通信，每个从 A 发往 B 的签名报文首先都需要发送给仲裁者 C，C 检验该报文及其签名的出处和内容，然后对报文注明日期，同时指明该报文已通过仲裁者的检验，如图 3.13 所示。仲裁者的引入解决了直接签名方案中所面临的问题，即发送方的否认行为。在这种方案中，仲裁者的地位十分关键和敏感，它必须是一个所有通信方都能充分信任的仲裁机构，也就是说仲裁者 C 必须是一个可信的系统。

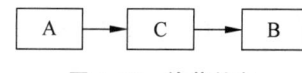

图 3.13　仲裁签名

下面讨论仲裁数字签名的实现方案。

方案 1：采用对称加密算法的数字签名。

设 C 是可信第三方，它能同时与 A、B 通信。它与 A 有共享密钥 K_A，与 B 有共享密钥 K_B。

（1）A 产生报文 M 并计算其散列值 $H(M)$，然后将附加了数字签名的报文发送给仲裁者 C，并用 K_A 加密，数字签名由 A 的标识符 ID_A 和报文的散列值 $H(M)$ 构成。

（2）仲裁者 C 对数字签名进行解密，验证其散列值是有效散列值。

（3）经过验证后，C 向 B 发送一个用 K_B 加密的报文，该报文包括 A 的标识符 ID_A、A 发出的原始报文 M、A 的数字签名和时间戳 T。

（4）B 解密恢复出报文和签名。

时间戳 T 的作用是让 B 能够判断 M 是否为过时的报文。

如果用符号

$$P \rightarrow Q: M$$

来表示"P 向 Q 发送一个报文 M"，那么上述方案就可以表述为：

(1) A→C：$M \parallel E_{KA}(ID_A \parallel H(M))$

(2) C→B：$E_{KB}(ID_A \parallel M \parallel E_{KA}(ID_A \parallel H(M)) \parallel T)$

B 可以存储报文 M 及签名，当发生争执时可以将下列消息发送给 C，以证明曾收到过来自 A 的报文：

$$E_{KB}(ID_A \parallel M \parallel E_{KA}(ID_A \parallel H(M)))$$

仲裁者 C 先用 K_B 恢复出 ID_A、M 和签名，然后用 K_A 解密该签名并验证其散列值，这样可断定报文 M 是否来自 A。

在这种方案中，B 不能直接验证 A 的签名，签名是用来解决争端的。B 可以认定报文 M 来自 A 是因为 M 经过了 C 的验证，这种方案中通信双方 A、B 对 C 是高度信任的，即 A 可以相信 C 不会泄露 K_A，因此不会产生伪造的签名。B 也相信 C 发送的报文 M 是经过验证的，确实来自 A。此外，A、B 还必须相信 C 能公平地解决争端。

这种方案的缺陷在于报文 M 的内容是以明文的形式传送给仲裁者 C，任何攻击者都能获取该消息。

方案 2：使用对称密码算法，密文传输。

方案 2 在方案 1 的基础上加强了数据的机密性。在此方案中，通信双方 A、B 使用共享密钥 K_S 来加密所要传送的报文 M。A 向 C 传送的报文中包含 A 的标识符 ID_A、使用 K_S 加密原始报文 M 后的密文及数字签名，其中数字签名是由 ID_A 和加密报文的散列值构成的。仲裁者 C 经过检验，将收到的报文添加时间戳后，加密发送给接收方 B。整个交互过程可以表述为：

(1) A→C：$ID_A \parallel E_{KS}(M) \parallel E_{KA}(ID_A \parallel H(E_{KS}(M)))$

(2) C→B：$E_{KB}(ID_A \parallel E_{KS}(M) \parallel E_{KA}(ID_A \parallel H(E_{KS}(M))) \parallel T)$

在这种方案中，尽管仲裁者 C 无法读取消息报文 M 中的内容，但他仍能防止 A 或 B 中任何一方的欺诈。两种方案都存在的问题是：仲裁者 C 可能与发送方勾结来否认签名报文，或者与接收方共同伪造发送方的签名。

方案 3：使用公开密钥算法，密文传输。

针对上述两种方案的缺陷，采用公开密钥方案就能够迎刃而解。使用公开密钥进行数字签名时，A 对报文 M 进行两次加密：先用其私钥 K_{AS} 对消息 M 进行加密，再用 B 的公钥 K_{BP} 加密，得到加密后的签名；A 再用 K_{AS} 对其标识符 ID_A 和上述加密后的签名进行加密，然后连同 ID_A 一起发送给 C。经过双重加密后，报文 M 只有 B 才能阅读，对 C 来说是安全的，但 C 能通过外层的解密，从而证实报文确实是来自 A 的（因为只有 A 有私钥 K_{AS}）。C 通过验证 A 的公/私钥对（K_{AP} 和 K_{AS}）的有效性完成对报文的验证，然后再用自己的私钥 K_{CS} 对 A 的标识符 ID_A、双重加密后的 M 及时间戳进行加密后发送给 B。整个交互过程可以表述为：

(1) A→C：$ID_A \parallel E_{KAS}(ID_A \parallel E_{KBP}(E_{KAS}(M)))$

(2) C→B：$E_{KCS}(ID_A \parallel E_{KBP}(E_{KAS}(M)) \parallel T)$

采用公开密钥的数字签名方案具有以下优点。

(1) 通信前，通信各方没有任何共享信息，从而避免了联合欺诈。

(2) A 发给 B 的消息对其他人是保密的，包括 C。

(3) 即使 A 的私钥 K_{AS} 已泄密或被盗,但 C 的私钥 K_{CS} 没有泄密,那么时间戳不正确的消息仍然是不能被发送的。

3.4.3 数字签名标准

数字签名标准(Digital Signature Standard,DSS)由美国国家标准与技术研究院在 1991 年提出作为美国联邦信息处理标准(FIPS)。DSS 采用了美国国家安全局主持开发的数字签名算法(Digital Signature Algorithm,DSA),它使用安全散列算法(Secure Hash Algorithm,SHA)给出了一种新的数字签名方法。DSS 分别于 1993 年和 1996 年做了修改。2000 年发布该标准的扩充版,即 FIPS 186-2,其中包括基于 RSA 和椭圆曲线密码的数字签名算法。本节只介绍最初修订的 DSS。

DSS 数字签名方法与 RSA 数字签名方法不同。如图 3.14 所示,在 RSA 方法中,散列函数的输入是要签名的消息,输出是定长的散列值,用发送方的私钥对该散列值进行加密而形成签名。接收方接收到消息及其签名后用发送方的公钥对收到的签名进行解密,同时采用相同的散列函数计算收到的消息的散列值,如果两个散列值相同,则认为签名是有效的。

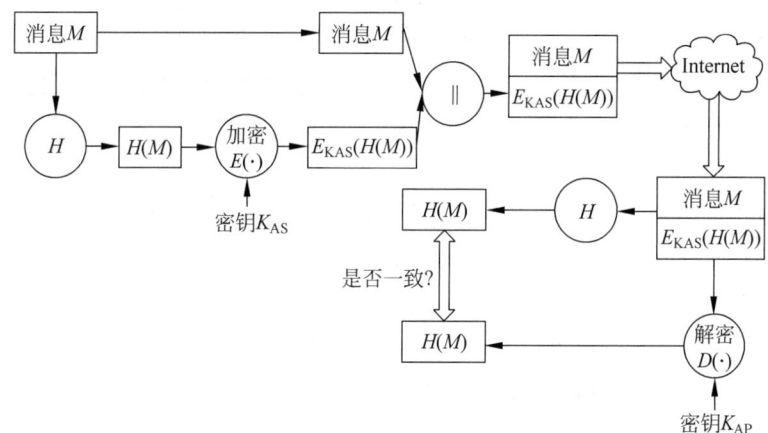

图 3.14 RSA 数字签名方法

DSS 方法也需要使用散列函数,它产生的散列值及其为此次签名产生的随机数 k 作为签名函数的输入。此外,签名函数还需要使用发送方的私钥和一组参数,这组参数被一组通信伙伴所共享,通常认为这组参数构成全局公钥。签名的结果由两部分组成,记作 s 和 r。接收方对接收到的消息产生散列值,并和签名一起作为验证函数的输入,若签名有效,则验证函数的输出会等于签名分量 r。签名函数保证只有发送方的私钥才能产生有效的签名。DSS 数字签名方法如图 3.15 所示。

DSS 的核心是其定义的数字签名算法,该算法的提出基于离散对数分解十分困难这个数学难题。该算法将 3 个主要参数 p、q、g 作为全局的公开密钥,它们被一组用户所共享。

(1) p 是一个大素数,长度为 512～1024,即 $2^{L-1}<p<2^L$,$512 \leqslant L \leqslant 1024$,且 L 是 64 的倍数。

(2) q 是一个长度为 160 位的素数,q 能整除 $p-1$,即 $2^{159}<q<2^{160}$,且 $(p-1) \bmod q=0$。

(3) $g=h^{(p-1)/q} \bmod p$,其中 $1<h<(p-1)$,且 $h^{(p-1)/q} \bmod p>1$ 的任何整数。

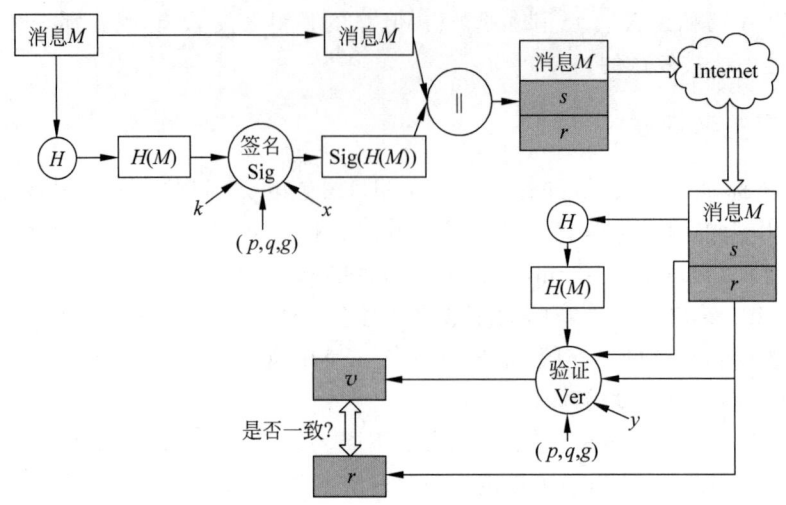

图 3.15 DSS 数字签名方法

确定 p、q、g 以后,每个用户就可以确定其私钥并产生公钥。

私钥 x 必须是一个 $1 \sim q-1$ 的随机数或伪随机数。

公钥 y 可以由私钥 x 计算得出：$y = g^x \bmod p$。由给定的 x 计算 y 比较简单,但由给定的 y 确定 x 在计算上是不可行的,因为这相当于求 y 的以 g 为底的模 p 的离散对数,其计算复杂度非常高。

签名是通过签名函数计算产生的,该函数包含两个分量 r 和 s。r 和 s 是公钥(p、q、g)、用户私钥 x、消息的散列值 $H(M)$ 和随机数 k 的函数,k 在每次签名中都是不同的。

签名函数(Sig)的定义如下。

$$r = f_1(k, p, q, g) = (g^k \bmod p) \bmod q$$
$$s = f_2(H(M), k, x, r, q) = (k^{-1}(H(M) + xr)) \bmod q$$

其中,k^{-1} 表示 k 模 q 的乘法逆元,签名 $=(r, s)$。

DSS 签名函数如图 3.16 所示。

验证函数(Ver)的定义如下。

$$w = f_3(s', q) = (s')^{-1} \bmod q$$
$$u_1 = [H(M)w] \bmod q$$
$$u_2 = (r')w \bmod q$$
$$v = f_4(y, q, g, H(M), w, r') = [g^{u_1} y^{u_2} \bmod p] \bmod q$$

其中,需要检验 $v = r'$。

DSS 验证函数如图 3.17 所示。

在图 3.16 和图 3.17 中,该算法有这样一个特点：接收方的验证依赖于 r,但 r 却不依赖于原始消息,它是 k 和全局公钥的函数。k 模 p 的乘法逆元传给函数 f_2,f_2 的输入还包含消息的散列值和用户私钥。这种函数结构使接收方可以利用其收到的消息和签名、他的公钥和全局公钥来恢复 r。由于离散对数的求解困难性,攻击者想从 r 恢复出 k 或从 s 恢复出 x 都是不可行的。

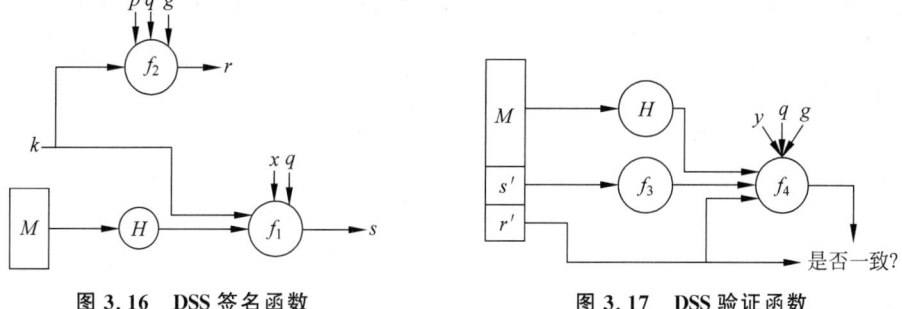

图 3.16 DSS 签名函数　　　　　图 3.17 DSS 验证函数

从计算的复杂度来看,DSS 数字签名的计算量主要是 $g^k \bmod p$。由于它不依赖于被签名的消息,因此可以预先计算。另一项计算量较大的工作是计算 k 的乘法逆元 k^{-1},当然也可以采用预先计算的方法。

3.5 身份认证

身份认证是建立安全通信环境的前提条件,只有通信双方相互确认对方身份后才能通过加密等手段建立安全信道,同时它也是授权访问(基于身份的访问控制)和审计记录等服务的基础,因此身份认证在网络信息安全中占据着十分重要的位置。身份认证协议在解决分布式,尤其是开放环境中的信息安全问题时起到非常重要的作用。

3.5.1 概述

身份认证的目的在于对通信中某一方的身份进行标识和验证,其主要方法是验证用户所拥有的可被识别的特征。一个身份认证系统一般由以下几部分组成:一方是提出某种申请要求,需要被验证身份的人;另一方是验证者,验证申请者身份的人;第三方是攻击者,对消息进行窃取等攻击的人,可以伪装成通信中的任何一方。与此同时,在某些认证系统中需要引入第四方,即作为仲裁或调解机构的可信任机构。

现实世界中的身份认证可以通过出示带相片的身份证件来完成,某些特殊的区域可能还使用指纹或虹膜等生物特征对进出人员的身份进行确认。不管用什么方法,身份认证机制就是将每个人的身份标识出来,并确认其身份的合法性。

在计算机系统中,传统的物理身份认证机制并不适用,其身份认证主要通过口令和身份认证协议来完成。在计算机网络通信中,身份认证就是用某种方法来证明正在被鉴别的用户身份是合法的授权者。

口令技术由于其简单易用,因此成为目前一种常用的身份认证技术。使用口令技术存在的最大隐患就是口令的泄露问题。口令泄露可以有多种途径,如用户登录时被他人窥视、攻击者从计算机存放口令的文件中获取、口令被在线攻击者或离线攻击者破解。

由于基于口令的认证方法存在较大的问题,因此在网络环境中,通常使用身份认证协议来鉴别通信中的对方是否合法,以及是否与他所声称的身份一致。身份认证协议是一种特殊的通信协议,它定义了参与认证服务的所有通信方在身份认证过程中需要交换的消息格式、消息发生的次序及消息的语义。在通信过程中,通常采用加密算法、哈希函数来保证消息的完整性、保密性。

使用密码学方法的身份认证协议比传统的基于口令的认证更安全,并能提供更多的安全服务。通过使用各种加密算法,可以对通信过程中的密钥进行很好的保护。在通信过程中,当需要传输用户提供的口令时,可以将用户口令先进行加密处理,对加密后的口令进行传输,在接收端再进行相应的解密处理,从而对用户口令或密钥进行很好的保护。

身份认证协议一般有两个通信方,可能还会有一个双方都信任的第三方参与。其中一个通信方按照协议的规定向另一方或第三方发出认证请求,对方按照协议的规定作出响应,当协议顺利执行完毕时双方应该确信对方的身份。

从使用加密的方法来看,身份认证可分为基于对称密钥的身份认证和基于公钥加密的身份认证。

基于对称密钥的身份认证思想是从口令认证的方法发展而来的。传统检验对方传递来的口令是否合法的做法很简单,口令容易在传递过程中被窃听而泄露。因此在实际网络环境中,必须采用既能够验证对方拥有共同的秘密,又不会在通信过程中泄露该秘密的方法。与此同时,在实际通信过程中,一台计算机可能需要与多台计算机进行身份认证,如果全部采用共享密钥的方式,那么就需要与众多的计算机都建立共享密钥。这样做在大型网络环境中既不经济也不安全,同时大量共享密钥的建立、维护和更新将是非常复杂的。这时需要一个可信赖的第三方负责完成密钥的分配工作,称为密钥分发中心(Key Distribution Center,KDC)。在通信开始阶段,通信中的每一方都只与KDC有共享密钥,通信双方之间的认证借助KDC才能完成。KDC负责给通信双方创建并分发共享密钥,通信双方获得共享密钥后再使用对称加密算法的协议进行相互之间的身份认证。

基于公钥加密的身份认证协议比基于对称密钥的身份认证能提供更强有力的安全保障,公钥加密算法可以让通信中的各方通过加密、解密运算来验证对方的身份。在使用公钥方式进行身份认证时需要事先知道对方的公钥,因此同样需要一个可信第三方负责分发公钥。在实际应用中,公钥的分发是采用证书的形式来实现的。证书中含有证书所有人的名字、身份信息、公钥,以及签发机构、签发日期、序列号、有效期等相关数据,并用证书权威机构自己的私钥进行签名。证书被设计存放在目录服务系统中,通信中的每一方都拥有证书权威机构的公钥,可以从目录服务中获得通信对方的证书,通过验证证书权威机构签名可以确认对方证书中公钥的合法性。

与此同时,从认证的方向性来看,可分为相互认证和单向认证。

相互认证用于通信双方的互相确认,同时可进行密钥交换。在认证过程中,密钥分配是重点。保密性和时效性是密钥交换中的两个重要问题。从机密性的角度来看,为防止假冒和会话密钥的泄露,用户的身份信息和会话密钥等重要信息必须以密文的形式传送。另一方面,攻击者可以利用重放攻击对会话密钥进行攻击或假冒通信双方中的某一方,密钥的时效性可防止重放攻击的威胁。

常见的重放攻击如下。

(1) 简单重放。攻击者简单地复制消息并在此之后重放这条消息。

(2) 可检测的重放。攻击者在有效的时限内重放有时间戳的消息。

(3) 不可检测的重放。由于原始消息可能被禁止而不能到达接收方,只有通过重放消息才能发送给接收方,此时可能出现这种攻击。

(4) 不加修改的逆向重放。如果使用对称密码,并且发送方不能根据内容来区分发出的消息和接收的消息,那么可能出现这种攻击。

对于重放攻击,一般可使用以下方式来预防。

(1) 序列号。这种方法是为每个需要认证的消息添加一个序列号,新的消息到达后先对序列号进行检查,只有满足正确次序的序列号的消息才能被接收。这种方法存在的一个问题就是通信各方都必须记录最近处理的序列号,而且还必须保持序列号的同步。

(2) 时间戳。这种方法是为传送的报文添加时间戳,当接收到新的消息时,首先对时间戳进行检查,只有在消息的时间戳与本地时钟足够接近时才认为该消息是一个新的消息。时间戳要求通信各方必须保持时钟的同步。使用时间戳方法存在 3 个问题:第一,通信各方的时间同步需要由某种协议来维持,同时为了能够应对网络的故障和恶意攻击,该协议还必须具有容错性和安全性;第二,如果由于通信一方时钟机制而出错,那么攻击者的成功率将大大增加;第三,网络延时的可变性和不可预知性使得各分布时钟无法保持精确同步,因此需要申请足够大的时间窗口以适应网络延时,这与小时间窗口的要求是矛盾的。

(3) 随机数/响应。这种方法是在接收消息前先发送一个临时的交互号(随机数),并且所发送的消息要包含该临时交互号。随机数/响应不适合于无连接的应用,因为它要求在任何无连接传输之前必须先握手,这与无连接的特征相违背。

单向认证主要用于电子邮件等应用中,其主要特点在于发送方和接收方不需要同时在线。以电子邮件为例,邮件消息发送到接收方的电子邮箱中,并一直保存在邮箱中,等待接收方阅读邮件。电子邮件的存储-转发一般是由 SMTP(简单邮件传输协议)或 X.400 来处理的,因此邮件报头必须是明文形式。但是,用户都希望邮件以密文的形式传输或转发,邮件要能够加密,而且邮件处理系统无法对其进行解密。此外,电子邮件的认证还包括邮件的接收方必须能够确认邮件消息是来自真正的发送方。

3.5.2 基于口令的身份认证

基于口令的认证方法是传统的认证机制,主要用于用户对远程计算机系统的访问,确定用户是否拥有使用该系统或系统中的服务的合法权限。由于使用口令的方法简单,容易记忆,因此成为比较广泛采用的一种认证技术。基于口令的身份认证一般是单向认证。

常见的使用口令的方法是采用哈希函数对口令进行验证。假设用户 A 想要登录服务器系统 S,这时用户 A 只需向服务器发送服务器分配给他的 ID_A 号和口令 PW_A,即

$$A \rightarrow S: ID_A \| PW_A$$

服务器在收到用户发送过来的信息后,首先将收到的 PW_A 通过哈希函数 $H(\cdot)$ 产生散列值,然后在自己的口令文档或数据库中查找与 $(ID_A, H(PW_A))$ 相匹配的记录,如果找到,则认证成功,允许用户使用自己的服务。在这种方法中,为了确定用户是否有合法的权限使用该系统,服务器只要能够区分输入的口令是有效的还是无效的即可,并不需要知道口令本身的内容。因此,即使攻击者通过窃听双方通信或窃取了服务器中的口令列表,得到了 $H(PW_A)$,也无法假冒用户 A 来进行攻击。

在上述方法中,服务器保存了用户的口令列表,虽然该列表是口令的散列值,但存在着一定的不安全因素。由于用户的口令通常都比较短,因此当攻击者 C 已经获得服务器的口

令列表时,可采用以下的方法进行攻击。攻击者 C 可以在本地搜集很多个常用的口令(如 100 万个),用哈希函数对这些口令进行计算并得到相应的散列值,将这些结果存储起来。此时将服务器的口令列表与自己存储的文件相比较,得到匹配的数据,这样攻击者 C 就获得了某个或某些用户的口令,这种攻击方式称为字典攻击(Dictionary Attack,DA)。

为了消除字典攻击,服务器中建立的口令列表记录可以修改成(ID,salt,H(PW,salt))的形式。ID 表示用户的身份,salt 表示一个随机数,H(PW,salt)表示用户口令和随机数合起来的散列值。

在这种方式中,用户的口令在发送给服务器之前,首先和随机数一起进行散列,产生散列值 H(PW,salt),即

$$A \to S: ID_A \parallel salt \parallel PW_A$$

服务器在收到用户的消息后,在自己的口令列表中查找与(ID_A,salt,H(PW_A,salt))匹配的记录,如果找到,则允许 A 访问自己的服务。

虽然添加 salt 的方法能抵抗字典攻击,但也有一定的安全隐患,即不能抵抗口令窃听的攻击。攻击者可以使用各种方法获得用户口令的明文,从而进行相应的攻击。

口令窃听攻击之所以成功的原因,很大一部分在于用户每次登录时总是使用同一个口令。如果用户每次登录都使用不同的"口令",那么攻击者进行口令窃听攻击成功的概率将大大降低。

此外,还可以使用哈希链方法。在该方法中,服务器首先对用户进行初始化,保存用户最初的口令记录(ID,n,H_n(PW)),其中 ID 是用户的身份标识,n 是一个整数,$H(\cdot)$是哈希函数,H_n(PW)定义为 H_n(PW)=H(H_{n-1}(PW)),$n=1,2,\cdots$,即对用户口令 PW 通过哈希函数产生散列值,并将该散列值再通过哈希函数产生新的散列值,以此类推,一共进行 n 次哈希运算。用户在登录时只需要记住自己的口令 PW,当用户登录到服务器时,服务器会更新所保存的用户记录。

当客户机进行首次口令认证时,客户机对口令 PW 重复计算哈希函数 $n-1$ 次,得到 H_{n-1}(PW)。客户机将计算结果发送给服务器,服务器收到 H_{n-1}(PW)后,再进行一次哈希函数的运算,得到 H_n(PW),并检查新的散列值是否与自己保存的用户记录所匹配。如果匹配,则表示认证通过,服务器确定对方就是合法授权的用户。接着,服务器更新所保存的口令记录,用(ID,$n-1$,H_{n-1}(PW))更新(ID,n,H_n(PW))。

在这种方法中,由于用户发给服务器的口令 PW 通过哈希函数计算后得到 H_n(PW)的次数是不同的,而且哈希函数是单向的,因此攻击者无法从 H_n(PW)中得到有用的信息。即使攻击者通过某种手段获得了服务器所保存的口令列表,也无法得到用户的口令 PW。

在基于哈希链的认证方法中,作为计数器的 n 值是变化的,依次递减到 1,当 n 最终减为 1 时,客户机和服务器端需要重新初始化以设置口令。

3.5.3 基于对称密钥的身份认证

1. 基于对称密钥的双向身份认证

在基于对称密钥的双向身份认证方法中,可以通过使用两层传统的加密密钥结构来保证网络环境中通信的保密性。为此需要使用一个可信赖的密钥分配中心(KDC)。通信各方与 KDC 都有一个共享的密钥,称为主密钥,KDC 负责产生通信各方通信时短期使用的密

钥,称为会话密钥,主密钥负责保护会话密钥的分发。

1) Needham-Schroeder 协议

Needham-Schroeder 协议利用 KDC 进行密钥分配,同时具备了身份认证的功能。假设通信双方 A、B 与 KDC 分别共享密钥 K_A 和 K_B。

(1) A→KDC:$ID_A \parallel ID_B \parallel N_1$
(2) KDC→A:$E_{KA}(K_S \parallel ID_B \parallel N_1 \parallel E_{KB}(K_S \parallel ID_A))$
(3) A→B:$E_{KB}(K_S \parallel ID_A)$
(4) B→A:$E_{KS}(N_2)$
(5) A→B:$E_{KS}(f(N_2))$

该协议的目的是保证将会话密钥 K_S 安全地分配给 A 和 B。

第1步,A 将他的身份信息 ID_A、B 的身份信息 ID_B 及一个作为临时交互值的随机数 N_1 组成的消息发给 KDC,表明 A 要与 B 认证并通信。

第2步,KDC 产生 A、B 之间的会话密钥 K_S,用 KDC 与 B 的共享密钥 K_B 对会话密钥 K_S 和 A 的身份信息 ID_A 进行加密,然后用它和 A 的共享密钥 K_A 对随机数 N_1、B 的身份信息 ID_B、会话密钥 K_S 和已加密的信息进行加密,然后将它发送给 A。

第3步,A 将消息解密并获得 K_S,比较 N_1 和第一步所发送的 N_1 是否一致,然后将 KDC 发来的用 K_B 加密的消息发送给 B。

第4步,B 对消息进行解密并获得 K_S,然后产生另一随机数 N_2,用 K_S 加密并发送给 A。

第5步,A 对消息解密,用函数 f 产生新的结果,并用 K_S 加密,然后发给 B。

第6步,B 对消息解密,并验证它是否为 f 产生的结果。

在这个过程中,第4、5步可以防止某些重放攻击。例如,若攻击者窃听到第3步中的报文并进行重放,重放报文中的 K_S 是一个过期的会话密钥,若没有第4、5步的交互过程,B 将试图使用这个过期密钥,从而产生混乱。

尽管如此,该协议仍然存在漏洞,容易受到重放攻击。例如,攻击者 X 可能从某些途径获得一个过期的会话密钥。X 就可以冒充 A 重放第3步的报文,欺骗 B 使用过期的会话密钥,除非 B 明确记得以前与 A 通信所使用的所有会话密钥,否则 B 无法确定该消息是否为重放的消息。

2) Denning 协议

Denning 协议对 Needham-Schroeder 协议进行了修改,引入了时间戳机制,整个过程如下。

(1) A→KDC:$ID_A \parallel ID_B$
(2) KDC→A:$E_{KA}(K_S \parallel ID_B \parallel T \parallel E_{KB}(K_S \parallel ID_A \parallel T))$
(3) A→B:$E_{KB}(K_S \parallel ID_A \parallel T)$
(4) B→A:$E_{KS}(N_1)$
(5) A→B:$E_{KS}(f(N_1))$

时间戳 T 使 A 和 B 确信会话密钥 K_S 是最新产生的,这样 A 和 B 都知道此次交换的是一个新的会话密钥。A 和 B 通过验证下列式子来验证密钥的及时性:

$$|c - T| < \Delta t_1 + \Delta t_2$$

其中，c 是本地时钟的时间值，T 是报文携带的时间戳，Δt_1 是 KDC 时钟与本地时钟的正常偏差，Δt_2 是网络的正常时延值，满足该公式的时间戳被认为是合法的。由于是使用与 KDC 的共享密钥对时间戳进行加密，因此即使攻击者知道旧的会话密钥，也不能成功地重放消息，因为 B 可以根据消息的及时性进行检测。

与 Needham-Schroeder 协议相比，Denning 协议的安全性更高，但同时也带来了新的问题，即如何安全、准确地通过网络进行时钟同步。因此，该协议也存在着一定的危险，由于时钟同步机制的出错或受到破坏，通信各方的时钟不同步，协议将容易遭到重放攻击。例如，发送方的时钟快于接收方的时钟，攻击者可以窃听到发送端的报文，由于报文中的时间戳快于接收方的本地时间，攻击者可以等到接收方时钟等于报文时间戳时重放该报文，这种重放可能导致不可预知的结果，这样的攻击称为抑制-重放攻击。

解决抑制-重放攻击的一种方法是要求通信各方必须根据 KDC 的时钟周期性地校验时钟。另一种方法是基于随机数的临时交互值的认证协议，它不要求时钟同步，并且接收的临时交互值对发送方而言是不可预知的，从而不易受到抑制-重放攻击。

3）Neuman-Stubblebine 协议

Neuman-Stubblebine 协议提出的目的是为了试图解决抑制-重放攻击，同时解决 Needham-Schroeder 协议中出现的问题，整个过程如下。

(1) A→B：$ID_A \parallel N_1$

(2) B→KDC：$ID_B \parallel N_2 \parallel E_{KB}(ID_A \parallel N_1 \parallel T)$

(3) KDC→A：$E_{KA}(ID_B \parallel N_1 \parallel K_S \parallel T) \parallel E_{KB}(ID_A \parallel K_S \parallel T) \parallel N_2$

(4) A→B：$E_{KB}(ID_A \parallel K_S \parallel T) \parallel E_{KS}(N_2)$

第 1 步，A 发起认证。A 产生临时交互值 N_1，连同自己的身份信息 ID_A 以明文的形式发送给 B，N_1 的作用是在进行密钥分发时将返回给 A，A 通过验证 N_1 的值来确认消息的时效性。

第 2 步，B 向 KDC 申请会话密钥。B 将 A 的身份信息 ID_A、临时交互值 N_1 及时间戳 T 用他和 KDC 的共享密钥 K_B 加密，将加密结果、自己的身份信息 ID_B 和新的临时交互值 N_2 一起发送给 KDC。其中用 K_B 加密的数据 $E_{KB}(ID_A \parallel N_1 \parallel T)$ 的作用是请求 KDC 向 A 发布一个可信的"票据"，指定了"票据"的接收者、有效期，以及 A 发送的临时交互值 N_1。

第 3 步，KDC 产生会话密钥 K_S，然后产生两个消息。第一个消息是由 B 的身份信息 ID_B、A 的临时交互值 N_1、会话密钥 K_S 和时间戳组成，并用他与 A 的共享密钥 K_A 加密；第二个消息是由 A 的身份信息 ID_A、会话密钥 K_S 和时间戳组成，并用他与 B 的共享密钥 K_B 加密。此时，将这两个消息连同 B 的临时交互值 N_2 一起发送给 A。时间戳 T 给出了会话密钥的使用时限，ID_B 用于证实 B 已经收到初始报文，N_1 能够检测重放攻击。

第 4 步，A 用 KDC 与 B 的共享密钥 K_B 加密的消息和加密后的 N_2 发送给 B。B 从加密消息中得到共享密钥并解密出 N_2，通过比较 N_2 来鉴别消息是来自 A 还是一次重放攻击。

这个协议为 A、B 双方建立会话提供了一种安全有效的会话密钥交换方式。在协议中，时间戳 T 只是相对 B 的本地时钟，也只有 B 对其进行校验，因此不需要时钟的同步。同时，A 可以保存用于鉴别 B 的消息，从而减少与 KDC 的多次交互。假设 A、B 完成了上面的协议和通信，然后终止连接，当 A 要与 B 再次建立新的会话时，只要 A 保存了原有的消息且在密钥的有效期限内,则不必依赖 KDC 就能够在 3 步之内重新进行身份认证。

(1) A→B: $E_{KB}[ID_A \parallel K_S \parallel T] \parallel N_1'$

(2) B→A: $N_2' \parallel E_{KS}(N_1')$

(3) A→B: $E_{KS}(N_2')$

B 在第 1 步收到消息后可以验证密钥有没有过期,新产生的 N_1'、N_2' 用来检测是否有重放攻击。

2. 基于对称密钥的单向身份认证

基于对称密钥的单向认证一般也采用以 KDC 为基础的方法。但是在电子邮件的应用中,无法要求发送方和接收方同时在线,因此在协议过程中不存在双方的交互。该协议的具体过程如下。

(1) A→KDC: $ID_A \parallel ID_B \parallel N_1$

(2) KDC→A: $E_{KA}[K_S \parallel ID_B \parallel N_1 \parallel E_{KB}(K_S \parallel ID_A)]$

(3) A→B: $E_{KB}(ID_A \parallel K_S) \parallel E_{KS}(M)$

可以看出,该协议比较简洁,可以保证只有真正的接收方才能读取消息,同时也可以保证发送方的确是 A,但同样无法抵抗重放攻击。由于电子邮件的转发和处理过程中存在时延较大,因此通过添加时间戳的方式来抵抗重放攻击的可能性不大。

3.5.4 基于公钥的身份认证

1. 基于公钥的双向身份认证

1) Denning-Sacco 协议

在公开密钥加密的身份认证中,也需要有一个类似的中心系统来分发通信各方的公开密钥证书。因为在没有认证中心或密钥分配中心的情况下,要使通信各方都能拥有对方的当前公钥是不切实际的。

Denning-Sacco 协议是一种使用时间戳机制的公钥分配和认证方法。假设通信双方分别为 A 和 B,AS 为认证服务器,整个过程如下。

(1) A→AS: $ID_A \parallel ID_B$

(2) AS→A: $E_{KSAS}(ID_A \parallel K_{PA} \parallel T) \parallel E_{KSAS}(ID_B \parallel K_{PB} \parallel T)$

(3) A→B: $E_{KSAS}(ID_A \parallel K_{PA} \parallel T) \parallel E_{KSAS}(ID_B \parallel K_{PB} \parallel T) \parallel E_{KPB}(E_{KSA}(K_S \parallel T))$

其中,K_{PA} 和 K_{PB} 分别为 A 和 B 的公钥。K_{PAS} 和 K_{SAS} 分别为 AS 的公钥和私钥。在这个协议中,认证中心系统不负责密钥的分配,而只提供公钥证书,所以称为认证服务器(AS)。会话密钥 K_S 的选择和加密完全由 A 来完成,因此不存在被 AS 泄露的危险。同时使用了时间戳机制,可以防止重放攻击对密钥安全性的威胁。

这个协议简洁明了,但不足之处仍然是需要严格的时钟同步才能保证协议的安全。

2) Woo-Lam 协议

Woo-Lam 协议使用随机数作为临时交互值来代替时间戳,它是一种以 KDC 为中心的认证协议。该协议的具体过程如下。

(1) A→KDC: $ID_A \parallel ID_B$

(2) KDC→A: $E_{KSK}(ID_B \parallel K_{PB})$

(3) A→B：$E_{\mathrm{KPB}}(N_1 \parallel \mathrm{ID}_A)$

(4) B→KDC：$\mathrm{ID}_B \parallel \mathrm{ID}_A \parallel E_{\mathrm{KPK}}(N_1)$

(5) KDC→B：$E_{\mathrm{KSK}}(\mathrm{ID}_A \parallel K_{\mathrm{PA}}) \parallel E_{\mathrm{KPB}}(E_{\mathrm{KSK}}(N_1 \parallel K_S \parallel \mathrm{ID}_B))$

(6) B→A：$E_{\mathrm{KPA}}(E_{\mathrm{KSK}}(N_1 \parallel K_S \parallel \mathrm{ID}_B) \parallel N_2)$

(7) A→B：$E_{\mathrm{KS}}(N_2)$

在协议刚开始，A 向 KDC 发送一个要与 B 建立安全连接的请求，KDC 将 B 的公钥证书副本返回给 A，A 通过 B 的公钥告诉 B 想与他通信，同时将临时交互值 N_1 发给 B。然后，B 向 KDC 请求 A 的公钥证书和会话密钥，由于 B 发送消息中包含 A 的临时交互值，因此 KDC 可以用临时交互值对会话密钥加戳，其中临时交互值受 KDC 的公钥保护。接着，KDC 将 A 的公钥证书的副本和消息 $\{N_1, K_S, \mathrm{ID}_B\}$ 一起返回给 B。这条消息说明，K_S 是 KDC 为 B 产生的且与 N_1 有关的密钥。N_1 使 A 确信 K_S 是新会话密钥。用 KDC 的私钥对三元组 $\{N_1, K_S, \mathrm{ID}_B\}$ 加密，使得 B 可以验证该三元组确实来自 KDC。由于是用 B 的公钥对该三元组加密，因此其他各方均不能利用该三元组与 A 建立假冒连接。在第(6)步中，B 用 A 的公钥对 $E_{\mathrm{KSK}}(N_1 \parallel K_S \parallel \mathrm{ID}_B)$ 和 B 产生的随机数 N_2 加密后发送给 A，A 先解密得出会话密钥 K，然后用 K_S 对 N_2 加密发送给 B，这样可以使 B 确信 A 已经获得正确的会话密钥。

相比 Denning-Sacco 协议，这个协议对抵抗攻击的能力更强，但也存在着某些安全隐患。改进的方法是在第 5 步和第 6 步中加入 A 的身份信息 ID_A，将会话密钥与双方的身份信息绑定在一起。将 ID_A 和 N_1 绑定在一起唯一标识了 A 的连接请求，具体改进过程如下。

(1) A→KDC：$\mathrm{ID}_A \parallel \mathrm{ID}_B$

(2) KDC→A：$E_{\mathrm{KSK}}(\mathrm{ID}_B \parallel K_{\mathrm{PB}})$

(3) A→B：$E_{\mathrm{KPB}}(N_1 \parallel \mathrm{ID}_A)$

(4) B→KDC：$\mathrm{ID}_B \parallel \mathrm{ID}_A \parallel E_{\mathrm{KPK}}(N_1)$

(5) KDC→B：$E_{\mathrm{KSK}}(\mathrm{ID}_A \parallel K_{\mathrm{PA}}) \parallel E_{\mathrm{KPB}}(E_{\mathrm{KSK}}(N_1 \parallel K_S \parallel \mathrm{ID}_A \parallel \mathrm{ID}_B))$

(6) B→A：$E_{\mathrm{KPA}}(E_{\mathrm{KSA}}(N_1 \parallel K_S \parallel \mathrm{ID}_A \parallel \mathrm{ID}_B) \parallel N_2)$

(7) A→B：$E_{\mathrm{KS}}(N_2)$

2. 基于公钥的单向身份认证

公开密钥由于其自身的特性，比对称密钥更适合用于单向认证。一般情况下，发送方需要掌握接收方的公钥，而接收方也需要拥有发送方的公钥，这样才能对消息进行加密，同时也能对消息的签名进行解密。

使用公钥进行验证的步骤相对简洁，主要有以下几种使用方法。

(1) A→B：$E_{\mathrm{KPB}}(K_S) \parallel E_{\mathrm{KS}}(M)$

(2) A→B：$E_{\mathrm{KSA}}(H(M)) \parallel M$

(3) A→B：$E_{\mathrm{KPB}}(K_S) \parallel E_{\mathrm{KS}}(M \parallel E_{\mathrm{KSA}}(H(M)))$

(4) A→B：$E_{\mathrm{KPB}}(K_S) \parallel E_{\mathrm{KS}}(M \parallel E_{\mathrm{KSA}}(H(M))) \parallel E_{\mathrm{KSCA}}(T \parallel \mathrm{ID}_A \parallel K_{\mathrm{PA}})$

方法(1)主要适用于强调机密性，不需要数字签名的应用环境。该方法首先使用会话密钥 K_S 对消息进行加密，接着再使用接收方 B 的公钥对会话密钥进行加密，再将结果发送给

B。由于使用B的私钥进行加密,因此只有B才能恢复出会话密钥 K_S,并解密出消息 M。使用会话密钥 K_S 对消息 M 进行对称加密的原因是对称加密的效率比非对称加密的效率高得多,因此对消息 M 进行加密采用会话密钥 K_S 进行加密,而不直接使用B的公钥 K_{PB} 对消息进行加密。方法(2)主要强调的应用是使用数字签名。首先使用哈希函数对消息 M 产生散列值,然后使用A的私钥对消息进行签名,接收方B收到消息后使用A的公钥进行解密,并验证散列值即可知道消息是否来自A,或者是否被篡改过。

方法(1)主要是保证消息的机密性,但没有保证消息的不可否认性和完整性。方法(2)保证了消息的不可否认性和完整性,但消息是以明文的形式传输,因此内容容易遭到窃取。方法(3)是对方法(1)和方法(2)的综合,将消息 M 和 A 的签名 $E_{KSA}(H(M))$ 放在一起使用会话密钥 K_S 进行加密,解决了方法(1)和方法(2)各自的不足。

在实际使用中,公钥通常以数字证书的形式发布,证书由证书权威机构(Certificate Authority,CA)颁发,证书中包含有公钥及有效期等数据。因此在实际使用中,通信各方需要获取的是对方当前尚未过期的公钥。$E_{KSCA}(T \| ID_A \| K_{PA})$ 是证书权威机构对A的公钥的签名,以确保 K_{PA} 是A当前有效的公钥。

习 题 3

在线测试

一、选择题

1. 身份认证是安全服务中的重要一环,以下关于身份认证的说法,错误的是(　　)。
   A. 身份认证是授权控制的基础
   B. 身份认证一般不用提供双向的认证
   C. 目前一般采用基于对称密钥加密或公开密钥加密的方法
   D. 数字签名机制是实现身份认证的重要机制

2. 数据完整性可以防止(　　)。
   A. 假冒源地址或用户的地址欺骗攻击
   B. 抵赖做过信息的递交行为
   C. 数据中途被攻击者窃听获取
   D. 数据中途被攻击者篡改或破坏

3. 数字签名要预先使用单向哈希函数进行处理的原因是(　　)。
   A. 多一道加密工序使密文更难破译
   B. 提高密文的计算速度
   C. 缩小签名密文的长度,加快数字签名和验证签名的运算速度
   D. 保证密文能正确地还原成明文

4. MD5 没有使用到(　　)运算。
   A. 幂　　　　　B. 逻辑与或非　　　　　C. 异或　　　　　D. 移位

5. 以下关于安全散列算法的说法,错误的是(　　)。
   A. 它是一系列散列函数的统称　　　　B. SHA-1 生成的特征值长度为 160 位
   C. 生成的特征值通常称为摘要　　　　D. SHA-512 处理的分组长度为 512 位

二、填空题

1. MD5 和 SHA-1 产生的散列值分别是_____位和_____位。
2. 基于哈希链的口令认证,用户登录后将口令表中的 $(\text{ID}, k-1, H_{k-1}(\text{PW}))$ 替换为_____。
3. Denning-Sacco 协议中使用时间戳 T 的目的是_____。
4. 在本章 3.5.4 节介绍的 Woo-Lam 协议中,第(6)、(7)步使用随机数 N_2 的作用是_____。
5. 在消息认证技术中,MD 算法可以用于为消息计算_____。

三、简答题

1. 弱抗碰撞性和强抗碰撞性有什么区别?
2. 什么是消息认证码?
3. 比较 MD5 和 SHA-1 的抗穷举攻击能力和运算速度。
4. MD5 和 SHA-1 的基本逻辑函数是什么?
5. Woo-Lam 协议一共 7 步,可以简化为以下 5 步。

   (1) A→B:
   (2) B→KDC:
   (3) KDC→B:
   (4) B→A:
   (5) A→B:

   请给出每步中传输的信息。

6. Needham-Schroeder 协议存在的一个致命漏洞是旧的会话密钥仍有价值,假设黑客 H 通过某种途径获得旧的密钥 K_S,H 就可以假装成 A 发起一次攻击。请说明 H 是在协议的哪一步开始发动攻击的,详细说明其过程(假设 H 能获得协议中每次传输的内容)。

第 4 章 计算机病毒

随着信息技术和互联网技术的迅速发展,整个社会对计算机的依赖程度越来越大。同时,网络的普及也给计算机病毒带来了前所未有的发展机会。党的二十大报告明确提出要推进国家安全体系和能力现代化,坚决维护国家安全和社会稳定,为此需要牢固树立安全意识,掌握计算机病毒、木马等的危害方式和机理。计算机病毒已经成为当今网络安全的主要威胁之一,给网络信息安全带来了严峻的挑战。在这种情况下,对计算机病毒进行深入了解和有效防治是非常必要的。

视频讲解

4.1 概 述

代码是指计算机可以运行的程序,可以被执行完成特定的功能。然而,怀有恶意的人所编写的代码会给计算机信息安全带来严重的威胁,影响人们生活的各个方面,这种带有恶意的破坏程序被称为恶意代码。在维基百科中,恶意代码的英文对照词是 Malware,也就是 Malicious Software 的混成词。

恶意代码的定义可以描述为:在未被授权的情况下,以破坏软硬件设备、窃取用户信息、扰乱用户心理、干扰用户正常使用为目的而编制的软件或代码片段。这个定义涵盖的范围非常广泛,它包含了所有敌意、干扰、破坏的程序和源代码。根据这个定义,恶意代码可以包括计算机病毒、木马、间谍软件、恶意广告、流氓软件、逻辑炸弹、后门、僵尸网络、恶意脚本等软件或代码片段。

计算机病毒(Computer Virus,CV)属于恶意代码的一种,然而,当前的媒体常常用计算机病毒来代替恶意代码的概念,因此,在广义上来讲,计算机病毒就是各种恶意代码的统称。本节将给出计算机病毒的定义,简述计算机病毒的发展,同时介绍计算机病毒所带来的危害。

4.1.1 定义

"病毒"一词来源于生物学。计算机病毒最早是由美国南加州大学的弗雷德·科恩(Fred Cohen)博士提出的。他在 1983 年编写了一个小程序,这个程序可以自我复制,能在计算机中传播。该程序对计算机并无害处,能潜伏在合法的程序当中,通过软盘感染到计算机上。

弗雷德·科恩博士对计算机病毒的定义是:"一种靠修改其他程序来插入或进行自我复制,从而感染其他程序的一段程序。"这一定义作为标准已被普遍地接受。

计算机病毒在《中华人民共和国计算机信息系统安全保护条例》中被明确定义为:"编制或在计算机程序中插入的破坏计算机功能或者破坏数据,影响计算机使用并且能够自我复制的一组计算机指令或者程序代码"。

计算机病毒是一个程序、一段可执行代码。就像生物病毒一样,计算机病毒有独特的复制能力,它们能将自身附着在各种类型的文件上。当感染病毒的文件被复制或从一个介质传到另一个介质时,它们就随着该文件一起被复制或传送,并同时蔓延开来。

4.1.2 计算机病毒的发展

计算机病毒概念的起源相当早。冯·诺依曼于1949年在伊利诺伊大学的题为"Theory and Organization of Complicated Automata"的演讲中给出了第一份关于计算机病毒理论的论述("病毒"一词当时并未使用),后以"Theory of self-reproducing automata"为题目出版。冯·诺依曼在他的论文中描述一个计算机程序如何进行自我复制,即它是一种"能够自我复制的自动机",但在当时并未引起人们足够的重视。

在冯·诺依曼病毒程序雏形的概念提出后,绝大部分的计算机专家都无法想象这种会自我复制的程序是可能存在的,只是少数几位科学家默默地研究着这个问题。直到10年之后,在美国电话电报公司(AT&T)的贝尔(Bell)实验室中,这些概念在一种很奇怪的电子游戏中成型了,这种电子游戏称为"磁芯大战"。磁芯大战玩法是:双方各写一套程序并将程序输入到同一台计算机中,这两套程序在计算机系统内互相追杀,有时它们会放下一些关卡甚至会停下来修复(重新写)被对方破坏的几行指令。当它被困时,也可以将自己复制一次从而逃离险境,因为它们都在电脑的记忆磁芯中游走,所以得到了"磁芯大战"之名。

1983年11月,弗雷德·科恩博士研制出一种在运行过程中可以自我复制的破坏性程序。伦·艾德勒曼(Len Adleman)将这种破坏性程序命名为计算机病毒,并在每周一次的计算机安全讨论会上正式提出,8小时后专家们在VAX11/750计算机系统上成功运行该程序。这样,第一个病毒实验成功。人们第一次真正意识到计算机病毒的存在。

1986年初,巴基斯坦的巴锡特(Basit)和阿姆杰德(Amjad)两兄弟经营着一家IBM-PC及其兼容机的小商店。他们编写的Pakistan病毒(即Brain)在一年内流传到了世界各地。

1988年冬天,正在康奈尔大学攻读的莫里斯(Morris)创造了"莫里斯蠕虫病毒",这是最早的一批恶意软件。该病毒设计之初只是为了简单的无限复制,但代码中的一个错误引发了系统崩溃,最终导致该病毒在互联网上快速扩散。短短一天时间内,该病毒从美国东海岸扩散到西海岸,用户陷入一片恐慌。最终莫里斯成为了根据《计算机欺诈和滥用法》定罪的第一人,当时的互联网行业内几乎都听说过"蠕虫",可见其影响广泛。

1989年,引导性病毒大量出现,并发展成为可以感染硬盘的计算机病毒。全世界的计算机病毒攻击十分猖獗,其中"米开朗基罗"病毒会从一个被感染的软盘进入用户的计算机,并进而感染其他所有可写软盘,给许多计算机用户造成了极大损失。这种病毒比较著名的原因,除了它拥有一代艺术大师米开朗基罗的名字之外,更重要的是它具有非常强大的杀伤力。

1990年,引导性病毒发展成为复合型病毒,可以感染COM和EXE文件。

1992年,病毒已经可以利用DOS加载文件的优先顺序进行工作,具有代表性的是"金蝉"病毒。

1995年,当生成器的生成结果为病毒时,就产生了这种复杂的"病毒生成器",幽灵病毒开始在中国流行。典型的病毒代表是"病毒制造机"和"VCL"。

1996年首次出现针对微软公司Office的"宏病毒"。宏病毒的出现使病毒编制工作不再局限于晦涩难懂的汇编语言,因此越来越多的病毒出现了。

1997年被公认为计算机反病毒界的"宏病毒"年。宏病毒主要感染Word、Excel等文件。例如,Word宏病毒,早期使用一种专门的Basic语言,即Word-Basic所编写的程序,后来使用Visual Basic编写的程序。与其他计算机病毒一样,它能对用户系统中的可执行文件和数据文本类文件造成破坏。常见的宏病毒有Taiwan No.1(台湾一号)、Setmd、Consept和Mdma等。

1998年出现针对Windows 95/98系统的病毒,如CIH病毒(1999年被公认为计算机反病毒界的"CIH病毒"年)。CIH病毒是继DOS病毒、Windows病毒、宏病毒后的第四类新型病毒。它主要感染Windows 95/98的可执行程序,破坏计算机Flash BIOS芯片中的系统程序,导致主板损坏,同时破坏硬盘中的数据。当病毒发作时,硬盘驱动器不停地旋转,硬盘上所有的数据(包括分区表)被破坏,只有对硬盘重新分区才有可能挽救硬盘。

2001年7月中旬,一种名为"红色代码"的病毒在美国大面积蔓延,这个专门攻击服务器的病毒攻击了白宫网站,造成了全世界的恐慌。

2003年,"2003蠕虫王"病毒在亚洲、美洲、澳大利亚等地迅速传播,造成了全球性的网络灾害。

2004年是"蠕虫"泛滥的一年,根据中国计算机病毒应急中心的调查显示,2004年十大流行病毒都是蠕虫病毒。

2005年是特洛伊木马流行的一年。在经历了操作系统漏洞升级、杀毒软件技术改进后,蠕虫的防范效果已经大大提高,真正有破坏作用的蠕虫已经基本销声匿迹。然而病毒制造者永远不甘止步,他们又开辟了新的高地——特洛伊木马。2005年的木马既包括安全领域耳熟能详的经典木马(如冰河、灰鸽子、BO2K等),也包括很多新鲜的木马。

2006年11月,计算机病毒累计感染了中国80%的用户,其中78%以上的病毒是木马、后门病毒。"熊猫烧香"病毒也在这一年出现并肆虐,该病毒是一种经过多次变种的蠕虫病毒,它主要通过下载的文档感染,对计算机程序、系统均可产生严重的破坏。同年"U盘寄生虫"再出新变种(Trojan.KillAV.er),该病毒会关闭大部分杀毒软件进程,降低系统安全性,同时还会窃取用户的私密信息,给用户带来严重的经济损失。

2009年,作为病毒"大水牛"最新变种的"死牛"病毒,不仅会下载热门网游盗号木马,试图盗取用户网游账号密码,还会下载ARP病毒攻击局域网,危害极大。

2010年,金山安全实验室捕获了一种被命名为"鬼影"的计算机病毒。在该病毒成功运行后,在进程中、系统启动加载项里找不到任何异常,即使格式化重装系统,也无法彻底清除该病毒。该病毒犹如"鬼影"一般"阴魂不散",因此称为"鬼影"病毒。该病毒也因此成为国内首个"引导区"下载者病毒。

2011年5月,ZeroAccess僵尸网络出现,它被用来从僵尸网络中下载其他恶意软件,同时利用rootkit技术进行自身隐藏。据统计,它影响了超过900万个系统。这种恶意软件利用了多种不同的攻击策略,包括社会工程学、广告网络等,通过指挥和控制网络,利用不知情的主机进行欺诈。

2012年5月,俄罗斯专家发现了"火焰"病毒,全名为Worm.Win32.Flame,它是一种后门程序和木马病毒,同时又具有蠕虫病毒的特点。只要控制者发出指令,它就能在网络和移动设备中进行自我复制。一旦计算机系统被感染,病毒将开始一系列复杂行动,包括监测网络流量、获取截屏画面、记录音频对话和截获键盘输入等。在被感染系统中，所有的数据都能通过连接传到病毒指定的服务器。"火焰"病毒是迄今为止代码最多的计算机病毒程序。

2013年下半年，CryptoLocker出现，它使用RSA公钥密码算法，将系统中的重要文件加密并显示一条信息，要求用户在一定期限内发送比特币或支付现金。2014年，CryptoLocker终止活动时，Gameover Zeus僵尸网络出现，该僵尸网络将CryptoLocker发送出去，并从受害者处获得了约300万美元。

2015年，Moose蠕虫出现，该病毒不利用任何特殊的漏洞，它的感染基于Linux的路由器。它在感染一个路由器后，会继续进行社交媒体诈骗，拦截网络进行浏览或点赞。

2017年5月12日，不法分子通过改造"永恒之蓝"工具制作了WannaCry勒索病毒，许多国家的高校校内网络、大型企业内网和政府机构网站均被入侵。WannaCry通过攻击Windows系统的445端口漏洞（MS17-010）来达到目的，收到病毒攻击的计算机会弹出一个勒索赎金的对话框，用户必须支付高额赎金才能恢复文件数据。

随着信息技术和互联网技术的发展，计算机病毒呈现出结构复杂、隐蔽性强、打击目标明确等发展趋势。同时，随着物联网的快速发展，越来越多的设备加入网络，最精明的恶意软件可能会在未来利用这种成倍增长的攻击面。

4.1.3 计算机病毒的危害

在计算机病毒出现的初期，提到计算机病毒的危害，往往注重于计算机病毒对信息系统的直接破坏作用，如格式化硬盘、删除数据文件等，并以此来区分良性病毒和恶性病毒。其实这些只是计算机病毒危害的一部分。计算机病毒的危害主要表现在以下几方面。

1. 占用磁盘空间，直接破坏计算机数据信息

寄生在磁盘上的病毒总要非法占用一部分磁盘空间。引导型病毒一般是由病毒本身占据磁盘引导扇区，而将原来的引导区的内容转移到其他扇区，被覆盖的扇区数据将丢失，无法恢复。文件型病毒利用操作系统某些功能来检测出磁盘中的未用空间，将病毒的传染部分写到磁盘的未用部位，在传染过程中一般不破坏磁盘上的原有数据，但非法侵占了磁盘空间。有些文件型病毒传染速度很快，在短时间内感染大量文件，每个文件都不同程度地加长了，从而造成磁盘空间的严重浪费。大部分病毒在激发时会直接破坏计算机中的重要数据，所利用的手段有格式化磁盘、改写文件分配表和目录区、删除重要文件，或者用无意义的垃圾数据改写文件、破坏CMOS设置等。

2. 抢占系统资源，干扰系统的正常运行

大多数病毒在活动状态下都是驻留内存的，这就必然抢占部分系统资源。病毒抢占内存，导致内存减少，一部分软件不能运行。

病毒不仅占用内存，同时也占用CPU资源。病毒为了判断传染激发条件，总要对计算机的工作状态进行监视。有些病毒不仅对磁盘上的病毒加密，而且进驻内存后的病毒也进行加密，当CPU每次寻址到病毒处时，都要运行解密程序把病毒解密成合法的CPU指令后再执行，运行结束时同样需要运行加密程序对病毒重新加密。这样CPU将额外执行数千条甚至上万条指令。

3. 计算机病毒错误与不可预见的危害

计算机病毒与其他软件的一个明显区别是计算机病毒的无责任性。编制一个完善的计算机软件需要耗费大量的人力、物力，经过长时间的调试和完善，软件才能推出。而在计算机病毒编制者看来既没必要这样做，也不可能这样做，因此很多计算机病毒都是个人在一台计算机上匆匆编制调试后就向外抛出的。反病毒专家在分析大量病毒后，发现绝大多数病毒都存在不同程度的错误。有些初学者尚不具备独立编制软件的能力，出于好奇或其他原因而修改别人的病毒，从而发生错误。计算机病毒错误所产生的后果往往是不可预见的。另外，计算机病毒在编制的过程中很少考虑兼容性的问题，因此感染计算机病毒的计算机常常会因为兼容性的错误导致系统死机。

4. 计算机病毒给用户造成严重的心理压力

由于计算机病毒横行的案例不计其数，因此当用户的计算机运行出现异常情况，如死机、软件运行速度慢、开机速度慢等现象时，大多数用户的第一反应就是怀疑自己的计算机感染了病毒。的确这些现象很有可能是计算机病毒造成的，但是也有可能是其他原因造成的。出于对病毒的恐惧，许多用户往往会采取措施来"杀毒"，这就需要付出时间、金钱等方面的代价。某些用户仅仅怀疑感染病毒而采取格式化磁盘的方式所带来的损失更是难以弥补。另外，在一些大型网络系统中也难免为检测病毒而停机。总之计算机病毒给人们造成了巨大的心理压力，极大地影响了现代计算机的使用效率，由此带来的无形损失是难以估量的。

4.2 计算机病毒的特征及分类

4.2.1 计算机病毒的特征

计算机病毒通常具有以下几个明显的特征。

1. 传染性

传染性是病毒的基本特征，是判断一个程序是否为计算机病毒的最重要的特征。病毒能通过自我复制来传染正常文件，以此达到破坏计算机正常运行的目的。但它的传染是有条件的，也就是病毒程序必须被执行之后才具有传染性，才能传染其他文件。病毒一旦进入计算机系统，就会开始寻找机会感染其他文件。

计算机病毒的主要传播渠道有硬盘、光盘、可移动存储器、网页、电子邮件和FTP下载等。

2. 破坏性

任何计算机病毒感染了系统后，都会对系统产生不同程度的影响。病毒都是可执行程序或代码，当病毒代码运行时就会降低系统的工作效率，占用系统资源。病毒发作时的破坏程度取决于病毒设计者，轻则占用系统资源，影响计算机运行速度，降低计算机工作效率，使用户不能正常使用计算机；重则毁坏系统，破坏用户计算机中的数据并使之无法恢复，甚至破坏计算机硬件，给用户带来巨大的损失。

3. 隐蔽性

计算机病毒具有很强的隐蔽性，它一般都是具有很高编程技巧的、短小精悍的代码，通常附在正常的程序之中或藏在磁盘隐秘的地方。没有经过代码分析是很难将病毒程序和正常程序区分开的。病毒可能会采用极其高明的手段来隐藏自己,如使用隐藏文件、注册表内的相似字符等。在有些病毒感染了系统之后,计算机系统仍能正常工作,普通用户无法在正常的情况下发现病毒。

4. 寄生性

一般情况下,计算机病毒都不会独立存在,而是寄生于其他程序中,当执行这个程序时,病毒代码就会被执行。病毒在寄生其他程序的同时,也会进行感染扩散,病毒潜伏寄生的时间越长,感染的范围也就越大,对用户造成的影响也就越大。在未满足触发条件或正常程序未启动之前,用户是不易发觉病毒的存在的。

5. 可触发性

大部分病毒感染系统之后一般不会马上发作,而是隐藏在系统中,就像定时炸弹一样,只有在满足特定条件时才被触发。潜伏机制是计算机病毒内部的一种机制,在不满足触发条件时,病毒只会感染而不做破坏,只有在触发条件满足的情况下才会表现出来。例如,黑色星期五病毒,不到预定时间,用户就不会觉察出异常。一旦遇到13日并且是星期五,病毒就会被激活并且对系统进行破坏。当然,还有著名的CIH病毒,它是在每月的26日发作。

4.2.2 计算机病毒的分类

目前全球大约有几十万种病毒,根据各种计算机病毒的特点,计算机病毒有不同的分类方法。按照不同的体系可对计算机病毒进行以下分类。

1. 按病毒寄生方式分类

根据病毒的寄生方式,计算机病毒可以划分为网络病毒、文件病毒、引导型病毒和混合型病毒。

(1) 网络病毒:通过计算机网络传播感染网络中的可执行文件。

(2) 文件病毒:感染计算机中的文件(如DOS下的COM、EXE和Windows的PE文件等)。

(3) 引导型病毒:感染启动扇区(Boot)和硬盘的系统引导扇区(Master Boot Record, MBR)。

(4) 混合型病毒:上述3种情况的混合。例如,多型病毒(文件和引导型)感染文件和引导扇区两种目标,这样的病毒通常都具有复杂的算法,它们使用非常规的办法侵入系统,同时使用了加密和变形算法。

2. 按传播媒介分类

根据病毒的传播媒介,计算机病毒可以划分为单机病毒和网络病毒。

(1) 单机病毒:单机病毒的载体是磁盘或光盘。常见的传播途径是通过磁盘或光盘传入硬盘,感染系统后再传染给其他磁盘或光盘,然后感染给其他系统。

(2) 网络病毒:网络为病毒提供了很好的传播途径。通过网络传播的病毒传染能力强且破坏力大,主要利用网络协议或命令进行传播。

3. 按病毒破坏性分类

根据病毒的破坏能力,计算机病毒可以划分为良性病毒和恶性病毒。

(1) 良性病毒是指不包含对计算机系统产生直接破坏作用代码的计算机病毒。这类病毒为了表现其存在,只是不停地进行传播,并不破坏计算机内的数据。但它会使系统资源急剧减少,可用空间越来越少,最终导致系统崩溃。良性病毒又可分为无危害病毒和无危险病毒。无危害病毒是指除了传染时减少磁盘的可用空间外,对系统没有其他影响;无危险病毒是指在传播过程中不仅减少内存和硬盘空间,还伴随显示图像、发出声音等。

(2) 恶性病毒是指代码中包含有损伤和破坏计算机系统的操作,在其传染激发时会对系统产生直接破坏作用的计算机病毒。例如,破坏磁盘扇区、格式化磁盘导致数据丢失等。这些代码都是刻意写进病毒的,是其本性之一。恶性病毒可分为危险型病毒和非常危险型病毒。危险型病毒是指破坏和干扰计算机系统的操作,从而造成严重的错误;非常危险型病毒主要是删除程序、破坏数据、清除系统内存和操作系统中重要的信息。

4. 按计算机病毒的链接方式分类

由于计算机病毒本身必须有一个攻击对象才能实现对计算机系统的攻击,并且计算机病毒所攻击的对象是计算机系统可执行的部分。因此,根据病毒的链接方式,计算机病毒可以分为源码型病毒、嵌入型病毒、外壳型病毒、译码型病毒、操作系统型病毒。

(1) 源码型病毒:该病毒攻击高级语言编写的程序,在高级语言所编写的程序编译前插入源程序中,经编译成为合法程序的一部分。

(2) 嵌入型病毒:该病毒将自身嵌入现有程序中,并将计算机病毒的主体程序与其攻击的对象以插入的方式链接。这种计算机病毒是难以编写的,一旦侵入程序体后也较难消除。如果同时采用多态性病毒技术、超级病毒技术和隐蔽性病毒技术,将给当前的反病毒技术带来严峻的挑战。

(3) 外壳型病毒:该病毒将其自身包围在主程序的四周,对原来的程序不做修改。这种病毒最为常见,易于编写,也易于发现,一般测试文件的大小即可察觉。

(4) 译码型病毒:该病毒隐藏在微软 Office、AmiPro 文档中,如宏病毒、脚本病毒等。

(5) 操作系统型病毒:该病毒用自身的程序加入或取代部分操作系统进行工作,具有很强的破坏力,可以导致整个系统的瘫痪。圆点病毒和大麻病毒就是典型的操作系统型病毒。

这种病毒在运行时,用自己的逻辑部分取代操作系统的合法程序模块,根据病毒自身的特点和被替代的合法程序模块在操作系统中运行的地位与作用,以及病毒取代操作系统的取代方式等,对操作系统进行破坏。

5. 按病毒攻击的操作系统分类

根据病毒的攻击目标,计算机病毒可以分为 DOS 病毒、Windows 病毒和其他系统病毒。

(1) DOS 病毒:针对 DOS 操作系统开发的病毒。目前几乎没有新制作的 DOS 病毒,由于 Windows 病毒的出现,DOS 病毒几乎绝迹。但 DOS 病毒在 Windows 环境中仍可以进行感染活动,因此若执行染毒文件,则 Windows 用户的系统也会被感染。通常使用杀毒软件能够查杀的病毒中一半以上都属于 DOS 病毒,可见 DOS 时代 DOS 病毒的泛滥程度。

但这些众多的病毒中除了少数几个让用户胆战心惊的病毒之外,大部分病毒都只是制作者出于好奇或对公开代码进行一定变形而制作的病毒。

(2) Windows 病毒:主要指针对 Windows 操作系统的病毒。现在的计算机用户一般都安装 Windows 系统,Windows 病毒一般感染 Windows 系统,其中最典型的病毒有 CIH 病毒、宏病毒等。一些 Windows 病毒不仅在早期的 Windows 操作系统上正常感染,还可以感染 Windows NT 上的其他文件。

(3) 其他系统病毒:主要攻击 Linux、UNIX、OS2、Macintosh、嵌入式系统的病毒,以及 IOS/Android 系统病毒。由于系统本身的复杂性,这类病毒数量不是很多,但对于当前的信息处理也产生了严重的威胁。

6. 按病毒的攻击类型分类

按计算机病毒攻击的机器类型,计算机病毒可以分为攻击微型机的计算机病毒、攻击小型机的计算机病毒和攻击工作站的计算机病毒。其中,攻击微型机的计算机病毒是最为庞大的病毒家族。

小型机的应用极为广泛,它既可以作为网络中的一个节点机,又可以作为小型计算机网络的主机。一般来说,小型机的操作系统比较复杂,而且小型机都采取了一定的安全保护措施,人们认为计算机病毒只有在微型机上才能发生而小型机不会受到侵扰,但自从 1988 年以来,蠕虫病毒对 Internet 的攻击改变了病毒只攻击微型机的传统观念。

4.3 常见的病毒类型

4.3.1 引导型与文件型病毒

1. 引导型病毒

引导型病毒是指专门感染磁盘引导扇区或硬盘主引导区的病毒程序,如果被感染的磁盘作为系统启动盘使用,那么在系统启动时,病毒程序会自动被带入内存,从而使运行的系统感染上病毒;如果系统已经感染上病毒,那么在对磁盘进行操作时,病毒程序会主动进行传染,从而使其他磁盘也感染上病毒。

引导型病毒是一种在 ROM BIOS 装载之后,先于操作系统加载的计算机病毒。它依托于 BIOS 中断服务程序,利用操作系统的引导模块放在某个固定的位置,并且控制权是以物理位置为依据,而不是以操作系统引导区的内容为依据。这类病毒将原来的主引导记录保存到磁盘的其他扇区,然后用病毒程序替代原来的主引导记录。当系统启动时,病毒体得到控制权,在完成自己的处理后,将控制权交给真正的引导区内容。

引导型病毒按其寄生对象不同又可分为两类:MBR(主引导区)病毒和 BR(引导区)病毒。MBR 病毒也称分区病毒,将病毒寄生在硬盘分区的主引导程序所占据的硬盘 0 头 0 柱面 1 扇区中。BR 病毒是将病毒寄生在磁盘逻辑 0 扇区中。

正常的操作系统引导过程是不减少系统内存的。引导型病毒是在装载操作系统前进入内存的,寄生对象相对固定,因此,该类型病毒必须采用减少操作系统所掌管的内存容量的方法来驻留内存高端。

引导型病毒一般是通过修改 int 13h 中断向量的方式来将病毒传染给软盘的,而新的 int 13h 中断向量地址必定指向内存高端的病毒程序。

引导型病毒的寄生对象相对固定,将当前的系统主引导区和引导区与未感染计算机病毒的主引导区和引导区进行比较,如果内容不一样,则可以认定系统引导区异常。

2. 文件型病毒

文件型病毒是一种数量很多的病毒,一般将通过操作系统的文件系统进行感染的病毒都称为文件型病毒。常见的文件型病毒都是寄生于 COM 文件和 EXE 文件的病毒。

COM 文件中的程序代码只在一个段内运行,文件长度不超过 64KB,结构比较简单。COM 文件型病毒通过修改 COM 进行感染时,一般采取两种方法:一种方法是将病毒添加在 COM 文件前面,病毒将宿主程序全部往后移,而将自己插在宿主程序之前,这样病毒就自然先获得控制权,病毒执行完之后自动将控制权交给宿主程序;另一种是将病毒附加在文件尾部,然后将文件的第一条指令修改为跳转指令,跳转到病毒的开始位置,病毒执行完之后再跳回到原程序的开始位置继续执行。

EXE 文件病毒也是将自身代码添加在宿主程序中,但该病毒是以修改指令指针的方式,通过指向病毒起始位置来获取控制权的。此外,该病毒一般还会修改文件长度、校验和等信息,甚至修改文件的最后修改时间。

PE 病毒是当前产生重大影响的病毒类型之一,如"CIH""尼姆达""求职信""中国黑客"等,给广大计算机用户带来了巨大的损失。这类病毒主要以 Windows 系统中的 PE 文件格式的文件(如 EXE、SCR、DLL 等)作为感染目标。

PE 病毒在感染宿主程序时,通常被插入宿主程序的代码中间,并且插入位置不固定。这样,对于计算机病毒程序中的一些变量(常量)来说,如果还是按照最初编译时的地址来寻址,必然将导致寻址不正确,从而导致程序无法正常运行。因此,计算机病毒必须采取重定位技术。

PE 文件中存在诸如代码节、数据节、引入函数节、引出函数节、资源节等多个节,这些节通常在文件中是按照 200H 对齐的。这样,每个节中极可能存在部分剩余空间。

PE 病毒的主要感染方法有以下几种。

(1) 添加新节。PE 病毒常见的感染方法是在文件中添加一个新节,然后往该节中添加病毒代码和病毒执行后返回宿主程序的代码,并修改文件头中代码开始执行位置指向新添加的病毒节的代码入口,以便程序运行后先执行病毒代码。

(2) 插入式感染。PE 文件的代码基本上都存放在代码节中,病毒同样可以将病毒代码插入宿主程序文件的代码节的中间或前后。这种感染方式会增加代码节的大小,并且可能修改宿主程序中的一些参数实际位置导致宿主程序运行失败。

(3) 碎片式感染。碎片式感染方法是指病毒将自己的代码分解成多个部分并分别插入每个节的剩余空间进行存储。当病毒需要执行时,其在内存中重新组装执行。

(4) 伴随式感染。比较普遍的一种伴随式感染方法是病毒将宿主程序备份,而病毒自身则替换宿主程序,当病毒执行完毕之后,再将控制权交给原来的宿主程序。

4.3.2 网络蠕虫与计算机木马

1. 网络蠕虫

人们经常将计算机病毒与网络蠕虫等同起来,实际上,计算机病毒与网络蠕虫都属于恶意代码,它们都会给计算机网络系统带来危害。从狭义的病毒概念来看,蠕虫不算是病毒的一种。准确地说,它是一种通过网络传播的恶意代码,它具有传染性、隐蔽性、破坏性等病毒所拥有的特点。近年来,越来越多的病毒采用蠕虫的技术,同时越来越多的蠕虫也采用部分病毒的技术,导致二者之间越来越难区分,因此目前也将蠕虫称为病毒。

与文件型病毒和引导性病毒不同,蠕虫不利用文件寄生,也不感染引导区,蠕虫的感染目标是网络中的所有计算机,因此共享文件、电子邮件、恶意网页和存在大量漏洞的服务器都会成为蠕虫传播的途径。

网络蠕虫的权威定义是:一种无须用户干预、依靠自身复制能力、自动通过网络进行传播的恶意代码。

根据攻击的对象,蠕虫可分为两种。一种是针对企业和局域网的,这种蠕虫利用系统的漏洞主动攻击,对整个网络可能会造成灾难性的影响。这类蠕虫具有很大的攻击性,而且爆发有一定的突然性,但查杀起来并不是很难。另一种是针对个人用户的,通过网络(电子邮件或网页)进行传播。这类蠕虫的传播方式比较复杂多样,同时也是比较难清除的。

蠕虫的主要特点有以下几点。

(1) 主动攻击。蠕虫在本质上已变为黑客入侵的工具,从漏洞扫描到攻击系统,再到复制副本,整个过程全部由蠕虫自身主动完成。

(2) 传播方式多样。蠕虫可利用的传播方式包括文件、电子邮件、Web 服务器、网页和网络共享等。

(3) 制作技术不同于传统的病毒。许多蠕虫病毒是利用当前最新的编程语言和编程技术来实现的,容易修改以产生新的变种,从而躲过反病毒软件的检测。

(4) 行踪隐蔽。蠕虫在传播过程中不需要像传统病毒那样依赖于用户的辅助工作(如执行文件、打开文件等),所以在蠕虫传播的过程中,用户基本上不可察觉。

(5) 反复性。如果没有修复系统的漏洞,那么即使清除了蠕虫在系统中留下的所有痕迹,重新接入网络的计算机也仍然有被重新感染的危险。

2. 计算机木马

木马全称是"特洛伊木马",实际上是一种典型的黑客程序,它是一种基于远程控制的黑客工具。特洛伊木马(Trojan Horse)取自希腊神话中的特洛伊战争,当时希腊人对特洛伊城久攻不下,就假装撤退并留下了木马,隐藏在木马中的士兵悄悄地进入特洛伊城并在夜间打开城门,使希腊军队最后攻下了特洛伊城。将黑客程序形容为特洛伊木马就是要体现黑客程序的隐蔽性和欺骗性。

通过木马,攻击者可以远程窃取用户计算机上的所有文件、查看系统消息、窃取用户口令、篡改文件和数据、接收执行非授权者的指令、删除文件甚至格式化硬盘,还可以将其他病毒传染到计算机上,可以远程控制计算机鼠标、键盘,查看用户的一举一动,甚至可以造成系统的崩溃、瘫痪。

一般用户会认为自己的计算机中没有什么秘密资料,不怕木马,其实不然。首先,中了木马以后,计算机的安全性没有了,所有的邮箱密码、上网密码、网络银行密码等信息都会被偷走;其次,鼠标也会被黑客控制,键盘的敲击动作也会被记录下来,屏幕信息可能会被远程窥视,自己的计算机可能就不是自己的了,甚至会成为攻击其他计算机的工具。

到目前为止,比较著名的木马程序有 BackOrifice(BO)、Netspy(网络精灵)、Glacier(冰河)、广外女生、灰鸽子等。这些木马程序大多可以从网上下载并直接使用。

木马系统程序一般由两部分组成：一个是服务器端程序；另一个是客户机程序。如果某台计算机中安装了黑客服务器端程序，那么黑客就可以利用自己的客户机程序进入这台计算机中，通过客户机程序达到控制和监视这台计算机的目的。以冰河程序为例，被控制端可视为一台服务器，而控制端则是一台客户机，服务器端安装了 G_Server.exe 服务程序，客户机安装了 G_Client.exe 控制程序，如果有客户机向服务器端的端口提出连接请求，则服务器端的相应程序就会自动运行，以响应客户机的请求。

木马本质上只是一个网络客户机/服务器程序(Client/Server)。在 Visual Basic 中，可以使用 WinSock 控件来编写客户机/服务器程序，实现方法如下。

服务器端：

```
G_Server.LocalPort = 7626        '冰河的默认端口,可以更改
G_Server.Listen                  '等待连接
```

客户机：

```
G_Client.RemoteHost = ServerIP   '设远端地址为服务器地址
G_Client.RomotePort = 7626       '设远端端口为冰河的默认端口
G_Client.Connect                 '调用 WinSock 控件连接
```

其中，G_Server 和 G_Client 均为 WinSock 控件。一旦服务器端接到客户机的连接请求，就进行连接。

```
Private Sub G_Server connection Request
        G_Server.Accept requested
End Sub
```

客户机用 G_Client.SendData 发送命令，而服务器端在 G_Server DataArrive 事件中接受并执行命令(几乎所有的木马功能都在这个时间处理程序中实现)。如果客户断开连接，则关闭连接并重新监听端口。

```
Private Sub G_Server Close()
    G_Server.Close              '关闭连接
    G_Server.Listen             '再次监听
End Sub
```

其他部分可以用命令传递来进行，客户机上传一个命令，服务器端解释并执行。

一般木马的传播方式有以下几种。

(1) 以邮件附件的形式传播。控制端将木马程序伪装后,如.exe 文件绑定,将木马捆绑在小游戏上,或者将木马程序的图标直接修改为 html、txt、jpg 等文件的图标,然后将该木马程序添加到附件中,再发送给收件人。

(2) 通过聊天软件的文件发送功能。在与对方聊天对话的过程中,利用文件传送功能发送伪装后的木马程序给对方。

(3) 通过软件下载网站传播。有些网站可能会被攻击者利用,将木马捆绑在软件上,如果用户下载软件后没有进行安全检查就安装,那么木马就会驻留内存。

(4) 通过病毒和蠕虫传播。某些病毒和蠕虫本身就具备木马的功能,或者可能成为木马的宿主而传播木马。

(5) 通过带木马的磁盘和光盘传播。带有木马的磁盘和光盘也是木马传播的途径之一。

受害主机在执行木马程序或携带木马程序后,木马就会进行安装。一般将自己复制到系统目录下,并将名称伪装成类似常用程序的名称,然后在注册表、ini 文件或启动文件设置自启动触发条件。普通木马设置成开机自动加载的方式,捆绑文件木马会在常用程序运行时载入内存。

在受害主机成功实施安装后的木马必须与木马的控制端进行第一次握手。控制端在将服务器端木马程序植入受害者的主机后,一旦受害者主机登录上网络,其 IP 地址就会通过某种方式发送给控制端,或者控制端自动扫描受害者主机。

当木马与控制端实现第一次握手后,控制端给木马传送木马通道的配置参数。木马成功配置后,返回木马通道的响应参数。配置参数主要包括木马通道的通信协议和端口、木马通道中加密用的密钥参数、通信的数据格式和木马数据通道的时间参数。

如果木马使用固定端口,则容易被杀毒软件或木马清除软件所识别。因此,好的木马一般提供端口定制的功能,控制方可以为服务器配置 1024~65 535 的任意一个端口。一般情况下,木马使用固定端口建立通道后,通过配置命令完成新通道的建立。木马通道建立后,客户机可以通过木马通道给木马发送控制命令。同理,木马利用木马通道将客户机所需要的数据发送回来。

4.3.3 其他病毒介绍

1. 宏病毒

宏是被存储在 Visual Basic 模块中的一系列命令和函数。在需要执行宏时,宏可以立刻被执行,简单地说,宏就是一组动作的组合。宏病毒是使用宏语言编写的程序,宏语言最初开发的目的是为了帮助用户将一定顺序的操作录制并重放,使用户从大量的重复性操作中解脱出来。使用宏编写的程序可以在一些数据处理系统中运行。宏病毒利用宏语言的特点,将自己复制并且繁殖到其他数据文档中。

宏语言作为一种编程语言,存在一些弱点。首先,宏语言不能脱离母程序运行。其次,宏语言是解释型的,不是编译型的。每个宏命令要在其运行时嵌入相应的位置,这种解释非常耗费时间。Office 的宏语言实际上是部分编译成中间代码,但是此代码仍然需要解释执行。

与普通病毒不同,宏病毒不感染 EXE 文件和 COM 文件,也不需要通过引导区传播,它只感染文档文件。制作宏病毒并不难,只需要懂得一种宏语言,并且可以用它来操纵自己和其他文件,保证能够按照预先定义好的事情执行即可。宏病毒具有传播极快、制作方便、变种多等特点,这使得宏病毒成为病毒家族中数量最多的一类。如果对于任何一种宏语言有一定了解,那么编写一个简单的宏病毒可能只需要几分钟的时间。

宏病毒获取系统控制权的方法比较特别,它利用一些数据处理系统内置宏命令编程语言的特性,将特定的宏命令代码附加在指定的文件上,通过文件的打开或关闭来获取系统的控制权,同时实现宏命令在不同文件之间的共享和传递,以实现传染。

宏病毒只能在一个又一个文档文件中传递,离开了相应的环境就不能存活。它入侵的第一步就是用自己替代原有的正常宏。宏病毒关心的是内置软件中的宏,它们随软件一起安装,很多功能都是在底层调用的,如文件读写、磁盘操作等,只要能获取它们的文件操作功能即可获得对文件的控制。同时,还可以通过对系统的控制,实现各种典型的病毒操作,如感染、破坏等。

2. 网页病毒

网页病毒是利用网页来进行破坏的病毒,它使用 SCRIPT 语言编写的一些恶意代码,利用浏览器的漏洞来实现病毒植入。当用户登录某些含有网页病毒的网站时,网页病毒便被悄悄激活,这些病毒一旦激活,就可以利用系统的一些资源进行破坏。网页病毒对系统资源的破坏,轻则修改用户的注册表,使用户的首页、浏览器标题改变;重则关闭系统的很多功能,装上木马并使系统染上病毒,使用户无法正常使用计算机系统;更严重则可能将用户的系统进行格式化。这种网页病毒容易编写和修改,使用户防不胜防。

目前的网页病毒都是利用 JS、ActiveX、WSH 共同合作来实现对客户端计算机进行本地的写操作,如改写注册表,在本地计算机硬盘上添加、删除、更改文件夹或文件等操作。而这一功能却恰恰使网页病毒、网页木马有了可乘之机。

网页病毒使得各种非法恶意程序能够得以被自动执行,在于它完全不受用户的控制。只要浏览含有病毒的网页,即可在不知不觉中感染病毒,给用户的系统带来不同程度的破坏。这令用户苦不堪言,甚至造成无法弥补的惨重损失。

既然是网页病毒,那么简单地说,它就是一个网页。在这个网页运行于本地时,它所执行的操作不仅仅是下载后再读出,该操作背后还有该病毒软件或木马的下载,以及执行、悄悄地修改注册表等。

网页病毒主要是利用软件或操作系统的安全漏洞,通过执行嵌入在网页内的 Java Applet 小应用程序、JavaScript 脚本语言程序或 ActiveX 插件等程序,以强行修改用户操作系统的注册表设置及系统实用配置,恶意删除硬盘文件、格式化硬盘等方法作为手段,实现非法控制系统资源和盗取用户文件的恶意行为。

3. 僵尸网络

僵尸网络(Botnet)是由被入侵的众多主机构成的逻辑网络,可被攻击者远程控制以执行某些非法任务。僵尸程序是一种被非法安装在僵尸主机中,执行远程控制与任务分发等任务的恶意代码。通常一个僵尸网络可以控制大量的僵尸主机,获得强大的分布式计算能力与丰富的信息资源。作为攻击者手中有效的通用攻击平台,僵尸网络可以执行 DDoS 攻击、垃圾邮件、木马分发等行为。目前僵尸网络已成为互联网中的一个很大的安全威胁。

僵尸网络是由传统的网络蠕虫和木马发展而来的一种新型攻击形式。蠕虫具有利用已有的安全漏洞而快速传播的优势,但是它在感染大量计算机后难以被攻击者控制。也就是说,攻击者难以获得蠕虫病毒的扩散速度、感染规模与地理分布等信息,即无法利用蠕虫按照自己的目标来发动攻击。木马具有对目标主机的远程控制能力,但是其感染速度慢、管理规模小、控制方式简单。僵尸网络实现了控制逻辑与攻击任务的分离,僵尸主机中的僵尸程序负责控制逻辑,而攻击任务由控制者根据需求来动态分发。

僵尸网络的起源可以追溯至 1993 年的 Eggdrop Bot,它最初是被用于 IRC 网络管理的一种机器人程序。早期的僵尸网络多数利用 IRC 协议来进行通信。1999 年出现的 GTBot 是第一个知名的恶意僵尸网络,在其僵尸程序中嵌入了一个 IRC 程序(mIRC)。基于 IRC 协议的僵尸网络主要有 Spybot、Rbot 与 Agobot 等。为了提高僵尸网络的隐蔽性与可生存性,通信手段逐步转向 HTTP 与 P2P。对于基于 HTTP 的僵尸网络来说,僵尸程序可利用

HTTP来轮询控制服务器的命令,这类僵尸网络的典型代表是Bobax与Clickbot。基于P2P的僵尸网络主要利用不同的P2P网络来实现任务分发,这类僵尸网络主要包括Slapper、Saint、Phatbot与Storm等。

近年来,僵尸网络发展趋势是集成多种通信方式的复杂化系统。例如,Conficker综合使用了Random P2P与Domain Flux通信方式,Waledac综合使用了HTTP、Hybrid P2P和Fast Flux通信方式,它们给网络系统防御带来了严峻的考验。随着智能手机的普及和移动接入的发展,基于移动智能终端的僵尸网络出现。例如,针对IOS系统的iKee.B和针对Android系统的Geinimi,它们通常采用HTTP进行通信。2010年,具有部分僵尸网络功能的Stuxnet出现,它是第一种攻击工业控制系统的病毒,首次实现了对可编程逻辑控制器的改写,这标志着攻击物理隔离内网的僵尸网络出现。

僵尸网络是可被攻击者通过命令远程控制,并可实现协同工作的计算机集群。僵尸网络作为一种很重要的网络攻击平台,长期以来成为攻击者手中掌握的有效武器。针对多种主流的智能手机操作系统,以窃取个人信息和牟取经济利益为目标的僵尸网络将会快速发展。通过移动介质渗入物理隔离内网的计算机,并攻击与其相连的特定系统(如工业系统、金融系统与军事系统等),这类面向网络系统的僵尸网络将会快速发展。僵尸网络的威胁将会延伸到更广阔的网络空间,并给用户生活、社会甚至国家安全带来更大的危害。

4. Rootkit

Rootkit是一种特殊类型的恶意软件,主要用于隐藏自己及其他软件。Rootkit的主要目标是防止用户发现或删除自己,以及避免用户知道自己的基本功能。Rootkit是安装在计算机中的一组程序,用于以管理员身份来访问该系统。如果拥有超级用户的访问权限,则攻击者就可以完全控制这台计算机。无论是在静止状态以文件形式存在,还是在活动状态以进程形式存在,Rootkit都尽量避免用户发现自己的存在。攻击者可以在入侵计算机后安装Rootkit,秘密搜集敏感信息或寻找攻击的机会。取证人员也可以利用Rootkit实时监控嫌疑人员的不法行为。

1994年,Rootkit最早出现在一份安全咨询报告中。Rootkit通常是一个由多种程序组成的工具包,其中包含各种辅助工具。典型的Rootkit通常包括3种程序:一是以太网嗅探程序,以便获得用户信息(如用户名和密码);二是木马程序,如inetd或login,为攻击者提供出入途径;三是目录与进程隐藏程序,如ps、netstat、rshd和ls等,用于隐藏攻击者的行踪。另外,Rootkit也可能包括某种日志清理工具,如Zap或Z2,删除日志文件中有关自己行踪的信息。有些复杂的Rootkit还会向攻击者提供Telnet、Shell和Finger等服务。

Rootkit能为攻击者提供各种有效的攻击工具。首先,攻击者需要以某种方式获取超级用户的权限,如密码破译、缓冲区溢出等;然后,攻击者需要在目标系统中安装与配置Rootkit。攻击者可使用Rootkit中的相关程序替代系统原有程序(如ps、netstat和ls),从而使管理员无法通过这些工具发现自己的踪迹。

Rootkit作为一种强大的后门工具,隐藏性是它的首要特征。当Rootkit被成功植入后,它会利用各种手段来隐藏踪迹。API Hook技术是指用新编写的API函数替换系统原有的API函数,应用程序在调用某个API函数时会调用新的API。Rootkit通常使用该技术进行系统核心函数的拦截处理。

由于Rootkit替换或修改目标系统中的特定程序,因此该程序在操作系统中的层次决定 Rootkit 的类型。从这个角度来看，Rootkit 主要分为两种类型：内核级 Rootkit 和用户态 Rootkit。内核级 Rootkit 运行在操作系统的内核中，它替换或修改的是内核中的模块或系统调用。这类 Rootkit 的主要特点是隐蔽性高，发现并清除 Rootkit 的难度大。用户态 Rootkit 运行在操作系统的用户层，它替换或修改的是用户或管理员运行的程序。由于没有对操作系统的内核造成影响，因此这类 Rootkit 的危害比内核级 Rootkit 小。目前最常见的是针对 Linux 操作系统的 Rootkit。

4.4 计算机病毒制作与反病毒技术

4.4.1 计算机病毒的一般构成

计算机病毒一般由 3 个基本模块组成，即安装模块、传染模块和破坏模块。对每个病毒程序来说，安装模块、传染模块是必不可少的，而破坏模块则可以直接隐含在传染模块中，也可以单独构成一个模块。

1. 安装模块

每个用户都不会主动运行一个病毒程序，因此，病毒程序必须通过自身的程序实现自启动并安装到计算机系统中，不同类型的病毒有不同的安装方法。安装模块的功能包括初始化、隐藏和捕捉。安装模块随着感染的宿主程序的执行进入内存，初始化其运行环境，使病毒相对独立于宿主程序，为传染模块做好准备。此外，安装模块利用各种可能的隐藏方式，躲避各种检测，欺骗系统，将自己隐蔽起来。

2. 传染模块

传染模块包括以下 3 部分内容。

（1）传染控制部分。病毒一般都有一个控制条件，满足这个条件就开始感染。例如，首先按病毒判断某个文件是否为 .exe 文件，如果该文件为 .exe 文件，则进行传染；否则，再寻找下一个文件。

（2）传染判断部分。每个病毒程序都有一个标记，在传染时判断这个标记，如果磁盘或文件已经被传染就不再传染；否则，进行传染。

（3）传染操作部分。在满足传染条件时进行传染操作。

3. 破坏模块

计算机病毒的最终目的是进行破坏，其破坏的基本手段就是删除文件或数据。破坏模块包括两部分：一部分是激发控制，当病毒满足一个条件，如当满足"某月 13 日，并且是星期五"时，病毒就发作；另一部分是破坏操作，不同病毒有不同的操作方法，典型的恶性病毒是疯狂复制、删除文件等。

4.4.2 计算机病毒制作技术

1. 采用自加密技术

计算机病毒采用自加密技术就是为了防止被计算机病毒检测程序扫描出来，并防止被轻易地反汇编。计算机病毒使用加密技术后,给分析和破译计算机病毒的代码及清除病毒等工作增加了难度。

2. 采用特殊的隐形技术

当计算机病毒采用特殊的隐形技术时,可以在其进入内存后,使计算机用户几乎感觉不到它的存在。采用这种"隐形"技术的计算机病毒通常有以下几种表现形式。

(1) 在计算机病毒进入内存后,如果用户不用专门的软件或专门手段进行检查,则几乎觉察不到病毒驻留内存而引起内存可用容量的减少。

(2) 在计算机病毒感染正常文件后,该文件的日期、时间和文件长度等信息不发生变化。

(3) 当计算机病毒在内存中时,查看计算机病毒感染的文件,此时根本看不到计算机病毒的程序代码,只能看到原正常文件的程序代码。

(4) 当计算机病毒在内存中时,查看被感染的引导扇区,此时只会看到正常的引导扇区,而看不到实际上处于引导扇区位置的计算机病毒程序。

(5) 当计算机病毒在内存中时,计算机病毒防范程序和其他工具程序检查不出中断向量已经被计算机病毒所接管,但实际上计算机病毒代码已链接到系统的中断服务程序。

3. 对抗计算机病毒防范系统

当计算机病毒采用对抗计算机病毒防范系统技术时,如果发现磁盘中存在某些著名的杀毒软件或在文件中查到出版这些软件的公司名,则会删除这些杀毒软件或文件,造成杀毒软件失效,甚至引起系统崩溃。

4. 反跟踪技术

跟踪技术是指利用 Debug、SoftICE 等专用程序调试软件对病毒代码执行过程进行跟踪,以达到分析病毒和杀毒的目的。计算机病毒采用反跟踪技术的主要目的是要提高计算机病毒程序的防破译和防伪能力。常规程序使用的反跟踪技术在计算机病毒程序中都可以利用,如将堆栈指针指向中断向量表中的 INT 0～INT 3 区域,以阻止用户利用 SoftICE 等调试软件对病毒代码进行跟踪。

4.4.3 病毒的检测

在与病毒的对抗中,尽早发现病毒十分重要,早发现,早处置,可以减少损失。病毒检测就是采用各种检测方法将病毒识别出来。识别病毒包括对已知病毒的识别和对未知病毒的识别。目前,对病毒的检测方法主要有特征代码法、校验和法、行为监测法和软件模拟法等。

1. 特征代码法

特征代码技术是指根据病毒程序的特征,如感染标记、特征程序段内容、文件长度变化、文件校验和变化等对病毒进行分类处理,而后在程序运行中凡有类似的特征点出现,则认定是病毒。特征代码法是早期病毒检测技术的主要方法,也是大多数反病毒软件的静态扫描方法。一般认为,特征代码法是检测已知病毒的最简单、开销最小的方法。

特征代码法的工作原理是对每种病毒样本抽取特征代码,根据该特征代码进行病毒检测。主要依据原则为:抽取的代码比较特殊,不大可能与普通正常程序代码吻合。抽取的代码要有适当的长度,一方面维持特征代码的唯一性,也就是说一定要具有代表性,使用所选的特征代码都能够正确地检查出它所代表的病毒。如果病毒特征代码选择得不准确,则会带来误报(发现的不是病毒)或漏报(没有发现真正的病毒)。另一方面不要有太大的时间和空间的开销。一般是在保持唯一性的前提下,尽量使特征代码长度短些,以减少时间和空间的开销。用每一种病毒代码中含有的特定字符或字符串对被检测的对象进行扫描,如果在被检测对象内部发现某种特定字符或字符串,则表明发现了该字符或字符串代表的病毒。前面介绍传染机制时提到的感染标记就是一种识别病毒的特定字符。实现这种扫描的软件称为特征扫描器。根据特征代码法的工作原理,特征扫描器由病毒特征代码库和扫描引擎两部分组成。病毒特征代码库包含了经过特别选定的反映各种病毒特征的字符或字符串。扫描引擎利用病毒特征代码库对检测对象进行匹配性扫描,一旦有匹配便发出报警。显然,病毒特征代码库中的病毒特征代码越多,扫描引擎能识别的病毒也就越多。

特征代码法的优点是检测速度快,误报警率低,能够准确地查出病毒并确定病毒的种类和名称,为消除病毒提供确切的信息。特征代码法的缺点是不能检测出未知病毒、变种病毒和隐蔽性病毒,需要定期更新病毒资料库,具有滞后性,且搜集已知病毒的特征代码费用开销大。

2. 校验和法

校验和法的工作原理是计算正常文件内容的校验和,将该校验和写入当前文件或其他文件中进行保存。在文件使用过程中,定期地或每次使用文件前,检查文件当前内容算出的校验和与原来保存的校验和是否一致,如果不一致则发出染毒报警。

运用校验和法检测病毒一般采用以下3种方式。

(1) 在检测病毒工具中纳入校验和法,对被查对象文件计算其正常状态的校验和,将校验和值写入被查文件或检测工具中,然后进行比较。

(2) 在应用程序中放入校验和自动检查功能,将文件正常状态的校验和写入文件本身中,每当应用程序启动时,比较当前校验和与原校验和的值,实现应用程序的自检测。

(3) 将校验和检查程序常驻内存,每当应用程序开始运行时,自动比较检查应用程序内容或别的文件中预先保存的校验和。

校验和法既能发现已知病毒,也能发现未知病毒,但是,它不能识别病毒种类,也不能报出病毒名称。由于病毒感染并非文件内容改变的唯一性原因,文件内容的改变有可能是正常程序引起的,如软件版本更新、变更口令和修改运行参数等,因此校验和法常常有虚假报警,而且可能影响文件的运行速度。另外,校验和法对某些隐蔽性极好的病毒无效。这种病毒进驻内存后,会自动剥去染毒程序中的病毒代码,使校验和法受骗,对一个有毒文件算出正常校验和。因此,校验和法的优点是方法简单,能发现未知病毒,被查文件的细微变化也能发现;其缺点是必须预先记录正常状态的校验和,会有虚假报警,不能识别病毒名称,不能对付某些隐蔽性极好的病毒。

3. 行为监测法

行为监测法是常用的行为判定技术,其工作原理是利用病毒的特有行为特征进行检测,一旦发现病毒行为则立即报警。经过对病毒多年的观察和研究,人们发现病毒的一些行为是病毒共有的,而且比较特殊。在正常程序中,这些行为比较罕见,如一般引导型病毒都会占用 INT 13H；病毒常驻内存后，为防止操作系统将其覆盖，必须修改系统内存总量；对 COM、EXE 文件必须执行写入操作；染毒程度运行时，先运行病毒，后执行宿主程序，两者切换等许多特征行为。行为监测法就是引入一些人工智能技术，通过分析检查对象的逻辑结构，将其分为多个模块，分别引入虚拟机中执行并监测，从而查出使用特定触发条件的病毒。

行为监测法的优点在于不仅可以发现已知病毒，而且可以相当准确地预报未知的多数病毒。但行为监测法也有其缺点，即可能虚假报警和不能识别病毒名称，而且实现起来有一定难度。

4. 软件模拟法

变种病毒每次感染都变化其病毒代码，特征代码法对这种病毒无效，因为变种病毒代码实施密码化，而且每次所用的密钥不同，将染毒的代码相互比较也无法找出相同的可能作为特征的稳定代码。虽然行为监测法可以检测出变种病毒，但在检测出病毒后，因为病毒的种类不知道，也无法做杀毒处理。

软件模拟法是新的病毒检测工具所使用的方法之一。该工具开始运行时，使用特征代码法检测病毒，如果发现有隐蔽性病毒或变种病毒的嫌疑，则启动软件模拟模块。软件模拟法模拟 CPU 的执行，在其设计的虚拟机下执行病毒的变体引擎解码程序，安全地将变种病毒解开，监视病毒的运行，使其露出本来的面目，再加以扫描。待病毒自身的密码译码后，再运用特征代码法识别病毒的种类。

总的来说，特征代码法查杀已知病毒比较安全彻底，实施比较简单，常用于静态扫描模块中；其他几种方法适用于查杀未知病毒和变种病毒，但误报率高，实施难度大，只在常驻内存的动态监测模块中发挥重要作用。

4.4.4 病毒的预防与清除

事先预防病毒的入侵是阻止病毒攻击和破坏的最有效手段，主要的病毒预防措施有以下几方面。

（1）安全地启动计算机系统。在保证硬盘无毒的情况下，尽量使用硬盘引导系统。启动前，一般应将软盘或 U 盘从驱动器中取出，这是因为即使在不通过软盘或 U 盘启动的情况下，只要在启动时读过软盘或 U 盘，病毒也有可能进入内存。

（2）安全使用计算机系统。在自己的计算机上使用别人的 U 盘前应先进行检查，在别人的计算机上使用过曾打开的写保护的软盘或 U 盘，再在自己的计算机上使用之前，也应进行病毒检测。对重点保护的计算机系统应做到专机、专盘、专人、专用，封闭的使用环境中是不会产生病毒的。

（3）备份重要的数据。硬盘分区表、引导扇区等关键数据应做备份妥善保管，在进行系统维护和修复时可作为参考。重要数据文件要定期做备份，如果硬盘资料已遭破坏，不必急着格式化，可以利用灾后重建的反病毒程序加以分析、重建，可能会恢复被破坏的文件资料。

（4）谨慎下载文件。不要随便直接运行或打开电子邮件中的附件，不要随意下载软件，对于新软件应主动检查，这样可以过滤掉大部分病毒。对于一些可执行文件或 Office 文档，即使不是不明文件，下载后也要先用最新的反病毒软件进行检查。

（5）留意计算机系统的异常。当计算机系统出现异常，如屏幕显示异常、出现不明的声音、不执行命令、自动重启、内存异常、速度变慢、文件长度改变等都表示可能存在病毒。

（6）使用正版杀毒软件。尊重知识产权，使用正版杀毒软件。

习 题 4

在线测试

一、选择题

1. 下列关于计算机病毒的说法，正确的是（　　）。
   A. 计算机病毒不感染可执行文件和 COM 文件
   B. 计算机病毒不感染文本文件
   C. 计算机病毒只能以复制方式进行传播
   D. 计算机病毒可以通过读写磁盘和网络等方式传播
2. 与文件型病毒对比，蠕虫病毒不具有的特征是（　　）。
   A. 寄生性　　　　B. 传染性　　　　C. 隐蔽性　　　　D. 破坏性
3. 下列关于木马的说法，正确的是（　　）。
   A. 主要用于分发商业广告　　　　B. 主要通过自我复制来传播
   C. 可通过垃圾邮件来传播　　　　D. 通常不实现远程控制功能
4. 下列关于特征代码检测技术的说法，正确的是（　　）。
   A. 根据恶意代码行为实现识别　　　　B. 检测已知恶意代码的准确率高
   C. 具有自我学习与自我完善的能力　　D. 有效识别未知恶意代码或变体
5. 下列关于宏病毒的说法，正确的是（　　）。
   A. 引导区病毒的典型代表　　　　B. 脚本型病毒的典型代表
   C. 僵尸型病毒的典型代表　　　　D. 蠕虫型病毒的典型代表

二、填空题

1. 与普通病毒不同，宏病毒不感染 EXE 文件和 COM 文件，也不需要通过引导区传播，它只感染_____。
2. 计算机病毒一般由 3 个基本模块组成，即_____、_____和_____。
3. 如果某电子邮件中含有广告信息，并且是由发送方大批量的群发，则这封邮件称为_____。
4. 根据病毒的寄生方式分类，计算机病毒可以分为_____、文件型病毒、_____和混合型病毒 4 种。

三、简答题

1. 简述计算机病毒的定义和基本特征。
2. 计算机病毒有哪几种类型？
3. 简述计算机病毒的一般构成。
4. 计算机病毒的制作技术有哪些？
5. 目前使用的查杀病毒的技术有哪些？
6. 什么是特洛伊木马？特洛伊木马一般由哪几部分组成？
7. 编写一个病毒演示程序，实现自动执行、自动传染和删除指定文件的功能。

8. 分析下面的代码,程序运行将有什么结果？

```
< html >
< body >
< A href = "" onmouseover = "while(true){window.open()}">点击可进入你需要的网站</A>
</body>
</html>
```

第 5 章 网络攻击与防范技术

从信息安全技术体系的角度来讲,网络攻击和评测的理论与实践是对信息系统安全性的考验。兵法说,知己知彼,百战不殆。只有对网络攻击技术和方法有深入、详细的了解,才能对系统提供更有效的保护。

视频讲解

5.1 网络攻击概述和分类

简单地说,"攻击"是指一切针对计算机系统的非授权行为。攻击的全过程应该是由攻击者发起的,攻击者应用一定的攻击方法和攻击策略,利用一些攻击技术或工具,对目标系统进行非法访问,达到一定的攻击效果,并实现攻击者的预定攻击目标。因此,凡是试图绕过系统的安全策略,或者对系统进行渗透,以获取信息、修改信息甚至破坏目标网络或系统功能为目的的行为都可以称为攻击。

5.1.1 网络安全漏洞

从技术上说,网络容易受到攻击的原因主要是网络软件不完善和网络协议本身存在安全漏洞。例如,使用最多、最著名的 TCP/IP 就存在大量的安全漏洞。这是因为 TCP/IP 在设计时,设计人员只考虑到如何实现粗犷的信息通信,而忽略了会有人破坏信息通信的安全性问题。下面举例说明 TCP/IP 的几个安全漏洞。

(1) 由于 TCP/IP 数据流采用的是明文传输,因此电子信息很容易被在线窃听、篡改和伪造。特别是在使用 FTP 和 Telnet 命令时,如果用户的账号、口令是明文传输的,那么攻击者就可以使用 Sniffer、WireShark 等软件截取用户的账号和口令。

(2) 由于 TCP/IP 是用 IP 作为网络节点的唯一标识,但是节点的 IP 地址却是不固定的,而且是一个公共数据,因此攻击者可以直接通过修改节点的 IP 地址来冒充某个可信节点的 IP 地址进行攻击,实现源地址欺骗或 IP 欺骗。所以,IP 地址不能作为一种可信的认证方法。

(3) TCP/IP 只能根据 IP 地址进行鉴别,而不能对节点上的用户进行有效的身份认证,因此服务器无法鉴别登录用户身份的有效性。目前主要依靠服务器软件平台提供的用户控制机制,如用户名、口令等进行身份认证。

TCP/IP 的安全漏洞还有很多,感兴趣的读者可以查阅有关网络安全方面的书籍,这里不再赘述。

除了 TCP/IP 漏洞外,软件系统本身的漏洞也是给网络攻击有机可乘的另外一个重要因素。

从操作系统的发展历史可以看到,早期的 Windows 3.1 操作系统大概有 300 万行代码,Windows 95 约有 1500 万行代码,Windows 98 约有 1800 万行代码,Windows XP 约有 3500 万行代码,Windows 2000 约有 4000 万行代码,Windows Vista 系统约有 5000 万行代码,发展到现在的 Windows 11 经过优化和精简大概有 5000 万行代码。可想而知,如此庞大规模的代码量,再加上人们的认知能力和实践能力的有限性,出现很多漏洞是一个大概率事件。图 5.1 所示为从国家漏洞库(CNNVD)统计得到的数据,可以看出,随着信息技术的发展,漏洞的数量在 2016 年以前总体呈现逐步上升的趋势,而在 2016 年以后则呈现急速上升的趋势。在这些漏洞中,基础型漏洞(如系统内核漏洞)数量下降速度较快,但应用型漏洞数量却急剧增加,特别是 Web 漏洞数量增长极为明显。这一方面说明开发者的安全意识和防范技术都日渐提高,使部分漏洞得到了适当的避免;但另一方面也说明开发者有可能受到利益驱使,使部分漏洞信息在地下传播,导致公开漏洞信息减少。从图 5.1 中可以看出,漏洞是难以避免的,安全的风险随时存在。

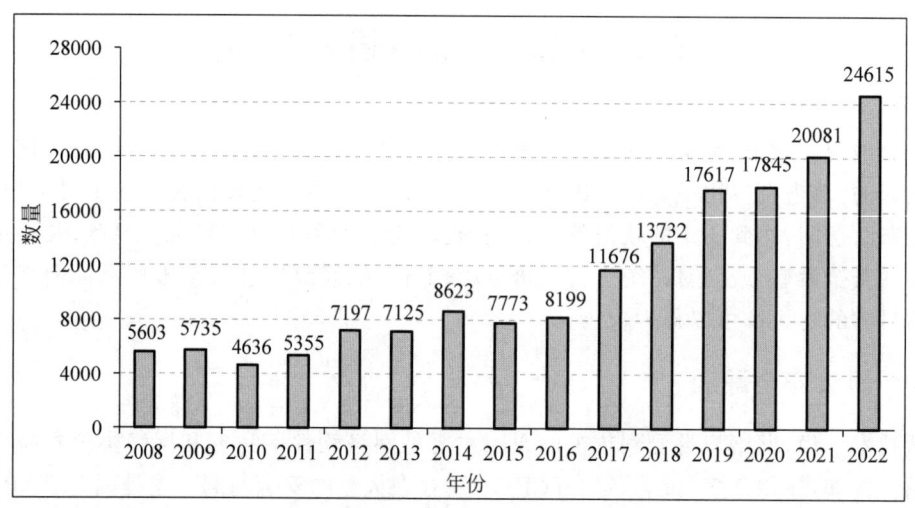

图 5.1　近十多年安全漏洞发布趋势

5.1.2　网络攻击的基本概念

在介绍网络攻击概念之前,首先要清楚为什么会存在网络攻击,网络攻击的理由和目标又是什么。

其实,大多数网络攻击的理由都很简单,大体可以分为以下几个原因。

(1) 想要在别人面前炫耀自己的技术。例如,进入别人的计算机去修改一个文件或目录名。

(2) 恶作剧、练功。这是许多人进行入侵或破坏的主要原因,除了练习的效果外,还可以得到网络探险的感觉。

(3) 窃取数据。可能是偷盗硬盘中的文件或各种账户和密码,然后从事某种商业应用。

(4) 报复心理。例如,对老板或公司制度不满,事先将报复程序或病毒程序写入所编的程序,并设定在将来某个时刻或某种条件下激活并发作,摧毁原公司的网络系统。

(5) 抗议或宣示。例如,2001 年 5 月 1 日中美黑客大战,中美两国的黑客相互攻击对方网站,双方均有数以千计的网站遭到攻击,轻则被篡改主页面,重则整个系统遭受毁灭性打击。

总体来说,网络攻击可以从攻击的位置、攻击的层次进行分类。通常,攻击的位置有两种,即远程攻击和本地攻击。远程攻击是指外部攻击者通过各种手段,从该子网以外的地方向该子网或子网内的系统发动攻击,攻击发起者通常不会用自己的机器直接发动攻击,而是通过跳板的方式对目标进行迂回攻击,以迷惑系统管理员,避免暴露自己的真实身份。本地攻击是指本单位的内部人员通过所在的局域网向本单位的其他系统发动攻击。

目前常见的网络攻击方法,大致可以分为以下几类。

(1) 窃听。攻击者通过非法手段对系统活动进行监视,从而获得一些安全关键信息。目前属于窃听技术的常用攻击方法有以下几种。

① 键击记录:进入操作系统内核的隐蔽软件通常为一个键盘设备驱动程序,能够将每次键击都记录下来,并存放到攻击者指定的本地隐藏文件中,如 Windows 平台下使用的 IKS 等。

② 网络监听:攻击者一旦在目标网络上获得一个立足点之后,刺探网络情报的最有效方法就是网络监听。攻击者通过设置网卡的混杂模式获得网络上所有的数据包,并从中抽取关键信息,如明文方式传输的口令等。网络监听工具有 Windows 平台下的 Sniffer 和 UNIX 平台下的 Libpcap 等。

③ 非法访问数据:攻击者或内部人员违反安全策略对其访问权限之外的数据进行非法访问。

④ 获取密码:进行口令破解,获取特权用户或其他用户的口令。

(2) 欺骗。攻击者冒充正常用户以获取对攻击目标的访问权或获取关键信息。属于此类的攻击方法有以下几种。

① 获取口令:通过默认口令、口令猜测和口令破解 3 种途径。针对一些弱口令进行猜测,也可以使用专门的口令猜测工具进行破解,如遍历字典或高频密码列表,从而找到正确的口令。

② 恶意代码:包括特洛伊木马应用程序、邮件病毒、网页病毒等,通常冒充为有用的软件工具,诱导用户下载运行,或者利用邮件客户机和浏览器的自动运行机制,在启动后悄悄安装恶意程序,通常为攻击者给出能够完全控制该主机的远程连接。

③ 网络欺骗:攻击者通过向攻击目标发送冒充其信任主机的网络数据包,达到获取访问权限或执行命令的目的,具体有 IP 欺骗、会话劫持、ARP 重定向和 RIP 路由欺骗等。

(3) 拒绝服务。拒绝服务是指造成终端完全拒绝对合法用户、网络、系统和其他资源的服务的攻击方法,其意图就是彻底破坏系统。这也是比较容易实现的攻击方法。特别是分布式拒绝服务攻击,对目前的 Internet 构成了严重威胁。

(4) 数据驱动攻击。通过向某个程序发送数据,以产生非预期结果的攻击,通常为攻击者给出访问目标系统的权限。属于此类的攻击方法可分为以下几种。

① 缓冲区溢出:通过向程序的缓冲区中写入超出其边界的内容造成缓冲区的溢出,使得程序转而执行攻击者指定的代码,通常是为攻击者打开远程连接的 ShellCode,以达到攻击的目的。

② 格式化字符串攻击:主要利用由于格式化输出函数的微妙程序设计错误造成的安全漏洞,通过传递精心编制的含有格式化指令的文本字符串,以使目标程序执行任意命令。

③ 信任漏洞攻击:利用程序滥设的信任关系获取访问权限的一种方法。

5.1.3 网络攻击的步骤概览

如图 5.2 所示，网络攻击的一般流程大致如下。

(1) 目标探测。攻击者在攻击之前的首要任务，就是要明确攻击目标是单个主机还是整个网段，并了解目标的具体网络信息等。

(2) 端口扫描。通过端口扫描可以搜集到目标主机的各种有用信息，包括端口是否开放、能否匿名登录等。

(3) 网络监听。黑客可以借助网络监听技术对其他用户进行攻击，同时也可以截获用户名、口令等有用信息。

(4) 实施攻击。采用有效的方式对目标主机进行攻击，如缓冲区溢出、DoS 等。

(5) 撤退。留下后门，消除攻击的痕迹。

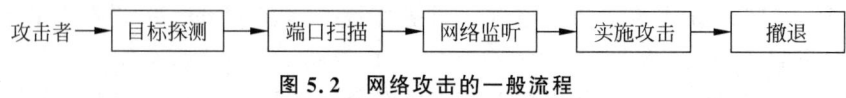

图 5.2 网络攻击的一般流程

5.2 目标探测

攻击者在攻击之前的首要任务，就是要明确攻击对象是单个主机还是整个网段。目标探测是指通过自动或人工查询的方法获得与目标网络相关的物理和逻辑参数。目标探测是黑客攻击的第一步。

5.2.1 目标探测的内容

目标探测所包含的内容基本上有以下两类。

(1) 外网信息。外网信息包括域名、管理员信息、域名注册机构、DNS 主机、网络地址范围、网络位置、网络地址分配机构信息、系统提供的各种服务和网络安全配置等。

(2) 内网信息。内网信息包括内部网络协议、拓扑结构、系统体系结构和安全配置等。

一次攻击的成功与前期的目标探测关系很大。通常，目标探测方法可以分为以下 3 类。

(1) 使用各种扫描工具对攻击目标进行大规模扫描，得到系统信息和运行时的服务信息。这涉及一些扫描工具的使用，将在后面的章节中介绍。

(2) 利用第三方资源(如常用的搜索引擎谷歌、百度等)对目标进行信息收集。其实，Google Hacking 在国外已经流行很久了。攻击者利用谷歌强大的搜索功能来搜索某些关键词，找到有系统漏洞和 Web 漏洞的服务器，并将其打造成自己的"肉鸡"。

(3) 利用各种查询手段得到与被攻击者相关的一些信息。通过这种方式得到的信息会被社会工程学这种入侵手法用到。社会工程学(Social Engineering)通常是利用大众疏于防范的心理，让受害者掉入陷阱。该技术通常采用交谈、欺骗、假冒或口语用字等方式，从合法用户中套取敏感的信息，如用户名单、用户密码及网络结构等，即使很小心的人，也有可能被高明的社会工程学手段侵害。网络安全是一个整体，对某个目标在久攻不下的情况下，黑客会将矛头指向目标的系统管理员，因为人在这个整体中往往是最不安全的因素。黑客通过搜索引擎对系统管理员的一些个人信息进行搜索,如电子邮件地址、MSN、QQ等关键词,分析出这些系统管理员的个人爱好和常去的网站等,然后利用掌握的信息与系统管理员拉近关系,骗取对方的信任,使其一步步落入黑客设计好的圈套,最终使得系统被入侵。这也就是常说的"没有绝对的安全,只有相对的安全;只有时刻保持警惕,才能换来网络的安宁"。

5.2.2 目标探测的方法

目标探测的方法和手段多种多样,除了必要的技术外,还要有丰富的经验和相应的技巧。

1. 确定目标范围

入侵一个目标,首先要确定该目标的网络地址分布和网络分布范围及位置,通过开放的资源进行搜索是获得该信息最有效的方法,因为在 Internet 上的一些规模巨大的数据库可以方便、自由和实时地提供目标网络的信息。

例如,目标网络中有一个域名 www.sina.com.cn,通过该域名可以查看提供该 Web 服务的一台服务器的地址(一个大型网站通常有很多台服务器提供同一个网站的服务)。通过 Ping 命令就可以获取其中一台服务器的 IP 地址,但这种方法可能会被防火墙屏蔽。

```
C:\> ping www.sina.com.cn
        Pinging newstietong.sina.com.cn [211.98.132.93] with 32 bytes of data:
Reply from 211.98.132.93: bytes = 32 time = 53ms TTL = 55
```

屏幕上所显示的 211.98.132.93 就是提供 www.sina.com.cn 服务的一台服务器地址。

另外,还可以利用 Whois 查询得到目标主机的 IP 地址分配、机构地址位置和接入服务商等重要信息。

Whois 查询就是查询域名和 IP 地址的注册信息。国际域名由设在美国的 Internet 信息管理中心(InterNIC)及其设在世界各地的认证注册商管理,国内域名由中国互联网络信息中心(CNNIC)管理。通过 https://www.whois.com 就可以查询到目标主机的相关信息。

随着 Internet 的迅猛发展,各种信息呈现爆炸式的增长,用户要在信息海洋里查找信息就像大海捞针一样。每个上网用户都面临着信息过载的问题,无法准确找到所需要的信息。搜索引擎正是为了解决这个问题而出现的技术。现在通过谷歌、百度等搜索引擎可以获得大多数需要的信息。也就是说,通过搜索引擎,同样可以获得大多数目标主机的相关信息。

当然,借助于一些软件工具,也可以获得目标网络的相关信息,如 Netscan、VisualRoute 和 Traceroute 等。这些软件的主要功能是快速分析和辨别 Internet 连接的来源,标示某个 IP 地址的地理位置,进行目标网络的 Whois 查询,提供可视化的显示。图 5.3 所示为 Visual Route 的主界面。

2. 分析目标网络路由

虽然每次数据包从某个出发点到达同一目的地所走的路径可能不一样,但大部分时间是相同的,因此了解信息从一台计算机到达另一台计算机的传播路径是非常重要的。如果某段网络不通或网速很慢,可以利用路由跟踪找出故障点,方便维护人员的维护工作。对于

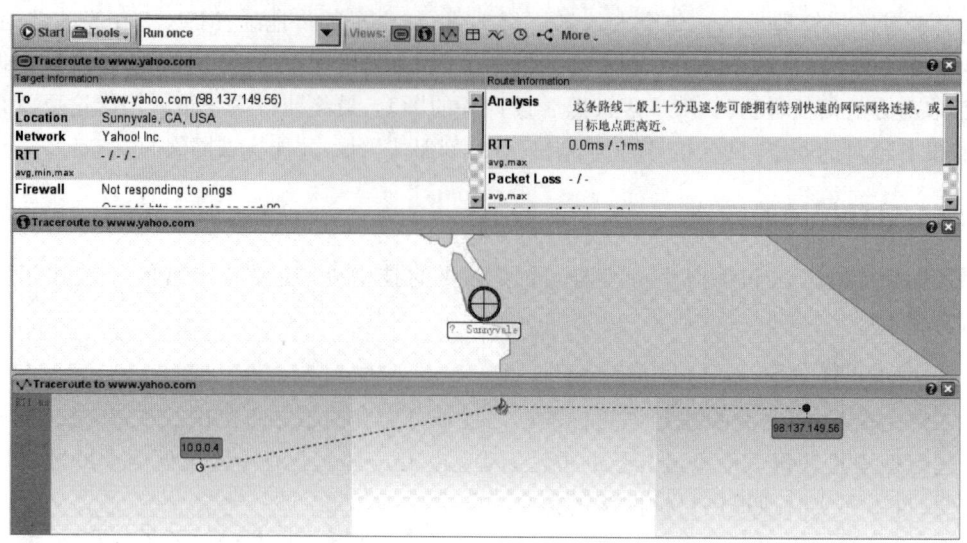

图 5.3　Visual Route 的主界面

攻击者来说,这是个很有用的功能,它可以大概分析出目标所在网络的状况。

要检测数据包的传播路径有很多种工具,目前最常用的检测工具是 Traceroute。该工具在 UNIX 系统环境中的命令为 Traceroute,在 Windows 中的命令为 Tracert。在 Windows 中有 3d Traceroute,如图 5.4 所示,可以通过图形界面的形式给出跟踪的结果。通过 Traccroute 可以知道信息从本地计算机到 Internet 另一端主机的所走路径,通过发送小的数据包到目标设备再返回来测量其所需时间。一条路径上的每个设备要测试 3 次,输出结果中包括每次测试的时间和设备的名称及其 IP 地址。下面通过 Windows 中的 Traceroute 介绍路由跟踪技术。

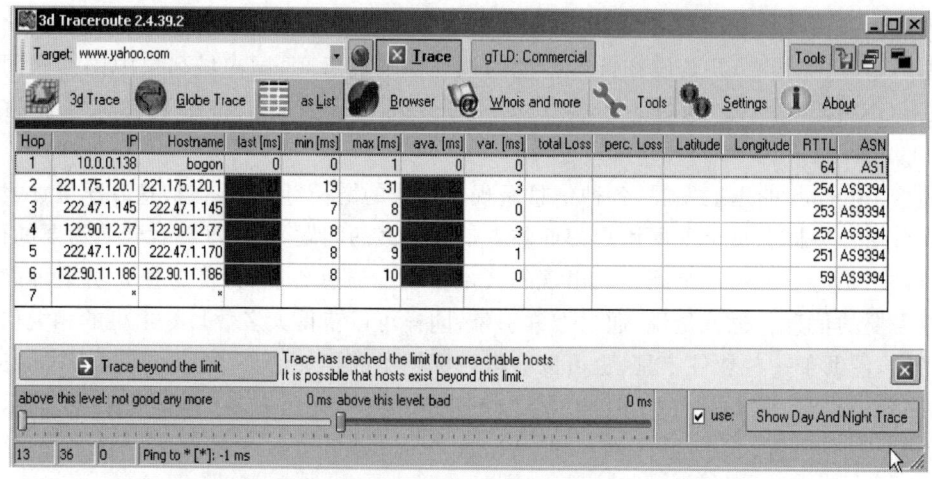

图 5.4　Traceroute 的主界面

1) Traceroute 工作原理

Traceroute 程序的设计是利用 ICMP 及 IP header 的 TTL 字段。首先,Traceroute 送出一个 TTL 是 1 的 IP 报文,当路径上的第一个路由器收到这个数据包时,它将 TTL 减 1。此时,TTL 变为 0,所以该路由器会将此数据包丢掉,并送回一个"ICMP Time Exceeded"消息(包括发 IP 包的源地址、IP 包的所有内容及路由器的 IP 地址),Traceroute 收到这个消息后,便知道这个路由器存在于这个路径上,接着 Traceroute 再送出另一个 TTL 是 2 的数据包,发现第二个路由器……Traceroute 通过每次将送出的数据包的 TTL 加 1 来发现另一个路由器,这个重复的动作一直持续到某个数据包抵达目的地为止。当数据包到达目的地后,该主机并不会送回"ICMP Time Exceeded"消息,因为它已是目的地了。那么,Traceroute 是如何得知 UDP 数据包已到达目的地了呢?

Traceroute 在送出 UDP 数据包到目的地时,它所选择送达的端口号是一般应用程序都不会用的一个号码(30 000 以上),所以当此 UDP 数据包到达目的地后,该主机会送回一个"ICMP Port Unreachable"的消息,而当 Traceroute 收到这个消息时,便知道目的地已经到达了。所以,Traceroute 在 Server 端也没有所谓的 Daemon 程序。

Traceroute 提取发 ICMP TTL 到期消息设备的 IP 地址并做域名解析。Traceroute 每次都会打印出一系列数据,包括所经过的路由设备的域名及 IP 地址,3 个包每次来回所需要的时间。

Traceroute 有一个固定的时间等待响应(ICMP TTL 到期消息)。如果这个时间过了,它将打印出一系列的 * 号,以表明在这个路径上该设备不能在给定的时间内发出 ICMP TTL 到期消息的响应。然后,Traceroute 给 TTL 计数器加 1,继续进行。

在大多数情况下,作为网络工程技术人员或系统管理员会在 UNIX 主机系统下直接执行命令行:

```
Traceroute hostname
```

而在 Windows 系统下则执行 Tracert 命令:

```
Tracert hostname
```

如果要使用 Windows NT 系统中的 Tracert 命令,则用户可以通过选择"开始"→"运行"命令,在打开的对话框中输入 cmd 调出命令窗口,然后使用此命令。

```
C:\> tracert www.yahoo.com
Tracing route to www.yahoo.com [204.71.200.75] over a maximum of 30 hops:
  1  161 ms  150 ms  160 ms  202.99.38.67
  2  151 ms  160 ms  160 ms  202.99.38.65
  3  151 ms  160 ms  150 ms  202.97.16.170
  4  151 ms  150 ms  150 ms  202.97.17.90
  5  151 ms  150 ms  150 ms  202.97.10.5
  6  151 ms  150 ms  150 ms  202.97.9.9
  7  761 ms  761 ms  752 ms  border7-serial3-0-0.Sacramento.cw.net [204.70.122.69]
  8  751 ms  751 ms     *    core2-fddi-0.Sacramento.cw.net [204.70.164.49]
  9  762 ms  771 ms  751 ms  border8-fddi-0.Sacramento.cw.net [204.70.164.67]
 10  721 ms     *    741 ms  globalcenter.Sacramento.cw.net [204.70.123.6]
 11     *    761 ms  751 ms  pos4-2-155M.cr2.SNV.globalcenter.net [206.132.150.237]
 12  771 ms     *    771 ms  pos1-0-2488M.hr8.SNV.globalcenter.net [206.132.254.41]
 13  731 ms  741 ms  751 ms  bas1r-ge3-0-hr8.snv.yahoo.com [208.178.103.62]
 14  781 ms  771 ms  781 ms  www10.yahoo.com [204.71.200.75]
Trace complete.
```

2) 用 Traceroute 解决问题

Traceroute 最早是由 Van Jacobson 在 1988 年所编写的小程序。当时主要是为了解决他自己碰到的一些网络问题。Traceroute 是一个正确理解 IP 网络并了解路由原理的重要工具,它对负责网络工程技术与系统管理的网站管理员来说是一个十分方便的程序。

可以使用 Traceroute 确定数据包在网络上的停止位置。下例中,默认网关确定 192.168.10.99 主机没有有效路径,这可能是路由器配置的问题,或者是 192.168.10.0 网络不存在(错误的 IP 地址)。

```
C:> Tracert 192.168.10.99
Tracing route to 192.168.10.99 over a maximum of 30 hops
1 10.0.0.1 reports: Destination net unreachable.
Trace complete.
```

Traceroute 实用程序对于解决大网络问题非常有用,可以采取几条路径到达同一个点。

5.3 扫描的概念和原理

扫描就是对计算机系统或其他网络设备进行安全相关的检测,以找出安全隐患和可能被黑客利用的漏洞。例如,可以通过扫描发现远程服务器各种 TCP 端口的分配情况、提供的服务和它们的软件版本,从而了解远程主机所存在的安全问题。通过扫描,能对扫描对象的脆弱性和漏洞进行深入了解,从而为扫描时发现的问题提供一个良好的解决方案。对于黑客来说,扫描是信息获取的重要步骤,通过网络扫描可以进一步定位目标或区域目标系统相关的信息,同时为下一步的攻击提供充分的资料,从而大大提高攻击的成功率。

扫描技术可以分为 3 类:主机扫描、端口扫描和漏洞扫描。其中,主机扫描能够发现系统的存活情况,确定在目标网络上的主机是否可达,同时尽可能多地映射目标网络的拓扑结构,其主要利用 ICMP 数据包进行实现;端口扫描用于发现远程主机开放的端口,即发现正在运行的服务;漏洞扫描能够发现和了解网络上潜在的脆弱性,以便采取相应措施,避免遭受不必要的攻击。

5.3.1 主机扫描

主机扫描分为简单主机扫描和复杂主机扫描。传统的主机扫描是利用 ICMP 的请求/应答报文,主要有以下 3 种。

(1)通过发送一个 ICMP Echo Request 数据包到目标主机,如果接收到 ICMP Echo Reply 数据包,则说明主机是存活状态;如果没有收到,则可以初步判断主机没有在线或使用了某些过滤设备过滤了该消息。

(2)使用 ICMP Echo Request 轮询多个主机称为 Ping 扫描。对中型网络使用这种方法来探测主机是一种比较好的方式,但对大型网络会比较慢,因为 Ping 在处理下一个命令之前会等待正在探测主机的回应。

(3)广播 ICMP 扫描,即通过发送 ICMP Echo Request 到广播地址或目标网络地址,这样可以简单地反映目标网络中活动的主机。此时请求会广播到目标网络中的所有主机,所有活动的主机都会发送 ICMP Echo Reply 到攻击者的 IP 地址。

这 3 种方法的缺点是会在目标主机的 DNS 服务器中留下攻击者的日志记录。

利用被探测主机产生的 ICMP 错误报文可以进行复杂的主机扫描,主要有以下几种方式。

(1) 异常的 IP 包头。向目标主机发送包头错误的 IP 包,目标主机或过滤设备会反馈"ICMP Parameter Problem Error"信息。常见的伪造错误字段为 Header Length 和 IP Options。

(2) IP 头中设置无效的字段值。向目标主机发送的 IP 包中填充错误的字段值,如协议项填一个没有使用的超大值,目标主机或过滤设备会反馈"ICMP Destination Unreachable"信息。

(3) 错误的数据分片。当目标主机接收到错误的数据分片,并且在规定的时间间隔内得不到更正时,将丢弃这些错误数据包,并向发送主机反馈"ICMP Fragment Reassembly Time Exceeded"错误报文。

(4) 反向映射探测。用于探测被过滤设备或防火墙保护的网络和主机。构造可能的内部 IP 地址列表,并向这些地址发送数据包。当对方路由器接收到这些数据包时,会进行 IP 识别并路由,对不在其服务范围的 IP 包发送"ICMP Host Unreachable"或"ICMP Time Exceed"错误报文,没有接收到相应错误报文的 IP 地址被认为在该网络中。

对主机扫描的工具非常多,如著名的 Nmap、Netcat 和 Superscan 等。

主机扫描大多使用 ICMP 数据包,因此使用可以检测并记录 ICMP 扫描的工具,使用入侵检测系统,在防火墙或路由器中设置允许进出自己网络的 ICMP 分组类型等方法都可以有效地防止主机扫描的发生。

5.3.2 端口扫描

端口扫描的直接结果就是可以得到目标主机开放和关闭的端口列表。这些开放的端口往往与某些服务相对应。通过这些开放的端口,黑客就能了解主机运行的服务类型,从而进一步整理和分析这些服务可能存在的漏洞,为后续的攻击提供依据。端口扫描是建立在 TCP/IP 基础之上的。在 TCP/IP 的实现中,一般遵循以下原则。

(1) 当一个 SYN 或 FIN 数据包到达一个关闭的端口时,TCP 丢弃数据包,同时发送一个 RST 数据包。

(2) 当一个 SYN 数据包到达一个监听端口时,正常的三阶段握手继续,回答一个 SYN|ACK 数据包。

(3) 当一个 SYN|ACK 或 FIN 数据包到达一个监听端口时,数据包被丢弃。

(4) 当一个 SYN|ACK 或 FIN 数据包到达一个关闭端口时,数据包被丢弃,并返回一个 RST 数据包。

(5) 当一个包含 ACK 的数据包到达一个监听或关闭的端口时,数据包被丢弃,同时发送一个 RST 数据包。

(6) 当一个 SYN 位关闭的数据包到达一个监听端口时,数据包被丢弃。

基于上述的 TCP/IP,常用的端口扫描技术主要有 TCP Connect 扫描、TCP SYN 扫描、TCP FIN 扫描和 TCP NULL 扫描等。

1. 常用的端口扫描技术

1) TCP Connect 扫描

TCP Connect 扫描是最为简单的端口扫描方式,本地主机通过调用 Connect 函数连接目标主机的特定端口,如果成功建立连接,则说明这个端口是打开的;否则,说明该端口是关闭的。因为该扫描需要建立一个完整的端口连接,所以该扫描也称全连接扫描。

该方法最大的优点是不需要任何权限,系统中的任何用户都可以使用这个调用。该方法的另一个优点是速度比较快。该方法最大的缺点是容易被察觉,因为它会在目标计算机的日志文件中留下一串连接的消息。

2) TCP SYN 扫描

扫描器向目标主机的选择端口发送 SYN 置 1 的数据包,如果应答是 RST 置 1 的数据包,则说明端口是关闭的,如图 5.5 所示;如果应答是 SYN 和 ACK 置 1 的数据包,则说明目标处于监听状态,再传送一个 RST 包给目标机,停止建立连接,如图 5.6 所示。由于在 TCP SYN 扫描时全连接尚未建立,因此这种技术通常称为半打开扫描。

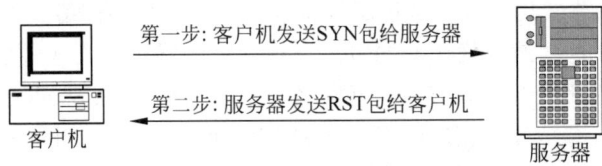

图 5.5 目标端口关闭时 TCP SYN 扫描的步骤

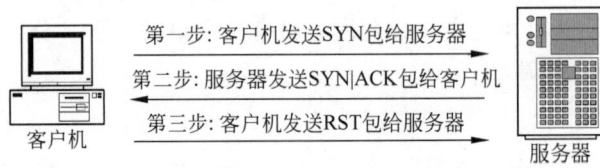

图 5.6 目标端口打开时 TCP SYN 扫描的步骤

TCP SYN 扫描的优点是隐蔽性比全连接扫描好,因为很少有系统会记录这样的行为。另外,它的扫描结果也是相当准确的,并能达到很快的速度。该方法的缺点是通常构造 SYN 数据包需要超级用户或授权用户访问专门的系统调用。SYN 洪泛是一种常见的拒绝服务攻击方法,许多防火墙和入侵检测系统对 SYN 包都建立了报警和过滤机制,因此 SYN 扫描的隐蔽性逐渐下降。

3) TCP FIN 扫描

TCP FIN 扫描是利用操作系统协议栈实现上的不同来达到扫描的目的。客户机向目标端口发送一个带 FIN 标志的数据包,如果目标端口是开放的,那么它就会忽略这个数据包;如果目标端口是关闭的,那么目标主机会向本地主机回应一个 RST 数据包,如图 5.7 所示。利用这点差异就可以判断目标主机是否开放了某个端口。FIN 扫描只对 UNIX/Linux 系统有效。FIN 扫描的优点是比 TCP SYN 扫描更为隐蔽,能够通过只检测 SYN 包的防火墙或入侵检测系统。它的缺点是扫描结果并不可靠,因为其是反向确定结果,当网络的传输收不到返回包时会导致错误判断。

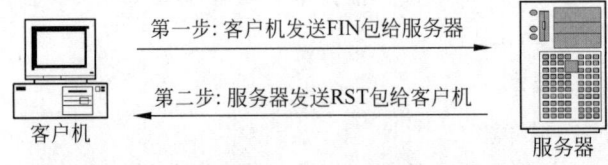

图 5.7 目标端口关闭时 TCP FIN 扫描的步骤

4) TCP Xmas 扫描

根据 RFC793 规定,当主机收到一个带 FIN、URG 和 PSH 标志的 TCP 数据包时,如果其对应的端口开放,则会忽略这个数据包;如果其对应的端口关闭,则主机会返回一个 RST 包作为响应。利用这种差异就可以判断目标端口是否开放,如图 5.8 所示。

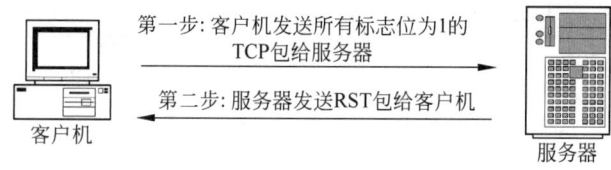

图 5.8 目标端口关闭时 TCP Xmas 扫描的步骤

这种扫描技术的优点是扫描活动比较隐蔽;不足之处是效率不高,需要等待超时,而且这里涉及数据包的构造与发送,需要管理员权限才能操作。

5) TCP NULL 扫描

与 TCP Xmas 扫描相反,TCP NULL 扫描将 TCP 包中的所有标志位都置 0。当这个数据包被发送到主机时,如果目标端口是开放的,则不会返回任何数据包;如果目标端口是关闭的,则被扫描主机将发回一个 RST 包,如图 5.9 所示。不同的操作系统会有不同的响应方式。

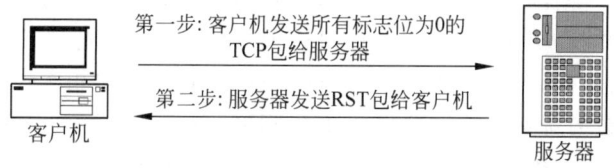

图 5.9 目标端口关闭时 TCP NULL 扫描的步骤

这种扫描技术的优点也是比较隐蔽;不足之处与前一种扫描技术一样,需要等待超时,所以效率不高。此外,不同操作系统的扫描有所差别,不能适用于所有的操作系统,而且仍然需要管理员权限才能操作。

6) UDP 扫描

UDP 扫描利用 UDP 向目标端口发送一个 UDP 包,开放的 UDP 端口并不需要送回 ACK 包,而关闭的端口会送回一个 ICMP_PROT_UNREACH 的包,用于说明端口关闭。

UDP 扫描并不可靠,主要原因有以下几点。

① 目标主机可以禁止任何 UDP 包通过。

② UDP 本身不是可靠的传输协议,数据传输的完整性不能得到保证。

③ 系统在协议栈的实现上有差异,对一个关闭的 UDP 端口,可能不会返回任何信息,而只是简单地丢弃。

7) FTP 返回扫描

FTP 返回扫描是利用 FTP 支持代理 FTP 连接这个特点来实现的。本地主机首先与 FTP 服务器建立连接,然后通过 PORT 命令向 FTP 服务器传输目标主机的地址和端口,最后发送 LIST 命令。如果目标主机相应的端口已打开,则返回连接成功的消息;如果目标端口关闭,则返回连接失败的消息。FTP 返回扫描示意图如图 5.10 所示。

这种扫描的优点很明显,很难跟踪且能有效穿透防火墙。这种扫描的缺点是速度较慢,而且需要一台 FTP 服务器做代理,现在提供这种功能的服务器较少。

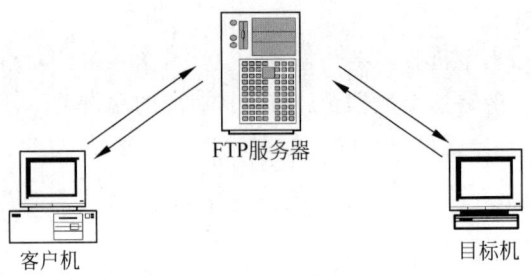

图 5.10　FTP 返回扫描示意图

2. 防止端口扫描

防止端口扫描主要有以下两种方法。

1) 关闭闲置和有潜在危险的端口

除正常使用的计算机端口(如 HTTP 的 80 端口,FTP 的 21 端口,QQ 的 4000 端口等)外,将所有其他端口都关闭。因为对黑客来说,所有端口都可能成为攻击的目标。

在以 Windows NT 为核心的操作系统中,要关闭闲置端口还是比较方便的,可以采用"定向关闭指定服务的端口"和"只开放允许端口"的方式。计算机的一些网络服务会由系统分配默认的端口,将一些限制的服务关闭掉,其对应的端口也关闭了。例如,打开"控制面板"→"管理工具"→"服务"选项,关闭一些没有使用的服务,它们对应的端口也就关闭了。至于"只开放允许端口"的方式,可以利用系统的 TCP/IP 筛选功能实现,在设置时只允许系统中一些基本网络通信需要的端口即可。在 UNIX/Linux 系统中,在/etc/inetd.conf 中注释掉不必要的服务,并在系统启动脚本中禁止其他不必要的服务。

2) 利用网络防火墙软件

对抗端口扫描最好的方法是使用防火墙软件。当攻击者进行端口扫描时,攻击者会不断与目标计算机尝试建立连接。此时,系统可以通过防火墙自带的拦截规则进行判断,当发现有端口扫描症状时,通过防火墙可以立即屏蔽该端口,即通过设置防火墙的过滤规则,可以有效阻止对端口的扫描。例如,可以设置检测 SYN 扫描而忽略 FIN 扫描。另外,可以借助入侵检测系统,禁止所有不必要的服务,将自己的机器暴露程度降到最低,这也是一种很好的方法。

5.3.3　漏洞扫描

漏洞扫描是指对目标网络或目标主机进行安全漏洞检测与分析,发现可能被攻击者利用的漏洞。当前的漏洞扫描技术主要是基于特征匹配原理,漏洞扫描器通过检测目标主机不同端口开放的服务,记录其应答,然后与漏洞库进行比较,如果满足匹配条件,则认为存在安全漏洞。漏洞扫描技术中,漏洞库的定义精确与否直接影响最后的扫描结果。

目前,漏洞扫描器主要分为两类,即通用漏洞扫描器和专用漏洞扫描器。它们各自的侧重点不同。通用漏洞扫描器侧重扫描主机的整体安全,适用于攻击及本机防护;专用漏洞扫描器侧重主机的某一特定漏洞,主要用于漏洞攻击。

通用漏洞扫描器一般由控制台模块、扫描活动处理模块、扫描引擎模块、结果处理模块和漏洞库组成。而专用漏洞扫描器相对于通用漏洞扫描器来说要简单一些,可以说是一种简化了的通用漏洞扫描器。专用漏洞扫描器不用考虑多个漏洞,只需检测某个特定的漏洞,使并发线程减少,检测效率提高了很多。

目前常用的漏洞扫描工具主要有 Nmap、X-Scan、SuperScan、Shadow Security Scanner 和 MS06040Scanner 等。感兴趣的读者可以通过网络信息进一步了解漏洞扫描工具。

5.4 网络监听

网络监听技术是提供给网络安全管理人员进行网络管理的工具,可以用来监视网络状态、数据流动情况及网络上传输的信息等。当信息以明文的形式在网络上传输时,只要将网卡设置成混杂模式,便可以源源不断地截获网络上传输的信息。然而,黑客也会利用网络监听技术对其他用户进行攻击,黑客可以利用网络监听截取口令,当黑客控制一台主机后,如果想通过这台主机控制其所在的整个局域网,那么网络监听往往是他们的最佳选择。

5.4.1 网络监听原理

在 Internet 上有很多使用以太网(Ethernet)协议的局域网,许多主机通过电缆、集线器连在一起。从协议的高层或用户的角度来看,当同一网络中的两台主机通信时,源主机将写有目标主机地址的数据包发向目标主机,或者当网络中的一台主机同外部的主机通信时,源主机将写有目标主机 IP 地址的数据包发向网关。

但这种数据包并不能在协议栈的高层直接发出去,要发送的数据必须从 TCP/IP 的 IP 层交给网络接口,而网络接口是不会识别 IP 地址的,因此网络接口中由 IP 层传来的带有 IP 地址的数据包又增加了一部分以太帧帧头的信息。在帧头中,有两个域分别为只有网络接口才能识别的源主机和目标主机的物理地址(与 IP 地址对应的 48 位地址)。

下面用一个常见的 UNIX 系统命令 ifconfig 来分析一台正常工作的计算机的网卡:

```
[yiming@server/root]# ifconfig -a
    hme0: flags=863<UP,BROADCAST,NOTRAILERS,RUNNING,MULTICAST> mtu 1500
        inet 192.168.1.35 netmask fffffe0
        ether 8:0:20:c8:fe:15
```

从这个命令的输出中可以看到上面讲到的这些概念,如第二行的 192.168.1.35 是 IP 地址,第三行的 8:0:20:c8:fe:15 是 MAC 地址。请注意第一行的 BROADCAST 和 MULTICAST,这是什么意思? 一般而言,网卡有几种接收数据帧的状态,如 Unicast、Broadcast、Multicast 和 Promiscuous 等。Unicast 是指网卡在工作时的接收目的地址是本机硬件地址的数据帧; Broadcast 是指接收所有类型为广播报文的数据帧; Multicast 是指接收特定的组播报文; Promiscuous 则是通常所说的混杂模式,是指对报文中的目的硬件地址不加任何检查而全部接收的工作模式。对照这几个概念并结合上面的命令输出可知,正常的网卡应该只接收发往自身的数据报文、广播和组播报文。

对网络使用者来说,浏览网页、收发邮件等都是很平常、很简单的工作,其实在后台这些工作是依靠 TCP/IP 协议簇实现的。下面从 TCP/IP 模型的角度来看数据包在局域网内发送的过程:当数据从应用层自上而下传递时,在网络层形成 IP 数据包,再向下到达数据链路层,由数据链路层将 IP 数据包分割为数据帧,增加以太网包头,再向下一层发送。需要注意的是,以太网的包头中包含着本机和目标设备的 MAC 地址,即链路层的数据帧发送时,是依靠 48 位的以太网地址而非 IP 地址来确认的,以太网的网卡设备驱动程序不会关心 IP 数据包中的目的 IP 地址,它所需要的仅仅是 MAC 地址。

目标 IP 的 MAC 地址又是如何获得的呢?发送端主机会向以太网上的每一台主机发送一份包含目的地的 IP 地址的以太网数据帧(称为 ARP 数据包),并期望目的主机回复,从而得到目的主机对应的 MAC 地址,并将这个 MAC 地址存入自己的一个 ARP 缓存中。

当局域网内的主机都通过集线器等方式连接时,一般称为共享式的连接。这种共享式的连接有一个很明显的特点:集线器会将接收到的所有数据向集线器上的每个端口转发,也就是说,当主机根据 MAC 地址进行数据包发送时,尽管发送端主机告知了目标主机的地址,但这并不意味着在一个网络内的其他主机听不到发送端和接收端之间的通信,只是在正常状况下其他主机会忽略这些通信报文而已。如果这些主机不愿意忽略这些报文,网卡被设置为 Promiscuous 状态,那么对于这台主机的网络接口而言,任何在这个局域网内传输的信息都是可以被监听的。

5.4.2 网络监听检测与防范

一般来说,网络监听是很难被发现的,因为运行网络监听的主机只是被动地接收在局域网上传输的信息,不会主动与其他主机交换信息,这就导致检测与防范网络监听是比较困难的。

1. 网络监听检测

1) 反应时间

向怀疑有网络监听行为的网络发送大量垃圾数据包,根据各个主机回应的情况进行判断,正常的系统回应的时间应该没有太明显的变化,而处于混杂模式的系统由于对大量的垃圾信息照单全收,因此很有可能回应时间会发生较大的变化。

2) 观测 DNS

许多的网络监听软件都会尝试进行地址反向解析,在怀疑有网络监听发生时可以在 DNS 系统上观测有没有明显增多的解析请求。

3) 利用 ping 模式进行检测

当一台主机进入混杂模式时,以太网的网卡会将所有不属于它的数据照单全收。按照这个思路,可以这样来操作:假设所怀疑的主机的硬件地址是 00:30:6E:00:9B:B9,其 IP 地址是 192.168.1.1;伪造出这样的一种 icmp 数据包,即硬件地址是不与局域网内任何一台主机相同的 00:30:6E:00:9B:B9,而目的地址是 192.168.1.1 不变。可以设想,这种数据包在局域网内传输会发生以下现象:任何正常的主机会检查这个数据包,比较数据包的硬件地址,如果地址与自己的不同,则不理会这个数据包;处于网络监听模式的主机,由于其网卡现在是混杂模式,因此它不会去对比这个数据包的硬件地址,而是将这个数据包直接传到上层,上层检查数据包的 IP 地址,如果符合自己的 IP,则对这个 ping 的包作出回应。这样,一台处于网络监听模式的主机即被发现。

4) 利用 ARP 数据包进行检测

除了使用 ping 进行检测外,目前比较成熟的是利用 ARP 数据包进行检测。这种模式是上述 ping 方式的一种变体。它使用 ARP 数据包替代上述的 icmp 数据包,向局域网内的主机发送非广播方式的 ARP 包,如果局域网内的某个主机响应了这个 ARP 请求,那么它很可能已经处于网络监听模式了。这是目前相对而言比较好的检测模式。

值得注意的是,现在 Internet 上流传着一些基于上面这两种技术的脚本和程序,它们宣称能准确捕捉到局域网内所有进行网络监听的主机。目前来讲,这种说法基本上是不可靠的,因为上述技术在实现中,除了要考虑网卡的硬件过滤外,还需要考虑不同操作系统可能产生的软件过滤。虽然理论上网卡处于混杂模式的系统应该接收所有的数据包,但实际上不同的操作系统甚至相同的操作系统的不同版本在 TCP/IP 的实现上都有自己的一些特点,有可能不会接收这些理论上应该接收的数据包。

相对而言,对发生在本机的网络监听是可以利用一些工具软件来发现的。感兴趣的读者可以参考相关的网站进一步了解网络监听。

2. 网络监听的防范方法

首先,采用加密手段进行信息传输是一个很好的办法,如果监听到的数据都是以密文形式传输的,那么对入侵者来说,即使抓取到了传输的数据信息,意义也不大。这是目前相对而言使用较多的手段之一,在实际应用中往往是指替换掉不安全的采用明文传输数据的服务,如在服务器端用 SSH OpenSSH 等替换 UNIX 系统自带的 Telnet、FTP、RSH,在 Client 端使用 Securecrt、SSHtransfer 替代 Telnet、FTP 等。

目前,除了加密外,使用交换机也是一个应用比较多的方式。不同于工作在第一层的集线器,交换机是工作在第二层,也就是数据链路层。以 Cisco 的交换机为例,交换机在工作时维护着一张 ARP 数据库,其中记录着交换机每个端口所绑定的 MAC 地址,当有数据包发送到交换机上时,交换机会将数据包的目的 MAC 地址与自己维护的数据库内的端口进行对照,然后将数据包发送到"相应的"端口上。注意,不同于集线器的报文广播方式,交换机转发的报文是一一对应的。对二层设备而言,仅有两种情况会发送广播报文,一是数据包的目的 MAC 地址不在交换机维护的数据库中,此时报文向所有端口转发;二是报文本身就是广播报文。由此可以看到,这在很大程度上解决了网络监听的困扰。随着 Dsniff、Ettercap 等软件的出现,交换机的安全性已经面临着严峻的考验。

此外,对安全性要求比较高的公司可以考虑 Kerberos。Kerberos 是一种为网络通信提供可信第三方服务的面向开放系统的认证机制。它提供了一种强加密机制,使 Client 端和 Server 端即使在非安全的网络连接环境中也能确认彼此的身份,而且在双方通过身份认证后,后续的所有通信也是被加密的。在实现中,通过可信的第三方服务器保留与之通信的系统的密钥数据库,仅 Kerberos 和与之通信的系统本身拥有私钥(Private Key),然后通过私钥和认证时创建的 Session Key 实现可信的网络通信连接。

5.5 缓冲区溢出攻击

5.5.1 缓冲区溢出原理

缓冲区(Buffer)是程序运行期间在内存中分配的连续空间,用于保存包括字符数组在内的各种数据类型。溢出是指所填充的数据超出了原有缓冲区的边界,并非法占据了另一端内存区域。缓冲区溢出是指由于填充数据越界而导致程序运行流程的改变,黑客借此精心构造填充数据,让程序转而执行特殊的代码,最终获得系统的控制权。

通过向程序的缓冲区写超出其长度的内容,造成缓冲区的溢出,从而破坏程序的堆栈,使程序转而执行其他指令,以达到攻击的目的。造成缓冲区溢出的原因是程序中没有仔细检查用户输入的参数。例如下面的程序:

```
void function(char * str)
{
    char buffer[16];
    strcpy(buffer,str);
}
```

上面的 strcpy() 直接将 str 中的内容复制到缓冲区中。这样,只要 str 的长度大于 16,就会造成缓冲区的溢出,使程序运行出错。存在像 strcpy 这样问题的标准函数还有 strcat()、sprintf()、vsprintf()、gets() 和 scanf() 等。

当缓冲区溢出时,为什么会导致程序不能正常工作呢?因为一个程序在内存中是按代码区、数据区和堆栈区顺序存放的。其中,代码区存放程序的机器码和只读数据;数据区存放程序中的静态数据和全局数据;堆栈区存放程序运行时申请的内存空间,用来存放动态数据。图 5.11(a)所示为程序在内存中的分配情况,图 5.11(b)所示为栈中的数据排列顺序。

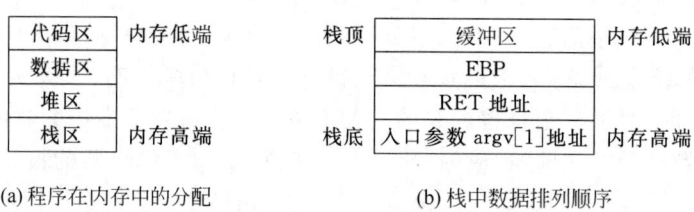

(a) 程序在内存中的分配　　　　　　(b) 栈中数据排列顺序

图 5.11　程序运行时内存分配和堆栈排列

当然,随便向缓冲区中填数据也可能造成程序溢出,这时一般只会出现"分段错误"(Segmentation Fault,SF),但不能达到攻击的目的。为了说明该攻击的有效性,下面通过例子来说明溢出攻击的基本原理。

通常 C 语言对边界不进行检查,当输入的数据超出缓冲区的大小时,接下来的数据就会将 EBP(基址寄存器)、RET(返回地址)等覆盖掉,导致程序无法正常执行。以下代码是另外一种缓冲区溢出。

```
# include <iostream.h>
# include <string.h>
void function(int a)
{
    char buffer[5];
    char * ret;
    ret = buffer + 12;
    * ret += 8;
}
void main()
{
    int x;
```

```
        x = 10;
        function(7);
        x = 1;
        cout << x << endl;
}
```

如果不仔细分析这段程序,则很可能认为它的执行结果是 1,而不是 10。实际上,这段程序的运行结果是 10,而不是 1。通常函数调用的执行过程如下。

(1) 为该函数的形式参数分配内存,并将实际参数的值赋给形式参数。

(2) 将函数返回地址压栈。

(3) 执行被调用函数。

(4) 被调用函数执行结束以后,跳到 RET 指向的指令继续执行。

这段代码的执行过程是:首先为形式参数 a、RET 和 EBP 各分配 4 字节的空间,最后为语句"char buffer[5];"分配内存时,因为对齐的问题需要分配 8 字节的空间。执行"ret=buffer+12;"这条语句后,ret 恰好指向 RET,而 RET 的值恰好是函数 function(7)的返回地址,即"x=1;"这条语句的首地址。但执行"*ret+=8;"语句后,就将 RET 的值加上了 8,而"x=1;"这条语句恰好占用 8 字节。由于 RET 存放函数 function(7)的返回地址,因此 function(7)执行结束后将跳过"x=1;"这条语句,直接执行"cout << x << endl;"语句。

缓冲区溢出攻击之所以成为一种常见的安全攻击手段,其原因在于缓冲区溢出漏洞太普遍了,并且易于实现,而且缓冲区溢出漏洞给予了攻击者想要的一切:植入并且执行攻击代码。被植入的攻击代码以一定的权限运行有缓冲区溢出漏洞的程序,从而得到被攻击主机的控制权。

5.5.2 缓冲区溢出攻击方法

缓冲区溢出攻击的目的在于扰乱具有某些特权运行程序的功能,从而使得攻击者取得程序的控制权。如果该程序具有足够的权限,那么整个主机就被控制了。为了达到这个目的,攻击者必须达到以下两个目标。

(1) 在程序的地址空间里安排适当的代码。

(2) 通过适当的初始化寄存器和内存,让程序跳转到入侵者安排的地址空间执行。

根据这两个目标可以对缓冲区溢出攻击进行分类,缓冲区溢出攻击分为代码安排和控制程序执行流程两种方法。

1. 在程序地址空间里安排适当代码的方法

(1) 植入法。攻击者向被攻击的程序输入一个字符串,程序会将这个字符串放到缓冲区中。这个字符串包含的资料是可以在这个被攻击的硬件平台上运行的指令序列。在这里,攻击者用被攻击程序的缓冲区来存放攻击代码。缓冲区可以设在任何地方:栈(stack,自动变量)、堆(heap,动态分配的内存区)和静态资料区。

(2) 利用已经存在的代码。有时攻击者想要的代码已经在被攻击的程序中了,攻击者所要做的只是向代码传递一些参数。例如,攻击代码要求执行 exec("/bin/sh"),而在 libc 库中的代码执行 exec(arg),其中 arg 是一个指向一个字符串的指针参数,那么攻击者只要将传入的参数指针改为指向/bin/sh 即可。

2. 控制程序转移到攻击代码的方法

所有的这些方法都是在寻求改变程序的执行流程,使之跳转到攻击代码。最基本的就是溢出一个没有边界检查或其他弱点的缓冲区,这样就扰乱了程序的正常执行顺序。通过溢出一个缓冲区,攻击者可以用暴力的方法改写相邻的程序空间,从而直接跳过系统的检查。

分类的基准是攻击者所寻求的缓冲区溢出的程序空间类型,原则上可以是任意的空间。实际上,许多的缓冲区溢出是用暴力的方法来寻求改变程序指针的,这类程序的不同之处就是程序空间的突破和内存空间的定位不同。该类方法主要有以下3种。

(1) 激活记录(Activation Records,AR)。每当一个函数调用发生时,调用者会在堆栈中留下一个活动记录,它包含了函数结束时返回的地址。攻击者通过溢出堆栈中的自动变量,使返回地址指向攻击代码。通过改变程序的返回地址,当函数调用结束时,程序就跳转到攻击者设定的地址,而不是原先的地址。这类缓冲区溢出称为堆栈溢出攻击(Stack Smashing Attack,SSA),是目前最常用的缓冲区溢出攻击方式。

(2) 函数指针(Function Pointers,FP)。函数指针可以用来定位任何地址空间。例如,"void (* foo)()"声明了一个返回值为 void 的函数指针变量 foo。攻击者只需在任何空间内的函数指针附近找到一个能够溢出的缓冲区,然后溢出这个缓冲区即可改变函数指针。在某一时刻,当程序通过函数指针调用函数时,程序的流程就按攻击者的意图实现了。它的一个攻击范例就是在 Linux 系统下的 superprobe 程序。

(3) 长跳转缓冲区(Longjmp Buffers,LB)。在 C 语言中包含了一个简单的检验/恢复系统,称为 setjmp/longjmp。该系统在检验点设定 setjmp(buffer),用 longjmp(buffer)来恢复检验点。然而,如果攻击者能够进入缓冲区的空间,那么 longjmp(buffer)实际上是跳转到攻击者的代码。像函数指针一样,长跳转缓冲区能够指向任何地方,所以攻击者所要做的就是找到一个可供溢出的缓冲区。一个典型的例子就是 Perl 5.003 的缓冲区溢出漏洞。攻击者首先进入用来恢复缓冲区溢出的长跳转缓冲区,然后诱导 Perl 进入恢复模式,这样就会使 Perl 的解释器跳转到攻击代码上。

5.5.3 防范缓冲区溢出

在 C 语言中,指针和数组越界不保护是缓冲区溢出的根源,而且在 C 语言标准库中就有许多能提供溢出的函数,如 strcat()、strcpy()、sprintf()、vsprintf()、gets()和 scanf()等。虽然大家都认为缓冲区溢出可以在编程阶段得到避免,但在实际编程操作中却并没有那么简单。这主要在于,有些开发人员没有意识到问题的存在;有些开发人员不愿意使用边界检查,因为这样做会影响到程序的效率和性能。

综合起来,防范缓冲区溢出主要有以下方法。

(1) 编写正确的代码。在开发过程中,尽量使用带有边界检查的函数版本或自己进行边界检查,这是防止缓冲区溢出的基本方法。

(2) 及时安装漏洞补丁。缓冲区溢出是代码中固有的漏洞,除了在开发阶段注意编写正确的代码外,对于用户的一般防范措施就是关闭不必要的端口和服务,并及时安装厂商提供的补丁,这是解决缓冲区溢出问题最有效的方法。

(3) 使用防火墙阻止缓冲区溢出。在防火墙上过滤特殊的流量也是一种防范的基本方法,但使用防火墙无法阻止来自内部人员的溢出攻击。此外,为了限制黑客溢出成功的权限,以所需要的最小权限运行软件也是一种很好的防范方法。

5.6 注入式攻击

注入式攻击是一种比较常见、危害严重的网络攻击,其主要针对 Web 服务器端的特定数据库系统。注入式攻击的基本特征主要表现在从一个数据库获得未授权的访问与直接检索。注入式攻击的手段是在 Web 访问请求中插入 SQL 语句,针对的是 Web 服务器程序开发过程中的漏洞,如是否进行输入数据的合法性检查等。

由于注入式攻击利用的是 SQL 语法,因此这种攻击具有广泛的应用基础。从理论上来讲,对于所有的基于 SQL 的数据库软件,如 Access、SQL Server、Oracle、DB2、MySQL 等,注入式攻击都是有效的攻击方法。当然,针对不同的数据库软件,最终的攻击代码也会有一定的区别。

注入式攻击的基本流程如下。

(1) 判断是否存在漏洞。在浏览器地址栏中,输入"http://www.*.*/*.asp?nid=12 and 1=1",返回正常结果;而输入"http://www.*.*/*.asp? nid=12 and 1=2",提示 BOF 或 EOF 等信息,说明该网站存在注入漏洞。

(2) 判断数据库软件的类型。在浏览器地址栏中输入"http://www.*.*/*.asp?nid=12 and user>0",提示 JET 信息,说明数据库软件是 Access;提示 OLEDB 信息,说明数据库软件是 SQL Server。

(3) 猜测数据库中的表及表中的字段与字段中的值。在浏览器地址栏中,输入"http://www.*.*/*.asp? nid=12 and (select count(*) from Admin)>0",返回正常结果,说明数据库中存在 Admin 表;输入"http://www.*.*/*.asp? nid=12 and (select count(admin) from Admin)>0",返回正常结果,说明 Admin 表中存在 admin 字段;输入"http://www.*.*/*.asp? nid=12 and exists (select id from Admin where id=1)",返回正常结果,说明 admin 字段中存在 id 为 1 的值。

(4) 猜测用户名及其长度。在浏览器地址栏中,输入"http://www.*.*/*.asp?nid=12 and (select top 1 len(username)from Admin)>n",返回错误结果,说明用户名的长度为 $n-1$;输入"http://www.*.*/*.asp? nid=12 and exists(select id from Admin where id=1 and asc(mid(admin,n,1))=97)",返回正常结果,且 97 为字符 a 的 ASCII 码值,说明用户名的第 n 位为 a。

(5) 猜测用户密码及其长度。测试方法类似步骤(4)。

(6) 登录网站后台系统,进一步执行攻击行为。

由于多数网站都使用 SQL Server 等数据库软件,并且很多程序员在编写程序时没有进行输入数据的合法性检查,因此注入式攻击成为针对网站系统的常见攻击手段。由于注入式攻击是在 Web 的输入地址中提交 SQL 语句,其访问行为与正常 Web 页面访问没有区别,因此多数防火墙系统无法有效检测注入式攻击。但是,注入式攻击会导致网站出现一些可疑现象,如 Web 页面混乱、数据内容丢失、访问速度下降等,这些现象都有助于发现注入式攻击。

针对注入式攻击的防范措施主要包括在编写代码时做好数据的合法性检查,增强数据库软件的安全设置,启用 Web 服务器的审计日志等,从而有效防范注入式攻击行为。

5.7 拒绝服务攻击

DoS(Denial of Service,拒绝服务)攻击是一种既简单又有效的攻击方式。它是针对系统的可用性发起的攻击,通过某些手段使得目标系统或网络不能提供正常的服务。该攻击主要是利用了 TCP/IP 中存在的设计缺陷,或者操作系统及网络设备的网络协议栈存在的实现缺陷。

一些商业及政府网站都曾经遭受拒绝服务攻击。在 2000 年 2 月发生的一次针对某些网站(如雅虎、易趣等)的拒绝服务攻击持续了近两天,使这些公司遭受了很大的损失,事后这些攻击确定为分布式的拒绝服务攻击。

从攻击技术来看,DoS 攻击表现为带宽消耗、系统资源消耗、程序实现上的缺陷和系统策略的修改等。带宽消耗是通过网络发送大量信息,用足够的传输信息消耗掉有限的带宽资源。系统资源消耗是向系统发送大量信息,针对操作系统中有限的资源,如进程数、磁盘、CPU、内存、文件句柄等。利用程序实现上的缺陷,对异常行为的不正确处理,通过发送一些非法数据包使系统死机或重启,如 Ping of Death。修改或篡改系统策略也可以使得它不能提供正常的服务。

从攻击目标来看,有通用类型的 DoS 攻击和系统相关的攻击。通用类型的 DoS 攻击往往是与具体系统无关的,如针对协议设计缺陷的攻击。系统相关的攻击往往与具体的实现有关。最终,所有的攻击都是与系统相关的,因为有些系统可以针对协议的缺陷提供一些补救措施,从而免受此类攻击。

一些典型的 DoS 攻击有 Ping of Death、Teardrop、UDP Flooding、Land、SYN Flooding 和 Smurf 等。

5.7.1 IP 碎片攻击

1. IP 碎片是如何产生的

链路层具有最大传输单元(Maximum Transmission Unit,MTU)这个特性,它限制了数据帧的最大长度(不同的网络类型都有一个上限值)。以太网的 MTU 是 1500 字节,可以用 netstat -i 命令查看这个值(在 Linux 系统下)。如果 IP 层有数据包要传,而且数据包的长度超过了 MTU,那么 IP 层就要对数据包进行分片(fragmentation)操作,使每一片的长度都小于或等于 MTU。假设要传输一个 UDP 数据包,以太网的 MTU 为 1500 字节,一般 IP 首部为 20 字节,UDP 首部为 8 字节,数据的净荷(payload)部分预留是 1500 字节-20 字节-8 字节=1472 字节。如果数据部分大于 1472 字节,则会出现分片现象。

IP 首部包含了分片和重组所需的信息:

| Identification |R|DF|MF| Fragment Offset |<-16>|<3>|<-13>|

参数解释:

(1) Identification：发送端发送的 IP 数据包标识字段，是一个唯一值，该值在分片时被复制到每个片中。

(2) R：保留未用。

(3) DF：Dont Fragment，"不分片"位，如果将该位置 1，则 IP 层将不对数据包进行分片。

(4) MF：More Fragment，"更多的分片"，除了最后一片外，其他每个组成数据包的片都要将该位置为 1。

(5) Fragment Offset：该片偏移原始数据包开始处的位置。偏移的字节数是该值乘以 8。

了解了分片，也分析了 IP 头的一些信息，下面介绍 IP 碎片是怎样被运用在网络攻击上的。

2．IP 碎片攻击

IP 首部有 2 字节表示整个 IP 数据包的长度，所以 IP 数据包最长只能为 0xFFFF，即 65 535 字节。如果有意发送总长度超过 65 535 字节的 IP 碎片，则一些旧的系统内核在处理时会出现问题，导致崩溃或拒绝服务。另外，如果分片之间偏移量经过精心构造，则一些系统会无法处理，导致死机。所以说，漏洞的起因是出在重组算法上。下面通过逐个分析一些著名的碎片攻击程序来了解如何人为制造 IP 碎片以攻击系统。

1) 攻击方式之 Ping of Death

Ping of Death 是一种利用 ICMP 的 IP 碎片攻击。攻击者发送一个长度超过 65 535 字节的 Echo Request 数据包，目标主机在重组分片时会造成事先分配的 65 535 字节缓冲区溢出，系统通常会崩溃或挂起。此时尝试将 IP 和 ICMP 首部长度设为 65 535 字节，并发送一个数据包：

```
# ping 192.168.0.1 -l 65535
    Error: packet size 65535 is too large. Maximum is 65507
```

一般来说，Linux 自带的 ping 是不允许做这个坏事的。65 507 字节是它计算好的，即 65 535 字节－20 字节－8 字节＝65 507 字节。Windows 2000 下的 ping 数据只允许 65 500 字节大小。因此，必须找另外的程序来发这个数据包。在目前通用版本的操作系统中已经修补了这个漏洞。

2) 攻击方式之 jolt2 攻击

jolt2.c 是在一个死循环中不停地发送一个 ICMP/UDP 的 IP 碎片，可以使 Windows 系统的机器死锁。测试没打补丁的 Windows 2000 系统，CPU 利用率会立即上升到 100%，鼠标指针无法移动。

用 Snort 分别抓取采用 ICMP 和 UDP 发送的数据包。发送的 ICMP 包：

```
01/07-15:33:26.974096 192.168.0.9 -> 192.168.0.1
    ICMP TTL: 255 TOS: 0x0 ID: 1109 IpLen: 20 DgmLen: 29
    Frag Offset: 0x1FFE Frag Size: 0x9
    08 00 00 00 00 00 00 00 00 ...
```

发送的 UDP 包：

```
01/10-14:21:00.298282 192.168.0.9 -> 192.168.0.1
    UDP TTL: 255 TOS: 0x0 ID: 1109 IpLen: 20 DgmLen: 29
```

```
Frag Offset: 0x1FFE Frag Size: 0x9
04 D3 04 D2 00 09 00 00 61 …a
```

从上面的结果可以看出：分片标志位 MF=0，说明是最后一个分片。偏移量为 0x1FFE，计算重组后的长度为 (0x1FFE*8)+29=65 549>65 535，说明溢出。

ICMP 包：类型为 8，代码为 0，说明是 Echo Request。校验和为 0x0000，程序没有计算校验，所以确切地说，这个 ICMP 包是非法的。

UDP 包：目的端口由用户在命令参数中指定。源端口是目的端口和 1235 进行 OR 的结果。校验和为 0x0000，与 ICMP 的一样，没有计算校验，说明是非法的 UDP。净荷部分只有一个字符 a。

jolt2 应该可以伪造源 IP 地址，但是源程序中并没有将用户试图伪装的 IP 地址赋值给 src_addr。jolt2 的影响相当大，通过不停地发送这个偏移量很大的数据包，不仅死锁未打补丁的 Windows 系统，同时也大大增加了网络流量。曾经有人利用 jolt2 模拟网络流量，测试 IDS 在高负载流量下的攻击检测效率，就是利用这个特性。

3) 攻击方式之 Teardrop

Teardrop 是一种 IP 碎片攻击，也是一种常见的 DoS 攻击方式。它的攻击方式非常简单：通过发送一些 IP 分片异常的数据包，在 IP 包的分片装配过程中，由于分片重叠，计算过程中出现长度为负值，在执行 memcpy 时导致系统崩溃。当网络分组穿越不同的网络时，需要根据网络的最大传输单元来将它们分割成较小的片。早期的 Linux 系统在处理 IP 分片重组问题时，尽管对片段是否过长进行检查，但对过短片段却没有进行验证，所以导致了 Teardrop 形式的攻击。该攻击主要影响 Linux 和 Windows NT/95 系统。

如图 5.12 所示，在 Linux 2.0 内核中进行以下处理：当发现有位置重合（offset2<end1）时，将 offset 向后调到 end1(offset=end1)，然后更改 len2 的值，即 len2=end2-offset2，此时 len2 可能会变为一个小于 0 的值，并导致后面处理时出现溢出。

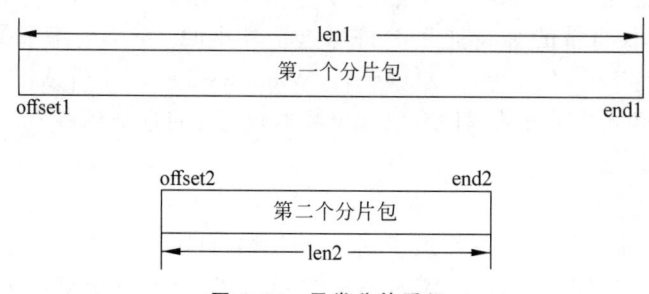

图 5.12 异常分片重组

3. 如何防止 IP 碎片攻击

为了防止 IP 碎片攻击，Windows 系统在升级补丁 Service Pack 后可以解决这个问题，目前的 Linux 内核已经不受影响。如果可能，在网络边界上禁止碎片包通过，或者用 IPtables 限制每秒通过碎片包的数目。如果防火墙有重组碎片的功能，则能确保自身的算法没有问题；否则，受到 DoS 攻击就会影响整个网络。在 Windows 2000 系统中，自定义了 IP 安全策略，并设置了"碎片检查"，以防止 IP 碎片攻击。

在很多路由器上也有"IP 碎片攻击防御"的设置，网络规模在 150 台左右，建议 IP 碎片值设置在 3000 包/秒。

5.7.2 UDP 洪泛

UDP 洪泛攻击的原理是各种各样的假冒攻击利用简单的 TCP/IP 服务,如 Chargen 和 Echo 来传送毫无用处的占满带宽的数据。通过伪造与某一主机的 Chargen 服务之间的一次 UDP 连接,回复地址指向开着 Echo 服务的一台主机,这样就在两台主机之间生成足够多的无用数据流,导致带宽耗尽的拒绝服务攻击。

关掉不必要的 TCP/IP 服务,或者对防火墙进行配置,阻断来自 Internet 的对这些服务响应的 UDP 请求都可以防范 UDP 洪泛攻击。

5.7.3 SYN 洪泛

SYN 洪泛攻击利用 TCP/IP 连接三次握手过程,打开大量的半开 TCP 连接,使得目标机器不能进一步接受 TCP 连接。每台机器都需要为这种半开连接分配一定的资源,并且这种半开连接的数量是有限制的,达到最大数量时,CPU 满负荷或内存不足,机器就不再接受进来的连接请求,如图 5.13 所示。在 SYN 洪泛攻击中,连接请求是正常的,但是源 IP 地址往往是伪造的,并且是一台不可到达机器的 IP 地址,否则被伪造地址的机器会重置这些半开连接。一般半开连接超时之后会自动清除,所以攻击者的系统发出 SYN 包的速度都要比目标机器清除半开连接的速度快。任何连接到 Internet 上并提供基于 TCP 的网络服务都有可能成为攻击的目标。这样的攻击很难跟踪,因为源地址往往不可信,而且不在线。

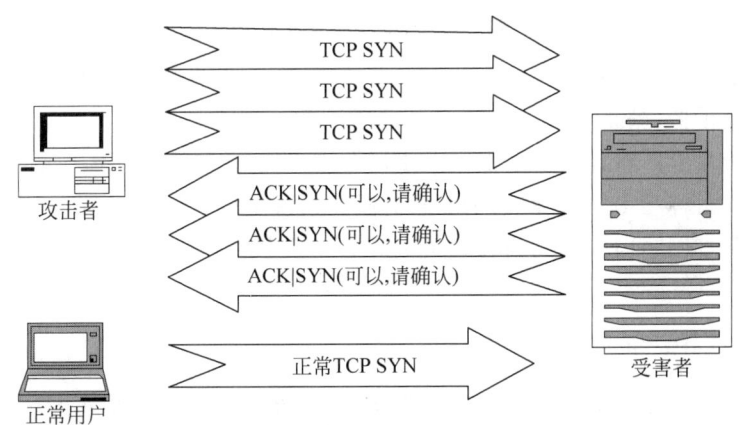

图 5.13 SYN 洪泛攻击示意图

SYN 洪泛攻击的特征是目标主机的网络上出现大量的 SYN 包,而没有相应的应答包;SYN 包的源地址可能是伪造的,甚至无规律可循。

可以在主机和网络上采取措施来防止 SYN 洪泛攻击。防火墙或路由器可以在给定的时间内只允许有限数量的半开连接,入侵检测可以发现这样的 DoS 攻击行为。主机上可以限制 SYN Timeout 的时间。此外,一些操作系统也实现了防止 SYN 洪泛攻击的功能,如 Linux 和 Solaris 使用了一种称为 SYN cookie 的技术来解决 SYN 洪泛攻击:在半开连接队列之外另设置一套机制,使合法连接得以正常继续。

5.7.4 Smurf 攻击

在 Smurf 攻击中,攻击者向一个广播地址发送 ICMP Echo 请求,并且用受害者的 IP 地址作为源地址,于是广播地址网络上的每台机器响应这些 Echo 请求,同时向受害者主机发送 ICMP Echo Reply 应答。受害者主机会被这些大量的应答包所淹没,如图 5.14 所示。此类攻击还有一个变种叫作 fraggle 或 udpsmurf,使用 UDP 包。例如,攻击者向 7 号端口发送 ICMP Echo 请求,如果目标机器的端口开放,则发送 ICMP Echo Reply,否则产生 ICMP 不可到达消息。该攻击的两个主要特点是使用伪造的数据包和使用广播地址。在该攻击中,不仅被伪造地址的机器受害,目的网络本身也是受害者,因为它们要发送大量的应答包。Smurf 攻击涉及三方:攻击者、中间目标网络和受害者。它以较小的网络带宽资源,通过放大作用,攻击具有较大带宽的受害者系统。

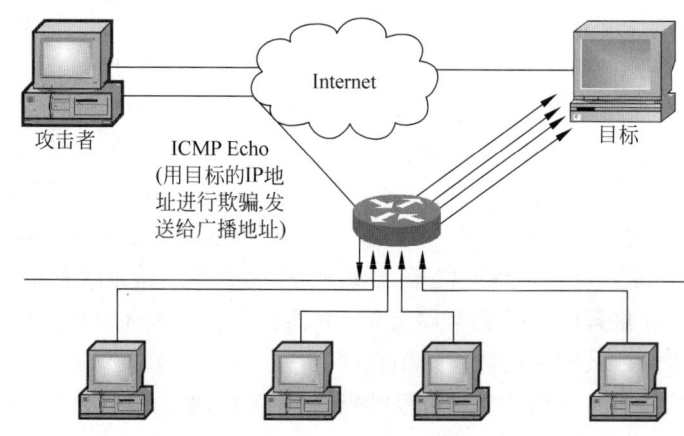

图 5.14　Smurf 攻击示意图

通常可采取的防范措施如下。
(1) 配置路由器,禁止 IP 广播包进网。
(2) 配置网络上所有计算机的操作系统,禁止对目的地址为广播地址的 ICMP 包响应。
(3) 被攻击目标与 ISP 协商,让 ISP 暂时阻止这些流量。
(4) 对于从本网络向外部网络发送的数据包,本网络应该将其源地址为其他网络的这部分数据包过滤掉。

5.7.5　分布式拒绝服务攻击

传统的拒绝服务是一台机器向受害者发起攻击,分布式拒绝服务(Distributed Denial of Service,DDoS)攻击不仅是一台机器,而是多台机器合作,同时向一个目标发起攻击。DDoS 攻击模型如图 5.15 所示。该攻击过程涉及 3 个层次,即攻击者、主控端和代理端。攻击者所用的计算机是攻击主控台,可以是网络上的任何一台主机。攻击者操纵整个攻击过程,它向主控端发送攻击指令。主控端是攻击者非法侵入并控制的一些主机,这些主机还分别控制着大量的客户机。主控端主机上面安装了特定的程序,可以接收来自攻击者的特殊指令,并将这些命令发送到代理端。代理端同样也是攻击者侵入并控制的一批主机,它们上面运行攻击程序。在一个特定的时间,主控程序与大量的代理程序通信,代理程序收到指令后就进行攻击。利用客户机/服务器技术,主控程序能在几秒内激活成百上千个代理程序进行攻击。

DDoS 攻击的主要工具有 TFN(Tribe Flood Network)、TFN2K 和 Stacheldraht 等。

由于 DDoS 攻击具有隐蔽性,到目前为止还没有找到对 DDoS 攻击行之有效的解决方法,因此只能加强安全防范意识,提高网络系统的安全性。对 DDoS 攻击的主要防御策略有

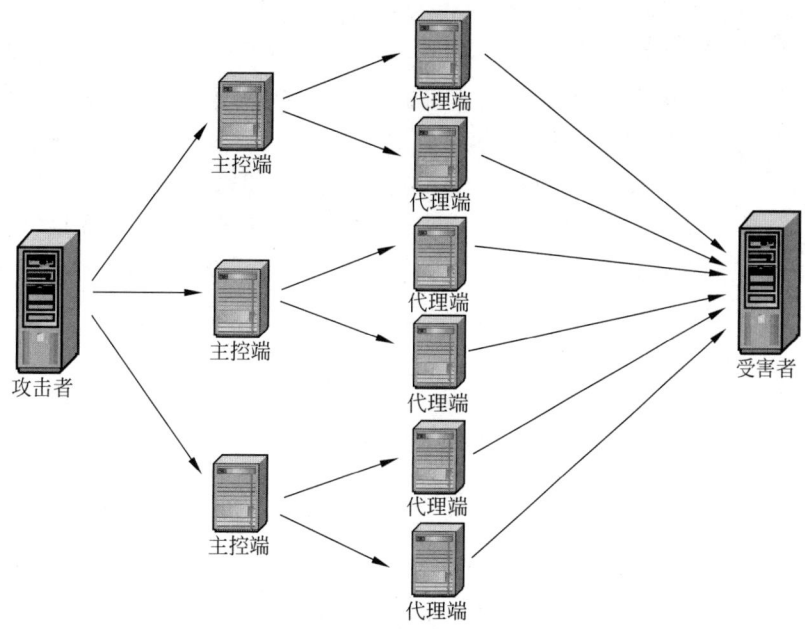

图 5.15　DDoS 拒绝服务攻击原理

以下几方面。

(1) 及早发现系统存在的漏洞,及时安装系统补丁程序。对一些系统的重要信息建立和完善备份机制,对一些特权账号的密码设置要谨慎。

(2) 经常检查系统的物理环境,禁止不必要的网络服务。建立边界安全界限,确保输出的包受到正确限制。经常检查系统配置信息,并注意查看每天的安全日志。

(3) 充分利用防火墙等网络安全设备,加固网络的安全性,配置好它们的安全规则,过滤掉所有可能伪造的数据包。

5.8　欺骗攻击与防范

欺骗攻击是利用 TCP/IP 等本身的漏洞而进行的攻击行为。这些攻击包括 IP 欺骗、DNS 欺骗、ARP 欺骗等。欺骗攻击本身不是攻击的目的,而是为实现攻击目标所采取的手段。欺骗攻击往往基于相互之间的信任关系。两台计算机进行相互通信时,往往需要首先进行认证。认证是网络上的计算机进行相互识别的过程,经过认证而获准相互交流的计算机可以建立起相互信任的关系。信任和认证具有逆反关系,即如果计算机之间存在高度信任关系,则交流时就不会要求进行严格的认证。相反,如果计算机之间没有很好的信任关系,则交流时就会要求进行严格的认证。

实质上,欺骗就是一种冒充他人身份通过计算机认证骗取计算机信任的攻击方式。攻击者针对认证机制的缺陷,将自己伪装成可信任方,从而与受害者进行交流,最终窃取信息或展开进一步的攻击。欺骗的种类很多,下面具体介绍 IP 欺骗和 ARP 欺骗,其他类型的欺骗攻击不再赘述,感兴趣的读者可以查找相关方面的材料。

5.8.1 IP欺骗攻击与防范

IP欺骗(IP spoofing)就是伪造某台主机IP地址的技术。通过IP地址的伪装使得某台主机能够伪装成另外一台主机,其实质就是让一台主机扮演另一台主机,而这台主机往往具有某种特权,或者被另外的主机所信任。IP欺骗大多是利用主机之间的信任关系发动的,所以在介绍IP欺骗攻击之前,需要先对信任关系的概念和建立方法进行说明。

1. IP欺骗攻击中的信任关系

在UNIX主机中,存在一种特殊的信任关系。假设在两台主机A和B上各有一个账户Alice,在使用A时会发现,要输入在A上的相应账户Alice,主机A和B会将Alice当作两个互不相关的用户,这显然有些不方便。为了减少这种不便,可以在主机A和B中建立起两个账户的相互信任关系。

(1) 在A和B的/home/Alice目录中创建.rhosts文件。

(2) 在主机A的home目录中用命令echo "B Alice">~/.rhosts实现A和B的信任关系。

这时,在主机B上就能毫无阻碍地使用任何以r开头的远程调用命令,如rlogin、rsh和rcp等,无须输入口令验证就可以直接登录到A上。rlogin是一个简单的客户机/服务器程序,它使用TCP进行传输,其作用和Telnet差不多,不同的是Telnet完全依赖口令验证,而rlogin是基于信任关系的验证。它使用了TCP进行传输。当用户从一台主机登录到另一台主机上,并且目标主机信任它时,rlogin将允许在不应答口令的情况下使用目标主机上的资源,并验证完全基于源主机的IP地址。

2. IP欺骗的原理

IP欺骗通过利用主机之间的正常信任关系来发动。已知A和B之间的信任关系是基于IP地址的,如果能够冒充B的IP,那么就可以使用rlogin登录到A,而不需要任何口令验证。这就是IP欺骗最根本的理论依据,如图5.16所示。但TCP对IP进行了进一步的封装,它是一种相对可靠的协议。下面对正常的TCP/IP的会话过程进行分析。

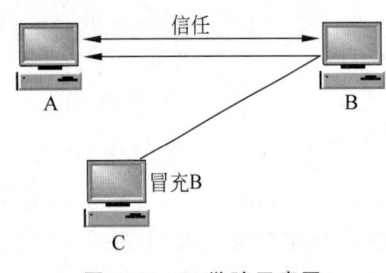

图5.16 IP欺骗示意图

由于TCP是面向连接的协议,因此双方正式传输数据之前需要三次握手来建立连接。假设还是A和B两台主机进行通信,B首先发送带有SYN标志的数据通知A建立TCP连接。TCP的可靠性就是由数据包中的数据序列SYN和数据确认标志ACK来保证的。B将TCP包头中的SYN设为自己本次连接中的初始值(ISN)。

当A收到B的SYN包之后,A会发送给B一个带有SYN+ACK标志的数据段,告知自己的ISN,并确认B发送来的第一个数据段,将ACK设置为B的SYN+1。

当B确认收到A的SYN+ACK数据包后,将ACK设置成A的SYN+1。A收到B的ACK后,连接成功建立,双方即可正式传输数据。图5.17所示为TCP三次握手的连接过程。

很明显,假如冒充B对A进行攻击,就要先使用B的IP地址发送SYN标志给A,但是当A收到SYN标志后,并不会将SYN+ACK发送到攻击者主机上,而是发送到真正的B

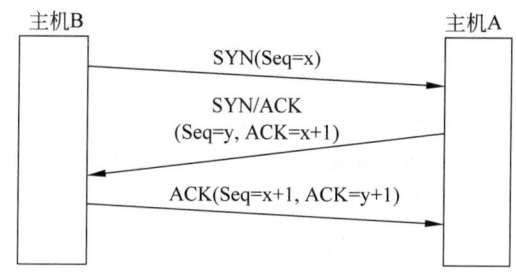

图 5.17 TCP 三次握手的连接过程

上,这时 IP 欺骗就失败了,因为 B 根本无法发送 SYN 请求。所以要冒充 B,首先要让 B 失去工作能力,也就是所谓的拒绝服务攻击,设法使 B 瘫痪。

前面已经提到,要对目标主机进行攻击,必须知道目标主机使用的数据包序列号。攻击者首先与被攻击主机的一个端口(SMTP 是一个很好的选择)建立正常连接。通常这个过程被重复若干次,并将目标主机最后所发送的 ISN 存储起来。黑客还需要估计他的主机与被信任主机之间的 RTT 时间(往返时间),这个 RTT 时间是通过多次统计平均求出的。RTT 对于估计下一个 ISN 非常重要,因为每秒 ISN 增加 128 000,每次连接增加 64 000。现在就不难估计出 ISN 的大小了,它是 128 000 乘以 RTT 的一半,如果此时目标主机刚刚建立过一个连接,那么再加上一个 64 000。在估计 ISN 大小后,立即就开始攻击。当黑客虚假的 TCP 数据包进入目标主机时,根据估计的准确程度会发生以下不同情况。

(1) 如果估计的序列号是准确的,那么进入的数据将被放置在接收缓冲区以供使用。如果估计的序列号小于期待的数字,那么进入的数据将被放弃。

(2) 如果估计的序列号大于期待的数字,并且在滑动窗口(缓冲)之内,那么该数据被认为是一个未来的数据,TCP 模块将等待其他缺少的数据。

(3) 如果估计的序列号大于期待的数字,并且不在滑动窗口之内,那么 TCP 将会放弃该数据,并返回一个期望获得的数据序列号。

攻击者伪装成被信任的主机 IP,然后向目标主机的 513 端口(rlogin)发送连接请求。目标主机立刻对连接请求做出响应,并更新 SYN+ACK 确认包给被信任主机。此时,被信任主机仍然处于瘫痪状态,它当然无法收到这个包。攻击者紧接着向目标主机发送 ACK 数据包,该包使用前面估计的序列号加 1。如果攻击者估计正确,则目标主机将会接收该 ACK,连接就可正式建立。这时就可以将 cat '++'>>~/.rhosts 命令发送过去,这样完成本次攻击后就可以不用口令直接登录到目标主机上。如果达到这一步,一次完整的 IP 欺骗就完成了。黑客已经在目标主机上得到了一个 Shell 权限,接下来就是利用系统的溢出或错误配置扩大权限。当然,黑客的最终目的还是获得服务器的 root 权限。

从上面的攻击过程可以看出,一般地,一个 IP 欺骗攻击的整个步骤如下。

(1) 让被信任主机的网络暂时瘫痪,以免对攻击造成干扰。

(2) 连接到目标主机的某个端口,猜测 ISN 基值和增加规律。

(3) 将源地址伪装成被信任主机,发送带有 SYN 标志的数据段请求连接。

(4) 等待目标主机发送 SYN+ACK 包给已经瘫痪的主机。

(5) 再次伪装成被信任主机向目标主机发送 ACK,此时发送的数据段带有预测目标主机的 ISN+1。

(6) 连接建立,发送命令请求。

3. IP 欺骗的防范

对于来自网络外部的欺骗,防范的方法很简单,只需要在局域网的对外路由器上加一个限制设置,即在路由器的设置里面禁止运行由外部来的但声称来自网络内部的数据包。

对于来自局域网外部的 IP 欺骗攻击,也可以通过防火墙进行防范。但对于来自内部的攻击,通过设置防火墙无法产生有效作用,这时应该注意内部网的路由器是否支持内部接口。如果路由器支持内部网络子网的两个接口,则必须提高警惕,因为它很容易受到 IP 欺骗。

通过对数据包的监控来检查 IP 欺骗攻击是非常有效的方法,使用 netlog 等数据包检查工具对信息的源地址和目的地址进行验证,如果发现了数据包来自两个以上的不同地址,则说明系统有可能受到了 IP 欺骗攻击。

5.8.2 ARP 欺骗攻击与防范

在局域网中,实际传输的数据是按照帧进行传输的,帧里面有目标主机的 MAC 地址。一台主机要与另一台主机进行直接通信,必须知道目标主机的 MAC 地址,目标 MAC 地址就是通过 ARP(Address Resolution Protocol,地址解析协议)获得的。地址解析就是主机在发送帧之前将目标 IP 地址转换成目标 MAC 地址的过程。ARP 的基本功能是通过目标设备的 IP 地址,查询目标设备的 MAC 地址,以保证通信的顺利进行。

ARP 欺骗攻击是针对 ARP 的一种攻击技术,可以造成内部网络的混乱,让某些被欺骗的计算机无法正常访问网络,让网关无法与客户机正常通信。一般来说,IP 地址的冲突可以通过多种方法和手段来避免,而 ARP 工作在最底层,当 ARP 缓存出错时,系统并不会判断 ARP 缓存正确与否,无法像 IP 冲突那样给出提示。很多黑客工具可以随时发送 ARP 欺骗数据包和 ARP 恢复数据包,这样就可以实现在一台普通计算机上通过发送 ARP 数据包的方式来控制网络中任何一台计算机的网络连接,甚至还可以直接对网关进行攻击,让所有连接网络的计算机都无法正常上网。

1. ARP 欺骗攻击的原理

当某机器 A 要向机器 B 发送报文时,A 会查询本地的 ARP 缓存表,如果找到 B 的 IP 地址对应的 MAC 地址,则立即进行数据传输;否则,广播一个 ARP 请求报文,请求 IP 地址为 B 的主机应答其物理地址。网上所有主机(包括B)都会收到 ARP 请求,但只有主机 B 响应,此时向 A 主机发送一个 ARP 响应报文,其中就包含 B 的 MAC 地址。A 接收到 B 的应答后,就会更新本地 ARP 缓存,接着使用这个 MAC 地址发送数据。因此,本地高速缓存的这个 ARP 表是本地网络畅通的基础,并且这个缓存是动态的。

ARP 欺骗攻击通过伪造 IP 地址和 MAC 地址实现 ARP 欺骗,过程如下。

(1) 假设有这样一个网络,包含一个交换机,连接了 3 台机器,依次是计算机 A、B、C。

① A 的地址为 IP:192.168.1.1,MAC:AA-AA-AA-AA-AA-AA。

② B 的地址为 IP:192.168.1.2,MAC:BB-BB-BB-BB-BB-BB。

③ C 的地址为 IP:192.168.1.3,MAC:CC-CC-CC-CC-CC-CC。

(2) 正常情况下,在计算机 A 上运行 ARP-A,查询 ARP 缓存表,应该出现如下信息:

```
Interface: 192.168.1.1 on Interface 0x1000003
Internet Address  Physical Address      Type
192.168.1.3       CC-CC-CC-CC-CC-CC     dynamic
```

(3) 在计算机 B 上运行 ARP 欺骗程序，发送 ARP 欺骗包。B 向 A 发送一个伪造的 ARP 应答，这个应答中的数据为：发送方 IP 地址是 192.168.1.3(C 的 IP 地址)，MAC 地址是 DD-DD-DD-DD-DD-DD(C 的 MAC 地址本来应该是 CC-CC-CC-CC-CC-CC)。当 A 接收到 B 伪造的 ARP 应答时，就会更新本地的 ARP 缓存。A 不知道这是从 B 发过来的，A 这里只有 192.168.1.3(C 的 IP 地址)和无效的 MAC 地址 DD-DD-DD-DD-DD-DD。

(4) 在计算机 A 上运行 ARP-A，查询 ARP 缓存信息，原来正确的信息也出现了错误。

```
Interface: 192.168.1.1 on Interface 0x1000003
Internet Address  Physical Address      Type
192.168.1.3       DD-DD-DD-DD-DD-DD     dynamic
```

(5) 当计算机 A 访问计算机 C 时，MAC 地址会被 ARP 协议错误地解析为 DD-DD-DD-DD-DD-DD。

当局域网中的一台机器反复向其他机器，特别是网关发送这样无效的假冒 ARP 应答信息包时，严重的阻塞就会开始。由于网关 MAC 地址错误，因此从网络中的计算机发来的数据无法正常发送到网关，自然无法正常上网，从而造成了无法访问外网的问题。另外，网关通常还控制着局域网，使得 LAN 访问也会出现问题。

2. ARP 攻击防护

目前，对于 ARP 攻击防护主要有两种方法：绑定 IP 和 MAC，使用 ARP 防护软件。

1) 静态绑定

ARP 攻击防护最常用的方法是进行 IP 和 MAC 的静态绑定，在局域网内将主机和网关都进行 IP 和 MAC 绑定。欺骗是通过 ARP 的动态实时的规则欺骗内网机器，所以将 ARP 全部设置为静态，可以解决对内网计算机的欺骗。同时在网关也要进行 IP 和 MAC 地址的静态绑定，这样双向绑定才比较保险。

IP 和 MAC 静态绑定可以通过命令"arp -s IP MAC 地址"实现，如 arp -s 192.168.1.1 AA-AA-AA-AA-AA-AA。

当然，对于网络中的每台主机都进行静态绑定，工作量非常大，而且在计算机每次启动以后都必须重新绑定，因此操作上不是很方便。

2) 使用 ARP 防护软件

ARP 类防护软件的工作原理是过滤所有的 ARP 数据包，对每个 ARP 应答进行判断，只有符合规则的 ARP 包才会被进一步处理，这样就防止了计算机被欺骗。同时对每个发出去的 ARP 应答都进行检测，只有符合规则的 ARP 包才会被发送出去，这样就实现了对发送攻击的拦截。例如，360ARP 防火墙就可以实现该功能。

习 题 5

在线测试

一、选择题

1. (　　)是使计算机疲于响应这些经过伪装的不可到达客户的请求，从而使计算机不能响应正常的客户请求等,达到切断正常连接的目的。

  A. 包攻击   B. 拒绝服务攻击

  C. 缓冲区溢出攻击   D. 口令攻击

2. (　　)就是要确定你的IP地址是否可以到达,运行哪种操作系统,运行哪些服务器程序,是否有后门存在。

  A. 对各种软件漏洞的攻击   B. 缓冲区溢出攻击

  C. IP地址和端口扫描   D. 服务型攻击

3. 分布式拒绝服务攻击(DDoS)分为3层:(　　)、主控端、代理端。三者在攻击中扮演着不同的角色。

  A. 其他   B. 防火墙   C. 攻击者   D. 受害主机

4. 有一种称为嗅探器(　　)的软件,它通过捕获网络上传送的数据包来收集敏感数据,这些数据可能是用户的账号和密码,或者一些机密数据等。

  A. softice   B. Unicode   C. W32Dasm   D. Sniffer

5. 攻击者在攻击之前的首要任务就是要明确攻击目标,这个过程通常称为(　　)。

  A. 安全扫描   B. 目标探测   C. 网络监听   D. 缓冲区溢出

6. 从技术上来讲,网络容易受到攻击的原因主要是由于网络软件不完善和(　　)本身存在安全缺陷造成的。

  A. 网络协议   B. 硬件设备   C. 操作系统   D. 人为破坏

7. 每当新的操作系统、服务器程序等软件发布之后,黑客就会利用(　　)寻找软件漏洞,从而达到导致计算机泄密、被非法使用,甚至崩溃的目的。

  A. IP地址和端口扫描   B. 口令攻击

  C. 各种软件漏洞扫描程序   D. 服务型攻击

8. (　　)攻击是指借助于客户机/服务器技术,将多个计算机联合起来作为攻击平台,对一个或多个目标发动DoS攻击,从而成倍地提高拒绝服务攻击的威力。

  A. 分布式拒绝服务   B. 拒绝服务

  C. 缓冲区溢出攻击   D. 口令攻击

9. (　　)是一种破坏网络服务的技术,其根本目的是使受害主机或网络失去及时接收处理外界请求,或者及时回应外界请求的能力。

  A. 包攻击   B. 拒绝服务

  C. 缓冲区溢出攻击   D. 口令攻击

二、填空题

1. 分布式拒绝服务攻击的英文缩写是＿＿＿＿。

2. 窃听与分析网络中传输数据包的程序通常称为＿＿＿＿。

3. ＿＿＿＿是一种既简单又有效的攻击方式,通过某些手段使得目标系统或网络不能提供正常的服务。

4. ＿＿＿＿是针对ARP的一种攻击技术,可以造成内部网络的混乱,让某些被欺骗的计算机无法正常访问网络。

5. ＿＿＿＿是一种比较常见、危害严重的网络攻击,它主要针对Web服务器端的特定数据库系统。

三、简答题

1. 什么是目标探测？目标探测的方法主要有哪些？
2. 从整个信息安全角度来看，目前扫描器主要有哪几种类型？
3. 如何有效防止端口扫描？
4. 网络监听的主要原理是什么？
5. 如何检测网络监听？如何防范网络监听？
6. 指出下述程序段存在的问题并进行修改。

```
char str[10];
char bigstr[20];
……
while(scanf("%20s",bigstr)! = NULL)
{
    bigstr[20] = '\0';
    strcpy(str,bigstr);
    ……
}
```

7. 下面是一个缓冲区溢出演示程序，请编译和执行该程序，逐渐增加输入字符个数，分析程序执行结果并说明如何执行 hacker 函数。

```
#include <stdio.h>
#include <string.h>
void function(const char * input)
{
  char buffer[5];
  printf("my stack looks:\n%p \n%p \n%p \n%p \n%p \n%p \n%p \n\n");
  strcpy(buffer,input);
  printf("%s \n",buffer);
  printf("Now my stack looks like: \n%p \n%p \n%p \n%p \n%p \n%p \n%p \n\n");
}
void hacker(void)
{
  printf("Oh,I've been hacked! \n");
}
int main(int argc,char * argv[])
{
  printf("address of function = %p \n",function);
  printf("address of hacker = %p \n",hacker);
  function(argv[1]);
  return 0;
}
```

提示：

（1）在 Visual C++环境中，由于 Debug 模式包含了对栈问题进行检测的操作，因此需要在 Release 模式下编译和运行。

（2）根据屏幕显示结果找到 EBP 和 RET 的地址。

（3）为了能使程序执行 hacker 函数，可以编写一段名为 hacker.pl 的 pearl 脚本。

```
$ arg = "aaaaaaaaa…"."hacker 函数地址";
$ cmd = "该程序文件名", $ arg;
system( $ cmd);
pearl hacker.pl
```

这样,程序就可能会执行 hacker 函数(取决于所使用的编译器)。

8. 什么是拒绝服务(DoS)攻击？什么是分布式拒绝服务(DDoS)攻击？

9. 如何有效防范 DDoS 攻击？

10. 什么是欺骗攻击？简述欺骗攻击的原理。

11. IP 欺骗主要是针对 UNIX 操作系统的,在 Windows 操作系统中有没有 IP 欺骗的问题？

第6章 防火墙技术

随着 Internet 的发展,网络的安全性越来越成为网络建设中需要考虑的一个关键因素,企业及组织为确保内部网络及系统的安全,均设置不同层次的信息安全解决机制,而防火墙(firewall)就是各企业及组织在设置信息安全解决方案中最常被优先考虑的安全控管机制。

6.1 防火墙概述

古时候,人们常在寓所之间砌起一道砖墙,一旦火灾发生,它能够防止火势蔓延,称为防火墙。现在,如果一个网络连接到了 Internet 上,它的用户就可以方便地访问外部世界并与之通信。但同时,外部世界也同样可以访问该网络并与之交互。为了安全起见,可以在该网络和 Internet 之间插入一个中介系统,竖起一道安全屏障。这道屏障的作用是阻断来自外部网络对本网络的威胁和入侵,提供扼守本网络的安全和审计的唯一关卡,它的作用与古时候的防火砖墙有类似之处。因此,将这个屏障称为"防火墙"。

在计算机中,防火墙是一种装置,它是由软件或硬件设备组合而成的,通常处于企业的内部局域网(Intranet)与 Internet 之间(图 6.1),限制 Internet 用户对内部网络的访问,以及管理内部用户访问外界的权限。换言之,防火墙是一个位于被认为是安全和可信的内部网络与一个被认为是不安全和可信的外部网络(通常是 Internet)之间的控制工具。防火墙技术是一种被动的技术,它对内部的非法访问难以有效地控制。因此,防火墙只适合于相对独立的网络,如企业内部的局域网络等。

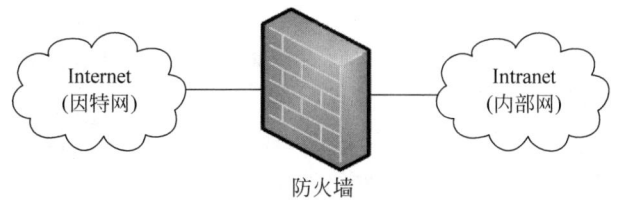

图 6.1 防火墙示意图

6.1.1 防火墙的定义

顾名思义,防火墙是一种隔离设备。防火墙是一种高级访问控制设备,是置于不同网络安全域之间的一系列部件的组合。它是不同网络安全域之间通信流的唯一通道,能根据用户设置的安全策略控制进出网络的访问行为。

从专业角度讲,防火墙是位于两个或多个网络之间,实施网络访问控制的组件集合。从用户角度讲,防火墙是被放置在用户计算机与外网之间的防御体系,从外部网络发往用户计算机的所有数据都要经过其判断处理后才能决定是否将数据交给计算机,一旦发现数据异常或有害,防火墙就会将数据拦截,从而实现对计算机的保护。

防火墙是网络安全策略的组成部分,它只是一个保护装置,通过检测和控制网络之间的信息交换和访问行为来实现对网络安全的有效管理,其主要目的就是保护内部网络的安全。

防火墙是在两个网络通信时执行的一种访问控制工具,它能允许用户"同意"的人和数据进入用户的网络,同时将用户"不同意"的人和数据拒之门外,最大限度地阻止网络中的黑客访问用户的网络。换句话说,如果不通过防火墙,那么公司内部的人就无法访问 Internet,Internet 上的人也无法与公司内部的人进行通信。

6.1.2 防火墙的特性

防火墙是保障网络安全的一个(或一组)系统,用于加强网络间的访问控制,防止外部用户非法使用内部网络的资源,保护内部网络的设备不被破坏,防止内部网络的敏感数据被窃取。防火墙应具备以下 3 个基本特性。

(1) 内部网络和外部网络之间的所有网络数据流都必须经过防火墙。这是防火墙所处网络位置特性,同时也是一个前提。因为只有当防火墙是内、外部网络之间通信的唯一通道时,才可以全面、有效地保护企业内部网络不受侵害。根据美国国家安全局制定的《信息保障技术框架》,防火墙适用于用户网络系统的边界,属于用户网络边界的安全保护设备。网络边界即采用不同安全策略的两个网络的连接处,如用户网络和 Internet 之间的连接、用户网络和其他业务往来单位的网络连接、用户内部网络不同部门之间的连接等。防火墙的目的就是在网络连接之间建立一个安全控制点,通过允许、拒绝或重新定向经过防火墙的数据流,实现对进出内部网络的服务和访问的审计与控制。

(2) 只有符合安全策略的数据流才能通过防火墙。防火墙最基本的功能是确保网络流量的合法性,并在此前提下将网络的流量快速地从一条链路转发到另外的链路上。原始的防火墙是一台"双穴主机",即具备两个网络接口,同时拥有两个网络层地址。防火墙将网络上的流量通过相应的网络接口进行接收,按照 OSI 协议栈的 7 层结构顺序上传,在适当的协议层进行访问规则和安全审查,然后将符合通过条件的报文从相应的网络接口送出,而对于那些不符合通过条件的报文则予以阻断。因此,从这个角度上来说,防火墙是一个类似于桥接或路由器的、多端口的(网络接口≥2)转发设备,它跨接于多个分隔的物理网段之间,并在报文转发过程中完成对报文的审查工作。

(3) 防火墙自身应具有非常强的抗攻击能力。这是防火墙之所以能担当企业内部网络安全防护重任的先决条件。防火墙处于网络边缘,就像一个边界卫士一样,每时每刻都要面对黑客的入侵,这样就要求防火墙自身要具有非常强的抗击入侵能力。它之所以具有这么强的功能,防火墙操作系统本身是关键,只有自身具有完整信任关系的操作系统才可以保证系统的安全性。其次就是防火墙自身具有非常低的服务层次,除了专门的防火墙嵌入系统外,再没有其他应用程序在防火墙上运行。

6.1.3 防火墙的功能

通常,防火墙应具备以下功能。

(1) 阻止易受攻击的服务进入内部网。一个防火墙(作为阻塞点、控制点)能极大地提高一个内部网络的安全性,并通过过滤不安全的服务而降低风险。由于只有经过精心选择的应用协议才能通过防火墙,因此网络环境变得更安全。例如,防火墙可以禁止诸如不安全的 NFS 协议进出受保护的网络,这样外部的攻击者就不可能利用这些脆弱的协议来攻击内部网络。防火墙同时可以保护网络免受基于路由的攻击,如 IP 选项中的源路由攻击和 ICMP 重定向中的重定向路径。防火墙应该可以拒绝所有以上类型攻击的报文并通知管理员。

(2) 集中安全管理。通过以防火墙为中心的安全方案配置,能将所有安全机制(如口令、加密、身份认证和审计等)配置在防火墙上。与将网络安全问题分散到各个主机上相比,防火墙的集中安全管理更经济。例如在网络访问时,一次一密口令(One Time Password,OTP)系统和其他的身份认证系统完全可以不必分散在各个主机上,而是集中在防火墙上。

(3) 对网络存取和访问进行监控审计。如果所有的访问都经过防火墙,那么防火墙就能记录下这些访问并进行日志记录,同时也能提供网络使用情况的统计数据。当发生可疑动作时,防火墙能进行适当的报警,并提供网络是否受到监测和攻击的详细信息。收集一个网络的正常使用和误用情况也是一件非常有意义的事情。这对于掌握网络需求分析和威胁分析等而言也是非常重要的。

(4) 检测扫描计算机和网络的企图。当黑客扫描计算机和网络时,当计算机被扫描时,防火墙能发出警告,可以通知管理员计算机和网络正在被扫描,并显示进行扫描攻击的计算机 IP 地址。

(5) 防范特洛伊木马。特洛伊木马程序可以通过计算机打开 TCP/IP 端口,然后连接到外部计算机与外部计算机进行通信。防火墙可以设置允许通过防火墙的应用程序列表,任何不在列表中的应用程序都无法启动对外的通信连接。

(6) 防范病毒。防火墙具备防病毒功能,能够扫描电子邮件附件、FTP 下载的文件内容,阻断病毒的下载和传输。防火墙还可以从 HTTP 页面剥离 Java Applet、ActiveX 控件,阻止其到达客户计算机,并扫描代码或病毒并向用户报警。

(7) VPN。VPN 是利用 Internet 公共网络资源构建具有 Internet 服务特性的企业内部网络技术体系。VPN 将企业内部网络扩展到了公网上,VPN 用户可以实际上分布在世界各地,防火墙通过 VPN 将其有机地连成一体,不仅省去了专用通信线路的费用,节省了通信线路,而且为信息共享提供了技术保障。

虽然防火墙可以在一定程度上保护其身后的网络不受外界的侵袭和干扰。但随着网络攻击手段的不断发展与进步,传统防火墙在使用的过程中有以下缺点。

(1) 防火墙无法防范内部攻击。入侵者可以伪造数据绕过防火墙或找到防火墙中可能开启的后门。

(2) 防火墙不能防范不经由防火墙的网络内部的袭击。通过调查发现,有将近一半以上的攻击都来自网络内部。对于内部网络用户和恶意泄露企业机密的员工来说,防火墙形同虚设。

(3) 防火墙通常不具备实时监控入侵行为的能力。

(4) 防火墙不能防御所有新的威胁。防火墙仅仅是一种被动的防护手段,只能用来防备已知的威胁,无法检测和防御最新的拒绝服务攻击及蠕虫病毒的攻击。

正因为如此,认为在 Internet 入口处设置防火墙系统就足以保护企业网络安全的想法会显得不切实际。同时,也正是这些因素促进了人们对入侵检测技术的研究及开发。入侵检测系统(Intrusion Detection System,IDS)可以弥补防火墙的不足,为网络提供实时的监控,并且在发现入侵的初期采取相应的防护手段。IDS作为必要的附加手段,已经被大多数组织机构的安全构架所接受。

6.2 防火墙的分类

6.2.1 防火墙的发展简史

图6.2所示为防火墙技术的发展简史。

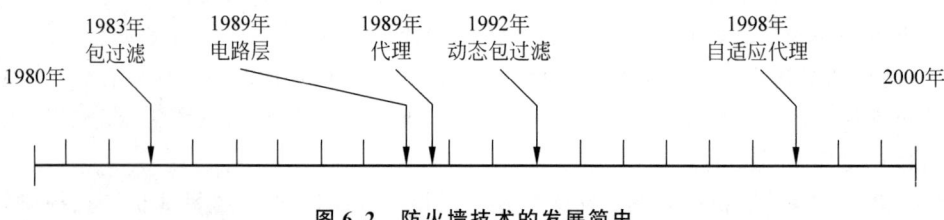

图 6.2 防火墙技术的发展简史

1. 第一代防火墙

第一代防火墙技术几乎与路由器同时出现,采用了包过滤(packet filter)技术。

2. 第二代和第三代防火墙

1989 年,贝尔实验室的 Dave Presotto 和 Howard Trickey 推出了第二代防火墙,即电路层防火墙,同时提出了第三代防火墙——应用层防火墙(代理型防火墙)的初步结构。

3. 第四代防火墙

1992 年,USC 信息科学院的 BobBraden 开发了基于动态包过滤(dynamic packet filter)技术的第四代防火墙,后来演变为目前所说的状态监视(stateful inspection)技术。1994 年,以色列的 CheckPoint 公司开发出了第一个采用这种技术的商业化产品。

4. 第五代防火墙

1998 年,NAI 公司推出了一种自适应代理(adaptive proxy)技术,并在其产品 Gauntlet Firewall for Windows NT 中得以实现,给代理类型的防火墙赋予了全新的意义,可以称为第五代防火墙。

5. 一体化安全网关 UTM

UTM 采用统一威胁管理,它是在防火墙基础上发展起来的安全设备,具备防火墙、IPS、防病毒、防垃圾邮件等综合功能。由于同时开启多项功能会大大降低 UTM 的处理性能,因此主要用于对性能要求不高的中低端领域。在中低端领域,UTM 已经出现了代替防火墙的趋势,因为在不开启附加功能的情况下,UTM 本身就是一个防火墙,而附加功能又为用户的应用提供了更多选择。在高端应用领域,如电信、金融等行业,仍然以专用的高性能防火墙、IPS 为主流。

6.2.2 按防火墙软硬件形式分类

如果从防火墙的软、硬件形式来分,防火墙可以分为软件防火墙、硬件防火墙和芯片级防火墙。

1. 软件防火墙

软件防火墙运行于特定的机器上,它需要客户预先安装好计算机操作系统的支持,一般来说这台计算机就是整个网络的网关,俗称"个人防火墙"。软件防火墙就像其他的软件产品一样,需要先在计算机上安装并做好配置才可以使用。防火墙厂商中做网络版软件防火墙最出名的莫过于 Checkpoint。使用这类防火墙,需要网管对所工作的操作系统平台比较熟悉。

2. 硬件防火墙

这里所说的硬件防火墙是指所谓的硬件防火墙。之所以加上"所谓"二字,是针对芯片级防火墙来说的。它们最大的差别在于是否基于专用的硬件平台。目前市场上大多数防火墙都是这种所谓的硬件防火墙,它们都基于 PC 架构。也就是说,它们和普通家庭用的 PC 没有太大区别。通常在这些 PC 架构计算机上运行一些经过裁剪和简化的操作系统,最常用的有旧版本的 UNIX、Linux 和 FreeBSD 系统。值得注意的是,由于此类防火墙采用的依然是别人的内核,因此会受到 OS(操作系统)本身的安全性影响。

3. 芯片级防火墙

芯片级防火墙基于专门的硬件平台,没有操作系统。专有的 ASIC 芯片促使它们比其他种类的防火墙速度更快,处理能力更强,性能更高。做这类防火墙最出名的厂商有 NetScreen、FortiNet 和 Cisco 等。这类防火墙由于是专用 OS(操作系统),因此防火墙本身的漏洞比较少,不过价格相对比较昂贵。

6.2.3 按防火墙技术分类

防火墙技术总体上可分为"包过滤型"和"应用代理型"两大类。前者以以色列的 Checkpoint 防火墙和美国 Cisco 公司的 PIX 防火墙为代表,后者以美国 NAI 公司的 Gauntlet 防火墙为代表。

1. 包过滤型防火墙

包过滤型防火墙工作在 OSI 网络参考模型的网络层和传输层,它根据数据包头源地址、目的地址、端口号和协议类型等标志确定是否允许通过。只有满足过滤条件的数据包才被转发到相应的目的地,其余数据包则被从数据流中丢弃。

包过滤方式是一种通用、廉价和有效的安全手段。之所以通用,是因为它不是针对各个具体的网络服务采取的特殊处理方式,而是适用于所有网络服务;之所以廉价,是因为大多数路由器都提供数据包过滤功能,所以这类防火墙多数是由路由器集成的;之所以有效,是因为它能满足绝大多数安全要求。

在整个防火墙技术的发展过程中,包过滤技术出现了两种不同版本,称为"第一代静态包过滤"防火墙和"第二代动态包过滤"防火墙。

2. 应用代理型防火墙

由于包过滤技术无法提供完善的数据保护措施,而且对一些特殊的报文攻击,仅仅使用过滤的方法并不能消除危害(如 SYN 攻击、ICMP 洪水等),因此人们需要一种更全面的防火墙保护技术,在这样的需求背景下,采用"应用代理"技术的防火墙诞生了。

应用代理型防火墙是工作在 OSI 的最高层,即应用层。它完全"阻隔"了网络通信流,通过对每种应用服务编制专门的代理程序,实现监视和控制应用层通信流的作用。

在代理型防火墙技术的发展过程中,它也经历了两个不同的版本:第一代应用网关代理型防火墙和第二代自适应代理型防火墙。

6.3 防火墙的实现技术

从工作原理角度来看,防火墙主要可以分为网络层防火墙和应用层防火墙。这两种类型防火墙的具体实现技术主要有包过滤技术、代理服务技术、状态检测技术和 NAT 技术。

6.3.1 包过滤技术

包过滤防火墙工作在网络层,通常基于 IP 数据包的源地址、目的地址、源端口和目的端口进行过滤。它的优点是效率比较高,对用户来说是透明的,用户可能不会感觉到包过滤防火墙的存在。它的缺点是对于大多数服务和协议不能提供安全保障,无法有效地区分同一 IP 地址的不同用户,并且包过滤防火墙难以配置、监控和管理,不能提供足够的日志和报警。

数据包过滤技术是在网络层对数据包进行选择,选择的依据是系统内设置的过滤逻辑,被称为访问控制列表(Access Control List, ACL)。通过检查数据流中每个数据包的源地址、目的地址、所用的端口号和协议等信息或它们的组合,以确定是否允许该数据包通过。

数据包过滤防火墙逻辑简单,价格便宜,易于安装和使用,它通常安装在路由器上。路由器是内部网络与 Internet 连接必不可少的设备,因此在原有网络上增加这样的防火墙几乎不需要增加任何额外的费用。

1. 包过滤模型

包过滤防火墙一般有一个包检查模块,可以根据数据包头中的各项信息来控制站点与站点、站点与网络、网络与网络之间的相互访问,但不能控制传输的数据内容,因为内容是应用层数据。

包检查模块应该深入操作系统的核心,在操作系统或路由器转发包之前拦截所有的数据包。当包过滤防火墙安装在网关上之后,包过滤检查模块深入系统的网络层和数据链路层(TCP 层和 IP 层)之间,抢在操作系统或路由器的 TCP 层之前对 IP 包进行处理。因为数据链路层事实上就是网卡,网络层是第一层协议栈,所以包过滤防火墙位于软件层次的最底层。

(1) 第一代静态包过滤类型防火墙技术。这类防火墙几乎是与路由器同时产生的

(图 6.3),它根据定义好的过滤规则审查每个数据包,以确定其是否与某一条包过滤规则匹配。过滤规则基于数据包的报头信息进行制定。包头信息中包括 IP 源地址、IP 目标地址、传输协议(TCP、UDP、ICMP 等)、TCP/UDP 目标端口、ICMP 消息类型等。

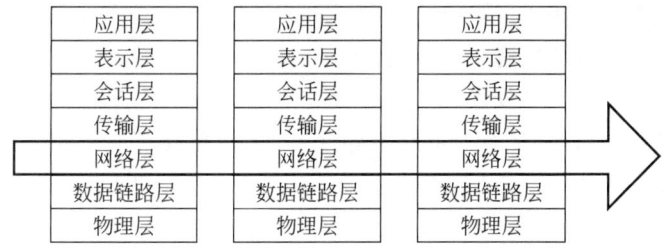

图 6.3　第一代静态包过滤防火墙工作层次结构

(2) 第二代动态包过滤类型防火墙技术。这类防火墙采用动态设置包过滤规则的方法,避免了静态包过滤所具有的问题。这种技术后来发展成为包状态检测技术。采用这种技术的防火墙对通过其建立的每一个连接都进行跟踪,并且根据需要可动态地在过滤规则中增加或更新条目,如图 6.4 所示。

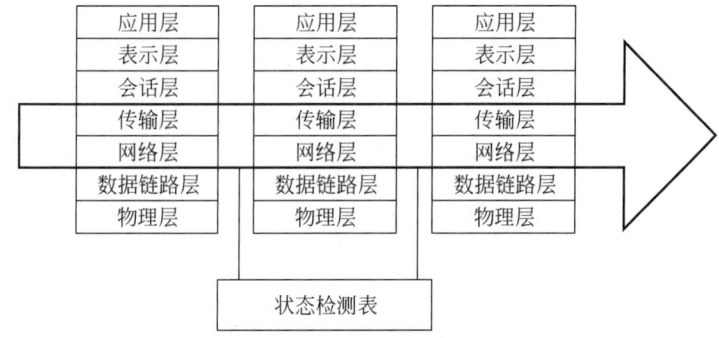

图 6.4　第二代动态包过滤防火墙工作层次结构

2. 包过滤的工作过程

数据包过滤技术可以允许或不允许某些数据包在网络上传输,主要依据信息包括数据包的源地址、数据包的目的地址、数据包的协议类型(TCP、UDP 和 ICMP 等)、TCP 或 UDP 的源端口、TCP 或 UDP 的目的端口、ICMP 消息类型。大多数包过滤系统在过滤的时候都不关心包的具体内容,通常它只能进行以下类似情况的操作。

(1) 不允许任何用户从外部网用 Telnet 登录。

(2) 允许任何用户使用 SMTP 向内部网发送电子邮件。

(3) 只允许某台计算机通过 NNTP 向内部网发新闻。

包过滤系统不能识别数据包中的用户信息,同样包过滤系统也不能识别数据包中的文件信息。包过滤系统的主要特点是可在一台计算机上提供对整个网络的保护。

几乎所有的包过滤操作设备(过滤路由器或包过滤网关)都按照以下方式工作。

(1) 包过滤标准必须由包过滤设备端口存储起来,这些包过滤标准称为包过滤规则。

(2) 当包到达端口时,对包的包头进行分析,大部分包过滤设备只检查 IP、TCP 或 UDP

包头中的字段,不检查数据的内容。

(3) 包过滤规则以特殊的方式存储。

(4) 如果一条规则阻止了包传输或接收,则该数据包不允许通过。

(5) 如果一条规则允许包传输或接收,则该包可以继续被处理。

(6) 如果一个包不满足任何一条规则,则该包被丢弃。

包过滤操作流程如图 6.5 所示,从中可以看到,过滤规则的排列顺序是非常重要的。配置过滤规则时,常犯的错误是把规则顺序放错了,如果包过滤规则以错误的顺序放置,那么有效的服务也可能会被拒绝,而该被拒绝的服务却被允许了。另外,当规则的排列顺序不恰当时,也会影响数据包的处理效率。

在为网络安全设计过滤规则时,应该遵循自动防止故障的原理:未明确表示允许的便被禁止,此原理是为包过滤设计的。因此,随着网络应用的深入,会有新应用(服务)的增加,这样就需要为新应用调整过滤规则,否则新的服务就不能通过防火墙。

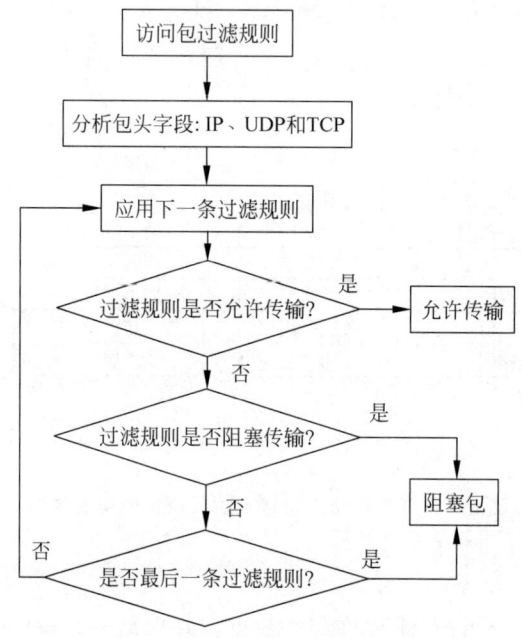

图 6.5 包过滤操作流程

3. 包过滤技术的优缺点

包过滤技术的优点是不用改动客户机和主机上的应用程序,因为它工作在网络层和传输层,与应用层无关。

包过滤技术的缺点比较明显,包括以下几方面。

(1) 过滤判别的依据只是网络层和传输层的有限信息,因而各种安全要求不可能充分满足。

(2) 在许多过滤器中,过滤规则的数目是有限制的,且随着规则数目的增加,性能会受到很大的影响。

(3) 由于缺少上下文关联信息,不能有效地过滤如 UDP、RPC(远程过程调用)一类的协议。

(4) 大多数过滤器中缺少审计和报警机制,它只能依据包头信息,而不能对用户身份进行验证,很容易受到"地址欺骗型"攻击。

(5) 对安全管理人员素质要求高,建立安全规则时,必须对协议本身及其在不同应用程序中的作用有较深入的理解。

因此,过滤器通常是与应用网关配合使用,共同组成防火墙系统。

6.3.2 代理服务技术

代理服务技术是一种比较新型的防火墙技术。

1. 代理服务技术原理

代理服务器是指代表客户处理连接请求的程序。当代理服务器得到一个客户的连接意图时,它将核实客户请求,并用特定的安全化的代理应用程序来处理连接请求,将处理后的请求传递到真实的服务器上;然后接收服务器应答,并做进一步处理,将应答交给发出请求的最终客户。代理服务器在外部网络向内部网络申请服务时发挥了中间转接和隔离内外网络的作用,所以又称为代理型防火墙。

代理服务型防火墙工作在 OSI 的最高层,即应用层。它完全"阻隔"了网络通信流,通过对每种应用服务编制专门的代理程序,实现监视和控制应用层通信流的作用。代理服务型防火墙的典型网络结构如图 6.6 所示。

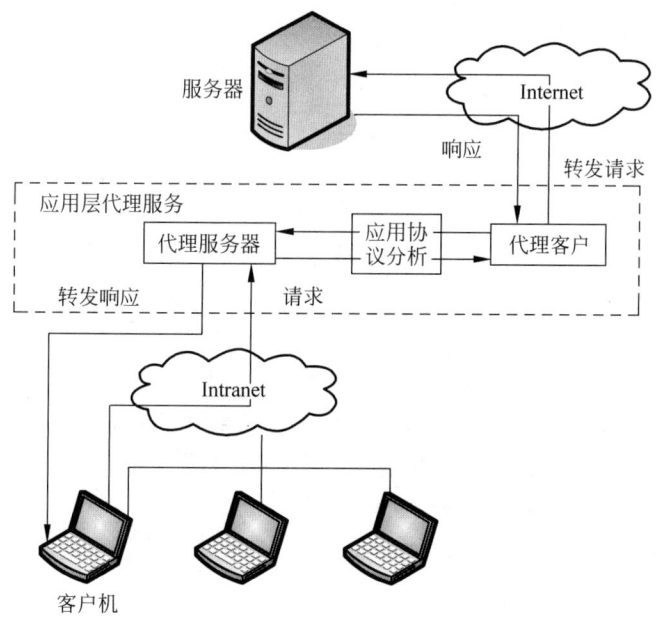

图 6.6 代理服务型防火墙结构示意图

在代理服务型防火墙技术的发展过程中,它也经历了两个不同的版本:第一代应用层网关代理型防火墙和电路层网关型防火墙。

1) 第一代应用网关(Application Layer Gateway,ALG)型防火墙

这类防火墙(图 6.7)是通过一种代理技术参与到一个 TCP 连接的全过程。从内部发出的数据包经过这样的防火墙处理后,就好像是源于防火墙外部网卡一样,从而可以达到隐

藏内部网结构的作用。它的核心技术就是代理服务器技术。

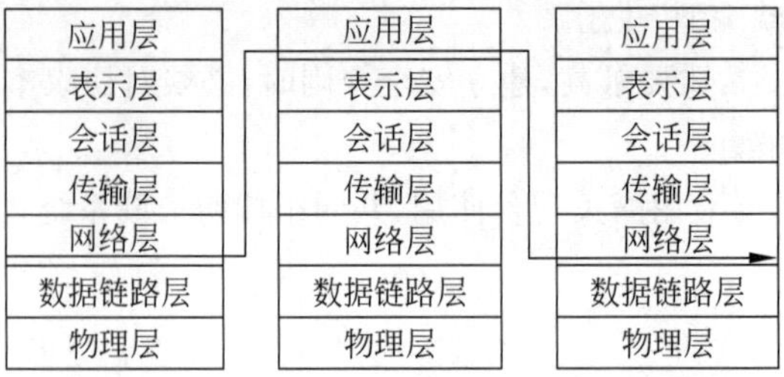

应用层	应用层	应用层
表示层	表示层	表示层
会话层	会话层	会话层
传输层	传输层	传输层
网络层	网络层	网络层
数据链路层	数据链路层	数据链路层
物理层	物理层	物理层

图 6.7 第一代应用层网关型防火墙工作层次结构

当某用户(无论是远程的还是本地的)想与一个运行代理的网络建立联系时,此代理(应用层网关)会阻塞这个连接,然后在过滤的同时对数据包进行必要的分析、登记和统计,形成检查报告。如果此连接请求符合预定的安全策略或规则,则代理防火墙会在用户和服务器之间建立一个"桥",从而保证其通信。如果此连接请求不符合预定安全规则,则将被阻塞或抛弃。

同时,应用层网关将内部用户的请求确认后送到外部服务器,再将外部服务器的响应送回给用户。这种技术对 ISP 很常见,用于在 Web 服务器上高速缓存信息,并扮演 Web 客户和 Web 服务器之间的中介角色。它主要保存 Internet 上那些最常用和最近访问的内容,在 Web 上,代理首先试图在本地查找数据,如果没有查找到,则在远程服务器上进行查找。应用层网关为用户提供了更快的访问速度,并且提高了安全性。

(1) 优点。应用网关型防火墙最突出的优点就是安全。这种类型的防火墙被网络安全专家和媒体公认是最安全的防火墙。由于每一个内外网络之间的连接都要经过代理的介入和转换,通过专门为特定的服务(如 HTTP)编写的安全化的应用程序进行处理,然后由防火墙本身提交请求和应答,不给内外网络的计算机任何直接会话的机会,从而避免了入侵者使用数据驱动类型的攻击方式入侵内部网络。从内部发出的数据包经过这样的防火墙处理后,就好像源于防火墙外部的网卡一样,从而可以达到隐藏内部网络结构的作用。

应用层网关防火墙同时也是内部网和外部网的隔离点,起着监视和隔绝应用层通信流的作用。它工作在 OSI 的最高层,掌握着应用系统中可用作安全决策的全部信息。

(2) 缺点。代理型防火墙的最大缺点就是速度相对比较慢,当用户对内外网络网关的吞吐量要求比较高(如要求 75~100Mb/s)时,代理防火墙就会成为内外网络之间的瓶颈。所幸的是,目前用户接入 Internet 的速度一般都远低于这个数字。在现实环境中,要考虑使用包过滤型防火墙来满足速度要求的情况,大部分都是高速网(ATM 或千兆位 Intranet 等)之间的防火墙。

2) 电路层网关(Circuit Layer Gateway,CLG)型防火墙

电路层网关型防火墙是近几年才得到广泛应用的一种新型防火墙。这种防火墙不建立被保护的内部网和外部网之间的直接连接,而是通过电路层网关中继 TCP 连接。在电路层网关中,数据包被提交给用户应用层处理。

电路层网关是建立应用层网关的一个更加灵活的方法。它是针对数据包过滤和应用层网关技术存在的缺陷而引入的一种防火墙技术,一般采用自适应代理技术,因此也称为自适应代理防火墙。

它可以结合代理型防火墙的安全性和包过滤防火墙的高速度等优点,在毫不损失安全性的基础上将代理型防火墙的性能提高 10 倍以上。组成这种类型防火墙的基本要素有两个:自适应代理服务器和动态包过滤器。

在"自适应代理服务器"与"动态包过滤器"之间存在一个控制通道。在对防火墙进行配置时,用户仅仅将所需要的服务类型、安全级别等信息通过相应代理的管理界面进行设置即可。然后,自适应代理就可以根据用户的配置信息,决定是使用代理服务从应用层代理请求还是从网络层转发包,如图 6.8 所示。如果是后者,则它将动态地通知包过滤器增减过滤规则,以满足用户对速度和安全性的双重要求。

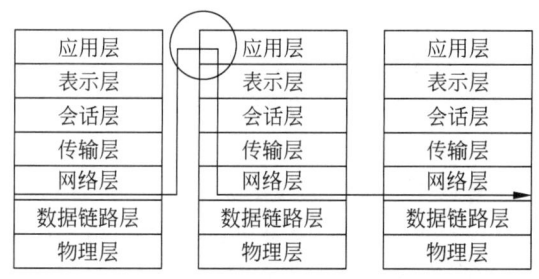

图 6.8 电路层网关型防火墙工作层次结构

代理类型防火墙最突出的优点也是安全。由于它工作于最高层,所以可以对网络中的任何一层数据通信进行筛选保护,而不是像包过滤那样,只是对网络层的数据进行过滤。

电路层网关型防火墙的特点是将所有跨越防火墙的网络通信链路分成两段。防火墙内外计算机系统间应用层的"链接"由两个终止代理服务器上的"链接"实现,外部计算机的网络链路只能到达代理服务器,从而起到了隔离防火墙内外计算机系统的作用。此外,代理服务也对过往的数据包进行分析、注册登记,形成报告,当发现被攻击迹象时,会向网络管理员发出警报,并保留攻击痕迹。

2. 代理服务技术的特点

代理型防火墙采取的是一种代理机制,因其可以为每一种应用服务建立一个专门的代理,所以内外部网络之间的通信不是直接的,而是需要先经过代理服务器审核,通过后再由代理服务器代为连接。这种机制根本没有给内、外部网络计算机任何直接会话的机会,从而避免了入侵者使用数据驱动类型的攻击方式入侵内部网。

代理防火墙的最大缺点是速度相对比较慢,当用户对内、外部网络网关的吞吐量要求比较高时,代理防火墙就会成为内、外部网络之间的瓶颈。因为防火墙需要为不同的网络服务建立专门的代理服务,在代理程序为内、外部网络用户建立连接时需要时间,所以给系统性能带来了一些负面影响,但通常不会很明显。

6.3.3 状态检测技术

1. 状态检测技术的工作原理

基于状态检测技术的防火墙是由 CheckPoint 软件技术有限公司率先提出的,也称为动态包过滤防火墙。基于状态检测技术的防火墙通过一个在网关处执行网络安全策略的检测引擎而获得非常好的安全特性。检测引擎在不影响网络正常运行的前提下,采取抽取有关数据的方法对网络通信的各层实施检测。检测引擎维护一个动态的状态信息表,并对后续的数据包进行检查,一旦发现某个连接的参数有意外变化,则立即将其终止。

状态检测防火墙监视和跟踪每个有效连接的状态,并根据这些信息决定是否允许网络数据包通过防火墙。它在协议栈底层截取数据包,然后分析这些数据包的当前状态,并将其与前一时刻相应的状态信息进行对比,从而得到对该数据包的控制信息。

检测引擎支持多种协议和应用程序,并可以方便地实现应用和服务的扩充。当用户访问请求到达网关操作系统前,检测引擎通过状态监视器收集有关状态信息,结合网络配置和安全规则做出接纳、拒绝、身份认证和报警等处理动作。一旦有某个访问违反了安全规则,该访问就会被拒绝,记录并报告有关状态信息。

状态检测防火墙试图跟踪通过防火墙的网络连接和数据包,这样防火墙就可以使用一组附加的标准,以确定是否允许和拒绝通信。

在包过滤防火墙中,所有数据包都被认为是孤立存在的,不关心数据包的历史和未来,数据包的允许和拒绝的决定完全取决于包自身所包含的信息,如源地址、目的地址和端口号等。状态检测防火墙跟踪的则不仅仅是数据包所包含的信息,还包括数据包的状态信息。为了跟踪数据包的状态,状态检测防火墙还记录有用的信息以帮助识别包,如已有的网络连接、数据的传出请求等。

状态检测技术采用的是一种基于连接的状态检测机制,将属于同一连接的所有包作为一个整体的数据流看待,构成连接状态表,通过规则表与状态表的配合,对表中的各个连接状态因素加以识别。

2. 状态检测技术跟踪连接状态的方式

状态检测技术跟踪连接状态的方式取决于数据包的协议类型。

(1) TCP 包。当建立起一个 TCP 连接时,通过的第一个包被标记上包的 SYN 标志。通常情况下,防火墙丢弃所有外部的连接企图,除非已经建立起某条特定规则来处理它们。对内部主机试图连接到外部主机的数据包,防火墙标记该连接包,允许响应及随后在两个系统之间的数据包通过,直到连接结束为止。在这种方式下,传入的包只有在它是响应一个已经建立的连接时,才允许通过。

(2) UDP 包。UDP 包比 TCP 包简单,因为它们不包含任何连接或序列信息,而只包含源地址、目的地址、校验和携带的数据。这种信息的缺乏使得防火墙确定包的合法性很困难,因为没有打开的连接可以利用,以测试传输的包是否应被允许通过。如果防火墙跟踪包的状态,那么就可以确定其合法性。对传入的包,如果它所使用的地址和 UDP 包携带的协议与传出的连接请求匹配,则该包就被允许通过。与 TCP 包一样,没有传入的 UDP 包会被允许通过,除非它是响应传出的请求或已经建立了制定的规则来处理它。对其他类型的包,情况与 UDP 包类似。防火墙仔细地跟踪传出的请求,记录下所使用的地址、协议和包的类型,然后对照保存过的信息核对传入的包,以确保这些包是被请求的。

3. 状态检测技术的特点

状态检测防火墙结合了包过滤防火墙和代理防火墙的优点,克服了两者的不足,能够根据协议、端口,以及源地址和目的地址等信息决定数据包是否被允许通过。状态检测防火墙具有以下优点。

(1) 高安全性。状态检测防火墙工作在数据链路层和网络层之间，因为数据链路层是网卡工作的真正位置，网络层是协议栈的第一层，这样防火墙就能确保截取和检查所有通过网络的原始数据包。

(2) 高效性。状态检测防火墙工作在协议栈较低层，通过防火墙的数据包都在低层处理，不需要协议栈上层处理任何数据包，这样就减少了高层协议的开销，使执行效率提高了很多。

(3) 可伸缩性和易扩展性。状态检测防火墙不像代理防火墙那样，每个应用对应一个服务程序而提供有限的服务。状态检测防火墙不区分具体的应用，只是根据从数据包中提取的信息、对应的安全策略和过滤规则处理数据包。当有一个新的应用时，它能动态产生新规则，而不用另写代码。

(4) 应用范围广。状态检测防火墙不仅支持基于 TCP 的应用，还支持无连接的应用，如 RPC 和 UDP 的应用。对无连接协议，包过滤防火墙和应用代理防火墙要么不支持，要么开放一个大范围的 UDP 端口，这样就会暴露内部网，降低安全性。

在带来高安全性的同时，状态检测技术也存在着不足，主要体现在对大量状态信息的处理过程可能会造成网络连接的某种迟滞，特别是在同时有许多连接激活时，或者有大量的过滤网络通信规则存在时。不过随着硬件处理能力的不断提高，这个问题会变得越来越不重要。

6.3.4 NAT 技术

1. NAT 技术的工作原理

网络地址转换(Network Address Translation，NAT)是互联网工程任务组(Internet Engineering Task Force，IETF)的标准中的一项技术，允许一个整体机构以一个公用 IP 地址出现在 Internet 上。顾名思义，它是一种将内部私有 IP 地址翻译成合法网络 IP 地址的技术。

简单地说，NAT 就是在局域网内部网络中使用内部地址，而当内部节点要与外部网络进行通信时，就在网关处将内部地址替换成公用地址，从而保证内部计算机在外部公网上可以正常使用。NAT 可以使多台计算机共享 Internet 的连接，这一功能很好地解决了公共 IP 地址紧缺的问题。通过这种方法，可以只申请一个合法 IP 地址，就将整个局域网中的计算机接入 Internet。此时，NAT 屏蔽了内部网络，所有内部网络计算机对于公共网络来说是不可见的，而内部网络计算机用户通常不会意识到 NAT 的存在。

NAT 功能通常被集成到路由器、防火墙、ISDN 路由器或单独的 NAT 设备中。例如，Cisco 路由器中已经加入了这一功能，网络管理员只需在路由器的 IOS 中设置 NAT 功能，就可以实现对内部网络的屏蔽。又如，防火墙将 Web Server 的内部地址 192.168.1.1 映射为外部地址 202.96.23.11，外部访问 202.96.23.11 地址实际上就是访问内部地址 192.168.1.1。

2. NAT 技术的类型

NAT 有 3 种类型：静态 NAT(Static NAT)、动态 NAT(Pooled NAT)和网络地址端口转换 NAPT(Port-Level NAT)。

静态 NAT 是设置起来最简单和最容易实现的一种，内部网络中的每个主机都被永久地映射成外部网络中的某个合法地址。动态 NAT 则是在外部网络中定义了一系列的合法地址,采用动态分配的方法映射到内部网络。NAPT 则是将内部地址映射到外部网络的一个 IP 地址的不同端口上。根据不同需要,3 种 NAT 方案各有利弊。

动态 NAT 只是转换 IP 地址,它为每个内部的 IP 地址分配一个临时的外部 IP 地址,主要用于拨号。对于频繁的远程连接,也可以采用动态 NAT。当远程用户连接上之后,动态 NAT 就会分配给它一个 IP 地址,当用户断开网络连接时,这个 IP 地址就会被释放而留待以后使用。

网络地址端口转换 NAPT 是人们比较熟悉的一种转换方式。NAPT 普遍应用于接入设备中,它可以将中小型的网络隐藏在一个合法的 IP 地址后面。NAPT 与动态 NAT 不同,它将内部连接映射到外部网络中的一个单独的 IP 地址上,同时在该地址上加上一个由 NAT 设备选定的 TCP 端口号。

在互联网中使用 NAPT 时,所有不同的信息流看起来好像来自同一个 IP 地址。这个优点在小型办公室内非常实用,从 ISP 处申请一个 IP 地址,可以将多个连接通过 NAPT 接入互联网。

3. NAT 技术的特点

(1) NAT 技术的优点。所有内部 IP 地址对外面的人来说都是隐藏的。因此,在外部网络不可能通过指定 IP 地址的方式直接对内部网络的任何一台特定计算机发起攻击。

如果因为某种原因使公共 IP 地址资源比较短缺,可以通过 NAT 技术使整个内部网络共享一个 IP 地址。

此外,可以启用基本的包过滤防火墙安全机制。如果传入的数据包没有专门指定配置到 NAT,那么该数据包就会被丢弃,内部网络的计算机就不可能直接访问外部网络。

(2) NAT 技术的缺点。NAT 技术的缺点和包过滤防火墙的缺点类似,虽然可以保障内部网络的安全,但也存在一些类似的局限。

① 不能处理嵌入式 IP 地址或端口。NAT 设备不能翻译那些嵌入应用数据部分的 IP 地址或端口信息,而只能翻译那些正常位于 IP 首部中的地址信息和位于 TCP/UDP 首部中的端口信息。由于对方会使用接收到的数据包中嵌入的地址和端口进行通信,因此可能会产生连接故障。如果通信双方使用的都是公网 IP,则不会造成什么问题;如果所用嵌入式地址和端口是内网的,则显然连接就不可能成功。

② 不能从公网访问内部网络服务。由于内网是私有 IP,因此不能直接从公网访问内部网络服务,如 Web 服务。

③ 地址转换将增加交换延迟。所有进出网络的数据包都要经过 NAT 地址转换以后才能进行收发,从而不可避免地会导致数据交换的瓶颈。

④ 导致某些应用程序无法正常运行。有些应用程序虽然是用 A 端口发送数据的,但要用 B 端口进行接收。不过,NAT 设备在翻译时却不知道这一点,它仍然会建立一条针对 A 端口的映射,但当对方响应的数据要传给 B 端口时,NAT 设备却找不到相关映射条目而丢弃数据包。除此之外,一些 P2P 应用在 NAT 环境中无法建立连接。对于那些没有中间服务器的纯 P2P 应用(如电视会议、娱乐等),如果大家都位于 NAT 设备之后,则双方是无法建立连接的。因为没有中间服务器的中转,NAT 设备后的 P2P 程序在 NAT 设备上是不会有映射条目的,也就是说对方是不能发起一个连接的。现在已经有一种称为 P2P NAT 穿

越的技术可以解决这个问题。

此外,内部网络利用现在流传比较广泛的木马程序可以通过 NAT 进行外部连接,就像它可以穿过包过滤防火墙一样容易。

6.4 防火墙的体系结构

防火墙的体系结构大致可以分为 4 种类型:堡垒主机体系结构、双宿主主机体系结构、屏蔽主机体系结构和屏蔽子网体系结构。目前,有关防火墙体系结构的名称还没有统一,但含义基本相同。

6.4.1 堡垒主机体系结构

堡垒主机体系结构如图 6.9 所示,在某些地方也称为筛选路由器体系结构。堡垒主机是内部网在 Internet 上的代表,是任何外来访问者都可以连接、访问的。通过堡垒主机,防火墙内的系统可以对外操作,外部网用户也可以获取防火墙内的服务。

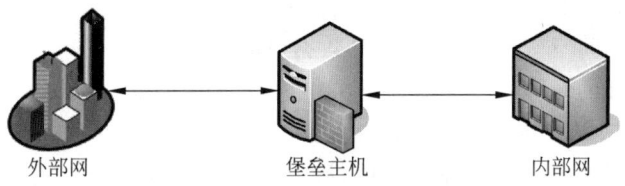

图 6.9 堡垒主机体系结构

堡垒主机是一种被强化的可以防御攻击的计算机,被暴露于 Internet 之上,作为进入内部网络的一个检查点(checkpoint),以达到将整个网络的安全问题集中在某个主机上解决的目的。因此,防火墙的建造者和防火墙的管理者应尽力给予其保护,特别是在防火墙的安装和初始化的过程中应予以仔细保护。

设计和建立堡垒主机的基本原则有两条:最简化原则和预防原则。

(1) 最简化原则。堡垒主机越简单,对它进行保护就越方便。堡垒主机提供的任何网络服务都有可能因为软件存在缺陷或在配置上的错误,导致堡垒主机的安全保障出问题。在构建堡垒主机时,应该提供尽可能少的网络服务。在满足基本需求的条件下,在堡垒主机上配置的服务必须最少,同时对必须设置的服务给予尽可能低的权限。

(2) 预防原则。尽管已对堡垒主机严加保护,但还有可能被入侵者破坏。只有对最坏的情况加以准备,并设计好对策,才可有备无患。对网络的其他部分施加保护时,也应考虑到"堡垒主机被攻破怎么办"。强调这一点的原因非常简单,就是因为堡垒主机是外部网最直接访问的机器。由于外部网与内部网无直接连接,因此堡垒主机是试图破坏内部系统的入侵者首先攻击到的机器。要尽量保障堡垒主机不被破坏,但同时又得时刻预设"它一旦被攻破怎么办"。

即使堡垒主机被破坏,也需要尽力让内部网处于安全保障之中。要做到这一点,必须让内部网只有在堡垒主机正常工作时才信任它。日常要仔细观察堡垒主机提供给内部网的服务,并依据这些服务的内容确定这些服务的可信度及拥有的权限。

另外，还有很多方法可用来加强内部网的安全性。例如，可以在内部网主机上操作控制机制（设置口令、鉴别设备等），或者在内部网与堡垒主机间设置包过滤。

6.4.2 双宿主主机体系结构

双宿主主机的防火墙系统由一台装有两个网卡的堡垒主机构成。两个网卡分别与外部网及内部网相连。堡垒主机上运行防火墙软件，可以转发数据、提供服务等。堡垒主机将防止在外部网络和内部系统之间建立任何直接的连接，可以确保数据包不能直接从外部网络到达内部网络。双宿主主机防火墙的体系结构如图 6.10 所示。

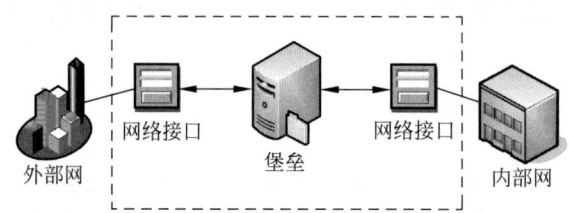

图 6.10 双宿主主机防火墙的体系结构示意图

双宿主主机有两个接口，具有以下特点。

（1）两个端口之间不能进行直接的 IP 数据包的转发。

（2）防火墙内部的系统可以与双宿主主机进行通信，同时防火墙外部的系统也可以与双宿主主机进行通信，但二者之间不能直接进行通信。

这种体系结构的优点是结构非常简单，易于实现，并且具有高度的安全性，可以完全阻止内部网络与外部网络通信。

这种主机还可以充当与这台相连的若干网络之间的路由器。它能将一个网络的 IP 数据包在无安全控制下传递给另外一个网络。但是在将一台双宿主主机安装到防火墙结构中时，首先要使双宿主主机的这种路由功能失效。从一个外部网络（如 Internet）来的数据包不能无条件地传递给另外一个网络（如内部网络）。双宿主主机的内外网络均可与双宿主主机实施通信，但内外网络之间不可直接通信，内外部网络之间的 IP 数据流被双宿主主机完全切断。

双宿主主机可以提供很高的网络控制机制。如果安全规则不允许数据包在内外部网之间直传，而又发现内部网有一个对应的外部数据源，则说明系统的安全机制有问题。在有些情况下，当一个申请者的数据类型与外部网提供的某种服务不符合时，双宿主主机可以否决申请者要求的与外部网络的连接。同样情况下，用包过滤系统要做到这种控制是非常困难的。

双宿主主机的实现方案有以下两种。

（1）应用层数据共享。用户直接登录到双宿主主机，如图 6.11 所示。

（2）应用层代理服务。在双宿主主机上运行代理服务器，如图 6.12 所示。

双宿主主机只有用代理服务的方式，或者让用户直接注册到双宿主主机上才能提供安全控制服务，但在堡垒主机上设置用户账户会产生很大的安全问题。因为用户的行为是不可预知的，如双宿主主机上有很多用户账户，这会给入侵检测带来很大的麻烦。另外，这种结构要求用户每次都必须在双宿主主机上注册，这样会使用户感到使用不方便。采用代理服务的方式安全性较好，可以将被保护的网络内部结构屏蔽起来，堡垒主机还能维护系统日

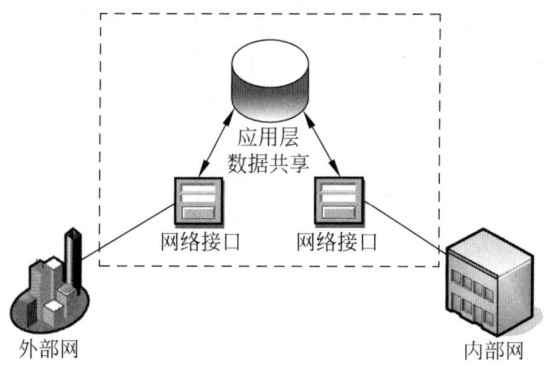

图 6.11 双宿主主机体系结构（应用层数据共享）

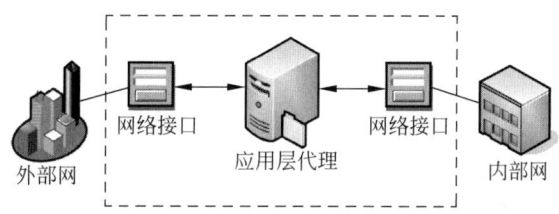

图 6.12 双宿主主机体系结构（应用层代理服务）

志或远程日志。但是应用级网关需要针对每一个特定的 Internet 服务安装相应的代理服务软件，用户不能使用未被服务器支持的服务，以免导致某些网络服务无法找到代理，或不能完全按照要求提供全部安全服务。同时堡垒主机是入侵者致力攻击的目标，一旦被攻破，防火墙就完全失效了。

6.4.3 屏蔽主机体系结构

双宿主主机体系结构是由一台同时连接在内外部网络之间的双宿主主机提供安全保障的，而屏蔽主机体系结构则不同，在屏蔽主机体系结构提供安全保护的主机仅仅与内部网相连。另外，主机过滤还有一台单独的过滤路由器。包过滤路由器应避免用户直接与代理服务器相连。图 6.13 所示为一个屏蔽主机体系结构的例子。

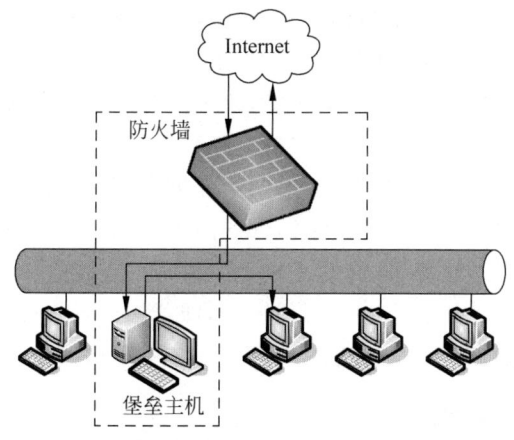

图 6.13 屏蔽主机体系结构示意图

这种结构的堡垒主机位于内部网络,而过滤路由器按以下规则过滤数据包:任何外部网(如 Internet)的主机都只能与内部网的堡垒主机建立连接,甚至只有提供某些类型服务的外部网主机才被允许与堡垒主机建立连接。任何外部系统对内部网络的操作都必须经过堡垒主机,同时堡垒主机本身就要求有较全面的安全维护。包过滤系统也允许堡垒主机与外部网进行一些"可以接收(即符合站点的安全规则)"的连接。屏蔽主机防火墙转发数据包的过程如图 6.14 所示。

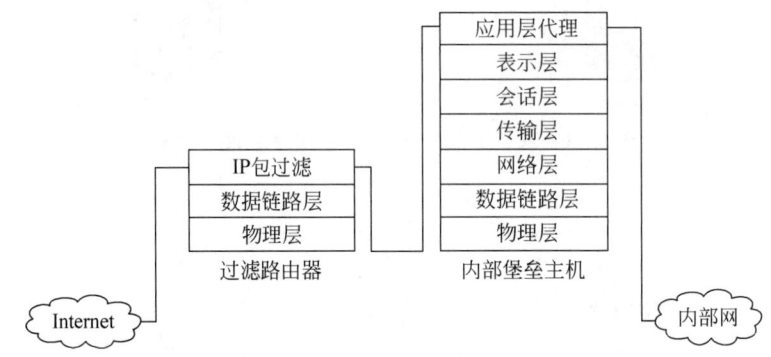

图 6.14 屏蔽主机防火墙转发数据包的过程

过滤路由器可按以下规则之一进行配置。

(1) 允许其他内部主机(非堡垒主机)为某些类型的服务请求与外部网建立直接连接。

(2) 不允许所有来自内部主机的直接连接。

当然,可以对不同的服务请求混合使用这些配置,有些服务请求可以被允许直接进行包过滤,而有些则必须在代理后才能进行包过滤,这主要是由所需要的安全规则确定的。

例如,对于入站连接,根据安全策略,屏蔽路由器可以允许某种服务的数据包先到达堡垒主机,然后与内部主机连接;也可以直接禁止某种服务的数据包入站连接。对于出站连接,根据安全策略,对于一些服务(如 Telnet),可以允许它直接通过屏蔽路由器连接到外部网络,而不通过堡垒主机;至于其他服务(如 WWW 和 SMTP 等),则必须经过堡垒主机才能连接到 Internet,并在堡垒主机上运行该服务的代理服务器。

由于屏蔽主机体系结构允许数据包从外部网络直接传给内部网,因此这种结构的安全性能看起来似乎比双宿主主机体系结构差。而在双宿主主机体系结构中,外部的数据包理论上不可能直接抵达内部网。但实际上,双宿主主机体系结构也会出错,而让外部网的数据包直接抵达内部网(这种错误的产生是随机的,故无法在预先确定的安全规则中加以防范)。另外,在一台路由器上施加保护比在一台主机上施加保护容易得多。一般来讲,屏蔽主机体系结构比双宿主主机体系结构能提供更好的安全保护,同时也更具可操作性。

当然,同其他体系结构相比,这种体系结构的防火墙也有一些缺点。一个主要的缺点是只要入侵者设法通过了堡垒主机,那么对入侵者来讲,整个内部网与堡垒主机之间就再也没有任何保护了。路由器的保护也会有类似的缺陷,即若入侵者闯过路由器,那么整个内部网便会完全暴露在入侵者面前,正因为如此,屏蔽子网体系结构的防火墙更受到青睐。

6.4.4 屏蔽子网体系结构

屏蔽子网体系结构也称为屏蔽子网网关体系结构,就是在屏蔽主机体系结构中的内部网和外部网之间再增加一个被隔离的子网,这个子网由堡垒主机、应用级网关等公用服务器组成,习惯上将这个子网称为"非军事区"(DeMilitarised Zone,DMZ)。在屏蔽主机体系结构中,堡垒主机最易受到攻击,尽管可以对它提供最大限度的保护,但因其为入侵者首先能攻击到的机器,所以它仍然是整个系统最容易出问题的环节。

用边界网络来隔离堡垒主机与内部网,能减轻入侵者在攻破堡垒主机后带给内部网的压力。入侵者即使攻破堡垒主机也不可能对内部网进行任意操作,而只可能进行部分操作。

在最简单的屏蔽子网体系结构中,有两台都与边界网络相连的过滤路由器,一台位于边界网络与内部网络之间,而另一台位于边界网络与外部网络之间,如图6.15所示。在这种结构下,入侵者要攻击到内部网必须通过两台路由器的安全控制,即使入侵者通过了堡垒主机,它还必须通过内部路由器才能抵达内部网,因此整个网络安全机制就不会因一个站点攻破而全部瘫痪。

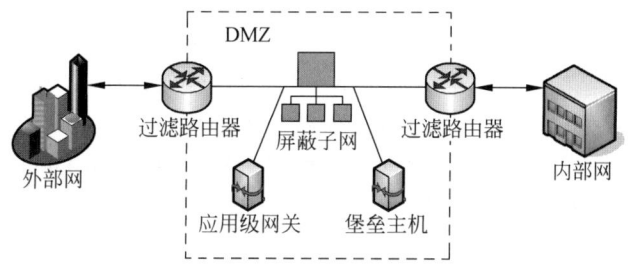

图 6.15 屏蔽子网体系结构示意图

有些站点还可用多层边界网络加以保护,低可靠性的保护由外层边界网络提供,高可靠性的保护由内层边界网络提供。在这种结构下,入侵者攻破了外层边界网络后,必须再破坏更为精致的内部边界网络才可到达内部网。下面讨论这个结构中的各个组成部分。

1. 边界网络

边界网络(周边网络),也称为"停火区"或"非军事区",如果入侵者成功地闯过外层保护网到达防火墙,边界网络就能在入侵者与内部网之间再提供一层保护。

在许多诸如 Ethernet、令牌网、FDDI 等网络结构中,网络上的任意一台机器都可以观察到其他机器的信息出入情况,监听者仍能通过监听用户使用的 Telnet、FTP 等操作成功地窃取口令。即使口令不被泄露,监听者仍能得到用户操作的敏感文件的内容。

如果入侵者仅仅侵入边界网络的堡垒主机,他只能偷看到这层网络的信息流,却看不到内部网的信息,而这层网络的信息流仅从边界网络往来于外部网,或者从边界网络往来于堡垒主机。因为没有内部主机间互传的重要和敏感的信息在边界网络中流动,所以即使堡垒主机受到损害也不会让入侵者损害到内部网的信息流。

显而易见,往来于堡垒主机和外部网的信息流还是可见的,因此在设计防火墙时需要确保上述信息流的暴露不会影响整个内部网络的安全。

2. 堡垒主机

在屏蔽子网结构中,将堡垒主机与边界网络相连,而这台主机是外部网服务于内部网的主要节点。它为内部网服务的主要功能有以下几方面。

(1) 接收外来的电子邮件(SMTP)，再分发给相应的站点。
(2) 接收外来的FTP，并将它连到内部网络匿名FTP服务器。
(3) 接收外来的有关内部网站点的域名服务。

这台主机向外的服务功能可用以下方法来实施。
(1) 在内、外部路由器上建立包过滤，以便内部网的用户可以直接操作外部服务器。
(2) 在主机上建立代理服务，在内部网的用户与外部网的服务器之间建立间接的连接。也可以在设置包过滤后，允许内部网的用户与主机的代理服务器进行交互，但禁止内部网用户与外部网直接通信。

堡垒主机在哪种类型的服务请求下，包过滤才允许它主动连接到外部网或允许外部网申请连接到它上面，则完全由安全机制确定。不管它是在为某些协议(如FTP或HTTP)运行特定的代理服务软件，还是为代理协议(如SMTP)运行标准服务软件，堡垒主机所做的主要工作都是为内外部服务请求进行代理。

3．内部路由器

内部路由器的主要功能是保护内部网络免受来自外部网与参数网络的侵扰。内部路由器完成防火墙的大部分包过滤工作，它允许某些站点的包过滤系统认为符合安全规则的服务在内外部网之间的互传(各站点对各类服务的安全确认规则是不同的)。根据各站点的需要和安全规则，可允许的服务是以下这些外向服务中的若干种，如Telnet、FTP、WAIS、Gopher或其他服务。

内部路由器可以这样设定：使边界网络上的堡垒主机与内部之间传递的各种服务和内部网与外部网之间传递的各种服务不完全相同。限制一些服务在内部网与堡垒主机之间互传的目的是减少在堡垒主机被侵入后受到入侵的内部网主机的数目，如SMTP、DNS等。同时对这些服务进行进一步的限定，限定它们只能在提供某些服务的主机与内部网的站点之间互传。例如，对于SMTP就可以限定站点只能与堡垒主机或内部网的邮件服务器通信。对其余可以从堡垒主机上申请连接的主机就更需仔细保护，因为这些主机将是入侵者撞开堡垒主机的保护后首先能攻击到的机器。

4．外部路由器

理论上，外部路由器既保护边界网络又保护内部网络。实际上，在外部路由器上仅做一小部分包过滤，它几乎让所有边界网络的外向请求通过。而外部路由器与内部路由器的包过滤规则基本上是相同的。也就是说，如果安全规则上存在问题，那些入侵者可用同样的方法通过内、外部路由器。

由于外部路由器一般是由外界(如ISP)提供的，因此对外部路由器可做的操作是受限制的。ISP一般仅会在该路由器上设置一些普通的包过滤，而不会专门设置特别的包过滤，或者更换包过滤系统。因此，对于安全保障而言，不能像依赖内部路由器一样依赖外部路由器，有时ISP甚至会因更换外部路由器而忘记再设置包过滤。

外部路由器的包过滤主要是对边界网络上的主机提供保护。然而，一般情况下，因为边界网络上主机的安全主要通过主机安全机制加以保障，所以由外部路由器提供的很多保护并非必要。通常将内部路由器的安全准则加到外部路由器的安全规则中，这些规则可以防止不安全的信息流在内部网的主机与外部网之间互传。为了支持代理服务，只要是内部站点与堡垒主机间的交互协议,内部路由器就准许通过。同样,只要协议来自堡垒主机,外部路由器就准许它通过并抵达外部网。虽然外部路由器的这些规则相当于另加了一层安全机制,但这一层安全机制能阻断的数据包在理论上并不存在,因为它们早已被内部路由器阻断了。如若存在这样的数据包,则说明不是内部路由器出了故障就是已有未知的主机侵入了边界网络。因此,外部路由器真正有效的安全保护任务之一就是阻断来自外部网络并具有伪源地址的内向数据包。为此,数据包的特征显示出它是内部网,而其实它来自外部网络。

虽然内部路由器也具有上述功能,但它不能识别声称来自边界网络的数据包是否为伪装的数据包。虽然边界网络上的数据不是完全可靠的,但它比来自外部网的数据仍要可靠得多。将数据包伪装成来自边界网络是入侵者攻击堡垒主机常用的伎俩,内部路由器不能防止网络上的系统免受伪数据包的侵扰。

6.4.5 防火墙的结构组合策略

前面讨论的包过滤型防火墙、屏蔽主机、屏蔽子网结构的防火墙都是最基本的防火墙结构,防火墙结构中还可以有很多变化和组合,如使用多台堡垒主机,合并内、外部路由器,合并堡垒主机与外部路由器等。

1. 多台堡垒主机

虽然人们大多讨论的是单堡垒主机结构,但也可以在防火墙结构中配置多台堡垒主机。采用这种结构可以提高系统效能,增加系统冗余,能够分离数据和程序。

可以让一台堡垒主机处理一些对于用户比较重要的服务,如 SMTP、代理服务等,而让另一台堡垒主机处理由内部网向外部网提供的服务,如匿名 FTP 服务。这样,外部用户对内部网的操作就不会影响内部网用户的操作。

即使在不为外部网提供服务的情况下,为进一步提高系统的效能,也可以使用多台堡垒主机。一些类似于 USENET 新闻组的服务占用系统资源较多又易于和别的服务分离,对于这种服务可以专门配置堡垒主机。更进一步,为加快系统响应速度,可以用多台主机提供相同的服务,但这样做的难度在于如何使多台堡垒主机的运行保持平衡。大多数服务可配置到独立的服务器上,所以如果能预测到每种服务的工作量,则可以为某些服务配置专门的主机以提高系统的响应速度。

如果防火墙配置中有多台主机,那么也可以用它们为某个服务做冗余结构。这样,如果提供服务的某个主体主机出了故障,则另一个冗余主机马上可以接替。但只有某些服务软件支持该方式,如可以配置几台主机作为域名服务器或 SMTP 服务器。当其中一台主机故障或过载时,域名服务和 SMTP 服务将由冗余的备份系统承担。

另外,还可以用多台堡垒主机防止各种服务软件与数据、数据与数据之间的相互干扰。这样做除了可提高系统的效能外,还有助于提高系统的安全性。例如,可以用一台主机为客户提供对外部网络的 HTTP 服务,而用另一台主机提供普通的公共服务。用这两台服务器提供不同的数据给用户,以此提高系统的效能。当然,还可以让 HTTP 服务与 FTP 服务处在分离的两台服务器上,以避免它们之间相互干扰。

2. 合并内、外部路由器

如果路由器具有足够的处理能力,则可将内、外部路由器合并到一台路由器上,这样做一般需要一台各端口可以分别设置输入/输出的路由器。如果使用图 6.16 所示的内、外部路由器合一的路由器，仍需要边界网络与路由器的一个端口相连。该路由器的另一个端口与内部网相连。凡符合路由器安全规则的数据包可在内、外部网之间互传。

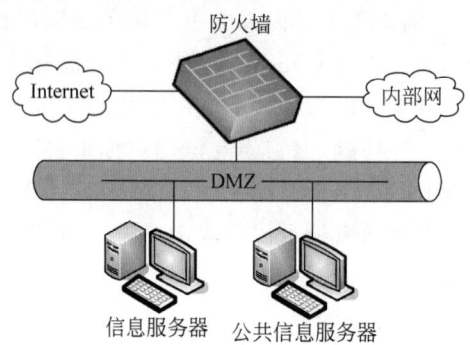

图 6.16 合并内、外部路由器结构示意图

像屏蔽主机体系结构一样，这种结构因只有一台路由器，故安全机制比较脆弱。在一般情况下，路由器比主机更容易加以保护，但路由器也并非坚不可破。

3. 合并堡垒主机与外部路由器

在防火墙结构中也可以采取让双宿主主机同时充当堡垒主机和外部路由器的结构，如图 6.17 所示。例如，假定只有一个拨号方式的 SLIP 或 PPP 与 Internet 相连，则可在堡垒主机上运行某种软件，使得该主机同时充当堡垒主机与外部路由器的角色。这样做在功能上与前面讨论的内部路由器、堡垒主机、外部路由器的结构完全一样。

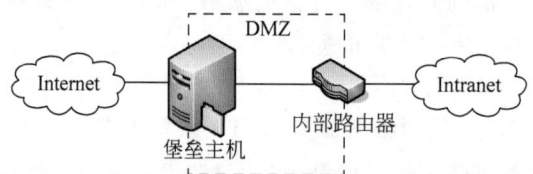

图 6.17 合并堡垒主机与外部路由器结构示意图

使用双宿主主机来路由信息流可能使系统效能变差，同时它也不像真正的路由器那样具有柔性。但是，如果系统与外部网之间只有一个窄带连接的条件下，上述缺陷并不明显。可依据双宿主主机上使用的操作系统和应用软件状况决定是否在主机上要进行包过滤操作。有许多接口软件具有很强的包过滤能力，然而由于外部路由器的包过滤工作并不多，因此即使只使用一个包过滤功能不太强的软件，问题也不大。

与内外部路由器的合并相同，将外部路由器与堡垒主机合并其实并不会使网络变得脆弱，但这种结构将使堡垒主机对外网的暴露增多，且主机只能由它上面的包过滤加以保护，故要谨慎地设置这层保护。

4. 合并堡垒主机与内部路由器

前面讨论了将堡垒主机与外部路由器合并的结构，而将堡垒主机与内部路由器合并就将损害网络的安全性。堡垒主机与外部路由器执行不同的保护任务，它们相互补充，但并不相互依赖。在某种程度上，内部路由器是上述二者的补充。

如果将堡垒主机与内部路由器合并，则其结构如图 6.18 所示，其实已从根本上改变了防火墙的结构。在使用一台内部路由器和堡垒主机体系结构中,会拥有一个子网过滤,边界网络上不传输任何内部信息流,即使入侵者成功地穿过堡垒主机,他也必须穿过内部路由器才可抵达内部网。在堡垒主机与内部路由器合并的情况下,只有一个屏蔽主机。如果堡垒主机被攻破,那么在内部网与堡垒主机之间就再也没有对内部网的保护机制了。

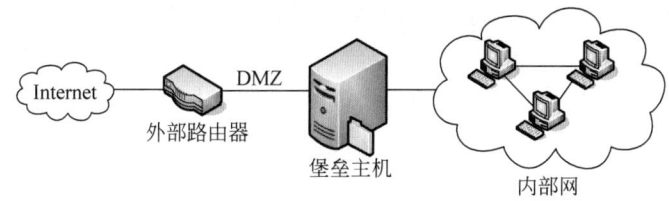

图 6.18　合并堡垒主机与内部路由器防火墙结构示意图

边界网络的一个主要功能是防止从堡垒主机上监听内部信息流,而将堡垒主机与内部路由器合二为一会使所有的内部信息流对堡垒主机公开。

除此之外,还可以使用多内部路由器、多边界网络、多堡垒主机和多边界网络组合等方式。在混合配置防火墙时存在着很大的灵活性,可以使它最大限度地适应用户的硬件系统,并符合资金要求和安全规则。

6.5　防火墙的部署

6.5.1　防火墙的设计原则

当搭建防火墙设备时,经常要遵循两个主要的概念:保持设计的简单性,计划好防火墙被渗透后应该采取的对策与措施。

1. 保持设计的简单性

一个黑客渗透系统最常用的方法就是利用安装在堡垒主机上不被注意的组件。因此,建立堡垒主机时要尽可能使用较小的组件,无论是硬件还是软件。堡垒主机的建立只需提供防火墙功能。在防火墙主机上不要安装像 Web 服务那样的应用程序服务。要删除堡垒主机上所有不必需的服务或守护进程。在堡垒主机上运行尽量少的服务,以避免给潜在的黑客穿过防火墙提供机会。

2. 安排事故计划

如果已设计好防火墙性能,则只有通过防火墙才能允许访问公共网络。当设计防火墙时,安全管理员要对防火墙主机崩溃或危机的情况作出计划。如果仅仅是用一个防火墙设备将内部网络和 Internet 隔离开,那么黑客渗透防火墙后就会对内部的网络有完全的访问权限。为了防止这种渗透,要设计几种不同级别的防火墙设备。不要依赖一个单独的防火墙来保护网络安全。为了确保网络的安全,无论何时都需要制定合适的安全策略,包括以下几方面。

(1) 创建软件备份。
(2) 配置同样的系统并存储到安全的地方。

(3) 确保所有需要安装到防火墙上的软件都容易配置。

6.5.2　防火墙的选购原则

在市场上,防火墙的售价极为悬殊,从几万元到数十万元,甚至到百万元。因为各企业用户使用的安全程度不尽相同,因此厂商所推出的产品也有所区分,甚至有些公司还推出类似模块化的功能产品,以符合各种不同企业的安全需求。

当一个企业或组织决定采用防火墙来实施保卫自己内部网络的安全策略之后,下一步要做的事情就是选择一个安全、经济、合适的防火墙。那么,面对种类如此繁多的防火墙产品,用户需要考虑的因素有哪些,应该如何进行取舍呢?

1. 第一要素:防火墙的基本功能

防火墙系统可以说是网络的第一道防线,对计算机信息系统十分重要,因此一个企业在决定使用防火墙保护内部网络的安全时,首先需要了解一个防火墙系统应具备的基本功能。一个成功的防火墙产品应该具有以下基本功能。

防火墙的设计策略应遵循安全防范的基本原则——"除非明确允许,否则就禁止";防火墙本身支持安全策略,而不是添加上去的;如果组织机构的安全策略发生改变,可以加入新的服务;有先进的认证手段或有挂钩程序,可以安装先进的认证方法;如果需要,可以运用过滤技术允许和禁止服务;可以使用 FTP 和 Telnet 等服务代理,以便先进的认证手段可以被安装和运行在防火墙上;拥有界面友好、易于编程的 IP 过滤语言,并可以根据数据包的性质进行包过滤,数据包的性质有目标和源 IP 地址、协议类型、源和目的 TCP/UDP 端口、TCP 包的 ACK 位、出站和入站网络接口等。

如果用户需要 NNTP(网络消息传输协议)、X-Window、HTTP 和 Gopher 等服务,防火墙应该包含相应的代理服务程序。防火墙也应具有集中邮件的功能,以减少 SMTP 服务器和外界服务器的直接连接,并可以集中处理整个站点的电子邮件。防火墙应允许公众对站点的访问,应将信息服务器和其他内部服务器分开。

防火墙应该能够集中和过滤拨入访问,并可以记录网络流量和可疑的活动。此外,为了使日志具有可读性,防火墙应具有精简日志的能力。虽然没有必要让防火墙的操作系统与公司内部使用的操作系统一样,但在防火墙上运行一个管理员熟悉的操作系统会使管理变得简单。防火墙的强度和正确性应该可以被验证,设计尽量简单,以便管理员理解和维护。防火墙和相应的操作系统应该用补丁程序进行升级,且升级必须定期进行。

正如前面提到的那样,Internet 每时每刻都在发生着变化,新的易受攻击点随时可能会产生。当新的危险出现时,新的服务和升级工作可能会对防火墙的安装产生潜在的阻力,因此防火墙的可适应性是很重要的。

2. 第二要素:企业的特殊要求

企业安全政策中往往有些特殊需求,这些需求不是每一个防火墙都会提供的,这方面通常会成为选择防火墙的考虑因素之一。常见的需求有以下几方面。

(1) 网络地址转换(Network Address Translation,NAT)功能。进行地址转换有两个好处:隐藏内部网络的真正 IP,这可以使黑客无法直接攻击内部网络;让内部使用保留的 IP,这对许多 IP 不足的企业是有益的。

(2) 双重 DNS。当内部网络使用没有注册的 IP 地址或防火墙进行 IP 转换时,DNS 也必须经过转换,因为同样的一台主机在内部的 IP 与给予外界的 IP 将会不同,有的防火墙会提供双重 DNS,有的则必须在不同主机上各安装一个 DNS。

(3) 虚拟专用网络(Virtual Private Network,VPN)。VPN 可以在防火墙与防火墙或移动的客户机之间对所有网络传输的内容加密,建立一个虚拟通道,让两者感觉是在同一个网络上并安全、不受拘束地互相存取。

(4) 病毒扫描功能。大部分防火墙都可以与防病毒软件搭配实现扫毒功能,有的防火墙甚至可以直接集成扫毒功能,差别在于扫毒工作是由防火墙完成的,或者是由另一台专用的计算机完成的。

(5) 特殊控制需求。有时企业会有特别的控制需求,如限制特定使用者才能发送 E-mail,FTP 只能下载文件而不能上传文件,限制同时上网人数,限制使用时间或阻塞 Java、ActiveX 控件等,依需求不同而定。

3. 第三要素:与用户网络结合

(1) 管理的难易度。防火墙管理的难易度是防火墙能否达到目的的主要考虑因素之一。一般企业之所以很少以已有的网络设备直接当作防火墙的原因,除了先前提到的包过滤并不能达到完全的控制之外,设定工作困难、需具备完整的知识及不易排错等管理问题也是一般企业不愿意使用的主要原因。

(2) 自身的安全性。大多数人在选择防火墙时都将注意力放在防火墙如何控制连接及防火墙支持多少种服务上,往往忽略了一点——防火墙也是网络上的主机之一,也可能存在安全问题。防火墙如果不能确保自身安全,那么即使防火墙的控制功能再强,也终究不能完全保护内部网络。

大部分防火墙都安装在一般的操作系统上,如 UNIX、Windows NT 系统等。在防火墙主机上执行的除了防火墙软件外,所有的程序、系统核心也大多来自操作系统本身的原有程序。当防火墙主机上所执行的软件出现安全漏洞时,防火墙本身也将受到威胁。此时,任何的防火墙控制机制都可能失效,因为当一个黑客取得了防火墙上的控制权以后,黑客几乎可以为所欲为地修改防火墙上的所有访问规则,进而侵入更多的系统。因此,防火墙自身应有相当高的安全保护。

(3) 完善的售后服务。用户在选购防火墙产品时,除了从以上的功能特点考虑之外,还需要意识到好的防火墙应该是企业整体网络的保护者,并能弥补其他操作系统的不足,以使操作系统的安全性不会对企业网络的整体安全造成影响。防火墙应该能够支持多种平台,因为使用者才是完全的控制者,而使用者的平台往往是多种多样的,它们应选择一套符合现有环境需求的防火墙产品。只要有新的产品出现,就会有人研究新的破解方法,因此好的防火墙产品应拥有完善、及时的售后服务体系。

(4) 完整的安全检查。好的防火墙还应该向使用者提供完整的安全检查功能,但是一个安全的网络仍必须依靠使用者的观察及改进,因为防火墙并不能有效地杜绝所有的恶意封包,企业想要达到真正的安全,仍然需要内部人员不断记录、改进、追踪。防火墙可以限制仅合法的使用者才能进行连接,但是否存在利用合法掩护非法的情形仍需依靠管理者来发现。

(5) 结合用户情况。在选购一个防火墙时,用户应该从自身考虑下面的因素。

① 网络受威胁的程度。
② 当入侵者闯入网络后,将要受到的潜在损失。
③ 其他已经用来保护网络及其资源的安全措施。
④ 由于硬件或软件失效,或者防火墙遭到"拒绝服务攻击"而导致用户不能访问 Internet,造成整个机构的损失。
⑤ 机构所希望提供给 Internet 的服务,希望能从 Internet 得到的服务,以及可以同时通过防火墙的用户数目。
⑥ 网络是否有经验丰富的管理员。
⑦ 今后可能的要求,如要求增加通过防火墙的网络活动或要求新的 Internet 服务。

6.5.3 常见防火墙产品

防火墙产品的用户主要分为个人用户、企业用户和政府部门用户。个人用户的安全需求基本局限于防止网络病毒和"邮件炸弹",一般的单机防火墙软件就能满足需求。而企业用户和政府部门用户是安全产品最重要的应用对象。因此这里主要介绍针对后两类用户的防火墙产品。

1. Checkpoint Firewall-1

Checkpoint 公司是一家专门从事网络安全产品开发的公司,是软件防火墙领域中的佼佼者,其旗舰产品 Checkpoint Firewall-1(简称 CP Firewall-1)在全球软件防火墙产品中位居第一。

CP Firewall-1 是一个综合的、模块化的安全套件。它是一个基于策略的解决方案,提供集中管理、访问控制、授权、加密、网络地址传输、内容显示服务和服务器负载平衡等功能,主要用在保护内部网络资源、保护内部进程资源和内部网络访问者验证等领域。CP Firewall-1 套件提供单一的、集中的分布式安全策略,跨越 UNIX、Windows NT、路由器、交换机和其他外围设备,提供大量的 API,有 100 多个解决方案和 OEM 厂商的支持。

CP Firewall-1 由 3 个交互操作的组件构成:控制组件、加强组件和可选组件。这些组件既可以运行在单机上,也可以部署在跨平台系统上。其中,控制组件包括 Firewall-1 管理服务器和图形化的客户机;加强组件包含 Firewall-1 检测模块和 Firewall-1 防火墙模块;可选组件包括 Firewall-1 Encryption Module(主要用于保护 VPN)、Firewall-1 Connect Control Module(执行服务器负载平衡)和 Router Security Module(管理路由器访问控制列表)。

CP Firewall-1 防火墙的操作在操作系统的核心层进行,而不是在应用程序层,这样可以使系统达到最高性能的扩展和升级。此外,CP Firewall-1 支持基于 Web 的多媒体和基于 UDP 的应用程序,并采用多重验证模板和方法,使网络管理员容易验证客户机、会话和用户对网络的访问。目前该产品支持的平台有 Windows NT、Windows 2000、Sun OS、Sun Solaris、IBM AIX、HP-UX 和 Bay Networks Router 等。CP Firewall-1 的不足是价格偏高。

2. Sonicwall 系列防火墙

Sonicwall 系列防火墙是 Sonic System 公司针对中小企业需求开发的产品,并以其高性能和极具竞争力的价格受到中小企业和 ISP 公司的青睐。Sonicwall 系列防火墙包括

Sonicwall/10、Sonicwall/50 Sonicwall/Plus、Sonicwall/Bandit 和 Sonicwall/DMZ Plus 等。这些产品除了具有普通防火墙的功能外,还可管理和控制访问 Internet 的流量,并以其可视化的 Web Browser 设置使得非专业人员可以更方便地进行配置和管理。Sonicwall 系列防火墙具有以下主要功能。

(1) 阻止未授权用户访问防火墙内网络。
(2) 阻止拒绝服务攻击,完成 Internet 内容过滤。
(3) IP 地址管理,网络地址转换(NAT),也可作为 Proxy。
(4) 制定网络访问规则,规定对某些网站访问的限制,如 Internet Chat。
(5) 自动通知升级软件。
(6) Sonicwall/DMZ Plus 提供 VPN 功能。

Sonicwall 系列防火墙的市场定位是中小型企业,价格不算太高,功能也较齐全,不失为一款质优价廉的产品。

3. NetScreen 防火墙

NetScreen 科技公司推出的 NetScreen 防火墙产品是一种新型的网络安全硬件产品,具有 Trusted(可信端口)、Untrusted(非信任端口)和 Optional(可选端口)3 个 J-45 网络接口,配有 PCMCIA 插槽,支持 10MB、20MB、40MB 和 150MB 快闪存储器。防火墙的配置可在网络上任何一台带有浏览器的机器上完成,它将多种功能诸如流量控制、负载均衡、VPN 等集成到一起。NetScreen 防火墙的优势之一是采用了新的体系结构,可以有效地消除传统防火墙实现数据加盟时的性能瓶颈,能实现最高级别的 IP 安全保护。NetScreen 防火墙支持的标准包括 ARP、TCP/IP、UDP、ICMP、DHCP、HTTP、RADIUS、IPSEC、MD5、DSS、SHA-1、DES-MAC、DES/TripleDES、ISAKMP 和 X.509 v3 等。与 CP Firewall-1 相比,NetScreen 防火墙在执行效率和带宽处理上似乎更胜一筹。

NetScreen 防火墙产品可以真正实现线速传输,可同时支持最大 62 094 个并行 FTP 连接。NetScreen 防火墙系列产品中的 NetScreen-10 和 NetScreen-100 已分别通过了 ICSA(国际计算机安全协会)的防火墙认证和中华人民共和国公安部计算机网络安全产品检测中心的检测,并获得了在中国的销售许可证。

4. Alkatel Internet Devices 系列防火墙

1999 年 6 月,阿尔卡特公司与 Internet Devices 公司经过谈判达成协议,以 1.8 亿美元巨资收购 Internet Devices 公司——一个在业界具有重要地位的防火墙和 VPN 解决方案供应商。

Internet Devices 公司专门从事高性能计算机网络安全系统的设计、开发、销售和服务,其产品系列 Internet Devices 1000/3000/5000 和 Internet Devices 10K 分别适用于小型、中型、大型网络环境。其中,Internet Devices 3000、Internet Devices 5000 及 Internet Devices 10K 带有 VPN 功能,支持 VPN 移动用户。

Internet Devices 硬件防火墙采用独有的 ASIC 设计和基于 Intel 的 FreeBSD UNIX 平台,使用简单易行,用户只需要插入装置,开通 Web 浏览器与内部网络接口的连接并进行简单的设置,就可以完成防火墙的配置。Internet Devices 系列产品率先提供了 100MB 的吞吐能力和无用户数限制,支持 64 000 个并发会话,有效地消除了软件防火墙的性能瓶颈,达到了安全和性能的完美统一。

Internet Devices 系列产品都支持自定义插件组合,所有产品都具备以下特性:企业级防火墙安全性、集中策略管理、网络地址转换(NAT)、完整的 LDAP 数据库、SPAM E-mail 过滤器、Web 高速缓存、全面的报告和广泛的诊断。

5. 北京天融信公司网络卫士防火墙

北京天融信公司的网络卫士是我国第一套自主版权的防火墙系统,目前在我国电信、电子、教育、科研等单位广泛使用,它由防火墙和管理器组成。其中,防火墙由多个模块组成,包括包过滤、应用代理、NAT、VPN、防攻击等功能模块,各模块可分离、裁剪和升级,以满足不同用户的需求。管理器的硬件平台为能运行 Netscape 4.0 浏览器的 Intel 兼容微机,软件平台采用 Windows 9x 操作系统。

网络卫士防火墙系统集中了包过滤型防火墙、应用代理、网络地址转换、用户身份认证、虚拟专用网、Web 页面保护、用户权限控制、安全审计、攻击检测、流量控制与计费等功能,可以为不同类型的 Internet 接入网络提供全方位的网络安全服务。它目前有 FW-2000 和 NG FW-3000 两种产品。该系统在增强传统防火墙安全性的同时,还通过 VPN 架构为企业网提供一整套从网络层到应用层的安全解决方案,包括访问控制、身份验证、授权控制、数据加密、数据完整性等安全服务。

在体系结构上,网络卫士采用了集中控制下的分布式客户机/服务器结构,性能好、配置灵活。公司内部网络可以设置多个防火墙,并由一个管理器负责监控。对于受安全保护的信息,客户只有在获得授权后才能访问它。此外,网络卫士还支持多种应用程序、服务和协议,包括 Web、E-mail、FTP、TELNET 和基于 TCP 的应用程序等。

网络卫士防火墙采用了领先一步的 SSN(安全服务器网络)技术,安全性高于其他防火墙普遍采用的 DMZ(隔离区)技术。SSN 与外部网之间有防火墙保护,与内部网之间也有防火墙保护,一旦 SSN 受到破坏,内部网络仍会处于防火墙的保护之下。值得一提的是,网络卫士防火墙系统是中国人自己设计的,因此管理界面完全是中文化的,使管理工作更加方便。目前,网络卫士防火墙已经获得公安部颁发的《计算机信息系统安全专用产品销售许可证》,并在许多单位获得了广泛的应用。

6. NAI Gauntlet 防火墙

NAI 公司是全球著名的网络安全产品提供商,其产品包括网络监测、防火墙和防病毒产品等。NAI 的 Gauntlet 防火墙使用完全的代理服务方式提供广泛的协议支持和高速的吞吐能力,很好地解决了安全、性能和灵活性之间的协调问题。由于完全使用应用层代理服务,Gauntlet 提供了一套安全性较高的解决方案,从而对访问的控制更加细致。

虽然应用代理型防火墙具有很好的安全性,但速度不尽如人意。因此,NAI 公司随后又推出了具有"自适应代理"特性的防火墙,这种防火墙不仅能维护系统安全,还能够动态"适应"传送中的分组流量。自适应代理型防火墙允许用户根据具体需求定义防火墙策略,而不会牺牲速度或安全性。如果对安全要求较高,那么最初的安全检查仍在应用层进行,保证实现传统代理型防火墙的最大安全性。而一旦代理明确了会话的所有细节,其后的数据包就可以直接经过速度更快的网络层。Gauntlet 防火墙的新型自适应代理技术还允许单个安全产品,如安全脆弱性扫描器、病毒安全扫描器和入侵防护传感器之间实现更加灵活的集成。作为自适应安全计划的一部分,NAI将允许经过正确验证的设备在安全传感器和扫描仪发现重要的网络威胁时,根据防火墙管理员事先确定的安全策略自动"适应"防火墙级别。

6.6 防火墙技术的发展趋势

随着新的网络攻击的出现,防火墙技术也有一些新的发展趋势,主要体现在包过滤技术、体系结构和系统管理3方面。

6.6.1 防火墙包过滤技术发展趋势

1. 身份认证技术

一些防火墙厂商将在AAA系统上运用的用户认证及其服务扩展到防火墙中,使其拥有可以支持基于用户角色的安全策略功能。该功能在无线网络应用中非常必要。具有用户身份验证的防火墙通常是采用应用级网关技术。用户身份验证功能越强,它的安全级别越高,但它给网络通信带来的负面影响也越大,因为用户身份验证需要时间,特别是加密型的用户身份验证。

2. 多级过滤技术

多级过滤技术是指防火墙采用多级过滤措施,并辅以鉴别手段。在分组过滤(网络层)级别,过滤掉所有的源路由分组和假冒的IP源地址;在传输层级别,遵循过滤规则,过滤掉所有禁止出入的协议和有害数据包,如nuke包、圣诞树包等;在应用网关(应用层)级别,能利用FTP、SMTP等各种网关控制和监测Internet提供的所有通用服务。这是针对以上各种已有防火墙技术的不足而产生的一种综合型过滤技术,它可以弥补以上各种单独过滤技术的不足。

这种过滤技术在分层上非常清楚,每种过滤技术对应于不同的网络层。从这个概念出发,又有很多内容可以扩展,从而为将来的防火墙技术发展打下基础。

3. 防病毒技术

防病毒技术使防火墙具有病毒防护功能,目前主要还是在个人防火墙中体现,因为它是纯软件形式,更容易实现。这种防火墙技术可以有效地防止病毒在网络中的传播,比等待攻击的发生更加积极。拥有病毒防护功能的防火墙可以大大减少公司的损失。

6.6.2 防火墙的体系结构发展趋势

随着网络应用的增加,对网络带宽提出了更高的要求。这意味着防火墙要能够以非常高的效率处理数据。在以后几年里,多媒体应用将会越来越普遍,它要求数据穿过防火墙所带来的延迟要足够小。为了满足这种需要,一些防火墙制造商开发了基于ASIC的防火墙和基于网络处理器的防火墙。从执行速度的角度来看,基于网络处理器的防火墙也是基于软件的解决方案,它在很大程度上依赖于软件的性能,但是由于这类防火墙中有一些专门用于处理数据层面任务的引擎,从而减轻了CPU的负担,该类防火墙的性能要比传统防火墙的性能好许多。

与基于 ASIC 的纯硬件防火墙相比,基于网络处理器的防火墙具有软件色彩,因而更加具有灵活性。基于 ASIC 的防火墙使用专门的硬件处理网络数据流,比起前两种类型的防火墙具有更好的性能。但是纯硬件的 ASIC 防火墙缺乏可编程性,这就使得它缺乏灵活性,从而跟不上防火墙功能的快速发展。理想的解决方案是增加 ASIC 芯片的可编程性,使其与软件更好地配合。这样的防火墙就可以同时满足来自灵活性和运行性能的要求。

首信 CF-2000 系列 EP-600 和 CG-600 高端千兆防火墙即采用了功能强大的可编程专有 ASIC 芯片作为专门的安全引擎,很好地兼顾了灵活性和性能的需要。它们能够以线速处理网络流量,而且其性能不受连接数目、包大小和采用何种策略的影响。该款防火墙支持 QoS,所造成的延迟可以达到微秒量级,可以满足各种交互式多媒体应用的要求。浙大网新在杭州发布了 3 款基于 ASIC 芯片的网新易尚千兆系列网关防火墙。据称,其 ES4000 防火墙速度达到 4Gb/s,3DES 速度可达 600Mb/s。易尚系列千兆防火墙还采用了最新的安全网关概念,集成了防火墙、VPN、IDS、防病毒、内容过滤和流量控制等多项功能。

6.6.3 防火墙的系统管理发展趋势

防火墙的系统管理也有一些发展趋势,主要体现在以下几方面。

1. 集中式管理与分布式和分层的安全结构

集中式管理可以降低管理成本,并保证在大型网络中安全策略的一致性。快速响应和快速防御也要求采用集中式管理系统。目前这种分布式防火墙早已在 Cisco、3Com 等大的网络设备开发商中开发成功,也就是目前所称的"分布式防火墙"和"嵌入式防火墙"。关于这一新技术将在下一节中详细介绍。

2. 强大的审计功能和自动日志分析功能

强大的审计功能和自动日志分析功能的应用可以更早地发现潜在的威胁并预防攻击的发生。日志功能还可以使管理员有效地发现系统中存在的安全漏洞,及时调整安全策略。不过,具有这种功能的防火墙通常是比较高级的,早期的静态包过滤型防火墙是不具有的。

3. 网络安全产品的系统化

随着网络安全技术的发展,现在有一种提法,称为"建立以防火墙为核心的网络安全体系"。因为在现实中发现,仅凭现有的防火墙技术难以满足当前网络安全需求。通过建立一个以防火墙为核心的安全体系,就可以为内部网络系统部署多道安全防线,使各种安全技术各司其职,从各方面防御外来入侵。

例如,现在的 IDS 设备就能很好地与防火墙联合使用。一般情况下,为了确保系统的通信性能不受安全设备的影响太大,IDS 设备不能像防火墙一样置于网络入口处,只能置于旁路位置。而在实际使用中,IDS 的任务往往不仅在于检测,很多时候在 IDS 发现入侵行为以后,也需要 IDS 本身对入侵及时遏止。显然,要让处于旁路侦听的 IDS 完成这个任务太难,同时主链路又不能串接太多类似设备。在这种情况下,如果防火墙能和 IDS、病毒检测等相关安全产品联合起来,充分发挥各自的长处,协同配合,共同建立一个有效的安全防范体系,那么系统网络的安全性就能得以明显提升。

目前主要有两种解决办法:一种是直接将 IDS、病毒检测部分"做"到防火墙中,使防火墙具有 IDS 和病毒检测设备的功能;另一种是各个产品分立,通过某种通信方式形成一个整体,一旦发现安全事件,就立即通知防火墙,由防火墙完成过滤和报告。目前更看重后一种方案,因为其实现方式较前一种容易许多。

6.6.4 分布式防火墙技术

在前面已提到一种新的防火墙技术,即分布式防火墙技术已在逐渐兴起,并在国外一些大的网络设备开发商中得到实现。由于其优越的安全防护体系符合未来的发展趋势,因此这一技术一出现便得到许多用户的认可和接受。下面介绍分布式防火墙技术。

1. 分布式防火墙的产生

因为传统的防火墙设置在网络边界,介于内、外部网络之间,所以称为"边界防火墙"(perimeter firewall)。随着人们对网络安全防护要求的提高,边界防火墙明显感觉到力不从心,因为给网络带来安全威胁的不仅是外部网络,更多的是来自内部网络。边界防火墙无法对内部网络实现有效的保护,除非对每一台主机都安装防火墙,这是不可能的。基于此,一种新型的防火墙技术——分布式防火墙(distributed firewalls)技术产生了。它可以很好地解决边界防火墙以上的不足,当然不是为每台主机安装防火墙,而是将防火墙的安全防护系统延伸到网络中的各台主机。一方面有效地保证了用户的投资不会很高,另一方面给网络所带来的安全防护是非常全面的。

传统边界防火墙用于限制被保护企业内部网络与外部网络(通常是 Internet)之间相互进行信息存取、传递操作,它所处的位置在内部网络与外部网络之间。实际上,所有以前出现的各种不同类型的防火墙,从简单的包过滤方式,到应用层代理,以至自适应代理,都是基于一个共同的假设,那就是防火墙将内部网络一端的用户看成是可信任的,而外部网络一端的用户则都被视为潜在的攻击者来对待。分布式防火墙是一种主机驻留式的安全系统,它是以主机为保护对象,其设计理念是主机以外的任何用户访问都是不可信任的,都需要进行过滤。当然,在实际应用中也不是要求对网络中每台主机都安装这样的系统,这样会严重影响网络的通信性能。它通常用于保护企业网络中的关键节点服务器、数据及工作站免受非法入侵的破坏。

分布式防火墙负责对网络边界、各子网和网络内部各节点之间的安全防护,所以"分布式防火墙"是一个完整的系统,而不是单一的产品。根据其所需完成的功能,新的防火墙体系结构包含以下部分。

(1) 网络防火墙(network firewall):对于网络防火墙有的公司采用的是纯软件方式,而有的公司可以提供相应的硬件支持。它是用于内部网与外部网之间,以及内部网各子网之间的防护。与传统边界防火墙相比,它多了一种对内部子网之间的安全防护层,这样整个网络的安全防护体系就显得更加全面和可靠。不过,它在功能上仍与传统的边界式防火墙类似。

(2) 主机防火墙(host firewall):主机防火墙同样也有纯软件和硬件两种产品,它用于对网络中的服务器和桌面机进行防护。这也是传统边界式防火墙所不具备的,是对传统边界式防火墙在安全体系方面的一个完善。它是作用在同一内部子网之间的工作站与服务器之间,以确保内部网络服务器的安全。这样,防火墙的作用不仅是用于内部与外部网之间的防护,还可应用于内部网各子网之间、同一内部子网工作站与服务器之间。可以说,该部分达到了应用层的安全防护,比起网络层更加彻底。

(3) 中心管理(central management)：中心管理是一个防火墙服务器管理软件，负责总体安全策略的策划、管理、分发及日志的汇总。它是新的防火墙的管理功能，也是以前传统边界防火墙所不具有的。这样，防火墙就可以进行智能管理，提高了防火墙的安全防护灵活性，并具备可管理性。

2. 分布式防火墙的主要特点

综合起来，这种新的防火墙技术具有以下几个主要特点。

(1) 主机驻留。这种分布式防火墙的最主要特点就是采用主机驻留方式，所以称为"主机防火墙"(传统边界防火墙通常称为"网络防火墙")。它的重要特征是驻留在被保护的主机上，该主机以外的网络不管是处在网络内部还是网络外部都被认为是不可信任的，因此可以针对该主机上运行的具体应用和对外提供的服务设定针对性很强的安全策略。主机防火墙对分布式防火墙体系结构的突出贡献是使安全策略不仅仅停留在网络与网络之间，而且将安全策略推广延伸到每个网络末端。

(2) 嵌入操作系统内核。这主要是针对目前的纯软件式分布式防火墙来说的。目前，操作系统自身存在许多安全漏洞是众所周知的，运行在其上的应用软件无一不受到威胁。分布式主机防火墙也运行在主机上，所以其运行机制是主机防火墙的关键技术之一。为自身的安全和彻底堵住操作系统的漏洞，主机防火墙的安全监测核心引擎要以嵌入操作系统内核的形态运行，直接接管网卡，在将所有数据包进行检查后再提交操作系统。为实现这样的运行机制，除防火墙厂商自身的开发技术外，与操作系统厂商的技术合作也是必要的条件，因为这需要一些操作系统不公开的内部技术接口。

(3) 类似于个人防火墙。个人防火墙是一种软件防火墙产品，它是用来保护单一主机系统的。分布式防火墙与个人防火墙有相似之处，如都是对应个人系统，但它们之间又有着本质上的差别。

① 它们的管理方式迥然不同，个人防火墙的安全策略由系统使用者自己设置，全面功能和管理都在本机上实现，它的目标是防止主机以外的任何外部用户攻击；而针对桌面应用的主机防火墙的安全策略由整个系统的管理员统一安排和设置，除了对该桌面机起到保护作用外，还可以对该桌面机的对外访问加以控制，并且这种安全机制是桌面机的使用者不可见和不可改动的。

② 不同于个人防火墙是单纯的直接面向个人用户，针对桌面应用的主机防火墙是面向企业级客户的，它与分布式防火墙其他产品共同构成一个企业级应用方案，形成一个安全策略中心统一管理，所以它在一定程度上也面对整个网络。它是整个安全防护系统中不可分割的一部分，整个系统的安全检查机制分散布置在整个分布式防火墙体系中。

(4) 适用于服务器托管。Internet 和电子商务的发展促进了 Internet 数据中心(IDC)的迅速崛起，其主要业务之一就是服务器托管服务。对服务器托管用户而言，该服务器逻辑上是其企业网的一部分，只不过物理上不在企业内部。对于这种应用，边界防火墙解决方案就显得比较牵强附会。对于这类用户，他们通常所采用的防火墙方案是采用虚拟防火墙方案，但这种配置相当复杂，非一般网管人员能胜任。而针对服务器的主机防火墙解决方案则是其中一个典型应用。对于纯软件式的分布式防火墙，用户只需在该服务器上安装主机防火墙软件，并根据该服务器的应用设置安全策略即可，利用中心管理软件对该服务器进行远程监控，无须额外租用新的空间放置防火墙。对于硬件式的分布式防火墙，因其通常采用

PCI 卡式的,兼顾网卡作用,所以可以直接插在服务器机箱里面,无须单独的空间托管费用,这对于企业来说更加实惠。

3. 分布式防火墙的主要优势

在新的安全体系结构下,分布式防火墙代表新一代防火墙技术的潮流,它可以在网络的任何交界和节点处设置屏障,从而形成一个多层次、多协议,内外兼防的全方位安全体系。分布式防火墙的主要优势有以下几方面。

(1) 系统安全性的增强。增加了针对主机的入侵检测和防护功能,加强了对来自内部攻击的防范,可以实施全方位的安全策略。

在传统边界式防火墙应用中,企业内部网络非常容易受到有目的的攻击,一旦侵入了企业局域网的某台计算机,并获得这台计算机的控制权,他们便可以利用这台计算机作为入侵其他系统的跳板。分布式防火墙将防火墙功能分布到网络的各个子网、桌面系统、笔记本式计算机和服务器 PC 上。分布于整个公司内的分布式防火墙使用户可以方便地访问信息,而不会将网络的其他部分暴露在潜在的非法入侵者面前。凭借这种端到端的安全性能,用户通过内部网、外联网、虚拟专用网及远程访问所实现的与企业互联方法不再有任何区别。分布式防火墙还可以使企业避免发生由于某一台端点系统的入侵而导致向整个网络蔓延的情况发生,同时也使通过公共账号登录网络的用户无法进入那些限制访问的计算机系统。针对边界式防火墙对内部网络安全性防范的不足问题,分布式防火墙使用了 IP 安全协议,能够很好地识别在各种安全协议下的内部主机之间的端到端网络通信,使各主机之间的通信得到了很好的保护。由此可见,分布式防火墙有能力防止各种类型的被动和主动攻击。特别是当使用 IP 安全协议中的密码凭证来标志内部主机时,基于这些标志的策略对主机来说无疑更具可信性。

(2) 系统性能的提高。消除了结构性瓶颈问题,提高了系统性能。

传统防火墙拥有单一的接入控制点,无论是对网络的性能还是对网络的可靠性都有不利的影响。从网络的性能角度来说,自适应防火墙是一种在性能和安全之间寻求平衡的方案;从网络的可靠性角度来说,采用多个防火墙冗余也是一种可行的方案,但是它们引入了更多的复杂性。分布式防火墙从根本上去除了单一的接入点,从而使这一问题迎刃而解。此外,分布式防火墙可以针对各个服务器及终端计算机的不同需要,对防火墙进行最佳配置,配置时能够充分考虑到这些主机上运行的应用,如此便可在保障网络安全的前提下大大提高网络运转效率。

(3) 系统扩展性的提升。分布式防火墙随系统扩充提供了安全防护无限扩充的能力。

因为分布式防火墙分布在整个企业的网络或服务器中,所以它具有无限制的扩展能力。随着网络的增长,它们的处理负荷也在网络中进一步分布,因此它们的高性能可以持续保持,而不会像边界式防火墙那样随着网络规模的增大而不堪重负。

(4) 主机策略的方便性。对网络中的各节点可以起到更安全的防护。

现在防火墙大多缺乏对主机意图的了解,通常只能根据数据包的外在特性进行过滤控制。虽然代理型防火墙能够解决该问题,但它需要对每一种协议单独地编写代码,其局限性也显而易见。在没有上下文的情况下,防火墙是很难将攻击包从合法的数据包中区分出来的,因而也就无法实施过滤。事实上,攻击者很容易伪装成合法包发动攻击,攻击包除了内容以外的部分可以与合法包完全相同。分布式防火墙由主机实施策略控制,主机对自己的意图有足够的了解,所以分布式防火墙依赖主机做出合适的决定就能很自然地解决这一问题。

(5) 应用更为广泛,支持 VPN 通信。其实分布式防火墙最重要的优势在于它能够保护物理拓扑上不属于内部网络,但位于逻辑上的"内部"网络的那些主机,这种需求随着 VPN 的发展越来越多。对这个问题的传统处理方法是将远程"内部"主机和外部主机的通信依然通过防火墙隔离来控制接入,而远程"内部"主机和防火墙之间采用"隧道"技术保证安全性。这种方法使原本可以直接通信的双方必须绕经防火墙,不仅效率低,而且增加了防火墙过滤规则设置的难度。与之相反,分布式防火墙的建立本身就是基于逻辑网络的概念,因此对它而言,远程"内部"主机与物理上的内部主机没有任何区别,它从根本上防止了这种情况的发生。

4. 分布式防火墙的主要功能

上面介绍了分布式防火墙的特点和优势,那么到底这种防火墙具备哪些功能呢?因为采用了软件形式(有的采用了软件+硬件形式),所以功能配置更加灵活,具备充分的智能管理能力,总的来说可以体现在以下几方面。

(1) Internet 访问控制。依据工作站名称、设备指纹等属性,使用"Internet 访问规则"控制该工作站或工作站组在指定的时间段内是否允许/禁止访问模板或网址列表中所规定的 Internet Web 服务器,某个用户可否基于某工作站访问 WWW 服务器,同时当某个工作站/用户达到规定流量后确定是否断网。

(2) 应用访问控制。通过对网络通信从链路层、网络层、传输层、应用层基于源地址、目标地址、端口、协议的逐层包过滤与入侵监测,控制来自局域网/Internet 的应用服务请求,如 SQL 数据库访问、IPX 协议访问等。

(3) 网络状态监控。实时动态报告当前网络中所有的用户登录、Internet 访问、内网访问、网络入侵事件等信息。

(4) 黑客攻击的防御。抵御包括 Smurf 拒绝服务攻击、ARP 欺骗、ping 扫描、Trojan 木马攻击等在内的近百种来自网络内部及来自 Internet 的黑客攻击手段。

(5) 日志管理。对工作站协议规则日志、用户登录事件日志、用户 Internet 访问日志、指纹验证规则日志、入侵检测规则日志的记录与查询分析。

(6) 系统工具。系统工具包括系统层参数的设定、规则等配置信息的备份与恢复、流量统计、模板设置、工作站管理等。

在线测试

习 题 6

一、选择题

1. 以下关于防火墙的说法,错误的是(　　)。
    A. 防火墙能隐藏内部 IP 地址
    B. 防火墙能控制进出内网的信息流向和信息包
    C. 防火墙能提供 VPN 功能
    D. 防火墙能阻止来自内部的威胁

2. 防火墙是确保网络安全的重要设备之一,以下各项中可以由防火墙解决的网络安全问题是( )。
    A. 从外部网伪装为内部网　　　　　B. 从内部网络发起的攻击
    C. 向内部网用户发送病毒携带文件　D. 内部网上某台计算机的病毒问题
3. 包过滤型防火墙工作在 OSI 的(　　)。
    A. 物理层　　　B. 传输层　　　C. 网络层和传输层　　　D. 应用层
4. 防火墙对数据包进行状态检测时,不进行检测过滤的是(　　)。
    A. 源地址和目的地址　　　　　　B. 源端口和目的端口
    C. IP 协议号　　　　　　　　　　D. 数据包中的内容
5. 以下关于防火墙的说法,正确的是(　　)。
    A. 常用的访问控制设备之一　　　B. 仅在网络层实现访问控制
    C. 只能通过硬件设备来实现　　　D. 通过加密来实现访问控制
6. 以下关于网络地址转换的说法,错误的是(　　)。
    A. 最初用于缓解 IP 地址短缺　　　B. 分为静态 NAT 和动态 NAT
    C. 防火墙的最基本实现方式　　　D. 可隐藏内部网络中的主机

二、填空题
1. 常见防火墙按采用的技术分类主要有_____、_____和_____。
2. _____是防火墙体系的基本形态。
3. 应用层网关型防火墙的核心技术是_____。
4. 在 NAT 设备中,如果 IP 分组需要进入内部网络,其中的目的地址将从全局地址转换为_____。
5. 在代理型防火墙技术的发展过程中,经历了两个不同版本:第一代应用层网关代理型防火墙和_____。

三、简答题
1. 什么是防火墙?古代防火墙与网络安全中的防火墙有什么联系和区别?
2. 试分析防火墙的局限性。
3. 简述包过滤型防火墙的工作机制和包过滤类型。
4. 简述代理型防火墙的工作原理及特点。
5. 常见的防火墙系统有哪几种?比较它们的优缺点。
6. 屏蔽子网的防火墙系统是如何实现的?
7. 双宿主堡垒主机与单宿主堡垒主机的区别是什么?
8. 状态检测防火墙的技术特点是什么?

第 7 章 入侵检测技术

大量安全实践表明,保障网络系统的安全,仅仅依靠传统被动的防护是不够的,完整的安全策略应该包括实时的检测(detection)和响应(response)。入侵检测作为一类快速发展的安全技术,以其对网络系统的实时监测和快速响应的特性,逐渐发展成为保障网络系统安全的关键部件。作为继防火墙之后的第二层安全防范措施,入侵检测可在不影响网络性能情况下,对内部攻击、外部攻击和误操作进行保护,是构筑多层次网络纵深防御体系的重要组成部分。此外,为弥补防火墙和入侵检测存在的不足,人们还积极探索具有主动安全防御机制的入侵防护系统(Intrusion Prevention System,IPS),使得在准确检测出常规网络流量中的恶意攻击和异常数据时,并非简单地发出安全告警,而是实时地采取措施,进而阻止攻击行为。

7.1 入侵检测概述

7.1.1 入侵检测技术的发展

入侵检测技术的研究最早可以追溯到 1980 年 James P. Anderson 提出的一份技术报告。他首先提出了入侵检测的概念,并将入侵尝试(intrusion attempt)或威胁(threat)定义为:潜在的、有预谋的、未经授权的访问信息和操作信息,致使系统不可靠或无法使用的企图。Anderson 在报告中提出审计追踪可应用于监视入侵威胁,但由于当时已有的系统安全程序全都注重于拒绝未经认证主体对重要数据的访问,这一设想的重要性并未被理解。

Dorothy Denning 于 1987 年提出了入侵检测系统(Intrusion Detection System,IDS)的抽象模型,首次提出了入侵检测可以作为一种计算机系统安全防御措施的概念。与传统的信息加密和访问控制技术相比,IDS 是全新的计算机安全措施。在这个模型中,可以很清楚地看出 Denning 的二维检测思想,即基于专家系统的特征检测及基于统计异常模型的异常检测。这一点也奠定了入侵检测技术领域的两大方向:误用检测(misuse detection)和异常检测(anomaly detection)。

1988 年的 Morris Internet 蠕虫事件使得 Internet 多日无法正常使用。该事件加速了人们对安全的需求,进而引发了自 20 世纪 80 年代以来对入侵检测系统的开发研究热潮。但早期的系统都是基于主机的应用,即通过监视与分析主机的审计记录来检测入侵。同年,Teresa Lunt 等进一步改进了 Denning 提出的入侵检测模型,创建了 IDES(Intrusion Detection Expert System)。该系统用于检测单一主机的入侵尝试,提出了与系统平台无关的实时检测思想,1995 年开发的 NIDES(Next-Generation Intrusion Detection Expert System)作为 IDES 完善后的版本可以检测出多个主机上的入侵,如图 7.1 所示。

在这个模型的基础上，Herberlein 等于 1990 年开发出了第一个真正意义上的入侵检测系统 NSM(Network Security Monitor)。在这个实物模型中，第一次采用了网络实时数据流而非历史存档信息作为检测数据的来源。这为入侵检测系统的产品化做出了巨大贡献；再也不需要将各式各样的审计信息转换为统一格式后才能分析了，入侵检测开始逐步脱离"审计"的影子。

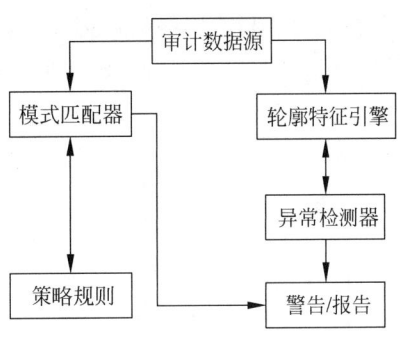

图 7.1 IDES 系统模型

1994 年，Mark Crosbie 和 Gene Spafford 建议使用自治代理(autonomous agents)以提高 IDS 的可伸缩性、可维护性、效率和容错性。该理念非常符合计算机科学其他领域正在进行的相关研究。另一个致力于解决当代大多数入侵检测系统伸缩性不足的方法于 1996 年提出，即 GrIDS(Graph-based Intrusion Detection System)的设计和实现。该系统可以方便地检测大规模自动或协同方式的网络攻击。

1997 年，Cisco 将网络入侵检测集成到其路由器设备中。同年，ISS 推出 Realsecure，入侵检测系统正式进入主流网络安全产品阶段。

在这个时期，入侵检测通常被视为防火墙的有益补充。这个阶段，用户已经能够逐渐认识到防火墙仅能对 4 层以下的攻击进行防御，而对那些基于数据驱动攻击或被称为深层攻击的威胁无能为力。

而后，在 2001—2003 年，蠕虫病毒大肆泛滥，红色代码、尼姆达、震荡波、冲击波此起彼伏。由于这些蠕虫多是使用正常端口，除非明确不需要使用此端口的服务，防火墙无法控制和发现蠕虫传播，倒是入侵检测产品可以对这些蠕虫病毒所利用的攻击代码进行检测(就是前面提到的误用检测，将针对漏洞的攻击代码结合病毒特征做成事件特征，当发现有该类事件发生时，就可判断为出现蠕虫病毒)。正因如此，入侵检测系统得以被广泛推广和应用。

近年来，入侵检测技术的创新研究还有：将免疫学原理运用于分布式入侵检测领域，将信息检索技术引入入侵检测中，以及采用状态转换分析、数据挖掘、遗传算法和神经网络等进行误用和异常检测。

7.1.2 入侵检测的定义

入侵检测(Intrusion Detection,ID)是指通过对计算机网络或计算机系统中的若干关键点进行信息收集及分析，如审计记录、安全日志、用户行为与网络数据包等，以便发现计算机或网络系统中是否存在违反安全策略的行为或遭到攻击的迹象。违反安全策略的行为主要包括入侵和误用。其中，入侵是指非法用户的违规行为，这种行为通常是主动发起的；误用是指合法用户的违规行为，这种行为可能是主动的，也可能是被动的。入侵检测是网络安全审计的核心技术之一，也是网络安全防护的重要组成部分。

入侵检测系统是指用于发现计算机或网络系统中存在入侵行为的软硬件系统。入侵检测系统可以检测入侵行为并及时报警，为网络管理员采取应急措施提供依据，弥补被动式网络安全机制(如防火墙)的不足。入侵检测系统的功能主要包括：①监控和分析用户行为及系统活动，主要通过查看主机日志与侦听数据包实现；②发现入侵行为或异常现象，主要通过监控进出主机或网络的数据流,以及评估系统关键资源与数据的完整性实现;③记录与报警攻击行为,并采取必要的响应措施。

7.2 入侵检测系统的特点和分类

目前,入侵检测系统的标准化工作主要由 IETF 完成。入侵检测系统是指用于检测任何损害或企图损害系统的保密性、完整性或可用性的一种软硬件系统。由于网络环境和系统安全策略的差异,入侵检测系统在具体实现上也有所不同。

7.2.1 入侵检测系统的特点

一个成功的入侵检测系统至少要满足以下 5 个主要功能要求。

(1) 实时性要求。如果攻击或攻击的企图能够尽早被发现,那么就有可能查找出攻击者的位置,阻止进一步的攻击活动,将破坏控制在最小限度,并能够记录下攻击者攻击过程的全部网络活动,作为证据进行回放。在常规情况下,管理员通过对系统日志进行审计的方式进行入侵者或入侵行为线索的查找,实时入侵检测系统可以有效避免这种方式的种种不便与技术上的限制。

(2) 可扩展性要求。实际中存在成千上万种不同的已知和未知的攻击手段,它们的攻击行为特征也各不相同。为此必须建立一种机制,将入侵检测系统的体系结构与使用策略区分开。一个已经建立的入侵检测系统必须能够保证在新的攻击类型出现时,可以通过某种机制在无须对入侵检测系统本身进行改动的情况下,使系统能够检测到新的攻击行为。此外,在入侵检测系统的整体功能设计上,也必须建立一种可以扩展的结构,以便系统结构本身能够适应未来可能出现的扩展要求。

(3) 适应性要求。入侵检测系统必须能够适用于多种不同的环境,如高速大容量计算机网络环境,并且在系统环境发生改变(如增加环境中的计算机系统数量、改变计算机系统类型)时,入侵检测系统应当依然能够正常工作。适应性也包括入侵检测系统本身对其宿主平台的适应性,即跨平台工作的能力,适应其宿主平台软、硬件配置的各种不同情况。

(4) 安全性与可用性要求。入侵检测系统必须尽可能地完善与健壮,不能向其宿主计算机系统及其所属的计算机环境中引入新的安全问题及安全隐患。入侵检测系统应该在设计和实现中有针对性地考虑几种可以预见的情况,如对应于该入侵检测系统的类型与工作原理的攻击威胁及其相应的抵御方法,以确保该入侵检测系统的安全性与可用性。

(5) 有效性要求。证明根据某一设计所建立的入侵检测系统是切实有效的,即对于攻击事件的错报与漏报能够控制在一定范围内。

7.2.2 入侵检测系统的基本结构

图 7.2 所示为一个通用的入侵检测系统结构图。很多入侵检测系统还包括界面处理、配置管理等模块。

数据提取模块的作用在于为系统提供数据,数据的来源可以是主机上的日志信息、变动

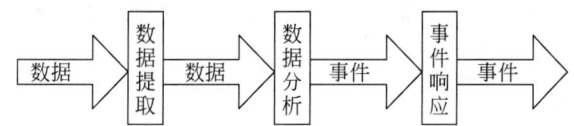

图 7.2 通用入侵检测系统的基本结构图

信息,也可以是网络上的数据信息,甚至是流量变化等,这些都可以作为数据源。数据提取模块在获得数据之后,需要对数据进行简单的处理,如简单的过滤、数据格式的标准化等,然后将经过处理的数据提交给数据分析模块。

数据分析模块的作用在于对数据进行深入的分析,如发现攻击并根据分析的结果产生事件,传递给事件响应处理模块。数据分析的方法多种多样,可以简单到对某种行为的计数(如一定时间内某个特定用户登录失败的次数,或者某种特定类型报文的出现次数),也可以是一个复杂的专家系统。该模块是一个入侵检测系统的核心。

7.2.3 入侵检测系统的分类

根据着眼点的不同,对入侵检测技术的分类方法很多。可以依照检测方法、对入侵的响应方式和信息的来源等不同的标准来划分入侵检测系统。传统的划分方法是根据信息的来源将入侵检测系统分为基于主机的入侵检测系统(Host-based Intrusion Detection System,HIDS)、基于网络的入侵检测系统(Network-based Intrusion Detection System,NIDS)和分布式入侵检测系统(Distributed Intrusion Detection System,DIDS)。

1. 基于主机的入侵检测系统

基于主机的入侵检测系统通常安装在需要重点检测的主机上,主要是对该主机的网络实时连接及系统审计日志进行智能分析和判断。

由于基于主机的入侵检测系统必须安装在需要保护的设备上,因此必定会降低该设备的工作效率。另外,全面部署主机入侵检测系统代价较大,任何企业都无法将所有主机用主机入侵检测系统保护,只能选择其中的一部分。此时,那些未安装主机入侵检测系统的机器将成为保护的盲点,入侵者可利用这些机器达到攻击目标。因此,随着网络使用的频繁程度越来越高,基于主机入侵检测系统将无法适应这种局面,它只能作为网络入侵检测的一个有力补充。

2. 基于网络的入侵检测系统

NIDS 在混杂模式下监视网段中传输的各种数据包,并对这些数据包的内容、源地址、目的地址等进行分析和检测。如果发现入侵行为或可疑事件,那么入侵检测系统就会发出警报,甚至切断网络连接。它通常安装在网络上比较重要的网段(通常也是容易出问题的网段),利用网络侦听技术,通过对网络上的数据流进行捕捉、分析,以判断是否存在入侵。它以网络上传输的信息包为主要研究对象,保护网络的运行。

NIDS 成本低,只需要在网络的关键点进行部署即可。它对那些基于协议入侵的行为有很好的防范作用,并且对攻击进行实时响应,而与主机操作系统无关。但是随着网络上传送的数据包的日益庞大,对每个数据包进行捕获分析已经不太现实了,这将严重增加系统的负荷,丢包现象将逐渐增多,从而影响 NIDS 的性能。

基于对上述两种入侵检测系统的分析，分布式入侵检测系统已经是现在和将来入侵检测系统应用发展的必然趋势。

3. 分布式入侵检测系统

典型的 DIDS 是管理端/传感器结构。NIDS 作为传感器放置在网络的各个地方，并向中央管理平台汇报情况。攻击日志定时地传送到管理平台并保存在中央数据库中，新的攻击特征库能发送到各个传感器上。每个传感器能根据所在网络的实际需要配置不同的规则集，报警信息能发到管理平台的消息系统，用各种方式通知入侵检测系统管理员。

对 DIDS 来说，传感器可以使用 NIDS 或 HIDS，或者同时使用；传感器有的工作在混杂模式，有的工作在非混杂模式。然而无论什么情况，DIDS 都有一个显著的特征，即分布在网络不同位置的传感器都向中央管理平台传送报警和日志信息。

7.3　入侵检测的技术模型

最早的入侵检测模型由 Dorothy Denning 在 1986 年提出。这个模型与具体系统和具体输入无关，对此后的大部分实用系统都有很好的借鉴价值。图 7.3 所示为入侵检测模型的体系结构。

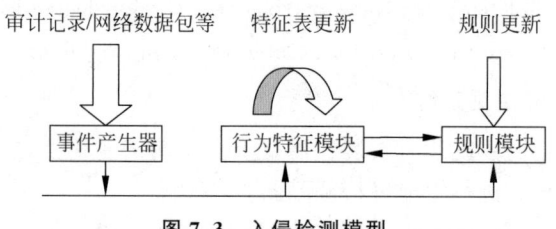

图 7.3　入侵检测模型

事件产生器的任务是从入侵检测系统之外的计算机环境中收集事件，一般可来自审计记录、网络数据包和其他可视行为。这些事件构成了检测的基础。

行为特征模块是整个检测系统的核心，它包含了用于计算用户行为特征的所有变量，这些变量可根据具体所采纳的统计方法及事件记录中的具体动作模式而定义，并根据匹配的记录数据更新变量值。如果有统计变量的值达到了异常程度，则行为特征表产生异常记录，并采取一定措施。

规则模块可以由系统安全策略、入侵模式等组成。它一方面为判断是否入侵提供参考机制，另一方面根据事件记录、异常记录及有效日期等控制并更新其他模块的状态。在具体实现上，规则的选择与更新可能不尽相同，但一般来说，行为特征模块执行基于行为的检测，而规则模块执行基于知识的检测。这两种方法具有一定的互补性，在实际系统中经常结合使用。

入侵行为的属性可分为异常（anomaly）和误用（misuse）两种，分别对其建立异常检测模型和误用检测模型，并对入侵行为进行分析。从这个角度来看，入侵监测系统可分为基于异常检测和基于误用检测两类。下面分别介绍这两类入侵检测系统。

7.3.1 基于异常的入侵检测

基于异常的入侵检测(anomaly detection)基于以下原则：任何一种入侵和误用行为通常与正常的行为存在严重的差异，通过检查出这些差异就可以检查出入侵。这种方法主要是建立计算机系统中正常行为的模式库，然后根据收集到的信息数据，通过某种方法判断是否存在重大偏差，如果偏差在规定范围之外，则认为发生了入侵行为，否则视为正常。

异常检测的一个很大的优点是不需要保存各种攻击特征的数据库，随着统计数据的增加，检测的准确性会越来越高，可能还会检测到一些未知的攻击。但由于用户的行为有很大的不确定性，很难对其行为确定出正常范围，因此门限值的确定也比较困难，出错的概率比较大。同时，它只能说明系统发生了异常的情况，并不能指出系统遭受了什么样的攻击，这给系统管理员采取应对措施带来了一定困难。

异常检测中常用的方法有量化分析、统计分析和神经网络。

1. 量化分析

量化分析是异常检测中使用最为广泛的方案，其特点是使用数字来定义检测规则和系统属性。量化分析通常涉及一系列的计算过程，包括从简单的计数到复杂的加密运算，计算的结果可以作为异常检测统计模型的数据基础。常用的量化分析方法有门限检测、启发式门限检测和目标完整性检查。

门限检测的基本思想是使用计数器来描述系统和用户行为的某些属性，并设定可以接受的数值范围，一旦在检测过程中发现系统的实际属性超出了设定的门限值，就认为系统出现了异常。门限检测最经典的例子是操作系统设定的允许登录失败的最大次数。其他可以设置门限的系统属性还有特定类型的网络连接数、试图访问文件的次数、访问文件或目录的个数和所访问网络系统的个数等。

启发式门限检测是对门限检测的改进，对于包含大量用户和目标环境的系统来说，可以大幅度地提高检测的准确性。传统的门限检测规则是：在一个小时内，如果登录失败的次数大于3次，则认为出现异常。启发式门限检测规则是：如果登录失败的次数大于一个异常数，则发出警报。这个异常数可以使用多种方法来设定，例如，使用高斯函数计算平均的登录失败次数 m，并计算出标准的偏移量 δ，在检测过程中将实际登录失败的次数与 $m+\delta$ 比较，检查是否超出门限。

目标完整性检查是对系统中的某些关键对象，检查其是否受到无意或恶意的更改。通常是使用消息摘要函数计算系统对象的密码校验值，并将计算得到的值存放在安全的区域。系统定时地计算校验值，并与预先存储值比较，如果发现偏差，则发出报警信息。

2. 统计分析

统计分析技术采用统计分析的方法为每一个系统用户和系统主体建立统计行为模式。所建立的模式被定期地更新，以便及时反映用户行为随时间推移而产生的变化。检测系统维护一个由行为模式组成的统计知识库，每个模式采用一系列系统度量(如文件的访问、终端的使用、CPU的时间占用等)来表示特定用户的正常行为，当用户的行为偏离其正常的行为模式时，就认为发生了入侵。

统计分析的方法可以针对那些冒充合法用户的入侵者,通过发现其异常的行为来发现入侵,并且不必像误用检测系统那样需要维护规则库。但是统计分析所采用的度量必须精心挑选,要能根据用户行为的改变产生一致性变化。同时统计分析的方法多是以批处理的方式对审计记录进行分析的,因此实时性较差。

3. 神经网络

神经网络是人工智能研究中的一项技术,它是由大量并行的分布式处理单元组成的。每个单元都能存储一定的"知识",单元之间通过带有权值的连接进行交互。神经网络所包含的知识体现在网络结构中,学习过程也就表现为权值的改变和连接的增加或删除。

利用神经网络进行入侵检测包括两个阶段。首先是训练阶段,这个阶段使用代表用户行为的历史数据进行训练,完成神经网络的构建和组装;接着便进入入侵分析阶段,网络接收输入的事件数据与参考的历史行为比较,判断出两者的相似度或偏离度。神经网络使用以下方法来标示异常的事件:改变单元的状态、改变连接的权值、增加或删除连接。此外,神经网络也具有对所定义的正常模式进行逐步修正的功能。

7.3.2 基于误用的入侵检测

基于误用的入侵检测(misuse detection)的工作原理是收集非正常操作的行为特征,建立相关的特征库,也就是所谓的专家知识库。通过监测用户或系统行为,将收集到的数据与预先确定的特征知识库里的各种攻击模式进行比较,如果能够匹配,则判断有攻击,系统就认为该行为是入侵。误用入侵检测技术有时也称为规则入侵检测技术。顾名思义,该技术会进行规则库的匹配。

误用检测能迅速发现已知的攻击,并指出攻击的类型,以便于采取应对措施;用户可以根据自身情况选择所要监控的事件类型和数量;误用检测没有浮点运算,效率较高。但其缺点也是显而易见的:由于依赖误用模式库,它只能检测数据库中已有的攻击,对未知的攻击无能为力,这便要求不断地升级数据库,加入新攻击的特征码;随着数据库的不断扩大,检测所要耗费的存储和计算资源也会越来越大;由于没有通用的模式定义语言,数据库的扩展很困难,增加自己的模式往往很复杂;将对攻击的自然语言描述转换成模式是比较困难的,如果模式不能被正确定义,则将无法检测到入侵。

误用检测中常用的方法有简单的模式匹配、专家系统和状态转移法。

1. 简单的模式匹配

简单的模式匹配是最为通用的误用检测技术,它拥有一个攻击特征数据库。如果当前被检测的数据与数据库中的某个模式(规则)相匹配,则认为发生了入侵行为。这种方法的特点是原理简单、扩展性好、检测效率高、可实时监测,但只适用于检测比较简单的攻击,并且误报率高。由于其实现、配置和维护都非常方便,因此得到了广泛的应用。Snort 系统就采用了这种检测手段。

2. 专家系统

专家系统是最早的误用检测方案之一,被许多入侵检测模型所使用。

专家系统的应用方式是:首先使用类似于 if-then 的规则格式输入已有的知识(攻击模式),然后输入检测数据(审计事件记录),系统根据知识库中的内容对检测数据进行评估,判断是否存在入侵行为模式。专家系统的优点在于将系统的推理控制过程和问题的最终解答相分离,即用户不需要理解或干预专家系统内部的推理过程,而只需将专家系统看成是一个黑盒。

专家系统应用于入侵检测时,存在以下一些实际问题。

(1) 处理海量数据时的效率问题。专家系统的推理和决策模块通常使用解释型语言实现,执行速度比编译型语言要慢。

(2) 缺乏处理序列数据的能力,即数据前后的相关性问题。

(3) 专家系统的性能取决于设计者的知识和技能。

(4) 只能检测已知的攻击模式。

(5) 无法处理判断的不确定性。

规则库的维护是一项艰巨的任务,更改规则时必须考虑到对知识库中其他规则的影响。

3. 状态转移法

状态转移法(state transition approaches)采用优化的模式匹配技术来处理误用检测的问题,这种方法采用系统状态和状态转移的表达式来描述已知的攻击模式。基于状态转移的入侵检测方法主要有状态转移分析和着色 Petri 网(CP-Nets)两种方法。状态转移分析是通过检测攻击行为所引起的系统状态的变化来发现入侵的,而着色 Petri 网则是通过对攻击行为本身的特征进行模式匹配来检测入侵的。

1) 状态转移分析

状态转移分析(State Transition Analysis,STA)是使用状态转移图来表示和检测已知攻击模式的误用检测技术。NetSTAT 系统采用了这种技术。

状态转移分析使用有限状态机模型来表示入侵过程。入侵过程是由一系列导致系统从初始状态转移到入侵状态的行为组成的。初始状态表示在入侵发生之前的系统状态,入侵状态则表示入侵完成后系统所处的状态。系统状态通常使用系统属性或用户权限来描述。用户的行为和动作会导致系统状态的改变,当系统状态由正常状态改变为入侵状态时,即认为发生了入侵。

2) 着色 Petri 网

另一种采用状态转移技术来优化误用检测的方法是由普渡大学的 Sandeep Kumar 和 Gene Spafford 设计的着色 Petri 网(CP-Net)。

这种方法将入侵表示成一个着色的 Petri 网,特征匹配过程由标记(token)的动作构成。标记在审计记录的驱动下,从初始状态向最终状态(标识入侵发生的状态)逐步前进。处于各个状态时,标记的颜色用来表示事件所处的系统环境(context)。当标记出现某种特定的颜色时,预示着目前的系统环境满足了特征匹配的条件,此时就可以采取相应的响应动作。

误用检测的原理简单,很容易配置,特征知识库也容易扩充,但它存在一个致命的弱点——只能检测已知的攻击方法和技术。异常检测可以检测出已知的和未知的攻击方法和技术,问题是正常行为标准只能采用人工智能、机器学习算法等来生成,并且需要大量的数据和时间,同时现在人工智能和机器学习算法仍处于研究阶段。因此,现在的入侵检测系统大多采用误用检测的分析方法。

7.4 分布式入侵检测

传统的入侵检测系统通常都属于自主运行的单机系统。无论是基于网络数据源还是基于主机数据源，无论是采用误用检测技术还是采用异常检测技术，在整个数据处理过程中，包括数据的收集、预处理、分析、检测，以及检测到入侵后采取的响应措施，都由单个监控设备或监控程序完成。然而，在面临大规模、分布式的应用环境时，这种传统单机方式会遇到极大的挑战。在这种条件下，要求各入侵检测系统之间能够实现高效的信息共享和协作检测。在大范围网络中部署有效的入侵检测系统已经成为一项新的安全需求，推动了分布式入侵检测系统（DIDS）的诞生和不断发展。

分布式入侵检测是目前入侵检测乃至整个网络安全领域的热点之一。通常采用的方法有两种，一种是对现有的 IDS 进行规模上的扩展，另一种则是通过 IDS 之间的信息共享来实现。具体的处理方法也有两种，一种是分布式信息收集和集中式处理，另一种则是分布式信息收集和分布式处理。前者以 DIDS、NADIR 和 ASAX 为代表，后者则采用了分布式计算的方法。分布式处理方法降低了对中心计算能力的依赖，同时也减少了对网络带宽的需求，因此有更好的发展前景。

7.4.1 分布式入侵检测的优势

分布式入侵检测采用了非集中式的系统结构和处理方式，相对于传统的单机 IDS 具有一些明显的优势。

（1）检测大范围的攻击行为。传统的基于主机的入侵检测系统只能通过检查系统日志和审计记录来对单个主机的行为或状态进行监测，即使是采用网络数据源的入侵检测系统，也仅在单个网段内有效。对于一些针对多主机、多网段和多管理域的攻击行为，如大范围的脆弱性扫描或拒绝服务攻击，由于不能在检测系统之间实现信息交互，因此通常无法完成准确和高效的检测任务。

分布式入侵检测通过各个检测组件之间的相互协作，可以有效克服这一缺陷。

（2）提高检测的准确度。不同的入侵检测数据源反映的是系统不同位置、不同角度、不同层次的运行特性，可以是系统日志、审计记录或网络数据包等。传统的入侵检测系统为了简化检测过程和算法复杂度，通常采用单一类型的数据源。这虽然可以提高系统的检测效率，但是也导致了检测系统输入数据的不完备。另外，检测引擎如果采用单一的算法进行数据分析，同样可能导致分析结果不准确。

分布式入侵检测系统各个检测组件针对不同数据来源，可以是网络数据包、主机审计记录、系统日志，也可以是特定应用程序的日志，甚至还可以是一些通过人工方式输入的审计数据。各个检测组件所使用的检测算法也不是固定的，有模式匹配、状态分析、统计分析和量化分析等，可以分别应用于不同的检测组件。系统对各个组件报告的入侵或异常特征进行相关分析，从而得出更为准确的判断结果。

（3）提高检测效率。分布式入侵检测实现了针对安全审计数据的分布式存储和分布式计算，相对于单机数据分析的入侵检测系统来说，这将不再依赖系统中唯一的计算资源和存储资源,可以有效地提高系统的检测效率,减少入侵发现时间。

(4) 协调响应措施。分布式入侵检测系统的各个检测组件分布于受监控网络的各个位置,一旦系统检测到攻击行为,就可以根据攻击数据包在网络中经过的物理路径采取相应的措施,如封锁攻击方的网络通路、入侵来源追踪等。即使攻击者使用网络跳转的方式隐藏真实的 IP 地址,在检测系统的监控范围内通过对事件数据进行相关和聚合,仍然有可能追查到攻击者的真实来源。

7.4.2 分布式入侵检测技术的实现

与传统的单机 IDS 相比,分布式入侵检测系统具有明显的优势。然而,在实现分布检测组件的信息共享和协作上却存在很多技术上的难点,如分布式的事件产生和存储问题、知识库的分布式环境下的管理问题、分布式环境下安全审计数据的处理问题等。尽管分布式入侵检测技术存在技术上和其他层面上的困难,但由于其相对单机 IDS 所具有的优势,目前已经成为入侵检测领域的热点问题。到目前为止,已经提出了多种分布式入侵检测技术的实现方法。

1. Snortnet

Snortnet 是在原理和具体实现上最为简单的一种方式,通过对传统的单机 IDS 进行大规模的扩展,使系统具备分布式检测的能力。典型代表是由吉尔吉斯-俄罗斯斯拉夫大学的 Yarochkin Fyodor 所提出的 Snortnet。Snortnet 是基于模式匹配的分布式入侵检测系统的一个具体实现,通常包括 3 个主要组件:网络传感器、代理守护程序和监视控制台。采用这种方式构建分布式入侵检测系统,其特点是原理简单,系统实现也非常方便,因此作为商业化产品是比较适合的。但由于其检测能力仍然依赖于单机 IDS,只是在系统的通信和管理能力上进行了改进,因此并没有体现出分布式入侵检测的真正优势。

2. Agent-Based 分布式入侵检测

基于 Agent 的 IDS 因其良好的灵活性和扩展性,成为分布式入侵检测的一个重要研究方向。国外一些研究机构在这方面已经做了大量工作,其中以普渡大学的入侵检测自治代理(Autonomous Agents for Intrusion Detection,AAFID)和 SRI 的 EMERALD(Event Monitoring Enabling Response to Anomalous Live Disturbances)最具代表性。

AAFID 的体系结构如图 7.4 所示,其特点是形成了一个基于代理的分层顺序控制和报告结构。一台主机上可驻留任意数量的代理,收发器负责监控运行在主机上的所有代理,向其发送开始、停止和重新配置命令,并对代理收集的信息执行数据精简,然后向一个或多个监视器及上一级分层报告结果。由于 AAFID 的体系结构允许冗余接收器的汇报,因此个别监视器的失效并不影响入侵检测系统的性能。监视器具有监控整个网络数据的能力,并可以对接收器的结果执行高级聚合,系统提供的用户接口可用于管理员

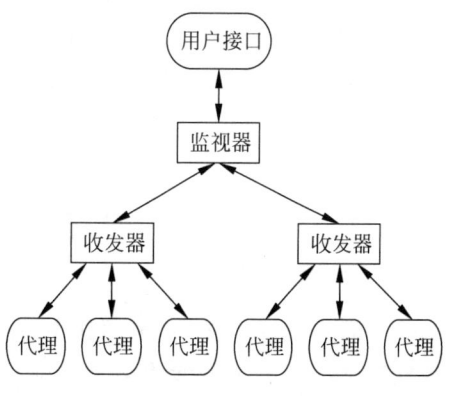

图 7.4 AAFID 体系结构图

输入控制监视器的命令。

使用分布式代理方法进行入侵检测的另一个系统是 SRI 研制开发的 EMERLD 系统，该系统在形式和功能上与 AAFID 自动代理相似，其中心组件是 EMERLD 服务监控器，监控器以可编程方式部署在主机上执行不同的功能。由于 EMERLD 将分析语义从分析和响应逻辑中分离出来，因此在整个网络上更易集成，具有在不同抽象层次上进行分析的重要能力，这体现了现代入侵检测系统的一个重要特征，即协作性。

3. DIDS

DIDS 是由加州大学戴维斯分校的 Security Lab 完成的，它集成了两种已有的入侵检测系统：Haystack 和 NSM。前者由 Tractor Applied Sciences and Haystack 实验室针对多用户主机的检测任务而开发，数据源来自主机的系统日志。NSM 则是由加州大学戴维斯分校开发的网络安全监视器，通过对数据包、连接记录和应用层会话的分析，结合入侵特征库和正常网络流或会话记录的模式库，判断当前的网络行为是否包含入侵或异常。DIDS 综合了两者的功能，并在系统结构和检测技术上进行了改进。DIDS 由主机监视器、局域网监视器和控制器 3 个组件组成，其中控制器是系统的核心组件，采用基于规则的专家系统作为分析引擎。另外，DIDS 系统还提供了一种基于主机的追踪机制，凡是在 DIDS 监测下的主机都能够记录用户的活动，并且将记录发往中心计算节点进行分析，因此 DIDS 具有在自己监测网络下的入侵追踪能力。DIDS 虽然在结构上引入了分布式的数据采集和部分的数据分析，但其核心分析功能仍然由单一的中心控制器来完成，因此并不是完全意义上的分布式入侵检测。DIDS 的入侵追踪功能的实现也要求追踪范围在系统的监控网络之内，显然在 Internet 范围内大规模地部署这样的检测系统是不现实的。

4. GrIDS

GrIDS 同样由 UC Davis 提出并实现，该系统实现了一种在大规模网络中使用图形化表示的方法来描述网络行为的途径，其设计目标主要针对大范围的网络攻击，如扫描、协同攻击和网络蠕虫等。GrIDS 的缺陷在于只是给出了网络连接的图形化表示，具体的入侵判断仍然需要人工完成。此外，该系统的有效性和效率都有待验证和提高。

5. 数据融合

Timm Bass 提出将数据融合(data fusion)的概念应用到入侵检测中，从而将分布式入侵检测任务理解为在层次化模型下对多个感应器的数据综合问题。在这个层次化的模型中，入侵检测的数据源经历了从数据到信息再到知识 3 个逻辑抽象层次。入侵检测数据融合的重点在于使用已知的入侵检测模板和模式识别，这与前面介绍的数据挖掘不同，数据挖掘注重于发掘先前未发现的入侵中隐藏的模式，以帮助发现新的检测模板。

7.5 入侵防护系统

为了能更好地保护网络和系统免遭越来越复杂的攻击威胁，人们不仅需要可以快速、准确地检测攻击行为，还需要有效地协调安全措施，对攻击立即采取应对措施，以便在应对攻击的过程中不会浪费时间和资源。在这种需求下，入侵防护系统(Intrusion Prevention

System，IPS)应运而生。

7.5.1 入侵防护系统的原理

入侵防护系统是一种主动的、智能的入侵检测系统，能预先对入侵行为和攻击性网络流量进行拦截，避免其造成任何损失，它不是简单地在恶意数据包传送时或传送后才发出报警信号。IPS 通常部署在网络的进出口处，当它检测到攻击企图后，就会自动地将攻击包丢掉或采取措施将攻击源阻断。

入侵防护系统与 IDS 在检测方面的原理基本相同，它首先由信息采集模块实施信息收集，内容包括网络数据包、系统审计数据，以及用户活动状态和行为等。利用来自网络数据包和系统日志文件、目录和文件中的不期望的改变、程序执行中的不期望行为，以及物理形式的入侵信息等内容，然后利用模式匹配、协议分析、统计分析和完整性分析等技术手段，由检测引擎对收集到的有关信息进行分析，最后由响应模块对分析后的结果做出适当的响应。入侵防护系统与传统的 IDS 的主要区别是自动拦截和在线运行，二者缺一不可，防护工具（软/硬件方案）必须设置相关策略，以对攻击自动做出响应。当攻击者试图与目标服务器建立会话时，所有数据都会经过 IPS 位于活动数据路径中的传感器，传感器检测数据流中的恶意代码并核对策略，在未转发到服务器之前将含有恶意代码的数据包拦截。由于是在线实时运作，因此能保证处理方法适当并且可预知。

7.5.2 IPS 关键技术

与 IDS 不同，IPS 使用了多项关键技术。

（1）主动防御技术。通过对关键主机和服务的数据进行全面的强制性防护，对其操作系统进行加固，并对用户权力进行适当限制，以达到保护驻留在主机和服务器上数据的效果。这种防范方式不仅能够主动识别已知攻击方法，对于恶意的访问可以做到拒绝访问，并且能够成功防范未知的攻击行为。

（2）防火墙与 IPS 联动技术。

① 开放接口实现联动，即防火墙或 IPS 产品开放一个接口供对方调用，按照一定的协议进行通信、传输警报。该方式比较灵活，防火墙可以行使它第一层访问控制的防御功能，IPS 系统可以行使它第二层检测入侵的防御功能，丢弃恶意通信，确保该通信不能到达目的地，并通知防火墙进行阻断。由于是两个系统的配合运作，因此要重点考虑防火墙和 IPS 联动的安全性。

② 紧密集成实现联动，将 IPS 技术与防火墙技术集成到同一个硬件平台上，在统一操作系统管理下有序地运行，所有通过该硬件平台的数据不仅要接受防火墙规则的验证，还要被检测判断是否含有攻击，以达到真正的实时阻断。

（3）集成多种检测技术。IPS 有可能引发误操作，阻塞合法的网络事件，造成数据丢失。为避免发生这种情况，IPS 集成采用了多种检测方法，最大限度地正确判断已知和未知的攻击。其检测方法包括误用检测和异常检测，增加状态信号、协议和通信异常分析功能，以及后门和二进制代码检测。为解决主动性误操作，采用通信关联分析的方法，让 IPS 全方位识别网络环境，减少操作报警。通过将琐碎的防火墙日志记录、IDS 数据、应用日志记录和系统脆弱性评估状况收集到一起，合理推断出将要发生哪些情况，并做出适当的响应。

(4) 硬件加速系统。IPS 必须具有高效处理数据包的能力,才能实现千兆甚至更高级网络流量的深度数据包检测和阻断功能。因此,IPS 必须基于特定的硬件平台,采用专用硬件加速来提高 IPS 的运行效率。

7.5.3 IPS 系统分类

入侵防护系统根据部署方式可以分为网络型入侵防护系统(NIPS)、主机型入侵防护系统(HIPS)和应用型入侵防护系统(AIPS)3 类。

(1) 网络型入侵防护系统(Network based Intrusion Prevention System,NIPS)。网络型入侵防护系统架构如图 7.5 所示,它采用在线工作模式,在网络中起到一道关卡的作用。流经网络的所有数据流都经过 NIPS,起到保护关键网段的作用。一般的 NIPS 都包括检测引擎和管理器,其中流量分析模块具有捕获数据包、删除基于数据包异常的规避攻击,以及执行访问控制等功能。作为关键部分的检测引擎,可以采用异常检测模型和误用检测模型,响应模块具有制定不同相应策略的功能,流量调整模块主要根据协议实现数据包分类和流量管理。NIPS 的这种运行方式实现了实施防御,但仍然无法检测出具有特定类型的攻击,误报率较高。

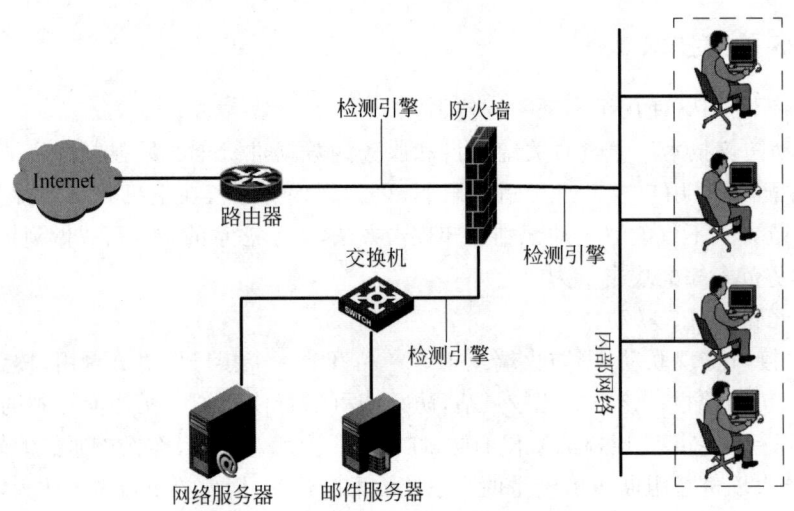

图 7.5 网络型入侵防护系统架构图

(2) 主机型入侵防护系统(Host based Intrusion Prevention System,HIPS)。主机型入侵防护系统架构如图 7.6 所示,它可以用于预防攻击者对关键资源(如重要服务器数据库等)的入侵。HIPS 通常由代理(Agent)和数据管理器组成,采用类似 IDS 异常检测的方法来检测入侵行为,即允许用户定义规则,以确定应用程序和系统服务的哪些行为是可以接受的、哪些是违法的。Agent 驻留在被保护的主机上,用来截获系统调用并检测和阻断,然后通过可靠的通信信道与数据管理器相连。HIPS 这种基于主机环境的防御非常有效,而且也容易发现新的攻击方式,但配置比较困难,参数的选择会直接关系到误报率的高低。

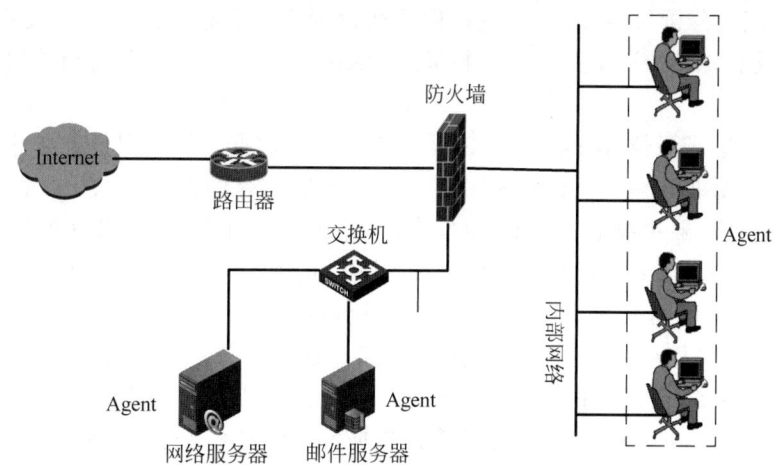

图 7.6 主机型入侵防护系统架构图

（3）应用型入侵防护系统（Application Intrusion Prevention System，AIPS）。应用型入侵防护系统是网络型入侵防护系统的一个特例，它将基于主机的入侵防护系统扩展成位于应用服务器之前的网络设备，用来保护特定应用服务（如 Web 服务器、数据库等）。它通常被设计成一种高性能的设备，配置在应用数据的网络链路上，通过 AIPS 安全策略的控制来防止基于应用协议漏洞和设计缺陷的恶意攻击。

7.6 常用入侵检测系统介绍

1. Snort 入侵检测系统

Snort 系统是一个以开放源代码（Open Source，OS）形式发行的网络入侵检测系统，由 Martin Roesch 编写，并由遍布世界各地的众多程序员共同维护和升级。Snort 运行在 Libpcap 库函数基础之上，并支持多种系统软硬件平台，如 RedHat Linux、Debian Linux、HP-UX、Solaris(x86 和 Sparc)、x86 Free/Net/OpenBSD、NetBSD 和 macOS X 等。系统代码遵循 GNU/GPL 协议。

与许多昂贵且庞大的商用系统相比，Snort 系统具有系统规模小、易于安装、便于配置、功能强大、使用灵活等优点。Snort 不仅是一个网络入侵检测系统，还可以作为网络数据包分析器（sniffer）和记录器（logger）来使用。它采用基于规则的工作方式，对数据包内容进行规则匹配来检测多种不同的入侵行为和探测活动，如缓冲区溢出、隐蔽端口扫描、CGI 攻击、SMB 探测等。Snort 具备实时报警的功能，可以发送警报消息到系统日志文件、SMB 消息或指定的警报文件中。系统采用命令行开关选项和可选 BPF 命令的形式进行配置。系统检测引擎采用了一种简单的规则语言进行编程，用于描述对每一个数据包所对应进行的测试和对应可能的相应动作。

1) Snort 的工作模式

Snort 作为一个功能强大的网络安全工具，它可以被设置成以下 3 种工作模式。

(1) 网络嗅探分析仪(sniffer)：进行网络协议的实时分析。当被设置成这种模式时，Snort 从网络中读取所有的数据包并进行解码(decode)，然后根据参数将相应的信息显示给用户。

(2) IP 包日志记录器(packet logger)：将网络中的数据包记录到日志文件中。在这种模式下，Snort 将数据包解码后以 ASCII 的形式存储在磁盘的指定目录中。在自动形成的层次目录结构中，一般用被记录的 IP 地址作为 log 日志的子目录名，并在各自的子目录下自动形成以通信端口为名称的日志文件。日志模式可以与嗅探模式混合使用。

(3) 网络入侵检测系统(NIDS)。网络入侵检测系统模式是 Snort 的最主要功能。Snort 首先通过一种简单、轻量级的规则描述语言来制定出一系列的规则，然后将侦听到的数据包与现有规则集进行匹配，根据匹配的结果来采取相应的动作(actions)。所谓动作(actions)，就是当 Snort 发现从网络中获取数据包与事先定义好的规则相匹配时，下一步所要进行的处理方式。通常可采取的动作有 alert、log、pass、activate、dynamic 5 个。

① alert：用事先定义好的方式产生报警，并将数据包记入日志。

② log：将数据包记入日志。

③ pass：忽略数据包。

④ activate：产生报警，并转向(激活)相应的 dynamic 规则。

⑤ dynamic：等待被 activate 规则激活，激活后等同于 log 动作。activate 和 dynamic 一般是成对出现的，activate/dynamic 规则使 Snort 的规则定义功能更加充实。

2) Snort 的模块结构

Snort 在逻辑上可以分成多个模块，这些模块共同工作，检测特定的攻击并产生符合特定要求的输出格式。一个基于 Snort 的 IDS 包含下面的主要部件：数据包解码器(传感器)、预处理器、检测引擎、报警/日志系统、输出模块。

Snort 模块的组成及相互关系如图 7.7 所示，任何来自 Internet 的数据包先被送到包解码器，然后被送到输出模块，在这里被丢弃或产生报警/日志。

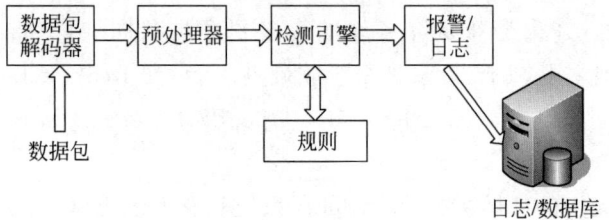

图 7.7　Snort 模块的组成及相互关系

数据包解码采用 Libpcap 库函数捕获数据链路层的分组并进行协议栈(TCP/IP)分析，以便交给检测引擎进行规则匹配。解码器运行在各种协议栈之上，从数据链路层到传输层，最后到应用层。Snort 的包解码支持以太网、令牌环、SLIP(串行线路接口协议)和 PPP 媒体介质。数据包解码所做的工作就是为检测引擎准备数据。

预处理器是 Snort 在检测引擎做出一些操作来发现数据包是否用来入侵之前排列，或者修改数据包的组件或插件。一些预处理器也可以通过发现数据包头部异常来执行一些探测工作，并产生报警。预处理器的工作对于任何 IDS 的检测引擎依据规则分析数据都是非常重要的。黑客有很多欺骗 IDS 的技术。例如，建立这样一条规则，用来在 HTTP 包中发现包含"scripts/iisadmin"的入侵特征，如果字符匹配过于严格，那么黑客只需要做一些细小的变通，就能很轻易地欺骗 IDS。例如：

```
"scripts/./iisadmin"
"scripts/examples/../iisadmin"
"scripts/.\iisadmin"
```

为了使问题复杂化，攻击者也会在字符中嵌入 16 位 URI 字符或 Unicode 字符，这对 Web 服务器来说是同样合法的，因为 Web 服务器能够理解所有这些字符，并将它们处理成为类似于"scripts/iisadmin"这样的字符。如果 IDS 严格匹配某一字符串，则可能不会探测到这种类型的攻击。预处理器可以将字符重新排列，以使 IDS 能够探测到类似的情形。

检测引擎是 Snort 的核心模块。当数据包从预处理器送过来后，检测引擎依据预先设置的规则检查数据包，一旦发现数据包中的内容和某条规则相匹配，就会有相应的动作（记录日志或报警等）产生，否则数据包就会被丢弃。

依据在数据包中所找到的数据特征，一个包可以用来记录行为或产生报警。日志可以存为简单的文本文件、Tcpdump 格式文件或其他的形式。

2. OSSEC HIDS

OSSEC HIDS 是一个基于主机的开源入侵检测系统，它可以进行日志分析、完整性检查、Windows 注册表监视、Rootkit 检测、实时警告和动态的适时响应。除了 IDS 的功能外，它通常还可以被用作一个 SEM/SIM 解决方案。因为其强大的日志分析引擎，互联网供应商、大学和数据中心都乐意运行 OSSEC HIDS，以监视和分析其防火墙、IDS、Web 服务器和身份验证日志。

3. Fragroute/Fragrouter

Fragroute/Fragrouter 是一个能够逃避网络入侵检测的工具箱，也是一个自分段的路由程序，它能够截获、修改并重写发往一台特定主机的通信，可以实施多种攻击，如插入、逃避、拒绝服务攻击等。它拥有一套简单的规则集，可以对发往某一台特定主机的数据包延迟发送，或者复制、丢弃、分段、重叠、打印、记录、源路由跟踪等。严格来讲，这个工具是用于协助测试网络入侵检测系统的，也可以协助测试防火墙、基本的 TCP/IP 堆栈行为。

4. BASE

BASE 又称为基本的分析和安全引擎。BASE 是一个基于 PHP 的分析引擎，它可以搜索、处理由各种各样的 IDS、防火墙、网络监视工具所生成的安全事件数据。BASE 的特性包括一个查询生成器并查找接口，这种接口能够发现不同匹配模式的警告，还包括一个数据包查看器/解码器，基于时间、签名、协议、IP 地址的统计图表等。

5. Sguil

Sguil 是一款被称为网络安全专家、监视网络活动的控制台工具，它可以用于网络安全分析。Sguil 的主要部件是一个直观的 GUI 界面，可以从 Snort/barnyard 提供实时的事件中进行分析。它还可以借助于其他的部件，实现网络安全监视活动和 IDS 警告的事件驱动分析。

7.7 入侵检测技术存在的问题与发展趋势

7.7.1 入侵检测系统目前存在的问题

入侵检测系统在信息安全中有着重要的作用,但在国内的应用还远远没有普及。一方面是由于用户的认知程度较低,另一方面是由于入侵检测是一门比较新的技术,还存在一些技术上的困难,不是所有厂商都有研发入侵检测产品的实力。目前的入侵检测产品大多存在以下问题。

1. 误报和漏报的矛盾

入侵检测系统对网络上所有的数据进行分析,如果攻击者对系统进行攻击尝试,而系统相应服务开放,只是漏洞已经修补,那么这一次攻击可能需要报警。该问题就是一个管理员需要考虑的问题,因为这也代表了一种攻击的企图。但大量的报警事件会分散管理员的精力,反而无法对真正的攻击做出反应。与误报相对应的是漏报情况,随着攻击方法的不断更新,入侵检测系统能否检测出网络中存在的所有攻击也是一个重要的难题。

2. 隐私和安全的矛盾

入侵检测系统可以收到网络的所有数据,同时可以对其进行分析和记录,这对网络安全极其重要。同时,这也对用户的隐私构成一定威胁,关键要看具体的入侵检测产品是否能提供相应功能以供管理员进行取舍。

3. 被动分析与主动发现的矛盾

入侵检测系统采取被动监听的方式发现网络问题,无法主动发现网络中的安全隐患和故障。如何解决这个问题也是入侵检测产品面临的问题。

4. 海量信息与分析代价的矛盾

随着网络数据流量的不断增长,入侵检测产品能否高效处理网络中的数据也是衡量入侵检测产品的重要依据。

5. 功能性和可管理性的矛盾

随着入侵检测产品功能的增加,可否在功能增加的同时,不增大管理的难度?例如,入侵检测系统的所有信息都存储在数据库中,此数据库能否自动维护和备份而无须管理员的干预。另外,入侵检测系统自身安全性如何,是否易于部署,采用哪种报警方式,这些也都是需要考虑的因素。

6. 单一的产品与复杂的网络应用的矛盾

入侵检测产品最初的目的是为了检测网络的攻击,但仅仅检测网络中的攻击远远无法满足目前复杂的网络应用需求。通常,管理员难以分清网络问题是由于攻击引起的还是网络本身的故障。入侵检测检测出的攻击事件又如何处理?可否与目前网络中的其他安全产品进行联合处理?

7.7.2 入侵检测系统的发展趋势

1. 分析技术的改进

入侵检测误报和漏报的解决最终还需要依靠分析技术的改进。目前入侵检测分析方法主要有统计分析、模式匹配、数据重组、协议分析、行为分析等。

(1) 统计分析统计网络中相关事件发生的次数,以达到判别攻击的目的。

(2) 模式匹配利用对攻击的特征字符进行匹配完成对攻击的检测。

(3) 数据重组对网络连接的数据流进行重组再加以分析,而不仅仅分析单个数据包。

(4) 协议分析技术在对网络数据流进行重组的基础上理解应用协议,再利用模式匹配和统计分析的技术来判明攻击。例如,某个基于 HTTP 的攻击含有 ABC 特征,如果此数据分散在若干数据包中,如一个数据包含 A,另外一个数据包含 B,还有一个数据包含 C,则单纯的模式匹配就无法检测,只有基于数据流重组才能完整检测。而利用协议分析,则只在符合的协议(HTTP)检测到此事件时才会报警。假设此特征出现在电子邮件里,因为不符合协议,就不会报警。利用此技术,可以有效降低误报和漏报。

(5) 行为分析技术不仅简单分析单次攻击事件,还根据前后发生的事件确认是否确有攻击发生,攻击行为是否生效,这是入侵检测分析技术的最高境界。但由于目前算法处理和规则制定的难度很大,该技术还不是非常成熟,但却是入侵检测技术发展的趋势。目前最好综合使用多种检测技术,而不只是依靠传统的统计分析和模式匹配技术。另外,规则库能否及时更新也与检测的准确程度相关。

2. 内容恢复和网络审计功能的引入

入侵检测的最高境界是行为分析,但行为分析目前还不是很成熟,因此个别优秀的入侵检测产品引入了内容恢复和网络审计功能。

内容恢复即在协议分析的基础上,对网络中发生的行为加以完整的重组和记录,网络中发生的任何行为都逃不过它的监视。网络审计即对网络中所有的连接事件进行记录。入侵检测的接入方式决定入侵检测系统中的网络审计不仅类似于防火墙可以记录网络进出信息,还可以记录网络内部连接状况,此功能对内容恢复/无法恢复的加密连接尤其有用。

内容恢复和网络审计让管理员看到网络的真正运行状况,其实就是调动管理员参与行为分析过程。此功能不仅能使管理员看到孤立的攻击事件的报警,还可以看到整个攻击过程,了解攻击确实发生与否,查看攻击者的操作过程,了解攻击造成的危害。此功能不但发现已知攻击,而且发现未知攻击;此功能不但发现外部攻击者的攻击,还发现内部用户的恶意行为。毕竟管理员是最了解其网络的,管理员通过此功能的使用,很好地达成了行为分析的目的,但需要更加注意对用户隐私的保护。

3. 集成网络分析和管理功能

入侵检测不仅可以收到网络中的所有数据,而且对网络的故障分析和健康管理也能起到重大作用。当管理员发现某台主机有问题时,希望能马上对其进行管理。入侵检测不应只采用被动分析方法,最好能与主动分析结合使用。因此,入侵检测产品集成网管、扫描器、嗅探器等功能是以后研究发展的重要方向。

4. 安全性和易用性的提高

入侵检测是一个安全产品，自身安全极为重要。因此，目前的入侵检测产品大多采用硬件结构和黑箱式接入，以免除自身安全问题。同时，对易用性的要求也日益增强。例如，全中文的图形界面，自动的数据库维护，多样的报表输出。这些都是优秀入侵产品的特性和以后继续发展细化的趋势。

5. 改进对大数据量网络的处理方法

随着对大数据量处理的要求，入侵检测的性能要求也逐步提高，出现了千兆入侵检测等产品。但如果入侵检测产品不仅具备攻击分析，同时还具备内容恢复和网络审计功能，则其存储系统也很难完全工作在千兆网络环境下。这种情况下，网络数据分流是一个很好的解决方案，性价比也较好。这也是国际上较通用的一种做法。

6. 防火墙联动功能

入侵检测系统发现攻击行为，自动发送给防火墙，防火墙加载动态规则拦截入侵，称为防火墙联动功能。目前此功能还没有到完全实用的阶段，联动功能的使用会导致误报的问题。无限制地使用联动，如未经充分测试，对防火墙的稳定性和网络应用会造成负面影响。但随着入侵检测产品检测准确度的提高，联动功能日益将趋向实用化。

在线测试

习 题 7

一、选择题

1. （   ）功能是由入侵检测实现的。
   A. 过滤非法地址   B. 流量统计
   C. 屏蔽网络内部主机   D. 检测和监视已成功的安全突破

2. （   ）攻击不断对网络服务系统进行干预，改变其正常的作业流程，执行无关程序使系统响应减慢甚至瘫痪。
   A. 重放攻击   B. 反射攻击   C. 拒绝服务攻击   D. 服务攻击

3. 入侵检测系统的第一步是（   ）。
   A. 信号分析   B. 信息收集   C. 数据包过滤   D. 数据包检查

4. （   ）不属于入侵检测系统的功能。
   A. 监视网络上的通信数据流   B. 捕获可疑的网络活动
   C. 提供安全审计报告   D. 过滤非法的数据包

5. 在基于网络的 IDS 中，检测数据通常来源于（   ）。
   A. 操作系统日志   B. 网络监听数据   C. 系统调用信息   D. 安全审计数据

二、填空题

1. 根据信息的来源将入侵检测系统分为基于_____的 IDS、基于_____的 IDS 和_____的 IDS。

2. 由被入侵的众多主机构成、可被攻击者远程控制的逻辑网络称为_____。

3. 入侵检测技术根据检测方法可分为_____和_____两大类。

4. 入侵防护系统根据部署方式可分为 3 类：网络型入侵防护系统、_____ 和_____。

三、简答题

1. 什么是入侵检测系统？请简述入侵检测的工作原理。
2. 为什么要进行入侵检测？
3. 分布式入侵检测技术有哪些优势？
4. 简述误用检测的技术实现方法。
5. 简要说明入侵检测系统和入侵防护系统的差别。

第8章 操作系统安全

在目前常见的操作系统中，Windows 和 UNIX 仍然是主流操作系统，现有的国产操作系统和应用软件的市场占有率仍然很低。党的二十大报告指出要完善科技创新体系。完善并推广具有自主知识产权的国产操作系统和应用软件对维护国家安全十分重要，为此需要深入学习操作系统的安全技术和方法，促进具有自主知识产权的操作系统的开发和应用。

操作系统作为用户使用计算机和资源的界面，发挥着重要的作用，因此，操作系统本身的安全就成为信息安全当中的一个重要研究课题。在计算机的发展史上，出现过许多不同的操作系统，其中最常见的有 DOS、Windows、Linux、UNIX/Xenix 和 OS/2 这 5 种。当前使用最广泛的操作系统主要有基于 NT 技术的 Windows 操作系统和 UNIX 操作系统。

操作系统的安全通常包括以下几方面。

(1) 操作系统本身提供安全功能和安全服务。
(2) 针对各种常见的操作系统，采取配置措施，使之能正确地应对各种入侵。
(3) 保证操作系统本身所提供的网络服务得到安全配置。

对于操作系统安全没有一个统一的定义，通常说一个计算机系统是安全的，一般意义上是指该系统能够通过特定的安全功能控制外部对系统的访问。也就是说，只有经过授权的用户或代表该用户运行的进程才能读、写、创建或删除信息。

操作系统内的活动，从某种意义上来说，都可以看作是主体针对计算机系统内部所有资源的一系列操作。操作系统中任何存有数据的东西都是客体，能访问或使用客体活动的实体称为主体，一般用户或代表用户进行操作的进程都是主体。主体对客体的访问策略是通过可信计算基来实现的。可信计算基是系统安全的基础，正是基于可信计算基，才能通过安全策略的事实，控制主体对客体的访问，从而达到对客体的保护。

人们如何访问文件和其他信息是安全策略描述的内容。在计算机系统中，对于给定的主体和客体，必须有一套严格的规则来确定一个给定的主体是否被授权获得对指定客体的访问。当安全策略被抽象成安全模型后，人们可以通过形式化的方法证明该模型是安全的。被证明了的模型成为人们设计系统安全部分的坐标。

通常在操作系统的实现过程中会出现各种问题，使用安全模型设计出来的操作系统会产生一些出乎设计者意图之外的性质，这通常称为操作系统的漏洞。近年来，随着各种系统入侵和攻击技术的发展，操作系统漏洞层出不穷。典型的如缓冲区溢出漏洞，目前几乎所有的操作系统实现都不同程度地具有这个漏洞。因此，一般所说的操作系统安全通常包括两层意思：一是操作系统通过权限访问控制、信息加密保护、完整性鉴定等一系列机制实现的安全；二是操作系统在使用过程中，通过一系列的配置，保证操作系统尽量避免由于实现时的缺陷或应用环境因素产生的不安全因素。只有通过这两方面的共同努力，才能最大可能地建立安全的操作系统环境。

计算机操作系统为了实现网络安全特性的要求，常用的安全技术主要有主机安全技术、身份认证技术、访问控制技术、密码技术、防火墙技术、安全审计技术和安全管理技术。每种操作系统一般都是按照一定的安全目标进行设计的,因此都采用了一些安全策略,并使用了一些常用的安全技术。

8.1 操作系统安全概述

随着计算机技术的飞速发展和大规模应用,一方面使得现实世界依赖计算机系统的程度越来越高,另一方面计算机系统的安全问题也越来越突出。AT&T实验室的 S. Bellovin 博士曾对美国 CERT(Computer Emergency Response Team)提供的安全报告进行分析,结果表明,一般的计算机网络安全问题是由软件工程中的安全缺陷引起的,而操作系统的安全脆弱性则是问题的根源之一。

8.1.1 操作系统安全准则

1. 操作系统的安全需求

所谓安全的操作系统,是指具备安全机制并运用该机制对授权用户及其进程的读、写、删除和修改信息进行控制。具体来说,操作系统共有以下6方面的安全需求。

(1) 安全策略。系统必须拥有并实施明确的安全策略。对于认证的主体和客体,系统应提供一个规则集用于决定一个特定的主体是否可以访问一个具体的客体。安全策略通常可分为自主安全策略和强制安全策略,自主安全策略是指只有被选择的用户或用户组才允许存取数据;强制安全策略是指可以有效地处理敏感信息存取的规则。

(2) 标记。为了根据强制安全策略的规则对存储在计算机中的信息进行存取控制,必须给客体一个能够有效标识其安全级别的标记。

(3) 鉴别。单个主体必须能够被系统识别,在系统中应维护与身份识别认证有关的信息。存储信息的每一次访问都应受到控制,即只有授权的用户才能访问这些信息。

(4) 责任。系统中应保存和保护审计信息,以便跟踪影响系统安全的行为。一个可信的系统应该能够将与安全相关时间的情况记录在审计日志文件中,有选择地记录审计事件对降低审计开销和开展有效的安全分析都是必要的。系统要保护审计数据不受破坏,以确保违背安全的事件在发生后可被探测到。

(5) 保证。一个计算机系统应该能够具有可以被评估的各种软硬件机制,这些机制应提供充分保证系统实现上述 4 种与安全有关的需求。这些机制可以嵌入操作系统中,并以安全的方式执行指定的任务。

(6) 连续保护。实现这些基本需求的可信机制必须能不断地提供保护,以防止入侵和未经授权的篡改。如果计算机系统中实现安全策略的功能组成易被未经授权而篡改,那么它就不是一个安全的系统。也就是说,连续保护需求应该存在于计算机系统的整个生命周期过程中。

2. 可信计算机系统评价准则

从 20 世纪 80 年代开始,国际上很多组织开始研究并发布计算机系统的安全评价准则,其中最具影响和代表性的是美国国防部制定的评价准则。1983年美国国防部计算机安全保密中心发表了《可信计算机系统评估准则》(Trusted Computer System Evaluation Criteria,TCSEC),简称橙皮书。

在上述6种安全需求中,(1)(2)属于策略类,(3)(4)属于责任类,(5)(6)属于保证类。根据这些需求,TCSEC将评价准则划分为4类,每一类中又细分了不同级别。橙皮书为计算机的安全级别进行了分类,由低到高分为D、C、B、A级。D级暂时不分子级;C级分为C1和C2两个子级,C2比C1提供更多的保护;B级由低到高分为B1、B2和B3 3个子级;A级暂时不分子级。每级包括它下级的所有特性。

在实际工作中,主要通过测试系统与安全相关的部分来确定这些系统的设计和实现是否正确与完全,一个系统与安全相关的部分通常称为可信基(Trusted Computing Base,TCB)。

(1) D1级(最小保护)。D1级是计算机安全的最低一级。整个计算机系统是不可信任的,硬件和操作系统很容易被侵袭。D1级计算机系统标准规定对用户没有验证,也就是任何人都可以使用该计算机系统而不会有任何障碍。系统不要求用户进行登记(要求用户提供用户名)或口令保护(要求用户提供唯一字符串来进行访问)。任何人都可以坐在计算机前并使用它。

D1级的计算机系统包括 MS-DOS、Windows 3.x、Windows 95(不在工作组方式中)、Apple的System7.x等。

(2) C1级。C1级系统要求硬件有一定的安全机制(如硬件带锁装置和需要钥匙才能使用计算机等),用户在使用前必须登录系统。C1级系统还要求具有完全访问控制的能力,允许系统管理员为一些程序或数据设立访问许可权限。C1级防护不足之处在于用户直接访问操作系统的根或底层。C1级系统不能控制进入系统的用户的访问级别,所以用户可以将系统的数据任意转移。

常见的C1级兼容计算机系统有 UNIX 系统、XENIX、Novell3.x(或更高版本)、Windows NT 等。

(3) C2级。C2级在C1级的某些不足之处加强了几个特性。一方面,C2级引进了受控访问环境(用户权限级别)的增强特性。这一特性不仅以用户权限为基础,还进一步限制了用户执行某些系统指令。授权分级使系统管理员能够为用户分组,授予他们访问某些程序的权限或访问分级目录。另一方面,用户权限以个人为单位授权用户对某一程序所在目录的访问。如果其他程序和数据也在同一目录下,那么用户也将自动获得访问这些信息的权限。C2级系统还采用了系统审计。审计特性跟踪所有的"安全事件",如登录(成功和失败的),以及系统管理员的工作,如改变用户访问和口令。

常见的C2级操作系统有 UNIX 系统、XENIX、Novell3.x(或更高版本)、Windows NT 等。

(4) B1级。B1级系统支持多级安全,多级是指这一安全保护安装在不同级别的系统中(如网络、应用程序、工作站等),它对敏感信息提供更高级的保护。例如,安全级别可以分为解密、保密和绝密级别。

(5) B2级。B2级别称为结构化的保护(structured protection)。B2安全要求计算机系统中对所有对象加标签,而且给设备(如工作站、终端和磁盘驱动器等)分配安全级别。例如,用户可以访问一台工作站,但可能不允许访问装有人员工资资料的磁盘子系统。

(6) B3级。B3级要求用户工作站或终端通过可信任途径连接网络系统,这一级必须采用硬件来保护安全系统的存储区。

(7) A级。A级是橙皮书中的最高安全级别,这一级有时也称为验证设计(verified design)。与前面提到的各级级别一样,这一级包括了它下面各级的所有特性。A级还附加一个安全系统受监视的设计要求,合格的安全个体必须分析并通过这一设计。另外,必须采用严格的形式化方法来证明该系统的安全性;所有构成系统的部件的来源必须具有安全保证,这些安全措施还必须被担保在销售过程中这些部件不受损害。例如,在A级设置中,一个磁带驱动器从生产厂房直至计算机房都会被严密地跟踪。

8.1.2 操作系统安全防护的一般方法

1. 威胁系统资源安全的因素

威胁系统资源安全的因素除设备部件故障外,还有以下几种情况。

(1) 用户的误操作或不合理地使用了系统提供的命令,造成对资源不期望的处理。例如,无意中删除了不想删除的文件,或者无意中停止了系统的正常处理程序等。

(2) 恶意用户设法获取非授权的资源访问权。例如,非法获取其他用户的信息,这些信息可以是系统运行时内存中的信息,也可以是存储在磁盘上的信息(如文件等)。

(3) 恶意破坏系统资源或系统的正常运行,如计算机病毒。

(4) 破坏资源的完整性与保密性,对用户的信息进行非法修改、复制或破坏。

(5) 多用户操作系统还需要防止各用户程序执行过程中相互间的不良影响,解决用户之间的相互干扰。计算机操作系统的安全措施主要是隔离控制和访问控制。

2. 操作系统隔离控制安全措施

隔离控制的方法主要有以下4种。

(1) 设备隔离。在物理设备或部件一级进行隔离,使不同的用户程序使用不同的物理对象。例如,不同安全级别的用户分配不同的打印机,对特殊用户的高密级运算,甚至可以在CPU一级进行隔离,使用专用的CPU进行运算。

(2) 时间隔离。对不同安全要求的用户进程分配不同的运行时间段。用户在运算高密级信息时,允许独占计算机进行运算。

(3) 逻辑隔离。多个用户进程可以同时运行,但相互之间感觉不到其他用户进程的存在,这是因为操作系统限定各进程的运行区域,不允许进程访问其他未被允许的区域。

(4) 加密隔离。进程将自己的数据和计算活动隐藏起来,使它们对于其他进程是不可见的,对用户的口令信息或文件数据以密文形式存储,使其他用户无法访问,这就是加密隔离控制措施。

这几种隔离措施实现的复杂性是逐步递增的,而其安全性则是逐步递减的,前两种方法的安全性比较高,后两种隔离方法主要依赖系统的功能实现。

3. 操作系统访问控制安全措施

在操作系统中,为提高安全级别,通常采用一些比较好的访问控制措施来提高系统的整体安全性,尤其是针对多用户、多任务的网络操作系统。除了自主访问控制(Discretionary

Access Control,DAC)、强制访问控制(Mandatory Access Control,MAC)和基于角色的访问控制技术(Role-Based Access Control,RBAC)外,常用的访问控制措施还有域和类型执行的访问控制(Domain and Type Enforcement,DTE)。

8.1.3 操作系统资源防护技术

对操作系统的安全保护措施,其主要目标是保护操作系统中的各种资源,具体地讲,就是针对操作系统的登录控制、内存管理和文件系统这3个主要方式实施安全保护。

1. 系统登录和用户管理的安全

系统登录过程是整个操作系统安全的第一步,这一步的操作主要是要求系统有比较安全的登录控制机制、严格的口令管理机制和良好的用户管理机制。

(1) 安全的登录控制机制。首先应该避免用户绕过登录控制机制直接进入系统,如 Linux 操作系统中的单用户登录模式,以及 Windows 2000 操作系统默认安装时通过全拼输入法就可以进入系统。为提高系统登录时的常用的安全措施:限制用户只能在某个时间段内才能登录系统;减少系统登录时的提示信息;限制用户登录次数,如限制连续多次(如3次)登录失败,终端与系统的连接应自动断开等措施。

(2) 严格的口令管理机制。历史上的系统入侵事件80%都与口令破解攻击行为有关,也就是说,很多时候不是系统的安全性不高,而是系统的口令控制和管理给系统入侵者留下了可乘之机。为了提高口令的安全性,还应该养成较好的口令管理和使用习惯。首先,必须保证系统中的口令具有比较高的安全性,口令应该为6个字符以上的字母和数字及其他字符的随机组合,口令应该避免选取字典中的单词且应与用户信息无关。然后,口令应该定期更换,而且在不同的场合应该使用不同的口令。最后,注意保存密码,密码应该靠大脑记忆,最好不要将口令记录在本子上。

(3) 良好的用户管理机制。用户管理和控制的安全与否是整个操作系统能否安全的另一个重要方面。首先应当注意系统中的 Guest 用户和默认的网络匿名登录用户,这些用户是操作系统被入侵者选择攻击的一个重要跳板;然后要管理好系统中的工作组,避免将一般用户与管理员用户放在同一个组中;最后还要控制好用户的系统操作权限,禁止普通用户随意在系统中安装软件,尤其是盗版软件。作为系统的管理员,应当定期查看系统的用户日志和审计信息,以便尽快发现和堵住系统的安全隐患。

2. 内存管理的安全

常用的内存保护技术有单用户内存保护技术和多道程序的保护技术、内存标记保护法和分段与分页保护技术。

(1) 单用户内存保护技术。在单用户操作系统中,系统程序和用户程序同时运行在一个内存空间中,若无防护措施,则用户程序中的错误有可能破坏系统程序的运行。通常可以利用地址界限寄存器在内存中规定一个区域边界,用户程序运行时不能跨越这个地址。

(2) 多道程序的保护技术。对于单用户操作系统,使用一个地址界限寄存就可以保证系统区与用户程序的安全。但对于多用户操作系统,需要再增加一个寄存器保护用户程序的上边界地址。在程序执行时,硬件系统将自动检查程序代码所访问的地址是否在基址与上边界之间,若发现不在则报错。通过这种办法可以将程序完整地封闭在上下两个边界地址空间中,并可以有效防止一个用户程序访问甚至修改另一个用户的内存。

(3) 内存标记保护法。为了能对每个存储单元按其内容要求进行保护,如果有的单元只读、读/写或仅执行等不同的要求,则可以在每个内存单元中专用几个位来标记该字单元的属性。除了标记读、写和执行等属性外,还可以标记该单元的数据类型,如数据、字符、地址指针或未定义等。每次指令访问这些单元时都要测试这些位,当访问操作与这些位表示的属性不一致时,允许指令执行,否则就禁止或给出警告信息。

(4) 分段与分页保护技术。在一个安全要求比较高的系统中,通常将分段与分页技术结合起来使用,由程序员按逻辑将程序划分为段,再由操作系统将段划分为页。操作系统同时管理段表与页表,完成地址映射任务和页面的调进和调出,并使同一段内的各页具有相同的安全访问控制属性。系统还可以为每个物理页分配一个密码,只允许拥有相同密码的进程访问该页,该密码由操作系统装入进程的状态字中,当进程访问某个页面时,由硬件对进程的密码进行检验,只有密码相同且进程的访问权限与页面的读写访问属性相同时方可执行访问。

3. 文件系统的安全

(1) 分组保护。在分组保护方案中,可以根据某种共同性将用户划分在一个组中,如需要共享是一个常见的分组理由。系统的用户一般可以分为 3 类:单个用户、用户组和所有人。分组时要求每个用户只能分在一个组中,同一个组中的用户对文件有相同的需求,具有相同的访问权限。

(2) 许可权保护。许可权保护是指将用户许可权与单个文件挂钩,主要有两种方法:一是文件通行字法,二是临时许可证法。文件通行字法是为文件设置一个通行字,当用户访问这个文件时,必须提供正确的通行字,通过通行字来控制对文件的各种访问;临时许可证法是利用 SUID/SGID 机制来保护其专用信息和设备不受非法访问,如普通用户为了执行某些应用程序,需要修改系统的通行字文件,系统管理员可以用 SUID 机制建立改变通行字的保护程序,当普通用户执行它时,该保护程序可以按照系统管理员规定的方式修改通行字文件。

(3) 指定保护方式。指定保护方式是指允许用户为任何文件建立一张访问控制列表(Access Control Lists,ACL),指定谁有权访问该文件,每个用户有什么样的访问权。利用 ACL 也可以限定用户访问制定的设备,或者限制哪些用户可以通过电话线进入系统,甚至可以限定用户对资源的网络访问。

除上述 3 方面的安全保护措施外,操作系统的其他资源(如各种外设、网络系统等)也需要实施安全保护措施,对这些资源的安全保护最终也可归结为操作系统资源安全的保护机制。例如,外设安全保护可以归结为内存访问机制和文件控制机制的安全防ització,网络系统的安全保护事实上主要是操作系统的登录机制、内存管理和文件系统的综合安全保护。

8.2 UNIX/Linux 系统安全

8.2.1 Linux 系统概述

Linux 是一种适用于 PC 的计算机操作系统,它适合于多种平台,是目前唯一免费的非商品化、开源的操作系统。

  Linux 诞生于 1991 年年底,是一个芬兰大学生开发出来的。由于具有结构清晰、功能强大等特点,它很快成为许多院校学生和科研机构的研究人员学习和研究的对象。在他们的热心努力下,Linux 逐渐成为一个稳定可靠、功能完善的操作系统。一些软件公司也不失时机地推出以 Linux 为核心的操作系统,大大推动了 Linux 的商品化,使 Linux 的使用日益广泛。因此,Linux 成为当今最流行的一种操作系统。

  Linux 是由 UNIX 发展而来的,它不仅继承了 UNIX 操作系统的特征,而且在许多方面还超过了 UNIX 操作系统,另外它还具有许多 UNIX 所不具有的优点和特性。例如,它的源代码是开放的,可运行于多种硬件平台,支持多达 32 种文件系统,支持大量的外部设备等。它包含人们所期待的操作系统所能拥有的优良特性,包括真正的多任务、虚拟内存、目前最快的 TCP/IP 驱动程序、共享库和理想的多用户支持;它还符合 X/Open 标准,具有完全自由的 X-Window 实现方式;Linux 同 UNIX 一样,具有最先进的网络特性,且支持所有通用的 Internet 协议,既可作为客户机也可作为服务器。

  Linux 实际上是免费的,它以 GPL(General Public License,通用公共许可证)的方式发行这份软件,可以让任何人以任何形式复制与传播 Linux,而且用户可在网络上下载 Linux 的源代码,随心所欲地复制与更改源程序。由于可以免费取得源代码,因此投入研究和开发的人越来越多,功能也越来越完善。到目前为止,Linux 已经是可以同 Windows 或其他操作系统抗衡的一个系统。

  一个操作系统除了核心程序外,还需要其他的系统程序和应用程序才有实用性。Linux 系统中常用的系统程序大部分是由美国免费软件基金会(Free Software Foundation,FSF)、某机构或个人开发的,而且这些软件大多都是免费的。由于自行下载和安装这些程序不是很方便,因此有些公司和团体就去收集整理 Linux 上的程序,将它们整合起来构成一个完整操作系统,这就是所谓的配送套件(distributionkit)。其中比较有名的就是 Red Hat、Slackware、OpenLinux 等。

  Linux 不像一般的 UNIX 要负担庞大的版权费用,也不需要在专用的昂贵硬件上才可以使用,它可以在一般的 PC 上运行,代码执行效率高。Linux 接收了过去几十年来在 UNIX 上积累的用户,加上 GPL 的版权允许大家自由传播 Linux 的源代码,使得用户可以针对自己的需求修改程序。Linux 目前已经成为非常受人欢迎的、多任务、免费、稳定的操作系统。

  Linux 就严格意义上来说,虽然是指系统核心,但也广泛地用来指代利用 Linux 核心建立的整个操作系统。Linux 以版本号来表示它是测试版还是正式版。若版本 n.x.y 中的 x 是偶数,则说明是稳定的版本,y 值的增加只是表示错误修正次数。

8.2.2 UNIX/Linux 系统安全概述

  UNIX/Linux 是一种多任务多用户的操作系统。这类操作系统的基本功能是防止使用同一台计算机的不同用户之间相互干扰,所以 UNIX/Linux 的设计宗旨是要考虑安全的。当然,系统中仍然存在很多安全问题,其新功能的不断纳入及安全机制的错误配置或不经心使用都可能带来很多安全问题。

  UNIX/Linux 系统结构由用户、内核和硬件 3 个层次组成,如图 8.1 所示。

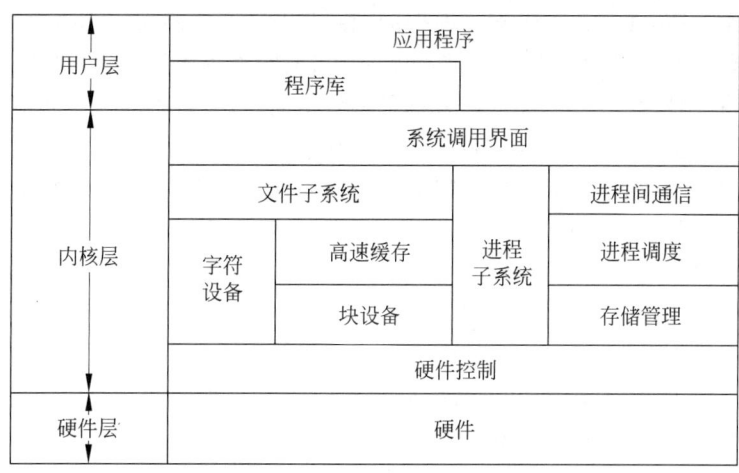

图 8.1 UNIX/Linux 系统结构

UNIX/Linux 操作系统借助以下 4 种方式提供功能。

(1) 中断。内核处理外围设备的中断,设备通过中断机制通知内核 I/O 完成状态变化,内核将中断视为全局事件,与任何特定进程都不相关。

(2) 系统调用。用户进程通过 UNIX/Linux API 的内核部分的系统调用接口,显式地从内核获得服务,内核以调用进程的身份执行这些请求。

(3) 异常。进程的某些不正常操作,诸如除数为 0 或用户堆栈溢出将引起硬件异常。异常需要内核干预,内核为进程处理这些异常。

(4) 像 swapper 和 pagedaemon 之类的一组特殊的系统进程执行系统级的任务,如控制活动进程的数目或维护空闲内存池。

系统具有两个执行态:用户态和核心态。运行内核中的进程处于核心态,运行内核外的进程处于用户态。系统保证用户态下的进程只能访问它自己的指令和数据,而不能访问内核或其他进程的指令和数据,并且保证特权指令只能在核心态执行。像中断、异常等在用户态下不能使用。用户可以通过系统调用进入核心态,运行完系统调用之后又返回用户态。系统调用是用户程序进入系统内核的唯一入口。因此,用户对系统资源中信息的访问都要经过系统调用才能完成。一旦用户通过系统调用进入内核,便完全与用户隔离,从而使内核中的程序可对用户的访问控制请求进行不受用户干扰的访问控制。在安全结构上,Linux 与 UNIX 基本相似。

8.2.3 UNIX/Linux 的安全机制

安全的计算机操作系统必须有一个明确的、定义良好的安全机制。系统中只有授权的用户或代表用户的工作进程才可以读、写、删除或建立相应的信息资源,即系统实现了完备的信息访问控制机制。对系统安全有关的事件要进行审计、记录,并能找到当事人。安全机制必须是不可篡改和非授权改变等。在 UNIX/Linux 基本系统中,提供的安全机制包括用户账号标识、口令安全、文件系统安全、文件加密和日志审计机制等。

1. 用户账号标识

UNIX/Linux 的各种功能都被限制在一个账号 Root(根用户账号)中,其功能与 Windows

NT 中的管理员 Administrator 或 Netware 的超级用户 Supervisor 功能类似。作为根用户账号，可以控制一切，包括用户账号、文件和目录，以及网络资源等。根用户账号允许管理所有资源的各类变化情况。例如，每个账号都是具有不同用户名、不同口令和不同访问权限的单独实体，这样就允许根用户账号有权授予或拒绝任何用户、用户组和所有用户的访问。用户可以建立自己的文件，安装自己的程序等。为了确保不会出现冲突，系统会分配好用户目录，使每个用户都得到一个目录和一部分硬盘空间，并将这块空间与系统区域和其他用户所占用的区域分隔开。这样就可以防止一般用户的活动影响其他用户的文件系统。此外，系统还为每个用户提供了一定程度的保密，作为根用户账号，可以控制哪些用户能够进行访问，控制用户能够访问哪些资源，以及用户如何访问等。

用户登录系统时，需要输入用户名标识其身份。内部实现时，一旦该用户进行账号创建，系统管理员便为其分配唯一的标识号。

系统中的/etc/passwd 文件含有全部系统需要知道的关于每个用户的信息（加密后的口令存于/etc/shadow 文件中）。/etc/passwd 文件中包含有用户的登录名、经过加密的口令、用户号、用户组号、用户注释、用户主目录和用户的 shell 程序，其中用户号（UID）和用户组号（GID）用于 UNIX 系统唯一地标识用户和同组用户的访问权限。在该系统中，超级用户的 UID 为 0，每个用户属于一个或多个用户组，每个组由 GID 唯一标识。

2. 口令安全

用户登录系统时，需要输入口令来鉴别用户身份。当用户输入口令时，UNIX 系统使用改进的 DES 算法对其进行加密，并与存储在/etc/passwd 或 NIS 数据库中的加密用户口令进行比较，若二者匹配，则说明该用户的登录合法，否则拒绝该用户登录。

在 Linux 中，口令文件保存在/etc/passwd 中，早期的这个文件直接存放加密后的密码，前两位是"盐"值（一个随机数），后面跟的是加密后的密码。

下面分析/etc/passwd 文件，它的每个条目有 7 个域，分别是：

名称：加密的密码：用户 id：组 id：用户信息：主目录：shell

例如：

ynguo: AAAAAA: 509: 510: : /home/ynguo: /bin/bash

在利用了 shadow 文件的情况下，密码用一个 x 表示，普通用户看不到任何密码信息。如果仔细观察该文件，会发现一些奇怪的用户名，它们是系统的默认账号，默认账号是攻击者入侵的常用入口，因此一定要熟悉默认账号，特别要注意密码域是否为空。下面简单介绍这些默认账号。

（1）adm：拥有账号文件，起始目录/var/adm 通常包括日志文件。
（2）bin：拥有用户命令的可执行文件。
（3）daemon：用来执行系统守护进程。
（4）games：用来玩游戏。
（5）halt：用来执行 halt 命令。
（6）lp：拥有打印机后台打印文件。
（7）mail：拥有与邮件相关的进程和文件。
（8）news：拥有与 usenet 相关的进程和文件。

(9) nobody：被 NFS(网络文件系统)使用。

(10) shutdown：执行 shutdown 命令。

(11) sync：执行 sync 命令。

(12) uucp：拥有 uucp 工具和文件。

传统上，/etc/passwd 文件在很大范围内是可读的，因为许多应用程序需要用它来将 UID 转换为用户名。例如，如果不能访问/etc/passwd，那么 ls -l 命令将显示 UID 而不是用户名。但是使用口令猜测程序，具有加密口令的可读/etc/passwd 文件有巨大的安全危险，容易受到口令猜测程序的攻击。因此出现了影子文件/etc/shadow。

影子口令系统将口令文件分成两部分：/etc/passwd 和/etc/shadow。影子口令文件保存加密的口令。/etc/passwd 文件中的密码全部变成 x。Shadow 只能是 root 可读，从而保证了安全。/etc/shadow 文件每一行的格式如下。

用户名：加密口令：上一次修改的时间(从 1970 年 1 月 1 日起的天数)：口令在两次修改间的最小天数：口令修改之前向用户发出警告的天数：口令终止后账号被禁用的天数：从 1970 年 1 月 1 日起账号被禁用的天数：保留域

例如：

root：＄1＄t4sFPHBq＄JXgSGgvkgBDD/D7FVVBBm0：11037：0：99999：7：－1：－1：1075498172
bin：＊：11024：0：99999：7：：：
daemon：＊：11024：0：99999：7：：：

在默认情况下，口令更新并不开启。如果用户的系统没有启动影子文件，则运行 pwconv 程序。

为了防止口令被非授权用户盗用，对其设置应以复杂、不可猜测为标准。一个好的口令至少应为 6 个字符长度，口令中最好有字母和其他符号的组合，同时用户应定期更改口令。

3. 文件系统安全

文件系统是内核用于表示和组织系统存储资源的抽象概念。存储资源可以包括不同种类的媒体(如硬盘、磁带机等)，大小和数量也千差万别。内核将这些资源整合在单个层次的结构内，该结构从目录"/"开始，往下延伸至任意数目的子目录，顶级目录称为根目录。UNIX 文件系统控制文件和目录中的信息以何种方式存储在磁盘及其他辅助存储介质上。它通过一组访问控制规则来确定一个主体是否可以访问一个指定的客体。

1) 访问权限设置

通过命令 ls 就可以列出文件(或目录)对系统内不同用户所给予的访问权限。例如，图 8.2 所示为文件访问控制的图形解释。

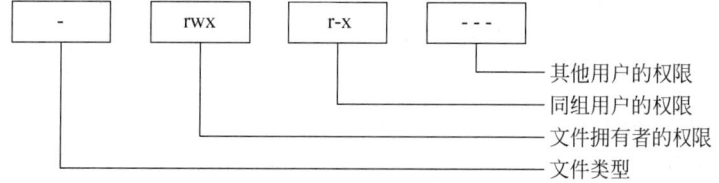

图 8.2 文件访问权限示意图

访问权限共有 9 位，分为 3 组，用以指出不同用户对该文件的访问权限。

权限有 3 种：r 允许读；w 允许写；x 允许执行。用户有 3 种类型：owner，该文件的属主；group，该文件所属用户组中的用户，即同组用户；other，除上述二者外的其他用户。

上述授权模式同样适应于目录，用 ls-l 列出目录时，目录文件的类型为 d，用 ls 列目录需要有读权限。如果要访问一个文件，则必须有该文件及找到该文件的路径上所有目录分量的相应权限。

一些版本的 UNIX 系统支持访问控制列表（ACL），如 AIX 和 HP_UX 系统，它被用做标准的 UNIX 文件访问控制的扩展。ACL 提供更完善的文件安全授权设置，可以将对客体的访问控制细化到单个用户，而不是笼统的"同组用户"或"其他用户"。

在 UNIX 系统中，每个进程都有真实 UID、真实 GID、有效 UID、有效 GID。当进程试图访问文件时，核心将进程的有效 UID、GID 和文件的访问权限位中相应的用户和组进行比较，决定是否授予其相应权限。

2）改变权限方案

改变文件的访问权限可以使用 chmod 命令，并以新的权限和该文件名为参数。改变文件权限的格式如下。

chmod [rfh] 访问权限文件名

合理的文件授权可以防止偶然地改写或删除一个重要的文件。改变文件的属主和组可以使用 chown 和 chgrp 命令，但修改后原属主和组成员就无法修改回来了。

文件授权可以用一个 4 位的八进制数表示。后 3 位如图 8.2 所示的 3 组权限，许可位置 1，不允许位置 0。最高的一个八进制数分别对应 SUID 位、SGID 位、Sticky 位，其中前两个与安全有关，称为特殊位。

umask 也是一个 4 位的八进制数，UNIX 用它确定一个新建文件的授权，每个进程都有一个从它的父进程中继承的 umask。umask 说明想对新建文件或新建目录的默认授权加以屏蔽的部分。

新建文件的真正访问权限=(～umask)&(文件授权)

3）特殊权限位设定

有时没有被授权的用户需要完成某些要求授权的任务。例如，passwd 程序，对于普通用户，它允许改变自身的口令，但不能拥有直接访问/etc/passwd 文件的权利，以防止改变其他用户的口令。为了解决这个问题，UNIX 允许对可执行目标文件设置 SUID 或 SGID。

如前所述，当一个进程执行时就被赋予 4 个编号，以标识该进程隶属于谁，分别为实际和有效的 UID、实际和有效的 GID。有效的 UID 和 GID 一般与实际的 UID 和 GID 相同，有效的 UID 和 GID 用于系统确定该进程对于文件的访问许可。而设置可执行文件的 SUID 许可改变了上述情况。当设置了 SUID 时，进程的有效 UID 值变为该可执行文件的所有者的有效 UID，而不是执行该程序用户的有效 UID，因此，由该程序创建的文件都有与该程序所有者相同的访问许可。这样，程序的所有者将可以通过程序的控制在有限的范围内向用户发表不允许被公众访问的信息。用"chmod u+s 文件名"和"chmod u−s 文件名"来设置和取消 SUID 设置。用"chmod g+s 文件名"和"chmod g−s 文件名"来设置和取消 SGID 设置。当文件设置了 SUID 和 SGID 后，chown 和 chgrp 命令将全部取消这些许可。

4. 文件加密机制

数据加密技术在计算机网络安全中的地位越来越重要。所谓文件加密机制，就是将数据加密技术引入文件系统,从而提高计算机网络的安全性。目前 Linux 已经有多种文件加密措施,典型的有 TCFS(Transparent Cryptographic File System)。TCFS 可以使合法拥有者以外的用户、文件系统服务器的超级用户,以及在用户和远程文件系统通信线路上的窃听者无法读取已加密的文件,但对于该文件的合法拥有者,访问保密文件与访问普通文件几乎没有差别。

5. 日志审计机制

由于计算机网络系统的开放性和复杂性,使得网络系统都不可避免地存在安全漏洞,黑客可以利用这些漏洞对系统进行攻击。虽然 Linux/UNIX 操作系统不能预测何时主机会受到攻击,但它可以利用安全日志文件机制记录黑客的行踪,同时可以记录时间信息和网络连接情况,并将这些信息重定向到日志文件中备查。

安全日志文件机制是 Linux/UNIX 操作系统安全结构中的重要环节,在攻击行为发生时,它是唯一的证据。由于现在黑客攻击系统的方法有很多种,因此 Linux 操作系统提供了网络级、主机级和用户级的日志功能。Linux 操作系统的安全日志文件机制用来记录整个操作系统的使用状况,包括所有系统和内核信息、每一次网络连接及其源 IP 地址、长度;有时还包括攻击者的用户名和使用的操作系统、远程用户申请访问的文件、用户可以控制的进程,以及每个用户使用的每条命令等。UNIX 系统的审计机制监控系统中的事件,以保证安全机制正确工作并及时对系统异常报警提示。审计结果通常写到日志文件中,常见的日志文件有以下几种。

(1) acct 或 pacc:记录每个用户使用过的命令。
(2) aculog:拨出 modems 记录。
(3) lastlog:记录用户最后一次成功登录和最后一次登录失败的事件。
(4) loginlog:恶意登录尝试记录。
(5) message:记录输出到系统主控台和由 syslog 系统服务程序产生的信息。
(6) sulog:记录 su 命令的使用情况。
(7) utmp:记录当前登录的每个用户。
(8) utmpx:扩展 utmp。
(9) wtmp:记录每次用户登录和注销的历史信息及系统开机和关机。
(10) wtmpx:扩展 wtmp。
(11) vold.log:记录使用外部介质(如软盘或光盘)出现的错误。
(12) xferlog:记录 FTP 的访问情况。

其中最常用的大多数版本的 UNIX 都具备的审计服务程序是 syslogd,它可以实现灵活的配置、集中式管理。在实际运行中,需要对信息进行登记的单个软件发送消息给 syslogd,根据配置(/etc/syslog.conf),按照消息的来源和重要程度,这些消息可以记录到不同的文件、设备或其他主机中。

Linux 日志与 UNIX 类似。大部分 Linux 将输出的日志信息放入标准或共享的日志文件里。相应地,Linux 系统有很多日志工具,如 lastlog 跟踪用户登录,last 报告用户的最后登录,Xfer 记录 FTP 文件传输等。

当前的 UNIX/Linux 系统基本都支持"C2 级审计",即达到了由 TCSEC(可信任的计算机系统评价规范)所规定的 C2 级审计标准。

8.2.4 UNIX/Linux 安全配置

当前的 UNIX 系统通常运行在网络环境中，默认支持 TCP/IP。网络的安全性通常是指通过防止本机或本网络被非法侵入、访问，从而达到保护本系统可靠、正常运行的目的。

UNIX 可以提供网络访问控制和有选择地允许用户和主机与其他主机的连接。

相关的配置文件如下。

（1）/etc/inetd.conf：文件内容是系统提供的服务。

（2）/etc/services：文件里罗列了端口、协议和对应的名称。

（3）TCP-WAPPERS：由/etc/hosts.allow 和/etc/hosts.deny 两个文件控制。

通过这个文件可以很容易地控制哪些 IP 地址禁止登录，哪些可以登录。系统在使用它们时，先检查当前的文件，从头到尾扫描。如果发现用户的相应记录标记，则给用户提供要求的服务；如果没有找到记录，则扫描 hosts.deny 文件，查看是否有禁止用户的标记；如果在该文件中发现记录，则拒绝该用户的服务请求；如果仍然没有找到记录，则使用系统默认值。

网上访问的常用工具有 Telnet、FTP、Rlogin、RCP 和 Rcmd 等，对它们的使用必须加以限制，最简单的方式就是修改/etc/services 中相应的服务器端口号，使其完全拒绝向外的这类访问，或者对于网上的访问做有条件的限制。

当远程使用 FTP 访问本系统时，UNIX 系统首先验证用户名和密码，无误后查看/etc/ftpusers 文件，一旦其中包含登录的用户名则自动拒绝连接，从而达到限制用户访问的目的。因此，只要将本机内除匿名 FTP 以外的所有用户列入 ftpusers 文件中，即使入侵者获得本机正确的用户信息，也无法登录系统。将需要对外发布的信息放到/usr/ftp/pub 下，让用户通过匿名 ftp 获取。使用匿名 FTP 不需要密码，不会对本机安全构成威胁，因为它无法改变目录，也无法获得本机内的其他信息。使用远程注册数据文件（.netrc 文件）配置需要注意保密，防止泄露其他相关主机的信息。

UNIX 没有直接提供对 Telnet 的控制。但已知/etc/profile 是系统默认 shell 变量文件，所有用户登录时必须首先执行它，故可修改该文件达到访问控制的目的。

在 UNIX 中的另一个功能是等价访问，有用户等价和主机等价两种。用户等价就是用户可以不用输入密码即可以相同的用户信息登录另一台主机。用户等价信息保存的文件名为在根目录或用户主目录下的 rhosts，其内容如下。

```
#主机名 用户名
jmu20001 root
jmu20002 jwgl
```

主机等价类似于用户等价，两台计算机除根目录外的所有区域有效。主机等价文件为 hosts.equiv，存放于/etc 下。

使用用户等价和主机等价这类访问，用户可以不用口令而像其他有效用户一样登录远程系统。例如，使用 Rlogin 登录，使用 RCP 命令从本地主机或向远程复制文件，使用 Rcmd 命令远程执行本机命令等。因此，等价访问具有严重的不安全性，必须严格控制或在非常可靠环境下使用。

一个网络系统的安全性在很大程度上取决于管理者的素质，以及管理者所采取的安全措施的力度。SCO UNIX 作为一个成熟的商用网络操作系统，广泛应用在金融等行业，具有较好的稳定性和安全性。但是如果用户没有对系统进行正确的配置,则仍然会给入侵者提供可乘之机。下面以 SCO UNIX Openserver V5.05 为例,对操作系统级的网络安全设置提供一些建议。

(1) 合理设置系统的安全级别。SCO UNIX 提供了 4 个安全级别,分别为 Low、Traditional、Improved 和 High。其中,系统默认为 Traditional;Improved 级达到美国国防部的 C2 级安全标准;High 级则高于 C2 级。用户可以根据自己系统的重要性及用户数量的多少,设置适合自己需要的系统安全级别,具体设置步骤:scoadmin→system→security→security profile manager。

(2) 合理设置用户权限。建立用户时,一定要考虑该用户隶属哪一组,不能随便选用系统默认的 group 组。如果需要,则可以新增一个用户组,并确定同组成员。在用户的主目录下,新建文件的存取权限由该用户的配置文件.profile 中的 umask 值决定。umask 的值取决于系统的安全级别,Traditional 安全级的 umask 的值为 022,它的权限类型如下。

文件权限:-rw-r--r--
目录权限:drwxr-xr-x

此外,还要限制用户成功登录的次数,避免入侵者用猜测用户口令的方式尝试登录。为账户设置登录限制的步骤:scoadmin→Account manager→选账户→user→login controls→输入不成功登录的次数。

(3) 指定主控台及终端登录的限制。如果希望 root 用户只能在某个终端上登录,那么就要对主控台进行指定。例如,指定 root 用户只能在主机第一屏 tty01 上登录,这样就可以避免从远程攻击超级用户 root。设置方法是在/etc/default/login 文件中增加一行 CONSOLE=/dev/tty01。

如果终端是通过 modem 异步拨号或长线驱动器异步串口接入 UNIX 主机,那么就要考虑设置某终端不成功登录的次数,超过该次数后锁定该终端。设置方法:scoadmin→system→terminal manager→examine→选终端,再设置该终端不成功登录次数。如果某终端被锁定,则可用 ttyunlock(终端号)进行解锁,也可用 ttylock(终端号)直接加锁。

有时为了方便使用而将许多目录和文件权限设置为 777 或 666,这会给黑客攻击提供方便,为此应该仔细分配每个文件和目录的权限。当发现目录和文件的权限不适当时,应及时用 chmod 命令进行修正。

口令的组成应以无规则的大小写字母、数字和符号相结合,口令长度不少于 6 个字符,绝对避免采用英文单词作为口令,并且要养成定期更换各种用户口令的习惯。通过编辑/etc/default/passwd 文件,可以强制设定最小口令长度,两次口令修改之间的最短、最长时间。另外,口令的保护还涉及对/etc/passwd 和/etc/shadow 文件的保护,必须做到只有系统管理员才能访问这两个文件。

设置等价主机可以方便用户操作,但要严防未经授权的用户非法进入系统。所以必须管理/etc/hosts.equiv、.rhosts 和.netrc 这 3 个文件。其中,/etc/hosts.equiv 列出了允许执行 rsh、rcp 等远程命令的主机名称;.rhosts 在用户目录内指定了远程用户的账号,其远程用户使用本地账户执行 rcp、rlogin 和 rsh 等命令时不必提供口令;.netrc 提供了 ftp 和 rexec 命令所需的信息,可自动连接主机而不必提供口令,该文件也放在用户本地目录中。由于这 3 个文件的设置都允许一些命令不必提供口令便可访问主机,因此必须限制这 3 个文件的设置。在.rhosts 中尽量不用"++",因为它可以使任何主机的用户不必提供口令而直接执行 rcp、rlogin 和 rsh 等命令。

(4) 合理配置/etc/inetd.conf 文件。UNIX 系统启动时运行 inetd 进程,对大部分网络连接进行监听,并且根据不同的申请启动相应的进程。其中,FTP、Telnet、Rcmd、Rlogin 和 Finger 等命令都由 inetd 来启动对应的服务进程。因此,从系统安全角度出发,应该合理地设置/etc/inetd.conf 文件,将不必要的服务关闭。关闭的方法是在文件相应行首插入"♯"字符,并执行下列命令以使配置后的命令立即生效。

```
♯ ps -ef | grep inetd | grep -v grep
♯ kill -HUP<inetd -PID>
```

(5) 合理设置/etc/ftpusers 文件。在/etc/ftpusers 文件里列出了可用 ftp 进行文件传输的用户,为了防止不信任用户传输敏感文件,必须合理规划该文件。在对安全要求较高的系统中,不允许 ftp 访问 root 和 UUCP,可将 root 和 UUCP 列入/etc/ftpusers 中。

(6) 合理设置网段及路由。在主机中设置 TCP/IP 的 IP 地址时,应该合理设置子网掩码,将禁止访问的 IP 地址隔离开。严格禁止设置默认路由(即 default route)。建议为每个子网或网段设置一个路由,否则其他机器就可能通过一定方式访问该主机。

(7) 不设置 UUCP。UUCP 为采用拨号用户实现网络连接提供了简单、经济的方案,但同时也为黑客提供了入侵手段,所以必须避免利用这种模式进行网络连接。

(8) 删除不用的软件包和协议。在进行系统规划时,总的原则是将不需要的功能一律删除。如通过 scoadmin→soft manager 删除 X-window;通过修改/etc/services 文件删除 UUCP、SNMP、POP 等协议。

(9) 正确配置.profile 文件。.profile 文件提供了用户登录程序和环境变量,为了防止一般用户采用中断的方法进入$符号状态,系统管理者必须屏蔽键盘中断功能。具体方法是在.profile 首部增加如下一行:

```
trap ''0 1 2 3 5 15
```

(10) 创建匿名 FTP。如果需要对外发布信息而又担心数据安全,则可以创建匿名 FTP,允许任何用户使用匿名 FTP。注意,不要复制/etc/passwd、/etc/group 到匿名 FTP 的/etc 下,这样会对安全产生威胁。

(11) 应用用户与维护用户分开。金融系统 UNIX 的用户都是最终用户,他们只需在具体的应用系统中完成某些固定的任务,一般情况下不允许执行系统命令(shell),其应用程序由.prifle 调用,应用程序结束后就退回 login 状态。维护时要用到 root 级别的 su 命令进入应用用户,这样很不方便。此时可以修改.profile 文件,创建一个相同 ID 用户的方法,以此解决该问题。

8.3 Windows 系统安全

8.3.1 Windows 系统的发展

1970 年,美国 Xerox 公司成立了著名的研究机构 PARC(Palo Research Center),从事

局域网、激光打印机、图形用户接口和面向对象技术的研究,Windows 的起源可以追溯到 Xerox 公司进行的工作。Xerox 公司于 1981 年宣布推出世界上第一个商用的 GUI 系统——Star 8010 工作站。但与后来许多公司一样,由于种种技术原因,技术上的先进性并没有给它带来所期望的商业上的成功。

Apple 公司的创始人之一 Steve Jobs 在参观 Xeros 公司的 PARC 研究中心后,认识到图形用户界面接口的重要性及其广阔的市场前景,着手进行 GUI 系统的研究开发工作,并于 1983 年推出了第一个 GUI 系统——Apple Lisa。随后不久,Apple 又推出了 Apple Macintosh,这是世界上第一个成功的商用 GUI 系统。Apple 公司在开发 Macintosh 时,处于市场战略上的考虑,只开发了 Apple 公司自己计算机上的 GUI 系统,而此时基于 x86 微处理器芯片的 IBM 兼容机已经渐露峥嵘,从而给 Microsoft 公司开发 Windows 提供了发展空间和市场。

微软公司在 1983 年宣布开始研发 Windows,分别在 1985 年和 1987 年推出了 Windows 1.03 和 Windows 2.0 版本。但由于当时硬件和 DOS 操作系统的限制,这两个版本并没有取得成功。此后,微软公司对 Windows 的内存管理、图形界面做了重大改进,使得图形界面更加美观,并支持虚拟内存,1990 年 5 月推出了 Windows 3.0 并获得了成功。在不到 6 周的时间内,微软公司共销售了 50 万份 Windows 3.1 复制品,从而一举奠定了其在操作系统上的垄断地位。

之后推出的 Windows 3.1 在 3.0 基础上做了改进,引入了 TrueType 字体。TrueType 字体是一种可以缩放的字体技术,它改进了性能。Windows 3.1 还引入了新的文件管理程序,改进了系统可靠性,更重要的是增加了对象链接与嵌入技术(OLE)和多媒体技术的支持。

1993 年,微软公司推出了 Windows NT 3.1(NT 即 New Technology),该系统具有以下特点。

(1) 分布式计算。Windows NT 具有强大的内置网络功能,包括对处理器等硬件资源的管理。

(2) 政府认证的安全性。Windows NT 建立在 C2 级安全级别(政府部门的 NCSC 标准安全规范)上。

(3) 多处理和可缩放性。Windows NT 在单处理器和多处理器计算机上运行同样的应用程序。

(4) 可移植性。用于设计 Windows NT 的计算机语言能在不同结构的平台之间自由移植。

(5) POSIX 规范。Windows NT 符合美国政府的 POSIX(可移动操作系统界面)标准,因此它能在各种平台和软件之间交叉使用。

随后,微软公司在 1995 年推出了 Windows 95,在这个版本中做了很多重大的改进。这些改动包括更加优秀的图形用户界面,全 32 位的高性能多任务和多线程,内置的对 Internet 的支持,即插即用的硬件操作,32 位线性寻址的内存管理和向下兼容性等。

1996 年,Windows NT 4.0 发布,增加了许多对应管理方面的特性,稳定性也相当不错,这个版本的 Windows 软件至今仍有不少公司使用。

1998 年,微软公司推出了 Windows 98,它支持比 Windows 95 更多的硬件技术和网络性能。

2000年,微软公司推出了Windows 2000。它的字符编码采用国际通用的UCS编码,网络功能更强大,性能更加稳定,用户操作更加方便快捷,但对硬件要求也比较高。

2001年,微软公司推出了Windows XP,在该系统中将所有用户的要求合成到一个操作系统中。与以前的系统相比。该系统的稳定性有了很大提高,而为此付出的代价是丧失了对基于DOS程序的支持。

2003年,微软公司发布了Windows Server 2003,对活动目录、组策略操作和管理、磁盘管理等面向服务器的功能做了较大改进,对.net技术的完善支持进一步扩展了服务器的应用范围。

2007年,微软公司正式推出了Windows Vista。它具有更加灵活、方便的用户界面,同时在安全性方面做了很多改进,但对硬件的要求也更高。

2009年10月,微软公司推出了Windows 7。它解决了Windows Vista中的许多问题,并得到了广泛的应用。相比以往的系统,Windows 7的错误诊断和修复机制更为强大,改善了用户体验。

2012年10月,微软公司推出了Windows 8。该系统具有良好的续航能力,且启动速度更快、占用内存更少,并兼容Windows 7所支持的软件和硬件。

2015年10月,微软公司推出了Windows 10。它大幅减少了开发阶段,不仅可以运行于个人计算机,还能够运行在手机等移动设备和终端,成为一个多平台的操作系统。

2021年10月,微软公司推出了全新的操作系统——Windows 11。它拥有全新的设计、功能和体验,旨在为用户提供更高效、更便捷、更创新的计算平台,但在安全上相较于上一版本并无太大改进。

8.3.2 Windows的特点

Windows具有以下优点。

(1) 高效直观的面向对象的图形用户界面,易学易用。从某种意义上说,Windows用户界面和开发环境都是面向对象的,这种操作方式模拟了现实世界的行为,易于理解、学习和使用。

(2) 多任务。Windows允许用户同时运行多个应用程序,或者在一个程序中同时做几件事情。每个程序在屏幕上占据一块矩形区域,这个区域称为窗口,窗口是可以重叠的。用户可以移动这些窗口,或者在不同的应用程序之间进行切换,并且可以在程序之间进行手工和自动的数据交换和通信。

(3) 用户界面统一、友好、美观。Windows应用程序大多符合IBM公司提出的CUA (Common User Access,公共用户访问)标准,所有的程序拥有相同的或相似的基本外观,包括窗口、菜单、工具条等。用户只要掌握其中一个,就很容易学会其他软件的使用。

(4) 丰富的图形操作。Windows的图形设备接口(GDI)提供了丰富的图形操作函数,可以绘制出诸如线、圆等几何图形,并支持各种输出设备。

8.3.3 Windows操作系统的安全基础

Windows操作系统的版本众多,且不同版本之间的功能和操作方式的差异较大。为了便于读者理解和开展实验操作,本节主要针对Windows内核进行介绍,所涉及的操作均为Windows 7和Windows Server 2012环境下的结果。

在继承以前老版本 Windows 安全技术的基础上,为应对传统的针对 Windows 操作系统的攻击威胁,Windows 7 引入了一整套的防御体系,涉及攻击者可能利用的方方面面,采用的安全防护体系如图 8.3 所示。

内存保护模块中使用的安全技术主要有地址空间随机化分布(Address Space Layout Randomization,ASLR)、安全结构化异常处理(Safe Structural Exception Handling,SafeSEH)、数据执行防护(Data Execution Protection,DEP)、安全堆管理和 GS 栈保护等。这些技术用于阻止攻击者使用一些特殊攻击程序或恶意代码对系统进行破坏,弥补内存处理方面的诸多安全威胁,如堆栈缓冲区溢出、堆栈函数指针覆盖及堆溢出等,有效保护操作系统内核和 Microsoft 内置应用程序的安全。其中,DEP 和 ASLR 对内存保护模块较为重要,DEP 可以禁止在内存空间数据段上执行代码,ASLR 采用特定的随机分配算法使关键的系统文件在内存空间的加载地址变得不可预测。这两项技术的结合使得利用系统文件进行攻击活动的恶意代码无法获得正确系统文件信息,从而有效阻止绝大多数传统的攻击方式。

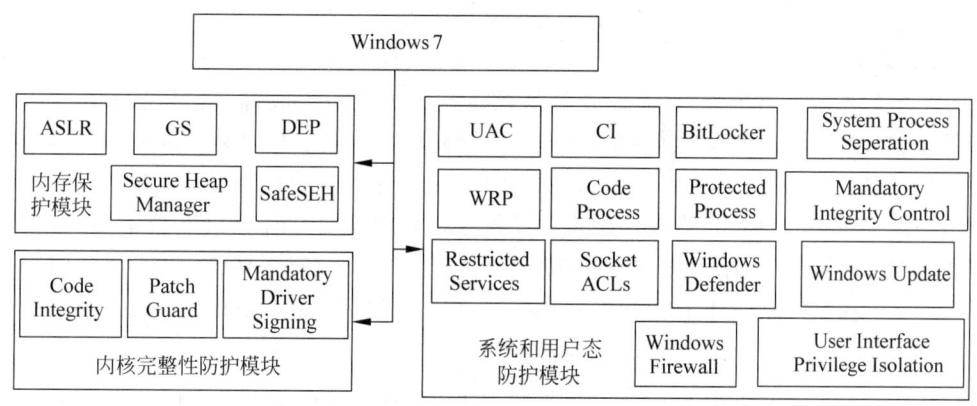

图 8.3　Windows 7 安全防护体系

操作系统内核是现代操作系统的核心组件,其重要性显而易见,如果内核出现了安全问题,那么系统底层基本架构就不再受到信赖。为提高系统内核的安全性和可信度,Windows 7 在内核完整性防护模块中使用的安全技术主要有代码完整性验证、强制驱动签名和内核保护。代码完整性验证技术用于确定系统内核是否因为偶然因素或恶意攻击被篡改。强制驱动签名技术要求所有内核驱动都必须进行数字签名,未经正确签名的任何驱动程序都无法进入内核地址空间。内核保护技术也称 Kernel Patch 保护技术,用于防止未经许可的软件修改 Windows 7 系统内核。总体来说,代码完整性验证和强制驱动签名技术是通过静态的方式来验证被加载代码的完整性,以保证加载的代码没有被恶意篡改,但其代码完整性只是在加载时验证,并不能提供在系统运行过程中通过动态的方式来检查系统中一些关键的数据结构和关键的内核代码的完整性,以防止任何非授权软件修改 Windows 7 内核。

系统和用户态模块的主要用途是使程序运行时只拥有所需的最小权限且在已经划分的内存空间中运行,防止所有的程序都以管理员权限运行,从而减少恶意程序自动威胁整个 Windows 系统。其采用的安全技术主要有用户账户控制(UAC)、BitLocker 技术、Windows 防火墙、系统进程分离、Windows Defender、限制服务和 Windows 资源保护等。为支撑系统和用户态防护模块进行权限控制操作,Windows 7 对先前版本中基于访问控制列表的权限控制机制进行了改进，引入了强制完整性级别（Mandatory Integrity Level）的概念。强制完整性级别将用户权限划分为 6 个等级，即不可信、低、中、高、系统和安装者。不可信级别是赋予匿名登录到系统进程的级别；低级别是与 Internet 进行交互时的默认级别，表现为 IE 的保护模式；中级别是大多数对象所在的级别，相当于标准用户权限，这时只能对计算机进行一些基本的操作，不能安装程序，也不能向系统文件夹等关键位置中写入文件；高级别对应于管理员权限，这个级别允许安装程序，也可以向系统文件夹等关键位置中写入文件，但其使用受到用户账户控制 UAC 的限制；系统级别是为系统对象保留的，Windows 7 内核和关键服务运行于系统级别，它比管理员权限更高一级，可以控制更多的文件和注册表项，但关系到系统稳定性的一些关键文件还是只能读取；安装者级别是最高的完整性级别，可以任意修改 Windows 7 系统的关键文件，表现为 Windows 资源保护 WRP 机制，只有受信任的安装者才能对其保护的资源进行修改。

8.3.4 Windows 7 系统安全机制

  Windows 7 是基于微软的安全开发生命周期框架开发的，完善了审计、监控和数据加密的功能，加强了对远程通信的支持。Windows 7 保留了 Windows Vista 下所有的安全机制以加强系统的安全防护能力，并在系统底层的实现方面进行了改进，使得 Windows 7 的内核修复保护、服务强化、数据执行防御和地址空间随机化等功能可以更好地抵御攻击行为。

  概括起来，Windows 7 主要采用内核完整性、内存保护、系统完整性及用户空间防护等安全机制对系统进行保护。内存保护机制使得攻击代码在目标计算机上很难得到执行，用户空间的权限控制机制即使让攻击代码执行了，也只能处于比较低的权限级别，无法对目标计算机进行深入控制，加上内核的完整性验证机制，攻击代码更难以在目标计算机上长期存在。

1. 内存保护机制

  Windows 7 的内存保护机制可以分为两大类：一类用于检测内存泄漏，包括 GS 栈溢出检测、结构化异常处理覆盖保护（Structured Exception Handling Overwrite Protection，SEHOP）和堆溢出检测；另一类用于阻止攻击代码运行，包括 GS 变量重定位、安全结构化异常处理 SafeSEH、数据执行保护 DEP 和地址空间随机化分布 ASLR。

  GS 栈溢出检测机制是在 2002 年针对传统的栈溢出攻击方法提出的，但该机制仍然可以被攻击者利用或规避，如在系统检查 Cookie 值之前的时间段里，攻击程序仍可调用被覆盖的参数或变量。为了解决这个问题，Windows 又引入了 GS 变量的重定位机制，基本上阻止了直接覆盖函数返回地址这种漏洞利用方法。但 GS 的覆盖范围有限，该方法并不能完全阻止栈溢出攻击的发生。

  SEH（Structured Exception Handling，结构化异常处理）机制是 Windows 操作系统提供的针对错误或异常的一种处理机制。由于攻击者可以通过覆盖函数异常处理句柄在函数返回之前引发异常来执行攻击代码，为此 Windows 又引入了 SafeSEH 机制。在执行异常处理程序之前对程序进行检查，判断其是否安全，若不能确保该程序没有被篡改，则拒绝执行。SafeSEH 机制需要对应用程序进行重新编译，而大多数已有程序都没有采用 SafeSEH 机制，使得攻击代码仍然有机可乘。为了解决这个问题，Windows 7 给出了一种不需要重新编译程序的 SEHOP 机制，它通过在 SEH 链的最后插入一个确认帧的方式来实现拒绝执行攻击代码的目的。

DEP 机制是在 2004 年 8 月发布的 Windows XP SP2 中最先引入的,利用返回库函数的方法可以绕过 DEP 机制的限制,这表明单独使用 DEP 机制的效果并不好。为了改善这种局面,Windows 引入 DEP 的永久标记,一旦进程开始运行,其 DEP 策略就不允许改变,进而提高对可执行内存段恶意代码的抵抗能力。ASLR 机制是在 2006 年提出的,从 Windows Vista 系统开始启用。Windows 7 加强了对 ASLR 机制的支持,一定程度上提升了攻击者猜测内存空间系统文件加载地址的难度。

2. 权限控制机制

Windows 7 权限控制机制主要包括用户账户控制机制 UAC、Windows 防火墙、Windows Defender 反间谍软件、BitLocker 加密、限制服务和 Windows Update 等。

用户账户控制机制 UAC 的工作原理是调整用户账户的权限级别,其设置界面如图 8.4 所示。UAC 可以确保用户不管是以标准用户和管理员身份登录,还是在用户不知情的情况下都无法对计算机做出更改,从而防止在计算机上安装恶意软件和间谍软件,或者对计算机做出任何更改。默认情况下,仅在程序做出改变时才会弹出 UAC 提示,用户改变系统设置时不会弹出提示。Windows 7 下的 UAC 设置提供了一个滑块允许用户设置通知的等级,可以选择以下 4 种选项。

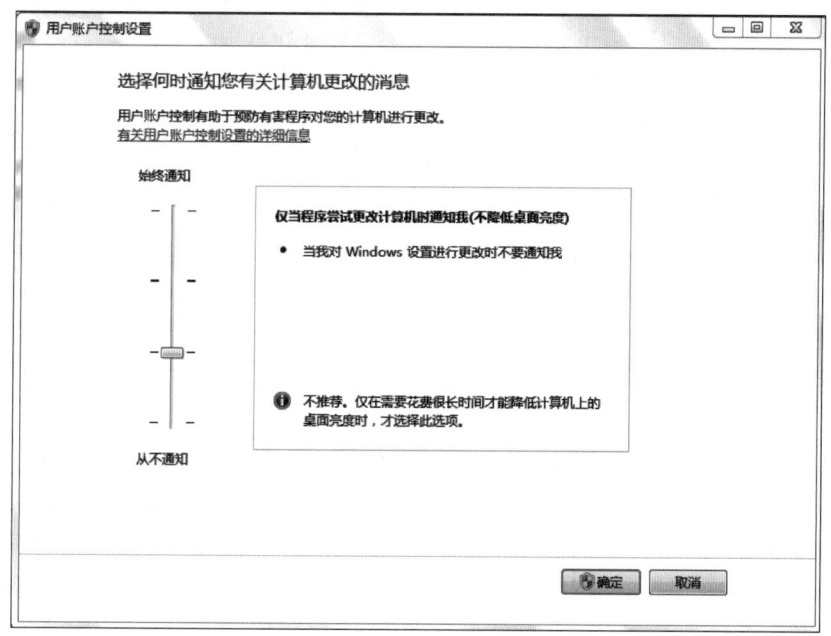

图 8.4　Windows 7 用户账户控制设置

(1) 对每个系统变化进行通知。任何系统级别的变化(Windows 设置、软件安装等)都会出现 UAC 提示窗口。

(2) 仅当程序试图改变计算机时发出提示。当用户更改 Windows 设置(如控制面板和管理员任务)时将不会出现提示信息。

(3) 仅当程序试图改变计算机时发出提示,不使用安全桌面。这与前述情形有些类似,但 UAC 提示窗口仅出现在一般桌面,而不会出现在安全桌面,这对于某些视频驱动程序是有用的,因为这些程序让桌面转换很慢。

（4）从不提示，相当于完全关闭 UAC 功能。用户可以直接对 UAC 进行设置，以减小那些自己不想看到的通知窗口出现的频率。总体来说，Windows 7 下的 UAC 与 Windows Vista 下的 UAC 相比有了重大改进，需要用户单击的次数明显减少。UAC 的目标就是让用户能够控制系统的改变，并且减少弹出通知的次数以免干扰用户的体验。

Windows 7 自带防火墙在默认情况下都会启用，用户可以在控制面板中查看防火墙的状态及手动设置允许出入系统的程序。从处理防火墙配置文件的角度来看，Windows 7 提供了一个很小但极其重要的改进，支持用户为公共、私人和域连接设置不同的防火墙配置文件。私人网络可能是家庭无线网络，除了拥有正确的 WEP 或 WPA 密钥外，用户不需要任何凭据登录，域网络要求身份验证，如通过密码、指纹、智能卡或几种组合来登录。每种配置文件类型都有自己选择的允许通过防火墙的应用程序和连接，在家庭网络或标记为私人小型企业网络中，人们可能会允许文件和打印机共享，而在标记为公共的网络中，可能会禁止访问文件。所有 Windows 7 版本都允许计算机同时保持几个防火墙配置文件开启，为可信网络保持访问性和功能，同时阻止对不可信网络的访问。

Windows Defender 反间谍软件可以用来实施保护和查杀计算机中的间谍软件，Windows 打开时会自动运行。使用反间谍软件能够清除间谍软件、广告软件、Rootkit、间谍记录软件和一些其他形式的恶意软件，实时监控恶意软件可能修改的操作系统区域，如启动文件夹和 Run 注册表键值。但 Windows Defender 不会对划分为蠕虫或病毒的程序提供安全防护。此外，微软 MSE 套装软件中已包含反间谍功能，若启用 MSE 则 Defender 会自动停用。

BitLocker 首次出现在 Windows Vista 中时，只能对主要的操作系统卷进行加密，Windows Vista SP2 扩展了这项功能的应用范围，可以加密其他卷，如主硬盘上的附加驱动器或分区，但它无法让用户对便携式磁盘或可移动磁盘上的数据加密。Windows 7 带来了 BitLocker to Go，不但可以保护便携式驱动器上的数据，同时为与合作伙伴、客户或其他用户共享数据提供了一种保护方式。

在开始使用 BitLocker 驱动器加密功能之前，磁盘卷必须经过合理配置。Windows 要有一个未经加密的小容量分区来存放核心系统文件，在开启引导过程、验证用户以便访问加密卷需要用到这个文件。大多数用户在最初建立驱动器分区时没有考虑这一点，为此微软开发了一款工具，可以转移数据，重新对驱动器进行分区，以便为 BitLocker 加密做好准备，该工具可以从微软的网站搜索 BitLocker 驱动器准备工具进行下载。驱动器被合理分区后，就可以用 BitLocker 进行驱动器加密。图 8.5 所示的 BitLocker 能够加密不同类型的驱动器，一类是能用 BitLocker 加密的硬盘驱动器，另一类是可以用 BitLocker 来保护的可移动磁盘驱动器。

在默认情况下，BitLocker 需要可信平台模块(TPM)芯片来存放 BitLocker 加密密钥，同时便于对 BitLocker 保护的数据进行加密及解密。由于很多台式计算机和笔记本电脑没有配备 TPM 芯片，因此微软增加了没有兼容 TPM 也可以使用 BitLocker 驱动器加密的选项。Windows 7 的 BitLocker to Go 可以支持系统管理员控制怎样使用可移动介质，并且执行用来保护可移动驱动器上数据的策略，通过组策略(group policy)，管理员就能将没有受保护的存储介质设置成只读，要求系统先对任何可移动存储介质进行 BitLocker 加密，然后用户才能将数据保存到上面。

可靠的恢复方法对一个加密方案来说非常重要，BitLocker 提供了非常可靠且方便的恢

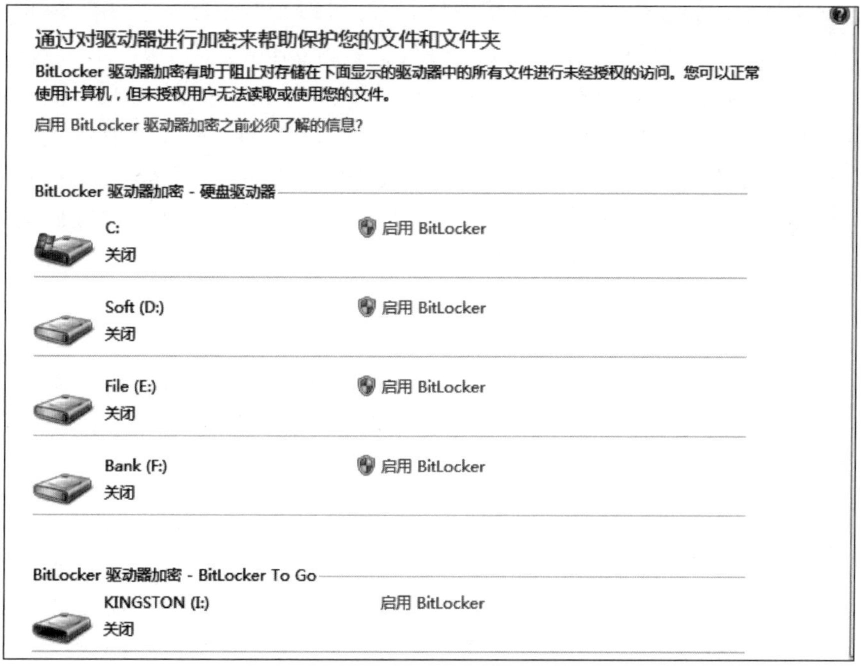

图 8.5 Windows 7 驱动器加密设置

复手段。但当出现以下情况时，Windows 分区就无法解密：TPM 芯片出现故障；硬盘拆卸后挂接到其他计算机上；启动 PIN 密码被遗忘；启动 USB 密钥损坏。此时若尝试启动计算机，计算机会被锁定，提示用户插入密钥存储媒体或为该驱动器输入恢复密钥，这时只要插入保存有恢复密码的 USB 存储或手动输入恢复密码，计算机就会顺利启动。

限制服务的目的在于防止服务修改注册表、访问系统文件，如果一个系统服务需要上述的功能才能正常运行，那么它也可以被设定成只能访问注册表或系统文件的特定区域，同时也可以限制服务，使其不能执行系统设置的更改或其他可能导致攻击结果的行为。

3. 内核完整性保证机制

内核完整性保证机制主要包括代码完整性验证、强制驱动签名和 PatchGuard 3 方面，其中 PatchGuard 只应用于 64 位操作系统，主要在系统运行过程中动态检查关键的数据结构和内核代码的完整性，防止非授权的软件修改系统内核，可以阻止对进程列表等核心信息的恶意修改，这种安全保护只有操作系统才能实现，其他杀毒软件是无法实现的。由于内核完整性保证机制限制了程序对内核的修改，不仅使得恶意代码无法隐藏踪迹，也使得传统的安全防御工具无法应用，因此安全机构和系统攻击者都非常重视对内核完整性保证机制的研究。

代码完整性验证和强制驱动签名作为两种静态的内核完整性保证机制，在实现上均以 CI.dll 形式出现，CI.dll 开始运行于系统启动的过程中。系统启动时，首先 BIOS 自检，然后加载启动管理程序 bootmgr，完成之后开始运行系统加载程序 winload.exe，最后才是系统内核的加载进程，这是系统启动过程中的几个必需阶段。CI.dll 就是在 bootmgr 和 winload.exe 阶段进行加载的，在内核加载阶段只是对 CI.dll 的代码完整性验证函数进行调用。这里，bootmgr 是启动管理程序，位于％systemDrive％\bootmgr 文件或％systemDrive％\Boot\EFI\

bootmgr.efi 文件中。winload.exe 是系统的装载程序，即 OS Loader，位于%systemRoot%\System32\winload.exe 文件中。Winload.exe 代替了 Windows 早期版本中的 NTLDR。

Windows 对代码签名进行的验证主要以两种方式进行：一是将代码的签名与代码分离保存，将代码摘要放在一个目录文件（catalog）中，成为签名目录；二是在程序代码中保存代码的签名，这种方法在系统启动早期采用较多。这两种方式并不是完全独立的，可以同时应用，大部分内核驱动程序的完整性验证都同时采用了这两种签名方式。加载启动驱动程序时的驱动签名验证由 winload.exe 完成，而其他所有驱动的签名验证都由 ntoskrnl.exe 完成。

8.3.5 Windows 7 安全措施

为确保 Windows 7 在使用过程中的系统安全，除积极采用上述安全技术和安全机制外，用户还应根据使用环境要求，有针对性地做好安全配置和系统管理工作，尽可能地提升系统的安全性能。下面介绍一些常用的 Windows 7 安全配置措施和方法。

1. 设置安全密码和屏保密码

可靠的密码对一个系统来说十分重要，一些网络管理员创建账户时通常使用公司名称、计算机名称等易于猜测的字符作为用户名，然后又将这些账户的密码设置得比较简单，甚至密码与用户名相同等，这些都会给系统带来严重的威胁。同时，设置屏幕保护密码是防止内部人员破坏系统的必要手段。一般来讲，可以在 BIOS 中设置开机密码，将屏幕保护启动设为 5min 以内。

2. 增加管理员账户和禁用 Guest 用户

在控制面板的"用户账户"→"管理其他账户"→"创建一个新账户"中创建一个标准用户或管理员，对管理员及其他用户设置强口令，并禁用 Guest 用户。

3. 注册表安全设置

（1）关机时清除页面文件。

```
[HKEY_LOCAL_MACHINE\SYSTEM\CurrentControlSet\Control\SessionManager\Memory Management]"
ClearPagefileatShutdown" = dword:00000001
```

（2）关闭 DirectDraw。

```
[HKEY_LOCAL_MACHINE\SYSTEM\CurrentControlSet\Control\GraphicsDrivers\DCI]"Timeout" =
dword:00000000
```

（3）删除默认共享。

```
[HKEY_LOCAL_MACHINE\SYSTEM\CurrentControlSet\Services\LanmanServer\Parameters]"
AutoShareWks" = dword:00000000
"AutoShareServer" = dword:00000000
```

（4）禁止建立空链接。

```
[HKEY_LOCAL_MACHINE\SYSTEM\CurrentControlSet\Control\Lsa]"restrictanonymous" =
dword:00000001
```

（5）禁止系统显示上次登录的用户名。

```
[HKEY_LOCAL_MACHINE\SOFTWARE\Microsoft\Windows NT\CurrentVersion\Winlogon]"
DontDisplayLastUserName" = "1"
```

4. 关闭不必要的服务

对任何的系统来说,更多的服务都意味着更多的危险。因此,只保留必需的服务,将多余的服务和端口关闭,这对于系统安全来说是十分重要的。例如,在 Windows 7 中,Offline Files(脱机文件服务)、Server 服务、Background Intelligent Transfer Service(后台智能传输服务,BITS)等都有产生漏洞的可能。

关闭服务的步骤如下。

(1) 备份服务列表,在"管理工具"中打开服务列表,在左侧"服务(本地)"上右击,在弹出的快捷菜单中选择"导出列表"命令,可以将服务列表以文本文件的方式保存起来,以备后续查找。

(2) 在服务列表中对有关服务进行手动设置,如图 8.6 所示,或者利用 sc config 命令进行手动设置,自动将对应的服务设置成"禁用""手动"或"自动"运行。sc config 命令格式为:

```
sc config 服务名称 start = 启动方式
```

图 8.6 Windows 7 中更改服务状态

5. 禁止自动播放

如果使用光盘或 U 盘等设备引导并启动 Windows 7 系统,必须禁用这些设备的自动播放功能来保护系统启动安全。因为 autorun 病毒很容易通过 U 盘等移动存储介质进行传播,只有禁止自动播放功能才能有效避免 autorun 病毒通过移动存储介质干扰 Windows 7 系统的启动运行。

在禁止移动存储设备自动播放时,只要先打开"运行"窗口,执行 gpedit.msc 命令,切换到本地组策略编辑窗口,从左侧列表的"本地计算机策略"分支下,逐一展开"计算机配置"→"管理模板"→"Windows 组件"→"自动播放策略"选项,在目标选项的右侧列表中双击"关闭自动播放"组策略,从打开的"关闭自动播放"窗口中,选中"已启用"单选按钮,同时选中

"关闭自动播放"下拉列表框中的光盘或 U 盘,并单击"应用"按钮执行设置保存操作,重新启动 Windows 系统即可。

另外,在注册表的 HKEY_CURRENT_USER \ Software \ Microsoft \ Windows \ CurrentVersion\Policies\Explorer 分支下,将 NoDriveTypeAutoRun 键值的数值设置为 4,也能达到同样的目的。

6. 及时安装漏洞补丁

一些病毒木马程序经常会利用 Windows 7 系统的漏洞来感染系统中的应用程序。因此,及时修补系统中的漏洞,可以在一定程度上减少病毒木马感染系统的可能性。更新系统漏洞补丁可以通过单击控制面板窗口中的 Windows Update 图标,进入系统漏洞补丁检查更新界面,单击"检查更新"按钮可以实现及时修补系统的漏洞补丁。当然,也有一些系统漏洞或缺陷还没有补丁程序进行保护,这时就只能采用杀毒软件和防火墙来阻止病毒和木马的入侵。

7. 禁止运行脚本

很多病毒和木马都会通过网页中的活动脚本或 ActiveX 控件将启动威胁项目植入 Windows 系统中,如果将 IE 浏览器的脚本执行功能禁用,则可以有效地避免许多不必要的威胁。禁用这项功能可以从 IE 浏览器的选项中实现。打开 IE 浏览器的"Internet 选项"窗口,选择"安全"选项卡,单击"自定义级别"按钮,弹出"安全设置"对话框,从中找到"脚本"设置项,将下面的"活动脚本"和"Java 小程序脚本"都设置为禁用,最后单击"确定"按钮保存即可。在禁用 ActiveX 控件时,只要找到该对话框的"ActiveX 控件"设置项,将下面所有的 ActiveX 控件运行权限全部设置为"禁用"即可。

8. 安装反病毒木马软件

对用户而言,威胁通常来自于木马、恶意软件、假冒的病毒扫描程序。装备一款合适的杀毒软件是十分必要的,而且需要经常检查和保持杀毒软件的更新,从而有效防范新的恶意程序攻击。微软官方平台向用户推荐了 10 款 Windows 7 系统中适用的杀毒软件,它们是 AVG、诺顿、卡巴斯基、McAfee、Trend Micro、Panda Security、F-Secure、Webroot、BullGuard、G-Data 等。当然国内用户也可以选择 360 安全卫士、360 杀毒软件等防范病毒和木马。

9. 开通 BitLocker

Windows 7 中的磁盘加密位元锁(BitLocker)可以用来加密任何硬盘上的信息,包括启动、系统甚至移动媒体,使用鼠标右键就可以在选项中加密 Windows 资源管理器中的数据。用户可以在设置菜单中选择希望加锁的文件,被加密的文件可以被设置为只读,且不能被重新加密。在保存好 BitLocker 信息后,BitLocker 的恢复信息存储在计算机的属性文件中,大多数情况下,自动备份的用户密码会恢复到 Active Directory。通常要确保可以访问这些属性,防止丢失密码后无法恢复文件。

10. 设置 UAC 滑动条提升安全级别

Windows 7 的用户账户控制得到较大的改进,在区别合法和非法程序时表现得十分准确、迅速。根据用户的登录方式(管理员或普通用户)默认 UAC 安全级别设置,可以选择不同敏感度的防御级别。建议将 UAC 安全级别设置为"始终通知"。

虽然 UAC 功能提供了一个必要的防御机制,但是为了系统的稳定性,请谨慎使用管理员账户。

习 题 8

在线测试

一、选择题

1. ( )是 Windows 2000/NT/2003 最基本的入侵检测方法,是一个维护系统安全性的工具。
   A. 应用日志   B. 事件查看器
   C. 开启审核策略   D. 入侵检测系统
2. Windows Server 2003 系统的安全日志通过( )设置。
   A. 事件查看器   B. 服务管理器
   C. 网络适配器   D. 本地安全策略
3. 用户匿名登录主机时,用户名为( )。
   A. guest   B. anonymous
   C. administrator   D. admin
4. ( )不是 Windows 的系统进程。
   A. System Idle Process   B. winlogon.exe
   C. explorer.exe   D. svchost.exe
5. Windows 使用 Ctrl+Alt+Delete 组合键启动登录信息,会激活( )进程。
   A. System Idle Process   B. winlogon.exe
   C. explorer.exe   D. taskmgr.exe
6. 在 Windows Server 2003 中,删除硬盘 D 的默认共享命令是( )。
   A. net share d$：   B. del net share d$：
   C. net share d$ /del   D. net share /del d$

二、填空题

1. UNIX/Linux 系统结构由_____、_____和_____3 个层次组成。
2. 在 Windows 7 的内存保护模块中,使用的安全技术主要有_____、_____、_____、数据执行防护(Data Execution Protection,DEP)、安全堆管理和 GS 栈保护等。
3. Windows 7 有 3 种类型的账户,即来宾账户、标准账户和_____。
4. Linux 是一个类_____操作系统。

三、简答题

1. 什么是安全的操作系统?
2. UNIX 主要有哪些安全机制?
3. Windows 7 系统有哪些安全机制?
4. UNIX/Linux 安全设置时要注意哪些事项?
5. 如何关闭 Windows 中不必要的端口和服务?
6. 请简述操作系统隔离控制安全的措施。

第 9 章　数据备份与恢复技术

在以信息技术为基础的商业时代,对大多数计算机的使用者而言,计算机系统中的重要数据、档案或历史记录,无论是对企业用户还是个人用户,都是至关重要的,一旦不慎丢失,轻则辛苦积累起来的心血付之东流,重则影响企业的正常运作,给科研、生产造成巨大的损失。计算机安全专家威廉·史密斯说:"创建这些数据也许只花了 10 万元,但当你在关键时刻打算把它们全部找回来时,你得准备 100 万元的支票。"

为了保障生产、销售、开发的正常运行,企业用户应采取有效的措施,对数据进行备份,防患于未然。导致数据出现安全问题的原因很多,如网络攻击、硬盘物理损坏、数据逻辑出错、各种恶意破坏和误操作,以及密码丢失无法打开文档等。为了避免数据安全威胁,除了前面几章介绍的安全技术内容外,还有数据备份和恢复技术。数据备份和恢复技术就是如何将遭到破坏和丢失的数据还原或恢复为正常且可用的数据的技术。

9.1　数据备份概述

数据备份是容灾的基础,是指为防止系统出现操作失误或系统故障导致数据丢失,而将全部或部分数据集合从应用主机的硬盘或阵列复制到其他存储介质的过程。传统的数据备份主要是采用内置或外置的磁带机进行冷备份。但是这种方式只能防止操作失误等人为故障,而且其恢复时间也很长。随着技术的不断发展及数据的海量增加,不少的企业开始采用网络备份。网络备份一般通过专业的数据存储管理软件结合相应的硬件和存储设备来实现。

数据备份就是将数据以某种方式加以保留,以便在系统需要时重新恢复和利用。对一个完整的信息安全体系来说,数据备份工作是必不可少的重要组成部分。数据备份的作用主要体现在以下两方面。

(1) 在数据遭到意外事件破坏时,通过数据恢复还原数据。可以说,做好数据备份是防止数据丢失,防止系统遭受破坏最有效、最简单的手段。

(2) 数据备份是历史数据存档的最佳方式。数据备份为用户进行历史数据查询、统计和分析,以及重要信息归档保存提供了可能。

这里需要了解数据备份技术、集群技术与容灾技术的区别。虽然从目的上讲,这些技术都是为了消除或减弱意外事件给系统带来的影响,但由于其侧重点不同,实现的手段和产生的效果也不尽相同。

备份技术的目的是将整个系统的数据或状态保存下来,这种方式不仅可以挽回硬件设备损坏带来的损失,而且可以挽回逻辑错误和人为恶意破坏造成的损失。数据备份更多是指数据从在线状态剥离到离线状态的过程。然而一般来说,数据备份技术并不保证系统的实时可用性。一旦发生意外,备份技术只保证数据可以恢复,但恢复过程需要一定时间,系统在恢复过程中是不可用的。

集群和容灾技术的目的是为了保证系统的实时可用性,是保护系统的在线状态,保证数据可以随时被访问,即当突发事件和故障发生时,系统提供的服务和功能不会因此而中断。

在具有一定规模的系统中,备份技术、集群技术和容灾技术不能相互替代。通常需要同时采用这些技术,并使其稳定、和谐地协调工作,这是确保系统安全运转最有效的策略。

9.1.1 数据备份及其相关概念

数据备份是指将计算机磁盘上的原始数据复制到可移动存储介质上,如磁带、光盘等。在出现数据丢失或系统灾难时,将复制在可移动存储介质上的数据恢复到磁盘上,从而保护计算机的系统数据和应用数据。在日常生活中,人们不自觉地都在使用备份。例如,房门钥匙怕丢失,总要配一把备用;银行卡密码记在脑子里怕遗忘,总是写下来记到本子里。其实备份的概念说起来很简单,就是保留一套后备系统。这套后备系统或者与现有系统一模一样,或者能够替代现有系统的功能。

与备份对应的概念是恢复,恢复是备份的逆过程。在发生数据失效时,计算机系统无法使用,但因为保存了一套备份数据,利用恢复措施就能很快地将损坏的数据重新建立起来。

为了便于理解,下面介绍一些与备份有关的概念。

(1) 在线备份:对正在运行的数据库或应用进行备份,通常对打开的数据库和应用是禁止备份的,因此要求数据存储管理软件能够对在线的数据库和应用进行备份。

(2) 离线备份:在数据库或应用关闭后对其数据进行备份,离线备份通常只采用完全备份。

(3) 热备份:热备份实际上是计算机容错技术的一个概念,是实现计算机系统高可用性的主要方式,避免因单点故障(如磁盘损伤)导致整个计算机系统无法运行,从而实现计算机系统的高可用性。最典型的实现方式是双机热备,即双机容错。该技术的最新发展是采用多机热备份,即 cluster 的概念,多机相互镜像,负载均衡,并能自动诊断系统故障,失效切换,使一些对实时性要求很高的业务得以保障。然而,热备份方式并不能解决像操作人员失误造成的数据丢失这样的问题,因为热备份系统为保证数据的一致性,会同时将这个数据的镜像文件删除。

(4) 数据恢复:数据恢复是指数据备份的逆过程,即利用保存的备份数据还原出原始数据的过程。

(5) 数据存储管理:数据存储管理是指对计算机系统数据存储相关的一系列操作(如备份、归档和恢复)进行的统一管理,是计算机系统管理的一个重要组成部分。对于一个完备的计算机系统来说,数据存储管理是十分必要的。

(6) 数据归档:数据归档是指将磁盘数据复制到可移动存储介质上。与数据备份不同的是,数据归档在完成复制工作后将原始数据从磁盘上删除,释放磁盘空间。数据归档一般是对年度或某一项目相关的数据进行操作,在一年结束或某一项目完成时,将其相关数据迁移到可移动存储介质上,以备日后查询和统计,同时释放宝贵的磁盘空间。

9.1.2 备份的误区

对计算机系统进行全面的备份,并不只是复制文件那么简单,一个完整的备份方案应包括硬件备份、软件备份、日常备份制度(Backup Routines,BR)和灾难恢复制度(Disaster Recovery Plan,DRP)4部分。人们对备份存在着很多误区,具体体现在以下几方面。

(1) 用人工操作进行简单的数据备份来代替专业备份工具的完整解决方案。采用人工操作的方法操作数据备份,带来了许多管理和数据安全方面的问题。例如,人工操作将人的疏忽因素引入;备份管理人员的更换交接不清可能造成备份数据的混乱,造成恢复时的错误;人工操作恢复使恢复可能不完全且恢复的时间无法保证,也可能造成重要的数据备份遗漏,无法保证数据恢复的准确和高效率。

(2) 忽视数据备份介质管理的统一通用性。忽视数据备份介质的统一通用性会造成恢复时介质不统一的问题,包括磁带或光盘的标识命名混乱,也会给恢复工作带来不必要的麻烦。

(3) 用硬件冗余容错设备代替对系统的全面数据备份。这种做法完全与数据备份的宗旨相悖,在管理上有巨大的漏洞且很不完善。用户应该认识到任何程度的硬件冗余都无法保证百分百地保证单点的数据安全性,磁盘阵列(RAID)技术不能,镜像技术也不能,甚至双机备份也无法替代数据备份。

(4) 忽视数据异地备份的重要性。数据异地备份在客户计算机应用系统遭遇单点突发事件或自然灾害时非常有效和重要。

(5) 使用用户应用数据备份替代系统完全备份。这种错误会极大地影响恢复时的时间和效率,而且可能由于系统无法恢复到原有程度而造成应用无法恢复,数据也无法再次使用。此外,客户往往不能真正了解应用数据存放的位置,使得用户应用数据备份不完整,造成数据恢复时出现问题。

(6) 忽视制订完整的备份和恢复计划,以及维护计划并测试的重要性。忽视制订测试、维护数据备份和恢复计划会造成实施上的无章可循和混乱。

9.1.3 数据备份策略

备份策略是指确定备份内容、备份时间和备份方式。选择了存储备份软件、存储备份技术(包括存储备份硬件及存储备份介质)后,首先要确定数据备份的策略。各个单位要根据自己的实际情况来制定不同的备份策略。目前被采用最多的备份策略主要有以下3种。

1. 完全备份

完全备份(Full Backup,FB)是指每次对系统中的所有数据都进行备份。例如,星期一用磁带对整个系统进行备份,星期二再用另一盘磁带对整个系统进行备份,以此类推。这种备份策略的好处是当发生数据丢失的灾难时,只要用一盘磁带(即灾难发生前一天的备份磁带)就可以恢复丢失的数据。然而它也有不足之处。首先,由于每天都对整个系统进行完全备份,造成备份的数据大量重复。这些重复的数据占用了大量的磁带空间,这对用户来说意味着增加了成本。其次,由于需要备份的数据量较大,因此备份所需的时间较长。对于那些业务繁忙、备份时间有限的单位来说,选择这种备份策略是不明智的。

2. 增量备份

只备份上次备份以后有变化数据的备份方式称为增量备份(Incremental Backup,IB)。例如,星期天进行一次完全备份,然后在接下来的6天里只对当天新增的或被修改过的数据进行备份。这种备份策略的优点是节省了磁带空间,缩短了备份时间。但它的缺点在于,当灾难发生时,数据的恢复比较麻烦。例如,系统在星期三的早晨发生故障,丢失了大量的数据,那么现在就要将系统恢复到星期二晚上时的状态。这时系统管理员首先要找出星期天的那盘完全备份磁带进行系统恢复,然后再找出星期一的磁带来恢复星期一的数据,最后找出星期二的磁带来恢复星期二的数据。很明显,这种方式很烦琐。另外,这种备份的可靠性也很差。在这种备份方式下,各盘磁带间的关系就像链条一样,一环套一环,其中任何一盘磁带出现问题都会导致整条链条脱节。例如,在上例中,若星期二的磁带出了故障,那么管理员最多只能将系统恢复到星期一晚上时的状态。

3. 差分备份

只备份上次完全备份以后有变化的数据的备份方式称为差分备份(Differential Backup,DB)。例如,管理员先在星期天进行一次系统完全备份,然后在接下来的几天里,管理员将当天所有与星期天不同的数据(新增的或修改过的)备份到磁带上。差分备份策略在规避以上两种策略的缺陷的同时,兼顾二者的所有优点。首先,它无须每天都对系统做完全备份,因此备份所需时间短,并节省了磁带空间;其次,它的灾难恢复也很方便。系统管理员只需要两盘磁带,即星期一的磁带与灾难发生前一天的磁带,就可以将系统恢复到最近的状态。

完全备份所需时间最长,但恢复时间最短,操作最方便,当系统中的数据量不大时,采用完全备份最可靠。但随着数据量的不断增大,将无法每天做完全备份,而只能在周末进行完全备份,其他时间可采用耗时更少的增量备份或介于两者之间的差分备份。因此,在实际应用中,备份策略通常是以上3种方式的组合。例如,每周一至周六进行一次增量备份或差分备份,每周日进行完全备份,每月底进行一次完全备份,每年底进行一次完全备份。

备份过程中要求保存长期的历史数据,这些数据不可能保存在同一盘磁带上,每天都使用新的磁带备份也是不可能的。如何灵活使用备份方法,有效分配磁带,用较少的磁带有效地备份长期数据,是备份制度要解决的问题。

磁带轮换策略有以下几种。

(1) 三带轮换策略。三带轮换策略只需要3盘磁带。用户每星期都用一盘磁带对整个网络系统进行增量备份。备份过程如表9.1所示。

表9.1 三带轮换策略

	周一	周二	周三	周四	周五	周六	周日
第一周					磁带1,增量		
第二周					磁带2,增量		
第三周					磁带3,增量		

这种策略可以保存系统3个星期内的数据,适用于数据量小、变化速度较慢的网络环境。但这种策略有一个明显的缺陷,就是周一到周四更新的数据没有得到有效的保护。如果系统在周四发生故障,就只能用上周五的备份恢复数据,那么周一到周四的工作就丢失了。

(2) 六带轮换策略。六带轮换策略需要6盘磁带。用户从星期一到星期四的每天都分别使用一盘磁带进行增量备份,然后星期五使用第五盘磁带进行完全备份。第二个星期的星期一到星期四重复使用第一个星期的4盘磁带,到了第二个星期五使用第六盘磁带进行完全备份。备份过程如表 9.2 所示。

表 9.2 六带轮换策略

	周一	周二	周三	周四	周五	周六	周日
第一周	磁带 1,增量	磁带 2,增量	磁带 3,增量	磁带 4,增量	磁带 5,完全		
第二周	磁带 1,增量	磁带 2,增量	磁带 3,增量	磁带 4,增量	磁带 6,完全		

这种轮换策略能够备份两周的数据。如果系统在本周三出现故障,只需要上周五的完全备份加上周一和上周二的增量备份就可以恢复系统。但这种策略无法保存长期的历史数据,两周前的数据就无法保存了。

(3) 祖-父-子轮换策略。祖-父-子(Grandfather-Father-Son,GFS)轮换策略将六带轮换策略扩展到一个月以上,这种策略由三级备份组成:日备份、周备份和月备份。日备份为增量备份,周备份和月备份为完全备份。日带共 4 盘,用于周一到周四的增量备份,每周轮换使用;周带一般不少于 4 盘,顺序轮换使用;月带数量视情况而定,用于每月最后一次完全备份,备份后将数据存档保存。备份过程如表 9.3 所示。

表 9.3 祖-父-子轮换策略

	周一	周二	周三	周四	周五	周六	周日
第一周	日带 1,增量	日带 2,增量	日带 3,增量	日带 4,增量	周带 1,完全		
第二周	日带 1,增量	日带 2,增量	日带 3,增量	日带 4,增量	周带 2,完全		
第三周	日带 1,增量	日带 2,增量	日带 3,增量	日带 4,增量	周带 x,完全		
第四周	日带 1,增量	日带 2,增量	日带 3,增量	日带 4,增量	月带 1,完全		

根据周带和月带数量不同,常见的祖-父-子轮换策略有 21 盘制、20 盘制和 15 盘制等。

9.1.4 日常维护有关问题

备份系统安装调试结束后,日常维护包含两方面工作,即硬件维护和软件维护。如果硬件设备具有很好的可靠性,则系统正常运行后基本不需要经常维护。一般来说,磁带库的易损部件是磁带驱动器,当出现备份读写错误时应首先检查驱动器的工作状态。如果发生意外断电等情况,系统重新启动运行后,应检查设备与软件的连接是否正常。软件系统工作过程检测到的软硬件错误和警告信息都有明显的提示和日志信息,可以通过电子邮件的方式发送给管理员。管理员也可以利用远程管理的功能,全面监控备份系统的运行情况。

网络数据备份系统的建立,对保障系统的安全运行,保障各种系统故障的及时排除和数据库系统的及时恢复起到关键作用。通过自动化带库及集中的运行管理,保证数据备份的质量,加强数据备份的安全管理。同时,近线磁带库技术的引进,无疑对数据的恢复和利用提供了更加方便的手段。希望更多的单位能够更快地引进这些技术,让系统管理员做到数据无忧。

9.2 系统数据备份

系统数据备份主要是针对计算机系统中的操作系统、设备驱动程序、系统应用软件和常用软件工具等的备份。

9.2.1 系统还原卡

系统还原卡是系统备份的一种常用方式，以其方便性、安全性受到很多管理人员的青睐。还原卡也称为硬盘保护卡，在学校机房、网吧、计算机培训中心等场合使用较多。它可以在硬盘非物理损坏的情况下，让硬盘系统数据恢复到预先设置的状态。也就是说，在系统受到病毒、故意破坏硬盘数据、误删除等操作时，能轻易地使用系统还原卡还原系统。

还原卡的基本原理是在系统启动时，首先接管 BIOS 的 INT13 中断，将 FAT、引导区、CMOS 信息、中断向量表等信息都保存到卡内的临时存储单元中，用自带的中断向量表来代替原始的中断向量表；然后将 FAT 等信息保存到临时存储单元中作为第二个备份，用来应付系统运行时对硬盘数据所做的修改；最后在硬盘上辟出一部分连续空间，将当前系统操作的数据保存在这部分空间中。

当用户向硬盘写入数据时，数据并没有真正修改到硬盘中的 FAT 表。由于保护卡接管了 INT13，因此当发现写操作时，还原卡将原先的数据目的地址重新指向预先准备的连续磁盘空间，并将已备份的第二个 FAT 中被修改的相关数据指向这片空间。当要读取数据时，保护卡首先在第二个备份的 FAT 中查找相关文件。如果是在启动后修改过的，则在重新定向的空间中读取；否则，在第一个备份的 FAT 中查找，并读取相关文件。删除数据时会将文件的 FAT 记录从第二个备份的 FAT 中删除。

在安装还原卡之前，要确保系统中没有病毒，关闭杀毒软件的实时防毒功能，关闭或卸载各种系统防护/恢复软件的功能。

实际上，现在的还原卡大多集成在 10Mb/s 或 100Mb/s 网卡中，实现了网络还原功能。利用网络还原卡可以在完全无人值守的条件下定时自动维护；提供全天候的机房维护和管理；可以让计算机进行远程控制；能以发送端机器的设置为基础，自动顺序生成并设置每台接收机的 IP 地址、计算机名称、用户名。

9.2.2 克隆大师 Ghost

克隆大师 Norton Ghost 是最著名的硬盘备份工具，对现有的操作系统都有很好的支持，包括 DOS、Windows、Linux 和 UNIX 等操作系统。Ghost 也支持大多数存储介质和常用接口，如支持对等 LPT 接口、对等 USB 接口、对等 TCP/IP 接口、SCSI 磁带机、便携式设备、光盘刻录机等。

Ghost 不仅具有单机硬盘备份与恢复功能，还支持在网络环境中的硬盘备份与恢复。用户可以实现在局域网、对等网内同时进行多台计算机硬盘克隆操作，能快速实现为网内所有计算机安装操作系统和应用程序。

Ghost 可以将一个硬盘中的数据完全相同地复制到另一个硬盘中，它还提供硬盘备份、硬盘分区等功能。可以在 DOS 或 Windows 下直接运行 Ghost.exe 文件。Norton Ghost 的主界面如图 9.1 所示。

Norton Ghost 能够实现的功能包括硬盘备份、硬盘恢复、硬盘复制、分区复制、分区备份、分区恢复等功能，具体内容请参考 Norton Ghost 软件。

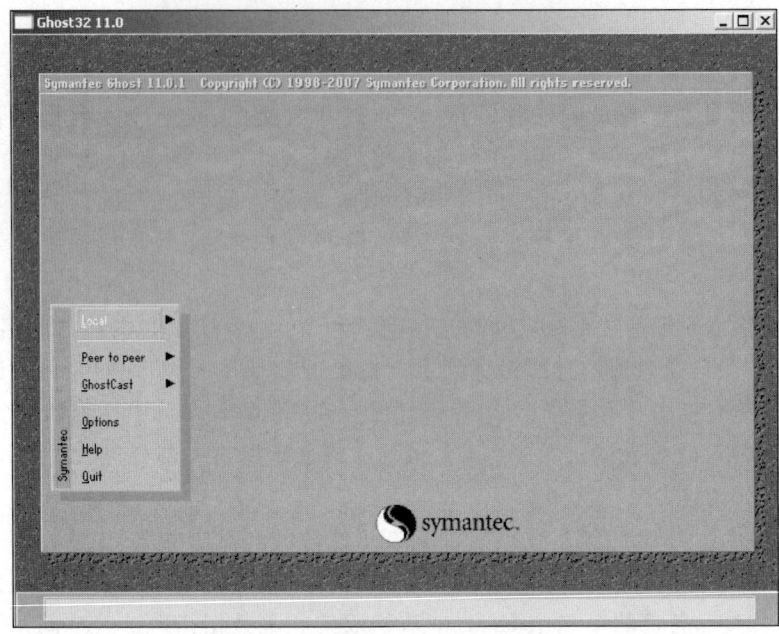

图 9.1　Norton Ghost 系统主界面

9.2.3　其他备份方法

1. Linux 系统中的 Tar 备份工具

Linux 系统上配有功能强大的 tar 命令,可以灵活地备份数据。tar 最初是为了制作磁带备份而设计的,将文件和目录备份到磁带中,然后从磁带中提取或恢复文件。当然,现在可以使用 tar 来备份数据到任何存储介质上。tar 非常易于使用,稳定可靠,而且在任何 Linux 系统上都有这个工具软件,因此是经常使用的备份工具之一。

使用 tar 命令备份数据的格式如下:

```
$ tar cvf backup.tar /home/html
```

上述命令将 /home/html 目录下的所有文件打包成 tar 文件 backup.tar。

cvf 是 tar 的命令参数。c 代表创建一个档案文件,v 代表显示每个备份的文件名称,f 表示 tar 创建的档案文件名是后面的 backup.tar,/home/html 代表 tar 要备份的文件和目录名。

使用 tar 命令恢复数据的格式如下:

```
$ tar xvf backup.tar
```

上述命令将备份文件 backup.tar 恢复到当前目录下。

通常情况下,tar 对文件进行备份时并不对文件进行压缩,因此备份文件的尺寸非常大。

2. Windows 系统中的备份功能

在 Windows 系统中也提供了相应的备份功能。通过选择"控制面板"→"系统和安全"→"备份和还原"命令,可以启动备份与还原向导,对系统中的数据进行备份。Windows 中的备份工具具有备份向导、还原向导和紧急磁盘修复等功能。

9.3 用户数据备份

用户数据备份是针对具体应用程序和用户产生的数据,将用户的重要数据与操作系统数据分别进行存储备份。在实际应用中,用户数据备份的重要性远远大于系统数据备份,因为系统数据丢失以后通常都是可以恢复的,如操作系统损坏可以通过光盘重新安装。而用户数据丢失以后,一般都是难以弥补的,最简单的例子就是自己辛辛苦苦输入的 Word 文档,一不小心被删除以后,恢复起来十分困难。

通过手工备份用户数据是十分麻烦的,而且容易遗忘,特别是每天都要备份大量数据时。一般应用程序都有用户数据的备份功能。另外,通过专用的软件也可以实现对用户数据的实时备份功能,如 Second Copy 和 File Genie 等,下面简单介绍这两个软件的使用。

9.3.1 Second Copy

Second Copy 是一个使用方便、功能强大的备份工具。它可以实现定时备份、同时对多个文件对象执行备份、可自定义备份文件类型,支持复制、移动、压缩、同步等多种备份功能。现在最新的版本是 Second Copy 8.0,其界面如图 9.2 所示。

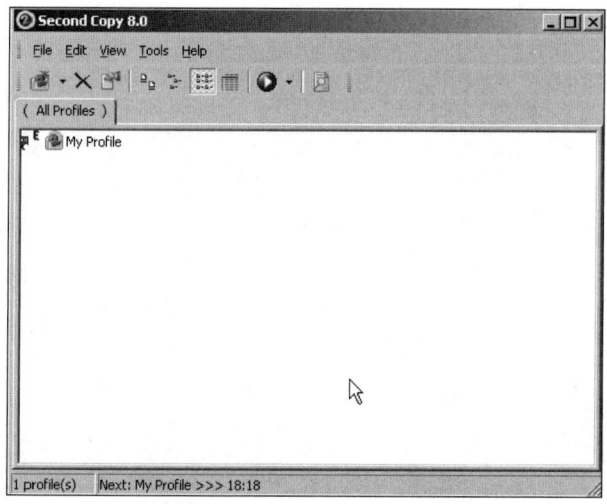

图 9.2　Second Copy 8.0 主窗口

(1) 新建或修改一个备份方案。执行 File→New Profile 命令就会启动新建方案向导窗口。在该窗口中选择"快速设置(Express Setup)"或"自定义设置(Custom Setup)"选项,这里采用自定义设置。

(2) 选择要备份的文件和文件夹。单击 Next 按钮,浏览或输入要备份的文件夹,软件会询问需要备份的内容,是备份文件夹下面的所有文件(All files and folders)还是只备份其中的部分文件(Only selected files and folders)。单击"下一步"按钮,在弹出的文件过滤框中有两个文本框选项"包含文件"和"排除文件",通过选择对应的文件夹,可以达到有选择地对部分文件夹进行备份,具体如图 9.3 所示。

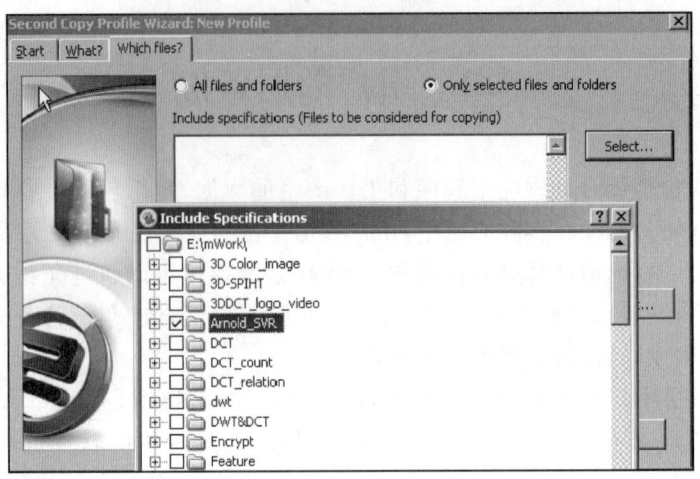

图 9.3 备份文件夹过滤

(3) 选择备份的文件或文件夹的存放位置。单击"下一步"按钮,会提示用户选择目标文件夹(Destination Folder),目标文件夹一定要选择一个稳定的存储介质,也可以备份到网络服务器上面,以提高数据的安全性。

(4) 选择备份时间。单击"下一步"按钮,软件会询问用户备份的频率,可以选择手动备份、每隔几小时、每天备份等方式,如图 9.4 所示。

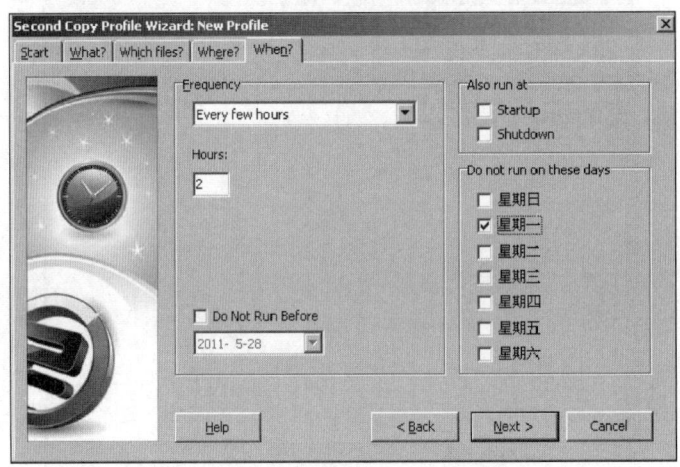

图 9.4 备份时间方式选择

(5) 备份方式的选择。单击"下一步"按钮,进入选择备份方式窗口,这里提供了 6 种备份方式。

① 简单复制(Simple Copy): 直接将文件从原文件夹复制到目标文件夹。

② 精确复制(Exact Copy): 与简单复制类似,但如果以前备份过的文件在源文件中已经删除,则将目标文件夹中的相应文件也删除,并在另一个备份文件夹中将该文件保存。注意,这里至少要保留一个版本给删除的文件。

③ 移动(Move): 将文件从原文件夹移动到目标文件夹。

④ 压缩(Compress): 备份时采用压缩的方式存储。

⑤ 精确压缩(Exact Compress)：与精确复制类似，只是备份时采用压缩方式存储。
⑥ 同步(Synchronize)：让两个文件夹中的文件保持完全一致。

9.3.2 File Genie 2000

File Genie 2000 是一款可以运行在 Windows 2000/XP 环境下的文档备份工具。与常用的备份工具不同，它是一个在线监测程序。该软件驻留系统后能自动监测文件的变化，包括文件保存、复制等操作，然后在后台自动进行文件备份。在文件完成保存后，程序的备份也自动更新，这样可以保证备份文件总是最新的，从而在最大程度上保证了备份操作的可靠性和安全性。

此外，该工具也提供了手动备份、恢复文件、多策略备份等功能。需要注意的是，如果用户设置使用多个备份策略文件，由于 File Genie 2000 只能同时使用一个备份策略设置，为保证备份的有效和安全，因此在进行备份文件操作前，应该用 Select Profile 命令将当前的策略文件切换到当前操作的备份设置上，否则不能进行文件备份监测。

9.4 网络数据备份

网络数据备份是一套比较成熟的备份方案，其基本设计思想是利用一台服务器连接合适的备份设备，实现对整个网络系统各主机上关键业务数据的自动备份管理。在有些特殊环境中，也可以在网络上数据量比较大的几个服务器上同时安装备份设备，由备份服务器统一管理。通过合理的设备连接可以减少数据备份时对网络产生的过重负载。数据备份设备一般都采用磁带存储设备，包括磁带机和磁带库。在部门级和企业级数据备份系统中一般都采用磁带库，实现自动备份操作。磁带库是由多台磁带驱动器（内置磁带机）、一个或两个机械手，以及数十或数百个磁带槽组成的大型存储设备，主要用于大数据量文件的备份、归档等应用。磁带库的性能主要取决于其内置的磁带驱动器。

备份对经常使用计算机的人来说并不陌生，每个人都有可能做过一些重要文档的备份。如果只是管理一台计算机，那么备份工作看起来比较简单。但如果管理的是多台计算机或一个网段，甚至整个企业的时候，备份就会变成一件非常复杂的事情。

通常，网络备份系统一般由3部分组成，即目标、工具和存储。目标就是需要做备份或恢复的系统，一个完整的备份系统在目标系统中都要运行一个备份客户程序，允许备份客户程序对目标远程进行文件操作。工具的主要功能是执行备份或恢复的任务，工具提供一个集中管理和控制平台。存储就是备份数据被保存的地方。工具和存储可以在同一台计算机中，也可以在不同的计算机中。

网络备份系统能够完成两个任务，即备份任务和恢复任务。备份任务就是用工具将目标备份到存储区中。与备份任务相反的是恢复任务，即用工具将备份在存储区的数据恢复到目标中。

目前最常见的网络数据备份系统按其架构不同可以分为4种：基于网络附加存储(DAS-Based)结构、基于局域网(LAN-Based)结构、基于 SAN 结构的 LAN-Free 和 Server-Free 结构。下面对这几种结构的备份系统进行具体介绍。

9.4.1 DAS-Based 结构

基于网络附加存储系统的备份系统是一种最简单的数据保护方案。在大多数情况下，这种备份采用服务器上自带的磁带机或备份硬盘，而备份操作往往也是通过手工操作的方式进行，如图 9.5 所示，虚线表示数据流。

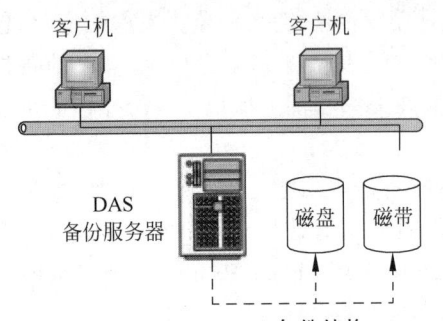

图 9.5 DAS-Based 备份结构

DAS-Based 备份结构适合以下的应用环境。
（1）无须支持关键性的在线业务操作。
（2）维护少量网络服务器（小于 5 个）。
（3）支持单一操作系统。
（4）需要简单和有效的管理。
（5）适用于每周或每天一次的备份频率。

基于 DAS 的备份系统是最简单的数据备份方案，适用于小型企业用户进行简单的文档备份。它的优点是维护简单，数据传输速度快；缺点是可管理的存储设备少，不利于备份系统的共享，不太适合现在大型的数据备份要求，而且不能提供实时的备份需求。

9.4.2 LAN-Based 结构

LAN-Based 备份结构是小型办公环境最常使用的备份结构。如图 9.6 所示，在该系统中，数据的传输是以局域网络为基础的。预先配置一台服务器作为备份管理服务器，它负责整个系统的备份操作。磁带库则接在某台服务器上，当需要备份数据时，备份对象将数据通过网络传输到磁带库中实现备份。

备份服务器可以直接接入主局域网内或放在专用的备份局域网内。推荐使用放在专用的备份局域网内方案。因为当备份数据量很大时，前者备份数据会占用很大的网络带宽，主局域网的性能会出现很大的下降，而后者就可以使备份进程与普通工作进程的相互干扰减少，保证主局域网的正常工作性能。

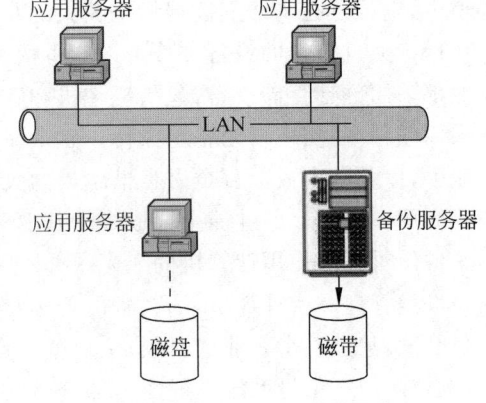

图 9.6 LAN-Based 备份结构

LAN-Based 备份结构的优点是投资经济、磁带库共享、集中备份管理；它的缺点是对网络传输压力大，当备份数据量大或备份频率高时，局域网的性能下降快，不适合重载荷的网络应用环境。

9.4.3 LAN-Free 结构

为了彻底解决传统备份方式需要占用 LAN 带宽问题，基于 SAN 的备份是一种很好的技术方案。LAN-Free 和 Server-Free 的备份系统是建立在 SAN（存储区域网）的基础上的两种具有代表性的解决方案。它们采用一种全新的体系结构，将磁带库和磁盘阵列各自作为独立的光纤节点。多台主机共享磁带库备份时，数据流不再经过网络而直接从磁盘阵列传到磁带库内，是一种无须占用网络带宽的解决方案。

如图 9.7 所示，LAN-Free 是指数据无须通过局域网而直接进行备份，即用户只需要将磁带机或磁带库等备份设备连接到 SAN 中，各服务器就可以将需要备份的数据直接发送到共享的备份设备上，不必再经过局域网链路。由于服务器到共享存储设备的大量数据传输是通过 SAN 网络进行的，因此局域网只承担各服务器之间的通信任务，而无须承担数据传输的任务，实现了控制流和数据流分离的目的。

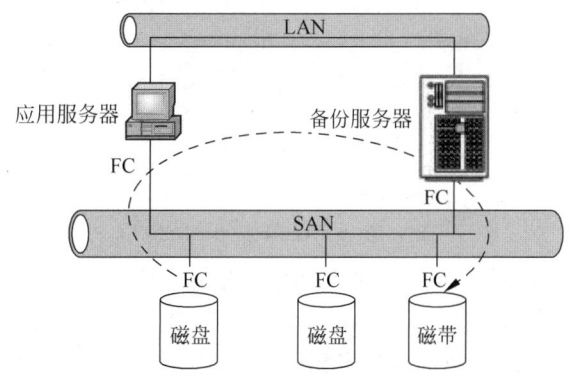

图 9.7 LAN-Free 备份结构

目前，LAN-Free 有多种实施方式。通常，用户需要为每台服务器配备光纤通道适配器，适配器负责将这些服务器连接到与一台或多台磁带机（或磁带库）相连的 SAN 上。同时，还需要为服务器配备特定的管理软件，系统通过它能够将块格式的数据从服务器内存经 SAN 传输到磁带机或磁带库中。还有一种常用的 LAN-Free 实施方法，在这种结构中，主备份服务器上的管理软件可以启动其他服务器的数据备份操作。块格式的数据从磁盘阵列通过 SAN 传输到临时存储数据的备份服务器的内存中，之后再经 SAN 传输到磁带机或磁带库中。

尽管 LAN-Free 技术与 LAN-Base 技术相比有很多优点，但 LAN-Free 技术也存在明显不足。首先，它仍然需要服务器参与将备份数据从一个存储设备转移到另一个存储设备的过程，在一定程度上占用了服务器宝贵的 CPU 处理时间和服务器内存。其次，LAN-Free 技术的恢复能力一般，它非常依赖于用户的应用。

许多产品并不支持文件级或目录级恢复，整体的映像级恢复就变得较为常见。映像级恢复是将整个映像从磁带复制到磁盘上，如果需要快速恢复系统中的某些少量文件，则整个操作将变得非常麻烦。此外，不同厂商实施的 LAN-Free 机制各不相同，这还会导致备份过程所需的系统之间出现兼容性问题。LAN-Free 的实施比较复杂，而且往往需要大笔软、硬件采购费。

综合来看，LAN-Free 的优点是数据备份统一管理、备份速度快、网络传输压力小、磁带库资源共享；缺点是少量文件恢复操作烦琐，并且技术实施复杂，投资较高。

9.4.4 Server-Free 备份方式

另外一种减少对系统资源消耗的办法是采用无服务器（Serverless）备份技术。它是 LAN-Free 的一种延伸，可使数据能够在 SAN 结构中的两个存储设备之间直接传输，通常是在磁盘阵列和磁带库之间。如图9.8所示,这种方案的主要优点之一是不需要在服务器中缓存数据,显著减少对主机 CPU 的占用,提高操作系统工作效率,帮助企业完成更多的工作。

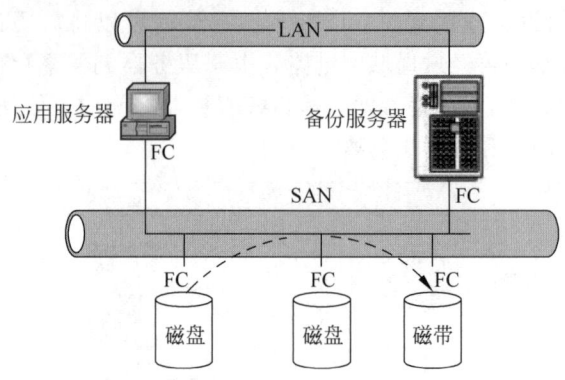

图 9.8　Server-Free 备份结构

与 LAN-Free 一样,无服务器备份也有几种实施方式。通常情况下,备份数据通过名称为数据移动器的设备从磁盘阵列传输到磁带库上。该设备可能是光纤通道交换机、存储路由器、智能磁带或磁盘设备,也可能是服务器。数据移动器执行的命令其实是将数据从一个存储设备传输到另一个设备。实施这个过程的一种方法是借助于 SCSI-3 的扩展复制命令,它使服务器能够发送命令给存储设备,指示后者将数据直接传输到另一个设备,不必通过服务器内存。数据移动器收到扩展复制命令后,执行相应功能。

另一种实施方法就是利用网络数据管理协议(Network Data Management Protocol,NDMP)。这种协议实际上为服务器、备份和恢复应用及备份设备等部件之间的通信充当一种接口。在实施过程中,NDMP 将命令从服务器传输到备份应用中,而与 NDMP 兼容的备份软件会开始实际的数据传输工作,且数据的传输并不通过服务器内存。NDMP 的目的在于方便异构环境下的备份和恢复过程,并增强不同厂商的备份和恢复管理软件及存储硬件之间的兼容性。

无服务器备份与 LAN-Free 备份有着诸多相似的优点。如果是无服务器备份,那么源设备、目的设备和 SAN 设备是数据通道的主要部件。虽然服务器仍然需要参与备份过程,但负担已大大减轻,因为它的作用基本上类似交通警察,只用于指挥,不用于装载和运输,不是主要的备份数据通道。

无服务器备份技术具有缩短备份及恢复所用时间的优点。因为备份过程在专用高速存储网络上进行,而且决定吞吐量的是存储设备的速度,而不是服务器的处理能力,所以系统性能将大为提升。此外,如果采用无服务器备份技术,那么数据可以数据流的形式传输给多个磁带库或磁盘阵列。

至于缺点,虽然服务器的负担大为减轻,但仍需要备份应用软件(及其主机服务器)来控制备份过程。元数据必须记录在备份软件的数据库上,这仍需要占用 CPU 资源。与 LAN-Free 备份一样,无服务器备份可能会导致上面提到的同样类型的兼容性问题。此外,无服务器备份可能难度大、成本高,恢复功能方面还有待更大的改进。

综合来看,Server-Free 备份的优点是数据备份和恢复时间短,网络传输压力小,便于统一管理和备份资源共享;其缺点是需要特定的备份应用软件进行管理,厂商的类型兼容性问题需要统一,并且实施起来与 LAN-Free 备份一样比较复杂,成本也较高。

前面提到的 4 种主流网络数据备份系统结构有各自的优点和缺点,用户需要根据自己的实际需求和投资预算仔细斟酌,选择适合自己的备份方案。

9.5 数据恢复

数据恢复是指将遭到破坏、删除和修改的数据还原为可使用数据的过程。对计算机应用系统来说,数据可以分为系统数据和用户数据两大类。对于系统数据,由于其变化很小,因此具有通用性,恢复起来相对比较容易,一般不会造成灾难性后果。而对于用户数据,有时是无法用金钱来衡量的,因此对用户数据恢复有着更重要的意义。

9.5.1 数据的恢复原理

软件恢复是指通过软件进行数据修复,整个过程并不涉及硬件维修。而导致数据丢失的原因往往是病毒感染、误格式化、误分区、误克隆、误删除、操作断电等。

软件类故障的特点为:无法进入操作系统、文件无法读取、文件无法被关联的应用程序打开、文件丢失、分区丢失、乱码显示等。

造成软件类数据丢失的原因十分复杂,每种情况都有特定的症状出现,或者多种症状同时出现。以最普通的删除操作为例,实际上此时保存在硬盘中的文件并没有被完全覆盖掉,通过一些特定的软件和方法,能够按照主引导区、分区、DBR、FAT、文件实体恢复的顺序来解决。

当然,也应客观地承认,尽管软件类数据恢复有很多细节性的技巧和难以简单表达的经验,但是也的确存在现有软件恢复技术无能为力的情况。如果硬盘中的数据被完全覆盖或多次被部分覆盖,很可能使用任何软件都无法修复。至于业内谣传的美国部分专业数据恢复服务商能够在数据 7 次被彻底覆盖的情况下顺利地恢复数据,这种说法也未经考证,而且从存储原理的角度来看,其可能性并不大,否则硬盘岂不是可以轻松扩容 7 倍?

要想恢复数据,就必须先了解硬盘的存储结构,以便在恢复数据时做到心中有数。

1. 硬盘分区

硬盘存放数据的基本单位为扇区,可以理解为一本书的一页。当装机或买来一个移动硬盘时,第一步便是为了方便管理而分区。无论用哪种分区工具,都会在硬盘的第一个扇区标注上硬盘的分区数量、每个分区的大小、起始位置等信息,术语称为主引导记录(Master Boot Record,MBR),也称为分区信息表。当主引导记录因为各种原因(如硬盘坏道、病毒、误操作等)被破坏后,一些或全部分区信息就会丢失,根据数据信息特征可以重新推导计算分区大小及位置,通过手工标注分区信息表可以找回"丢失"的分区。

使用硬盘前,需要将它分区、格式化,然后再安装上操作系统。在这一过程中,要将硬盘分成主引导区(MBR)、操作系统引导区(DBR)、FAT 表、DIR 目录区和 Data 数据区 5 部分,如图 9.9 所示。

DBR(Disk Boot Record,操作系统引导区)通常位于硬盘的 0 磁道 1 柱面 1 扇区,是操作系统可以直接访问的第一个扇区,它包括一个引导程序和一个被称为 BPB(Bios

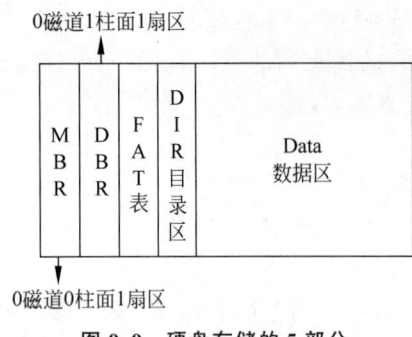

图 9.9 硬盘存储的 5 部分

Parameter Block)的分区参数记录表。引导程序的主要任务是当 MBR 将系统控制权交给它时,判断本分区根目录前两个文件是否为操作系统的引导文件。如果确定存在,则将它读入内存,并将控制权交给该文件。BPB 参数块记录着本分区的起始扇区、结束扇区、文件存储格式、硬盘介质描述符、根目录大小、FAT 个数,分配单元的大小等重要参数。DBR 是由高级格式化程序(如 Format.com 等程序)所产生的。

FAT(File Allocation Table,即文件分配表)是操作系统的文件寻址系统。为了防止意外损坏,FAT 一般设置为两个(也可以设置为一个),第二个 FAT 为第一个 FAT 的备份。同一个文件的数据并不一定完整地存放在磁盘的一个连续的区域内,而往往会分成若干段,像一条链子一样存放。由于硬盘上保存着段与段之间的连接信息,操作系统在读取文件时总是能够准确地找到各段的位置并正确读出。在 FAT 区之后便是目录区与数据区,其中目录区起到定位的作用,而数据区则是真正存储数据的地方。

MBR 位于整个硬盘的 0 磁道 0 柱面 1 扇区,如图 9.10 所示。不过,在总共 512 字节的主引导扇区中,MBR 只占用了其中的 446 字节,另外的 64 字节交给了 DPT(Disk Partition Table,硬盘分区表),最后 2 字节"55AA"是分区的结束标志,其整体构成了硬盘的主引导扇区。

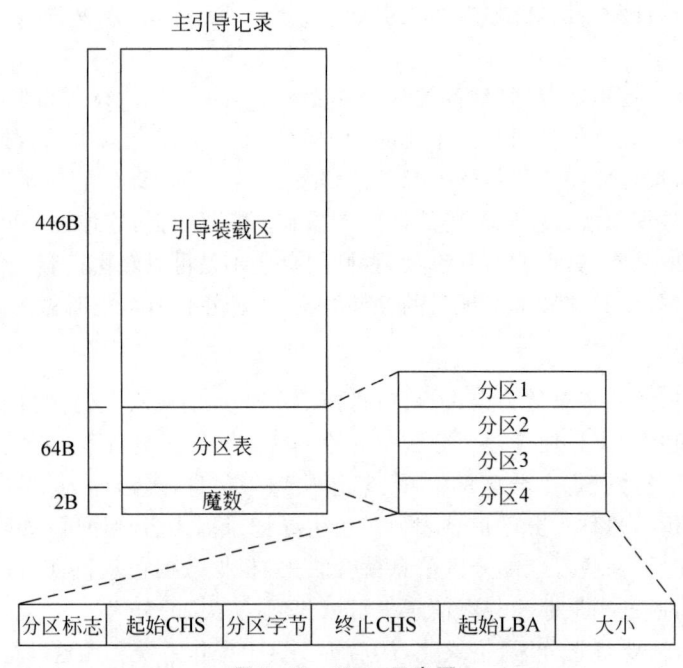

图 9.10 MBR 示意图

主引导记录中包含了硬盘的一系列参数和一段引导程序。硬盘引导程序的主要作用是检查分区表是否正确,在系统硬件完成自检以后引导具有激活标志的分区上的操作系统,并将控制权交给启动程序。MBR 是由分区程序(如 Fdisk.exe)产生的,它不依赖于任何操作系统,而且硬盘引导程序也是可以改变的,从而实现多系统共存。

注意:MBR 不属于任何一个操作系统,也不能用操作系统提供的磁盘操作命令来读取它,但可以通过命令来修改和重写,如在 minix3 里面,可以用命令 installboot -m /dev/c0d0/usr/mdec/masterboot 将 masterboot 这个小程序写到 mbr 里,masterboot 通常用汇编语言来编写。也可以用 ROM-BIOS 中提供的 INT13H 的 2 号功能来读出该扇区的内容,还可用软件工具 Norton8.0 中的 DISKEDIT.EXE 来读取。

一个扇区的硬盘主引导记录 MBR 由以下 4 部分组成。

(1) 主引导程序:偏移地址 0000H~0088H,负责从活动分区中装载,并运行系统引导程序。

(2) 出错信息数据区:偏移地址 0089H~00E1H 为出错信息,00E2H~01BDH 为 0 字节。

(3) 分区表:含 4 个分区项,偏移地址 01BEH~01FDH,每个分区表项为 16 字节,共 64 字节为分区项 1、分区项 2、分区项 3、分区项 4。

(4) 结束标志字:偏移地址 01FE~01FF 的 2 字节值为结束标志"55AA",如果该标志错误,则系统无法启动。

2. 文件分配表

为了管理文件存储,硬盘分区完成后的工作是格式化分区。格式化程序根据分区大小,合理地将分区划分为目录文件分配区和数据区,就像本书一样,前几页为章节目录,后面才是真正的内容。文件分配表记录着每个文件的属性、大小及所在数据区的位置。系统管理员对所有文件的操作都是根据文件分配表进行的。在文件分配表遭到破坏后,系统无法定位到文件,虽然每个文件的真实内容还存放在数据区,但系统仍然会认为文件已经不存在了。

3. 文件删除与格式化

当向硬盘里存放文件时,系统首先会在文件分配表内写上文件名称、大小,并根据数据区的空闲情况在文件分配表上写上文件内容在数据区的起始位置;然后开始向数据区写文件的实际数据,一个文件存放操作才算完毕。

删除操作却很简单,当删除一个文件时,系统只是在文件分配表内,在该文件前面设置一个删除标志,表示该文件已被删除。此时,它所占用的空间已被"释放",其他文件可以使用它原来所占用的空间。所以,当删除文件又想找回它(数据恢复)时,只需要用工具将删除标志去掉,数据便可恢复。当然,前提是没有新的数据写入,该文件所占用的空间没有被新内容覆盖。

格式化操作与删除相似,都是操作文件分配表,不过格式化是将所有文件都加上删除标志,或者干脆将文件分配表清空,系统将认为硬盘分区上不存在任何内容。格式化操作并没有对数据区做任何操作,目录空了而内容还在,借助数据恢复知识和相应工具,数据仍然能够被恢复。

注意:格式化并不是 100% 能恢复,有的情况磁盘打不开,需要格式化才能打开。如果数据重要,那么千万别尝试格式化后再恢复,因为格式化本身就是对磁盘写入的过程,所以只会破坏残留的信息。

4. 理解覆盖

数据恢复工程师常说:"只要数据没有被覆盖,数据就有可能恢复回来。"

因为磁盘的存储特性,当不需要硬盘上的数据时,数据并没有被扔掉。在删除数据时,系统只是在文件上写一个删除标志,格式化和低级格式化也是在磁盘上重新覆盖写一遍以数字 0 为内容的数据,这就是覆盖。

一个文件被标记上删除标志后,它所占用的空间在有新文件写入时,将有可能被新文件占用覆盖写上新内容。这时删除的文件名虽然还在,但它指向数据区的空间内容已经被覆盖,恢复出来的将是错误异常内容。同样,文件分配表内有删除标记的文件信息所占用的空间也有可能被新文件名的文件信息所占用,文件名也将不存在了。

当一个分区被格式化后,如果又复制上新内容,新数据只是覆盖掉分区前部分空间,去掉新内容占用的空间,该分区剩余空间数据区上无序内容仍然有可能被重新组织,将数据恢复出来。

同理,一键恢复、系统还原等造成的数据丢失,只要新数据占用空间小于破坏前空间容量,数据恢复工程师就有可能恢复需要的分区和数据。

5. 硬件故障数据恢复

硬件故障占所有数据意外故障的 50% 以上,常见的有雷击、高压、高温等造成的电路故障,高温、振动碰撞等造成的机械故障,高温、振动碰撞、存储介质老化造成的物理坏磁道扇区故障,当然还有意外丢失损坏的固件 BIOS 信息等。

硬件故障的数据恢复当然是先诊断,对症下药,先修复相应的硬件故障,然后修复其他软件故障,最终将数据成功恢复。

电路故障需要有电路基础,需要更加深入了解硬盘的详细工作原理流程。机械磁头故障需要 100 级以上的工作台或工作间来进行诊断修复工作。另外还需要一些软硬件维修工具配合来修复固件区等故障。

9.5.2 硬盘数据恢复

数据出现问题主要包括两大类:逻辑问题和硬件问题,相对应的恢复也分别称为软件恢复和硬件恢复。软件恢复是指通过软件的方式进行数据修复,整个过程并不涉及硬件维修。而导致数据丢失的原因往往是病毒感染、误格式化、误分区、误克隆、误删除、操作断电等。

1. 常用数据恢复技术

数据恢复是一个技术含量比较高的行业,数据恢复技术人员需要具备汇编语言和软件应用的技能,还需要电子维修和机械维修及硬盘技术。

(1) 软件应用和汇编语言基础。在数据恢复的案例中,软件的问题占了 2/3 以上,如文件丢失、分区表丢失或被破坏、数据库被破坏等,这些就需要具备对 DOS、Windows、Linux 操作系统及数据结构的熟练掌握,需要对一些数据恢复工具和反汇编工具的熟练应用。

(2) 电子电路维修技能。在硬盘的故障中,电路的故障占据了大约一成的比例,最多的就是电阻烧毁和芯片烧毁,作为一个技术人员,必须具备电子电路知识及熟练的焊接技术。

(3) 机械维修技能。随着硬盘容量的增加,硬盘的结构也越来越复杂,磁头故障和电机故障也变得比较常见,开盘技术已经成为一个数据恢复工程师必须具备的技能。

（4）硬盘固件维修技术。硬盘固件损坏也是造成数据丢失的一个重要原因，固件维修不当造成数据破坏的风险相对比较高。

2. 常用数据恢复工具

数据恢复借助有效的工具能够起到事半功倍的作用，常用的数据恢复工具主要有DATACOMPASS、SalvtionDATA、PC3000、FinalData、EasyRecovery、EasyUndelete、PTDD、WinHex、R-Studio、DiskGenius、RAID Reconstructor 等。下面简单介绍一下EasyRecovery 和 R-Studio，其他的工具软件请感兴趣的读者参阅具体软件说明。

EasyRecovery 是一个非常著名的数据恢复软件，软件界面如图 9.11 所示。该软件功能非常强大，无论是误删除、格式化还是重新分区后的数据丢失，它都可以轻松解决，甚至可以不依靠分区表来按照簇进行硬盘扫描。但要注意，不通过分区表进行数据扫描，很可能不能完全恢复数据，原因是通常一个大文件被存储在很多不同区域的簇内，即使找到了这个文件的一些簇上的数据，很可能恢复之后的文件是损坏的。所以这种方法并不是万能的，但它为用户提供了一个新的数据恢复方法，适合分区表严重损坏、使用其他恢复软件不能恢复的情况下使用。EasyRecovery 最新版本加入了一整套检测功能，包括驱动器测试、分区测试、磁盘空间管理和制作安全启动盘等。这些功能对于日常硬盘数据维护来说非常实用，可以通过驱动器和分区检测来发现文件关联错误及硬盘上的坏道。

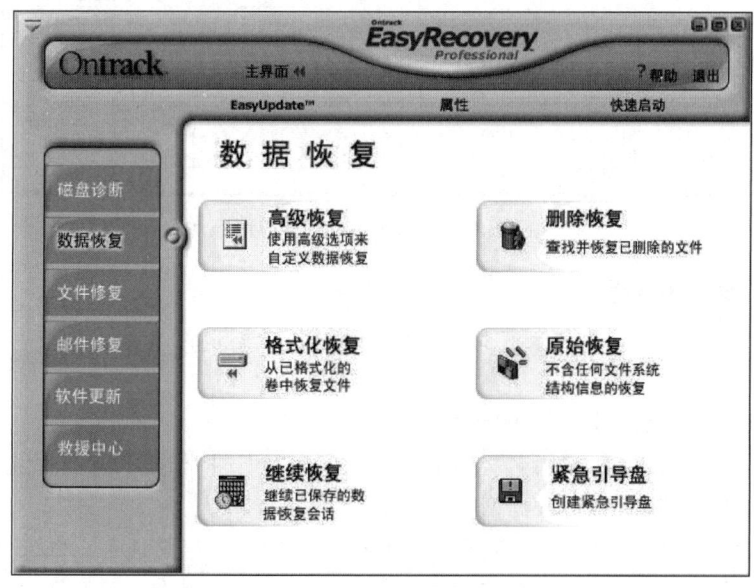

图 9.11 EasyRecovery 软件界面

R-STUDIO 是另一个功能强大的数据恢复、反删除工具，该软件界面如图 9.12 所示。该工具采用全新恢复技术，为使用 FAT12/16/32、NTFS、NTFS 5 和 Ext2FS 分区的磁盘提供完整数据维护解决方案。同时该工具还提供对本地和网络磁盘的支持，提供大量参数设置，可以让高级用户获得最佳恢复效果。该工具的具体功能：采用 Windows 资源管理器操作界面；通过网络恢复远程数据（远程计算机可运行 Windows 95/98/Me/NT/2000/XP、Linux、UNIX 系统）；支持 FAT12/16/32、NTFS、NTFS5 和 Ext2FS 文件系统；能够重建损毁的 RAID 阵列；为磁盘、分区、目录生成镜像文件；恢复删除分区上的文件、加密文件(NTFS 5)、数据流(NTFS、NTFS 5);恢复 FDISK 或其他磁盘工具删除过的数据、病毒破坏的数据、MBR 破坏后的数据;识别特定文件名;将数据保存到任何磁盘;浏览、编辑文件或磁盘内容等。

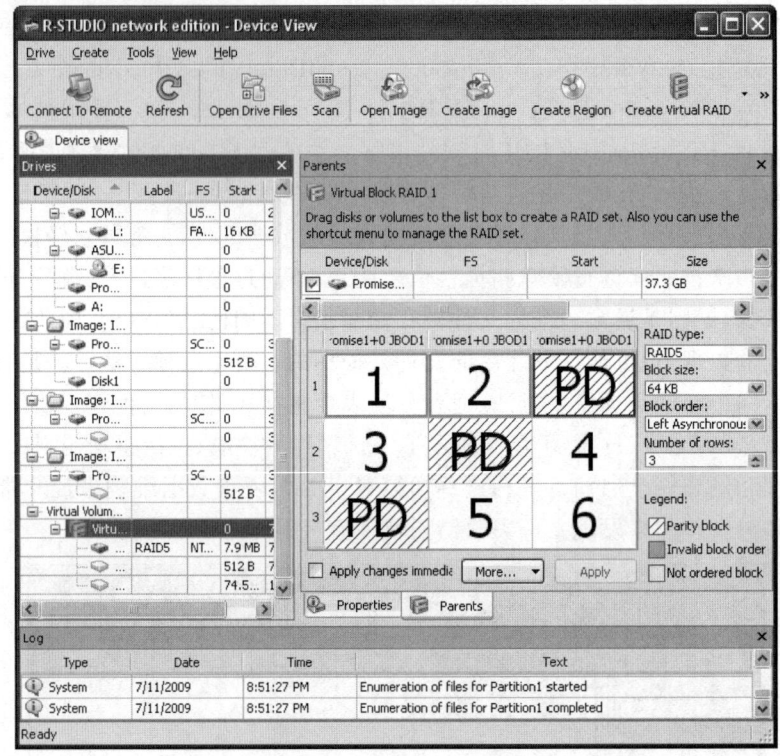

图 9.12　R-STUDIO 软件界面

3. 数据恢复案例分析

数据恢复对每个用户都十分重要,在这里通过几个案例来介绍几种常用的数据恢复技术。

1) 简单却收费昂贵:文件误删拯救技术

当发现文件丢失或文件被同名文件覆盖,甚至分区被误操作格式化及误克隆之后,就需要采用磁盘扫描的方法来进行数据恢复。

案例:华南某设计院的一台服务器承担着整个设计院的存储任务。2005 年 8 月 2 日,由于管理员的误操作,将 2004 年全年的数据全部删除。由于删除时并不是放入"回收站"而是直接删除,因此采用普通方法根本无法恢复。为了找回这些数据,慌乱之中管理员使用了当时的 Ghost 备份文件来恢复,但是恢复后发现还是没有需要的文件,并且将整个文件系统都弄得非常混乱。最终在数据恢复公司的帮助下,该设计院才成功找回 90% 左右的数据。

故障分析:事实上,由于误操作而导致的文件丢失在软件类数据恢复中很常见,大约占 25%。当在磁盘上删除一些数据后,被删除的地方只不过做了一个可覆盖标记,数据并没有真正被删除。此时再次写入数据,不一定立即覆盖刚刚删除的内容,因此可以使用磁盘扫描的方法来恢复数据,但数据一旦被其他数据所覆盖,就很难做到将被删除数据完全恢复。

这里推荐使用 EasyRecovery 和 FinalData。由于 EasyRecovery 和 FinalData 在针对分区表等故障时有着一套独特的处理方法,可以自动使用内定的方式来扫描文件,因此结合起来使用往往可以带来惊喜。

EasyRecovery 使用 Ontrack 公司复杂的模式识别技术找回分布在硬盘上不同地方的文件碎块,并根据统计信息对这些文件碎块进行重整。EasyRecovery 会在内存中建立一个虚拟的文件系统,并列出所有的文件和目录。哪怕整个分区都不可见或硬盘上只有非常少的分区维护信息,EasyRecovery 仍然可以高质量地找回文件。

能用 EasyRecovery 找回数据、文件的前提就是硬盘中还保留有文件的信息和数据块。但在进行删除文件、格式化硬盘等操作后,再对该分区内写入大量新信息时,这些需要恢复的数据就很有可能被覆盖了。这时,无论如何都无法找回想要的数据了。所以,为了提高数据的修复率,发现文件被误删以后,要尽量避免再对要修复的分区或硬盘进行新的读/写操作。如果要修复的分区恰恰是系统启动分区,则要马上退出系统,用另外一个硬盘来启动系统(即采用主/从硬盘结构)。

无论是 EasyRecovery 还是 FinalData,其基本使用方法都非常简单,大致可以分为 3 个步骤:选择扫描范围、指定扫描类型和筛选数据。以 EasyRecovery 为例,进入界面后在左边的列表中选择"数据恢复"工作模式,此时软件会提供更多的选项供大家选择。其实这里一般选择"高级选项自定义数据恢复功能"选项,因为它的功能是最强的,已经包括了"查找并恢复已删除的文件""从一个已格式化的卷中恢复文件""不依赖任何文件系统结构信息进行恢复"3 个功能选项。

选择"高级选项自定义数据恢复功能"选项,随后系统要求输入扫描所针对的分区,如图 9.13 所示。

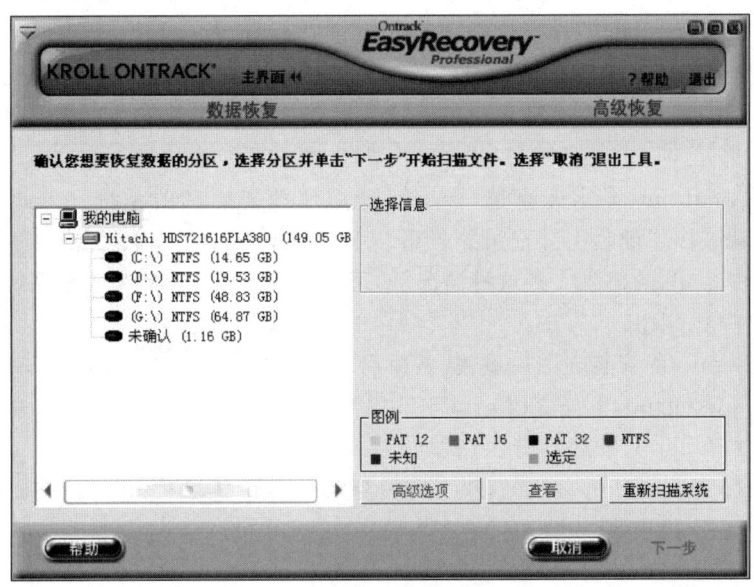

图 9.13　EasyRecovery 扫描指定的分区

EasyRecovery 会让用户自己选定文件系统类型。如果无法确定是 FAT 32 还是 NTFS,那么可以直接选择为 RAW 模式,只不过此时将对整个分区的扇区一个个地进行扫描,速度会比较慢。扫描会占用比较长的一段时间,扫描结束后,EasyRecovery 将列出丢失文件的列表,并且都放在 LOSTFILE 目录下,在前面的小方框内打上钩,恢复所有找到的文件。也可以单击 LOSTFILE 前面的"+"号显示列表,然后从中选取要恢复的文件。选择完成后,单击"下一步"按钮,并按照提示选择文件的存放路径即可,如图 9.14 所示。

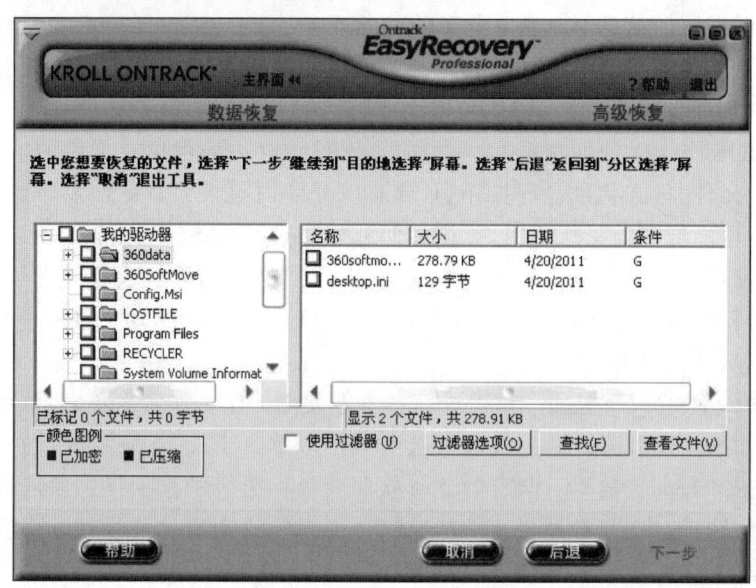

图 9.14　EasyRecovery 找回丢失的文件

2) 修复重装 Windows XP 后的 Ubuntu 引导分区

重装 Windows 会将原来的 Ubuntu 引导分区表 MBR 中 grub 的信息清除,不过没关系,修复一下 MBR 就可以了。当计算机启动时,首先运行 Power On Self Test(POST),即加电自检,检测系统内存及其他硬件设备的现状。然后通过 BIOS 定位计算机的引导设备,如果 BIOS 是即插即用的,那么计算机将对硬件设备进行检查及完成配置,然后 MBR 被加载并运行。如果是 Windows XP/2000/2003 系统,那么系统会将控制权交给 NTLDR(系统加载器),调用 Boot.ini,显示多重选项菜单,最后加载要启动的系统。因此,如果破坏了MBR,那么也就破坏了硬盘引导记录。当重装 Windows 后,会清除掉原来的 Ubuntu 引导分区表 MBR 中 grub 的信息。在这种情况下,可以通过修复 MBR 来修复系统。

下面介绍修复 MBR 的方法。

首先将 Ubuntu 的安装光盘放进去,然后启动。正常进入安装界面,打开终端。

(1) 输入 sudo grub,于是变成 grub>。

(2) 先找到 Ubuntu 的启动分区(就是/boot 目录所在的分区),输入 find /boot/grub/stage1,按 Enter 键显示(hd0,2)。这里 hd0 是指第一个硬盘,2 代表第 3 个分区,即 Ubuntu 根目录所在分区(0 代表第一个分区)。

(3) 输入 grub > root (hd0,2)。

(4) 输入 grub > setup (hd0),如果出现 success,则表示成功了。

(5) 输入 grub > quit,然后重启。

如果有多个硬盘,将 Windows 装在第一块磁盘上,而 Linux 装在第二块磁盘上,BIOS

设置为从第一块磁盘启动,那么在进行第(3)步时,一定要将参数设为第一块磁盘,即将 grub 装入引导硬盘的 MBR。当然,可以将 grub 装入每块硬盘的 MBR,也可以启动,这只是一个先后次序问题。

3) NTFS 格式大硬盘数据恢复

案例:某公司一块 80GB 迈拓硬盘某天突然进不了分区,提示为"无法访问 X:参数错误"。硬盘上为该公司为本市摄制和编辑的运动会视频和音频文件,摄录磁带中已清除,运动会也不可能再开一次。

修复过程:该硬盘为只有一个 NTFS 分区的数据盘,先在 DOS 下用扇区编辑软件查看,结果发现分区表和 63 扇区都有错误,1~62 扇区间有大量扇区被写上不明代码,87~102 扇区不正常。先手工修复分区表,恢复 63 引导扇区,删除 1~62 扇区间的代码。87~102 扇区之间暂不处理,到 Windows 下检查,结果还是出现同样的提示,试用恢复软件 EasyRecovery,可以看到目录结构,再试 FinalData,这个软件此时不尽如人意;用恢复软件 EasyRecovery 选择某目录进行试恢复,结果 28 个试恢复文件只恢复 2 个,其余的全部为 0 字节,恢复工作陷入困境。再次对 79~102 扇区进行分析,79 扇区面目全非,被严重篡改破坏,80~86 扇区被清空,87~102 扇区的内容也不正常。经过一番苦思冥想,对某些扇区进行备份后做清除,备份被放到 1~62 扇区之间,以备不测时改回原样。

再次在 Windows 下用恢复软件 EasyRecovery 进行恢复,让其读该盘约 10 秒钟,停止扫描,看到的内容与前面提到的相同,试恢复一个文件夹,从恢复过程能看到这时恢复动作正常了,随后对其余的文件和文件夹进行恢复。近 3 个多小时后,63.9GB 资料全部恢复,文件中 AVI、WAV、PSD 和其他格式的图形文件逐个打开完全正常。恢复工作顺利结束。

4) 零磁道损坏数据恢复

对于磁盘而言,零磁道是最为关键的地方,因为硬盘的分区表信息就在其中。一旦零磁道损坏,那么硬盘将无法启动。其实零磁道损坏只是物理坏道的特殊情况,所不同的只是损坏之处十分敏感。

案例:东北地区某服装设计公司的 SCSI 单盘服务器存储着整个公司的设计资料,原本就发现该硬盘有轻微的坏道,但是并未引起管理员重视,也没有做好备份工作。终于在 2005 年 7 月 13 日,硬盘无法启动了,管理员尝试格式化系统分区也宣告失败。

故障分析:通过 Scandisk 扫描,发现坏道其实并不多,甚至将它作为从盘挂在别的操作系统下也能看到部分分区内容。但是由于坏道所处的位置非常特殊,因此造成硬盘无法启动。经检测后发现,零磁道部分出现了坏道,这类故障必须使用有别于普通坏道的处理方法。

对于带有物理坏道的硬盘,最简单的数据恢复方法便是将它设置为从盘,然后使用另一块硬盘引导进入操作系统。在磁盘管理器中,大家可以对它进行盘符分配。如果分配成功,则通过直接复制就能成功恢复数据。如果因为坏道数量过多而无法分配盘符,或者在复制时总是提示错误,那么就必须采用其他方法了。

这里推荐给大家的是一款名为效率源的磁盘访问工具,它是目前对付坏道比较常用的软件,该软件暂时还只能在软盘上生成工具盘,因此使用前提是必须有软驱,另外在 Windows 9x/Me/2000/XP 等系统平台下都无法查看工具盘中的内容,其特点在于能够针对扇区进行复制。以一块 80GB 硬盘为例,如果已经知道所需要的重要数据在最后一个分区,且最后一个分区的容量为20GB,那么在效率源软件中可以直接让起始复制扇区定位在大约70%的位置且终止位置为最后,这样在复制过程中将会避开前面的部分。很多时候,物理坏道都是连续出现的,而所需要的数据可能并没有存储在危险的坏道上。然而操作系统对于硬盘的读取过程比较特殊,一旦存在大量坏道就有可能无法识别硬盘分区。通过效率源软件,可以轻而易举地突破这些限制,而且该软件本身就带有强力复制功能和相应的校验算法。

使用方法:首先连上需要数据恢复的硬盘和一块完好的硬盘,然后使用含有效率源软件的启动盘引导系统,此时会直接进入效率源软件的主界面。选择 Sector Copy 命令之后,效率源软件会要求输入源盘和目标盘,此时千万不要选错。需要数据恢复的硬盘作为源盘,完好的硬盘作为目标盘。随后,输入 Start 和 End 数字以确认复制扇区的起始位置,最后单击"确认"按钮后就可以开始扇区复制来恢复数据,具体的强力复制和纠错功能都会自动打开,无须个人用户设置。

小知识:专业的数据恢复公司一般使用 PC3000 和 HIE(Hardware Info Extractor)等工具进行扇区复制,并且使用风扇对硬盘降温(这种方法对于 IBM 硬盘特别有效),一般都能成功导出数据。由于一套 PC3000 工作卡价格不菲,因此个人用户很难实现,此时可以考虑寻求专业数据恢复服务商的帮助。相对而言,HIE 是专用的硬盘复制工具,它能从底层实现硬盘数据的真正复制。HIE 只需要一个 5V 和 12V 的电源接口就可以工作了,免去了很多软件操作的麻烦。对于有坏道、扇区标记错误,甚至是部分很难读写的硬盘,HIE 都会根据自身存储的硬盘修复程序对扇区进行处理,然后按照物理方式把数据从硬盘中复制出来,只不过其处理速度非常慢。

5) RAID 数据恢复

很多接触过 RAID 数据恢复的读者都知道,RAID 恢复服务收费很高,如果仅仅是一些简单的小故障,完全可以自己先动手尝试一下。不少人都为 RAID 出现问题而感到奇怪,以 RAID5 为例,其安全性应当是很高的。但是除了 RAID 控制器本身可能损坏外,硬盘在使用过程中掉线而没有被及时处理也是一个关键因素。此外,部分所谓的 RAID5(如 RAID5 ADG、RAID5EE 等)其实并不能像理论上那样支持两块硬盘掉线。

案例:2005 年 9 月 4 日,某上市公司物流部门的 RAID 磁盘阵列突然崩溃,此时阵列柜指示灯显示硬盘掉线。由于整个 RAID 已经崩溃,因此管理员无法进入系统,也就感到无从下手。主管请来了专业的数据恢复公司,最后以单盘 3000 元的价格(总计 8 块硬盘,2.4 万元)进行数据恢复操作。RAID 崩溃而导致的数据灾难在整体数据恢复案例中大约占据 11%,尽管比例不是很高,但是收费却相当惊人。RAID 数据灾难的症状包括亮指示灯、RAID 信息丢失、分区丢失、所有硬盘变成单独硬盘(软 RAID)等,这类故障的处理方法比较复杂。

故障分析:由于 RAID 的特殊性,其分区表并非独立保存在某一个硬盘上,因此需要使用专门的软件独立处理。不过鉴于服务器数据一般都意义重大,建议大家先使用 Runtime DiskExplorer 制作镜像盘,该软件分为 NTFS 版本和 FAT 版本。制作镜像的过程非常简单,甚至比使用 Ghost 软件还要简单,只要直接选择要操作的磁盘并指定镜像文件的保存路径即可,操作步骤可以在一个图形界面中完成。

得到磁盘镜像之后,源盘就可以保存在安全的地方,所有的数据恢复操作直接在镜像盘中处理。恢复 RAID 数据的软件也有不少,这里推荐同样由 Runtime 开发的 RAID

Reconstructor,该软件的界面如图 9.15 所示。该软件在进入主界面时需要设定 RAID 类型和磁盘数量,然后 RAID Reconstructor 会分析参数并将分散的数据复制出来。

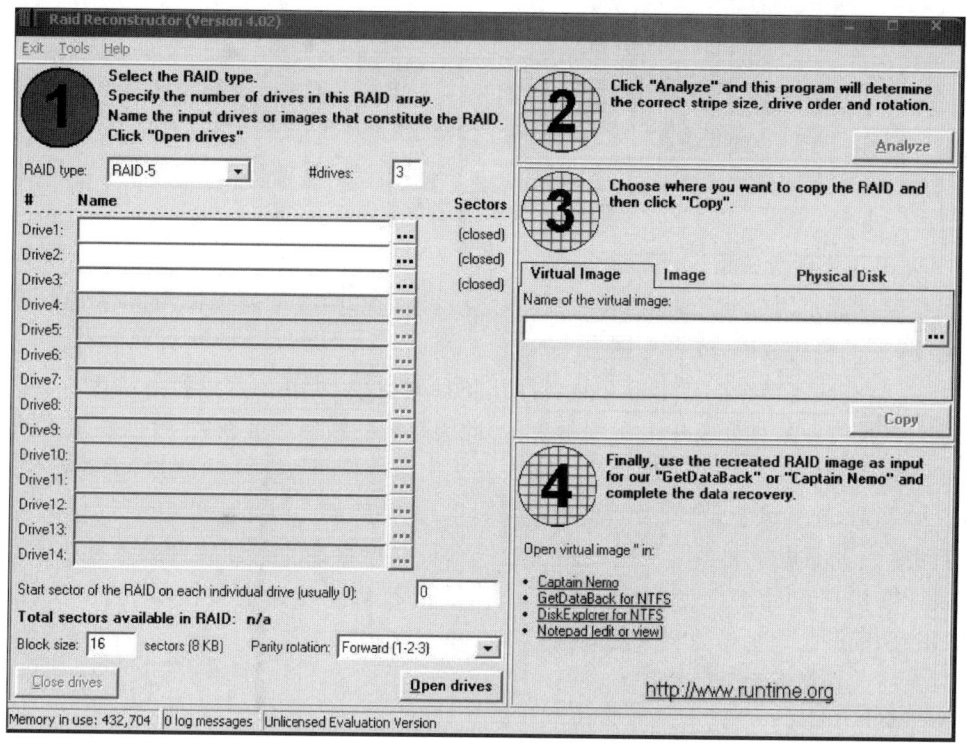

图 9.15 RAID Reconstructor 的主界面

一般而言,RAID Reconstructor 只能应对简单故障的中小型 RAID,但是作为送到数据恢复中心之前的一种尝试还是值得推荐的,只是用户一定要针对镜像文件操作,否则很可能破坏数据。至于专业的数据恢复公司,一般都有自己研发的软件及相应分析算法和重组工具,以确保较高的成功率和安全性。

需要注意的是,出现 RAID 故障时不要轻易让服务器售后服务工程师操作,因为服务器厂商只负责硬件设备的完好性,而且多数培训并不涉及数据恢复。不少服务器售后服务工程师在面对 RAID 故障时简单地使用强行加载及初始化操作,这很容易造成无法挽救的二次破坏。

小知识:何为 RAID5

RAID5 实际是由 RAID3 所衍生而来的技术,而 RAID3 可以看作是 RAID0 的一种扩展。RAID3 也是将数据分块存放在各个硬盘中,不过为了增加数据的安全性,通常会另外接一块硬盘存放数据奇偶校验信息。由于在存取时要进行数据的奇偶校验,因此 RAID3 的工作速度比 RAID0 要慢一些。如果存储数据的硬盘发生损坏,那么只需要更换它就可以利用校验盘上的校验信息恢复数据,不过如果校验盘也损坏了,那就无计可施了。要实现 RAID3,至少需要 3 块硬盘。在速度和安全性上,RAID3 介于 RAID0 和 RAID1 之间。而 RAID5 则针对 RAID 所存在的安全隐患,将数据奇偶校验信息交叉存储在每个硬盘中,这样搭建的成本就低了许多(最少只需两块硬盘),而且不用担心校验盘损坏所带来的数据安全问题。图 9.16 所示为 RAID5 校验原理。

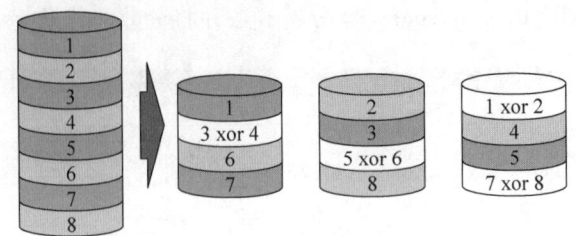

图 9.16　RAID5 校验原理

6）开盘更换硬盘磁头

当排除硬盘是因为分区表或固件的故障之后，其内部的故障就很让人担心了。无论是磁头缺损，还是电机故障，或者是更为严重的盘片划伤，这些都需要进行开盘操作。所谓开盘操作，是指在一定洁净度要求的空间内打开硬盘的盘腔，对其内部进行各种操作，以便找回数据。根据专业数据恢复中心工程师表示，此类故障的维修难度极大，数据恢复服务费一般在 2500 元左右，而且也是占据整体数据恢复案例中比例最大的一项故障，大约有 46% 的份额。如果是 SCSI 硬盘，则收费将更为昂贵，可以高达 5000 元以上。

案例：杭州某电机公司刚从国外购买的技术资料保存在总经理的台式计算机中，不料该台式计算机硬盘最终成为"数据杀手"。该硬盘起初工作速度缓慢，此后突然无法被 BIOS 识别，而且加电后带有异常的"咔哒"声。由于这些技术资料都是一次性授权，因此价值百万元的数据可谓命悬一线。

故障分析：一般而言，这类故障情况几乎都是磁头老化，必须进行开盘处理。

小知识：开盘的前提条件是有一间洁净度非常高的房间，通常需要百级超净的房间。尽管千级甚至万级或最普通的操作台也有可能开盘成功，但是此时的失误率太高，很容易造成不可挽救的二次破坏。

硬盘的密封都十分结实，但是只要使用六角螺丝刀也很好处理。分别拧下各个六角螺丝之后，就可以打开硬盘的上盖，此时能清晰地看到其内部结构。在打开硬盘之前，工程师一般都会凭借经验判断故障部位。如果在加电时没有听到硬盘转动声音且更换电路板后也没有效果，那么很可能是电机故障。而如果转动声音很正常且伴随着"咔哒"声，则多半是磁头偏移造成的划痕（此时应尽可能减少加电次数），需要更换磁头后才能恢复数据。然而需要指出的是，硬盘加电出现"咔哒"的敲盘声并非完全是磁头偏移，很多迈拓硬盘在固件信息损坏之后也会有这样的现象，少数西数硬盘也是同样的情况，而 IBM/日立和希捷的硬盘则很少会出现固件损坏，因此具体问题还是需要分门别类地判断。

开盘操作并不像装配一台计算机那样简单，毕竟硬盘内部的这些配件并非完全通用，因此进行开盘操作时需要找到合适的备件，此时所要求的应该不仅仅是型号一样，甚至是 Model 号也应完全一致。在更换磁头时，工程师首先将内部磁铁盖片掀开，此时需要用力得当，否则很容易弄伤盘片，从而导致数据彻底报废，如图 9.17 所示。

真正困难的还在于磁头的安放步骤。如果硬盘内部由多个盘片和磁头组成，那么留给工程师的操作空间就很小，此时稍不注意就可能触及盘片或弄坏磁头。此外，不同型号的硬盘在磁头特性方面也不尽相同，这需要工程师凭借经验来调整距离。在开盘操作中，最简单的莫过于磁头卡住，此时只要轻轻地拨动一下让其归位即可解决问题。如果开盘洁净度足够高,甚至该硬盘还能继续使用,导出数据也将是轻而易举的。而如果确认磁头已经损坏(主要依靠加电后的异常声音进行判断),则必须更换磁头。这一步操作要求工程师掌握精确的定位,并且丝毫不能触及盘片,否则就会前功尽弃。

4. 数据恢复的技巧

数据恢复的技巧有以下几类。

1) 不必完全扫描

如果仅想找到不小心误删除的文件,无论使用哪种数据恢复软件,也不管它是否具有类似

图 9.17 调整硬盘的磁头部分

EasyRecovery 快速扫描的方式,其实都没必要对删除文件的硬盘分区进行完全的簇扫描。因为文件被删除时,操作系统仅在目录结构中给该文件标上删除标识,任何数据恢复软件都会在扫描前先读取目录结构信息,并根据其中的删除标志顺利找到刚才被删除的文件。所以,完全可在数据恢复软件读完分区的目录结构信息后就手动中断簇扫描的过程,软件一样会将被删除文件的信息正确列出,如此可节省大量的扫描时间,快速找到被误删除的文件数据。

2) 尽可能采取 NTFS 格式分区

NTFS 分区的 MFT 以文件形式存储在硬盘上,这也是 EasyRecovery 和 Recover4all 即使使用完全扫描方式对 NTFS 分区扫描也那么快速的原因——实际上它们在读取 NTFS 的 MFT 后并没有真正进行簇扫描,只是根据 MFT 信息列出了分区上的文件信息,非常取巧,从而在 NTFS 分区的扫描速度上压倒了老老实实逐个簇扫描的其他软件。不过对于 NTFS 分区的文件恢复成功率,各款软件几乎是一样的。事实证明这种取巧的办法确实有效,也证明了 NTFS 分区系统的文件安全性确实比 FAT 分区要高得多,这也就是 NTFS 分区数据恢复在各项测试成绩中最好的原因,只要能读取到 MFT 信息,就几乎能 100% 恢复文件数据。

3) 巧妙设置扫描的簇范围

设置扫描簇的范围是一个有效加快扫描速度的方法。像 EasyRecovery 的高级自定义扫描方式、FinalData 和 FileRecovery 的默认扫描方式都可以让用户设置扫描的簇范围以缩短扫描时间。当然,判断目的文件在硬盘上的位置需要一些技巧,这里提供一个简单的方法,使用操作系统自带的磁盘碎片整理程序中的碎片分析(千万小心,不要碎片整理,只是用它的碎片分析功能)。在分区分析完后,程序会将硬盘的未使用空间用图形方式清楚地表示出来,根据图形的比例可以估计这些未使用空间的大致簇范围。因此,在搜索时设置只搜索这些空白的簇范围就好了,对于大的分区,这确实能节省不少扫描时间。

4) 使用文件格式过滤器

如果以前没用过数据恢复软件,那么在第一次使用时可能会被软件的能力吓一跳,起初可能只是要找几个误删的文件,但软件却列出了成百上千个以前删除了的文件,要找到自己真正需要的文件确实十分麻烦。这里就要使用 EasyRecovery 独有的文件格式过滤器功能了,在扫描时在过滤器上填好要找文件的扩展名,如 *.doc,那么软件就只会显示找到的 DOC 文件了。如果只是要找一个文件,那么甚至只需要在过滤器上填好文件名和扩展名(如 important.doc)即可,软件自然会找到需要的这个文件。

在线测试

习 题 9

一、选择题

1. 常用的数据备份方式包括完全备份、增量备份、差分备份。这 3 种方式在数据恢复速度方面由快到慢的顺序是(　　)
   A. 完全备份、增量备份、差分备份　　　B. 完全备份、差分备份、增量备份
   C. 增量备份、差分备份、完全备份　　　D. 差分备份、增量备份、完全备份

2. (　　)使用多台服务器组成服务器集合,可以提供相当高性能的不停机服务。在这个结构中,每台服务器都分担着一部分计算任务,由于集合了多台服务器的性能,因此整体的计算实力被增加了。
   A. 双机容错　　　B. 系统备份　　　C. 集群技术　　　D. 克隆技术

3. 磁带备份是一种常用的备份介质,其中(　　)不是常用的磁带轮换策略。
   A. 三带轮换策略　　　　　　　B. 六带轮换策略
   C. 九带轮换策略　　　　　　　D. 祖-父-子轮换策略

4. (　　)不是数据备份与恢复软件。
   A. EasyRecovery　　　　　　　B. File Genie
   C. OfficePasswordRemover　　　D. Second Copy

5. 以下关于数据库备份的说法,错误的是(　　)。
   A. 数据库备份介质一定要具有统一通用性
   B. 制定完整的备份和恢复计划
   C. 用人工操作进行简单的数据备份来代替专业备份工具的完整解决方案
   D. 平时备份时一定要做好异地备份。

二、填空题

1. 热备份是计算机容错技术的一个概念,是实现计算机系统高可用性的主要方式,避免因单点故障(如磁盘损伤)导致整个计算机系统无法运行,从而实现计算机系统的高可用性。最典型的实现方式是_____。

2. 目前最常见的网络数据备份系统按其架构不同可以分为 4 种:基于网络附加存储结构、_____、_____和 Server-Free 结构。

3. _____是数据备份的逆过程,就是利用保存的备份数据还原出原始数据的过程。

4. 第一次对数据库进行的备份一定是_____。

5. 硬盘的分区类型有_____、扩展分区,在扩展分区基础上,可以建立_____分区。

三、简答题

1. 什么是数据备份?数据备份的主要目的是什么?
2. 什么是系统数据备份?
3. 系统还原卡的基本原理是什么?请仔细观察一下你周围的环境,还有哪里用到了还原卡?

4. 什么是用户数据备份？Second Copy 软件主要有哪些功能？

5. 网络数据备份主要有哪些方法？

6. 解释 DAS-Based、LAN-Based、LAN-Free 和 Server-Free 这 4 种网络数据备份方法的异同点。

7. 硬盘数据恢复的基本原理是什么？

8. EasyRecovery 有哪些功能？

第 10 章 软件保护技术

本章主要介绍软件保护常用的静态和动态分析技术,对当前用于软件保护的常用技术进行综合分析和介绍,分别对其优缺点进行分析,并给出软件保护的一般性建议。

10.1 软件保护技术概述

软件保护技术是软件开发者为了维护软件的知识产权和经济利益,不断寻找各种有效方法和技术来维护软件版权,增加其盗版的难度,或者延长软件破解的时间,尽可能防止软件被非法使用所采用的保护方法。软件保护方式的设计应该作为软件开发的一部分来考虑,列入开发计划和开发成本中。如果一种软件保护技术的强度足以让破解者在软件的生存周期内无法将其完全破解,那么这种保护技术就可以说是非常成功的。

软件破解者是在盗版所带来的高额利润驱动下,或者出于个人爱好,而不顾及知识产权的约束,对软件保护方式进行跟踪分析,以找到相应破解方法的人。从理论上来说,没有破解不了的软件。对软件知识产权的保护只通过技术是远远不够的,最终还是要依赖于国家法制的完善,以及人们对知识产权保护意识的提高。

10.2 静态分析技术

对于破解者来说,通过对程序的静态分析,了解软件保护的方法是软件破解的一个必要手段。对软件的保护者来说,了解静态分析技术有助于提高软件保护的技术和方法。静态分析是指从反汇编出来的程序清单上分析程序流程,从提示信息入手,了解软件中各模块的功能、各模块之间的关系及编程思路,从而根据自己的需要完善、修改程序的功能。静态分析可以为以后的动态调试打下基础,进而更快、更好地破解软件的保护技术。

10.2.1 静态分析技术的一般流程

对软件采用静态分析的一般流程可以分为以下几步。

(1) 先运行程序,查看该软件有哪些运行时的限制或出错信息,如试用时间的限制、试用次数的限制等。

(2) 查看软件是否加壳。如果该程序使用加壳保护,则在进行静态分析前必须进行脱壳处理;否则,无法对该软件静态反汇编操作或反汇编得到的结果不正确。

(3) 进行静态分析。利用静态反汇编工具(如 W32Dasm、IDA Pro 等)进行反汇编,然后根据软件的限制或出错信息找到对应的代码处。同时,还要找到该软件的 Call 和跳转等关键代码,这些对能否成功破解与保护软件起到关键作用。

(4)修改程序。根据找到的关键代码,使用十六进制编辑器或汇编编辑功能来修改这些关键机器码或汇编代码。

(5)制作补丁程序。在找到软件的相关使用漏洞后,就可以根据这些漏洞信息来制作保护软件的补丁程序。

静态分析工具主要有文件类型分析工具、资源编辑工具和反汇编工具3类,使用静态分析工具可以完成静态分析技术一般流程中的大部分操作。

另外,目前大多数应用软件在设计时都采用了人机对话方式。所谓人机对话,其实质是指软件在运行过程中需要由用户选择的地方(如注册窗口、信息提示对话框等)都会显示相应的提示信息,并等待用户对其进行设置。在执行完某一段程序后便显示一串提示信息,以反映该程序运行后的状态,如程序是否正常运行或提示用户如何进行下一步工作等,这给软件静态分析带来了一些暗示。

10.2.2 文件类型分析

对软件进行静态分析时,首先要了解和分析程序的类型,了解程序的编写语言,以及用什么编译器编译、程序是否加壳保护等。常用的文件分析工具有 PEiD、DIE 和 FileInfo 等。FileInfo 识别文件类型较多,使用方便,但因其长时间没有更新,其识别文件的数据库比较陈旧,已经不能识别各种新壳。另一款常用的侦壳工具是 PEiD,它可以方便地检测出常见的各种壳。下面对 PEiD 进行简单介绍。

PEiD 可以探测大多数的 PE 文件封包器、加密器和编译器所构建的壳。目前,PEiD 可以探测 600 多个不同类型的壳。同时,它还可以识别 EXE 程序的编写语言,如 Visual C++、Delphi、Visual Basic 或 Delphi 等。

PEiD 运行时的界面如图 10.1 所示,从图中可以看出,文件 PEiD.exe 是 Windows 32 位 GUI 程序,即 Windows 图形用户界面程序,Visual C++7.1 编译器进行编译和链接。另外可知该程序是经过 ASPack 2.12 进行加壳的软件。

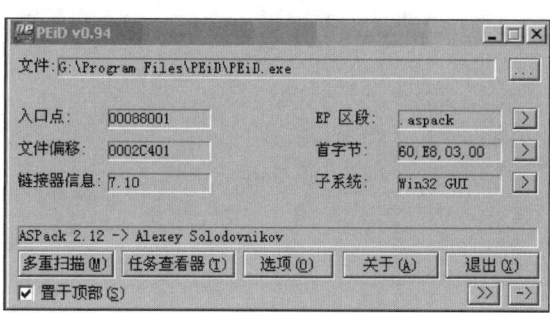

图 10.1 PEiD 主界面

该工具也集成了一些常用的壳插件,可以直接对某些识别出的壳进行脱壳处理。另外,该工具还增加了病毒扫描功能,因此,该工具是目前各类侦壳工具中性能最强的一种。

10.2.3 W32Dasm 简介

W32Dasm 是一个功能强大、操作简单、使用方便的静态反汇编工具。它可以针对现在流行的可执行文件进行反编译,将可执行文件反编译成汇编代码,以便于研究人员分析和了解程序的结构和流程。与 IDA Pro 相比,W32Dasm 在对小型文件进行反编译时速度非常快,但是在对大型文件进行反编译时就显得力不从心了。针对这个现象,网络上出现了不同的版本,最为流行的是 W32Dasm 8.93 黄金汉化版。下面简单介绍 W32Dasm 经常用到的功能和使用方法。

启动 W32Dasm 后,程序界面如图 10.2 所示。

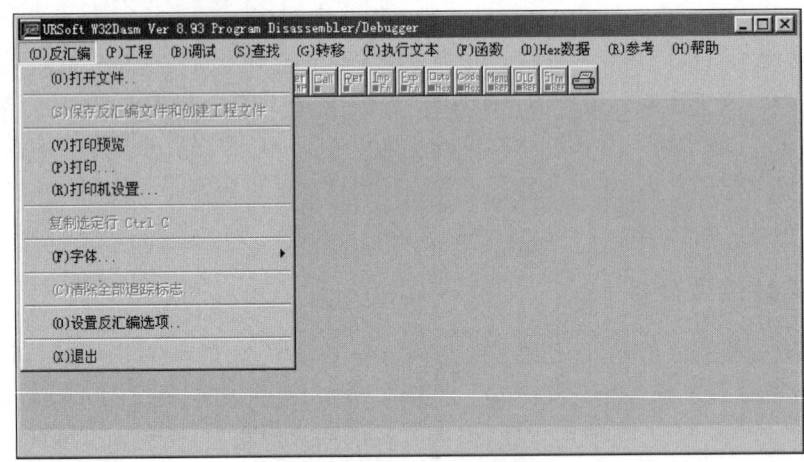

图 10.2　W32Dasm 的主界面

1. 文件加载

当要对一个程序进行反编译时,可以选择"反汇编"→"打开文件"命令调入文件,然后选定需要进行反编译的程序("文件类型"下拉列表中是 W32Dasm 所支持的文件类型),单击"打开"按钮即可开始对程序的反编译。软件的反编译过程根据软件的大小,需要的时间也不同。下面以 Windows 自带的"记事本"为例,分析反编译后的 W32Dasm 程序窗口,如图 10.3 所示。

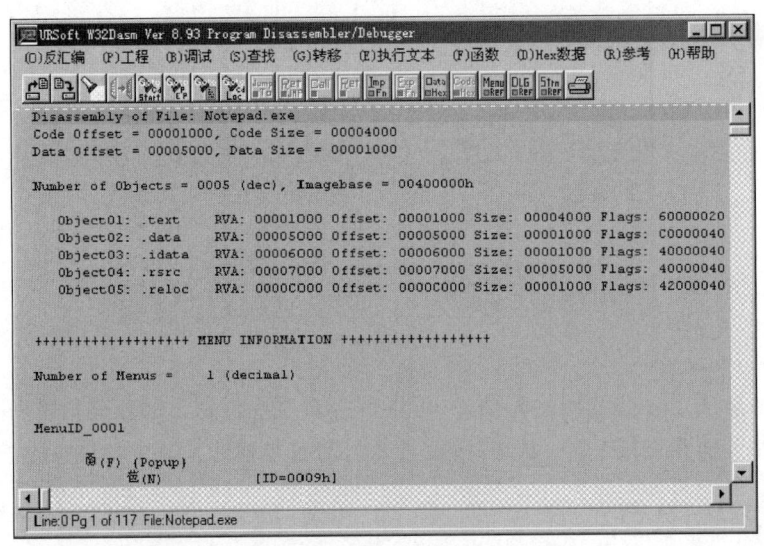

图 10.3　用 W32Dasm 打开 Notepad.exe 文件

在对程序反编译完成后,为了避免下一次再对程序进行反编译,通常可以选择"反汇编"→

"保存反汇编文件或创建工程文件"命令保存反编译后的内容。在这里可以将反编译后的汇编代码保存成 ASCII 或 alf 项目文件。这样,当再一次打开这个文件时,就可以直接选择"工程"→"打开工程文件"命令调用已经保存好的反编译的汇编代码,从而减少不必要的重复工作。

保存后的文件被分别存为 Notepad.alf 和 Notepad.wpj。当需要再次打开所保存的工程文件时,直接打开保存的 Notepad.wpj 即可。

2. 对反汇编源代码的操作

1)"查找"菜单

通过"查找"菜单,可以根据自己的需要,查找反编译后的汇编代码中的相关代码和字串。当在动态调试的过程中发现某个地址是要重点分析的位置时,可以记录下相关代码或地址,然后在 W32Dasm 中通过选择"查找"→"查找文本"命令,在打开的对话框中输入对应信息进行搜索。在对反汇编得到的代码量比较大或相同代码比较多时,建议使用本方法。例如,某个软件试用期为 30 天,但是反汇编后选择"参考"→"串式参考"命令找不到相关信息,那么根据十进制 30 就是十六进制的 1E 来查找相关代码"0000001E",然后分析哪些代码段是自己需要的。如果有多处相同代码,则可以按 F3 键进行连续查找。

2)"转移"菜单

"转移"菜单主要对反编译得到的汇编代码进行定位操作,主要操作选项如图 10.4 所示。

从这个菜单的条目可以按照需要转到跳转的位置。"转到代码头"菜单是指将光标跳转到由 W32Dasm 得到的反编译后的代码列表清单指令的开始处。"转到程序入口处"菜单是指将光标指向程序的入口点(Entry Point),程序的入口点就是程序开始执行时的代码地址。"转到页"菜单主要是方便在反汇编后得到的代码页中跳转,当知道要分

图 10.4 "转移"菜单

析的代码的页码后,再次查看时可以直接使用此菜单跳转到相应的页面,从而减少查找时间。"转到代码位置"菜单是指根据需要输入的代码的偏移地址,使光标跳转到相应位置。如果输入的偏移地址值小于或大于当前反汇编代码中的有效偏移代码值,则程序将会自动取最接近的有效地址。如果输入的偏移地址代码值在有效范围内,但是没有精确值与之匹配,则最接近的有效偏移值将自动被选取。

3)"执行文本"菜单

"执行文本"菜单是指根据光标当前所在位置的代码给予执行的操作,主要是执行反汇编代码处的跳转、调用的文本代码,使光标跳转到相应的代码上,并且可以在执行后返回所执行的文本代码处,能够实现的操作选项如图 10.5 和图 10.6 所示。

同样,在执行了跳跃操作或呼叫操作后,"执行文本"菜单中的"返回上一跳跃"和"返回上一呼叫"菜单将被激活,同时会发现在跳转到的代码上被标记为红色,方便再次查阅。

4)"函数"菜单

"函数"菜单包括"导入"和"导出"两个菜单项,这里简单介绍"导入"菜单。

执行"导入"命令后,W32Dasm 将会列出当前文件的导入(Import)函数名称,当双击相应的导入函数时,程序会自动将光标位置定位到第一次出现此函数的反编译代码上。如果

图 10.5　当光标在跳转类文本代码上时能够执行跳跃操作

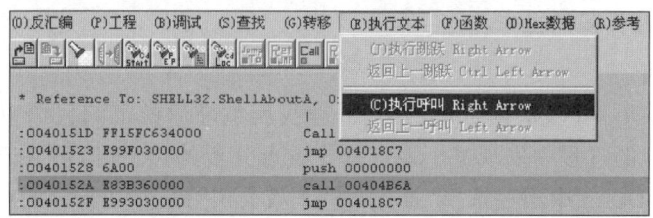

图 10.6　当光标在 Call 语句文本代码上时能够执行呼叫操作

程序中多次使用同一个函数，则每次双击该函数时，程序将自动移动到相应的代码上，直至循环，如图 10.7 所示。

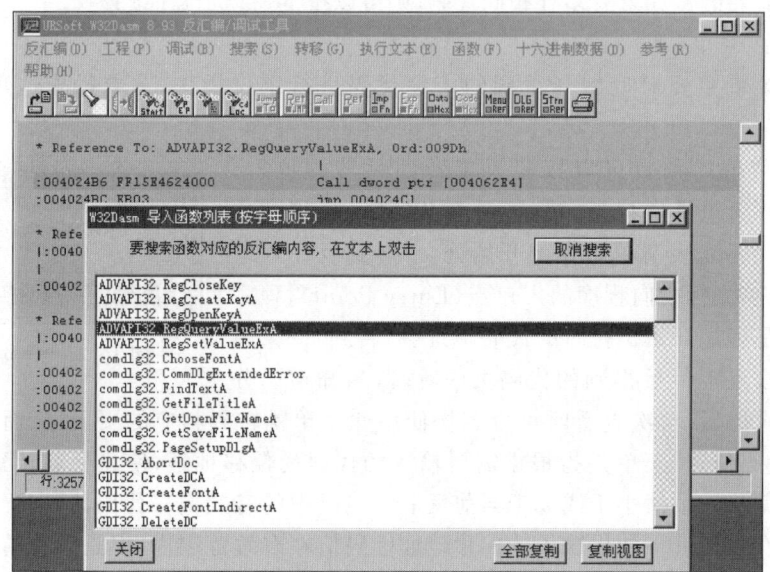

图 10.7　导入函数

"导出"函数的执行和操作与"导入"函数类似。在这里需要提到的是，一般在 EXE 文件中只有导入函数，而没有导出（Export）函数，但是在 DLL 文件中两者都有。

5）"参考"菜单

"参考"菜单包含"菜单参考""对话框参考""字符串数据参考"3 部分，如图 10.8 所示。"参考"菜单在对程序进行静态分析时使用的频率最为频繁。

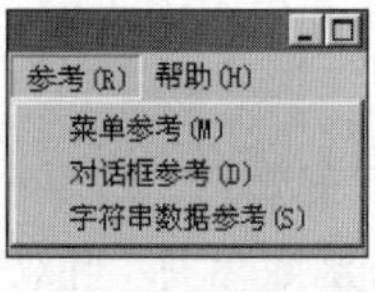

在对程序进行静态分析和代码定位时，"字符串数据参考"菜单提供了便利的条件，它列出了程序中相关的字串、对话信息，在进行程序操作时的大多数字串往往可以在这里找到，从而进行快速定位。因为 W32Dasm 是国外软件，所以对程序中的中文字串

图 10.8　"参考"菜单

支持不够好。为了提供对中文字串的支持，网络上的 Cracker 对程序进行了修改和完善，现在常用的 W32Dasm 对中文字串的支持就很好。

除了上面的菜单外，还可以通过程序上面的工具按钮来操作，只要将鼠标指针移动到相应的按钮上，程序就会自动给出对应的功能提示。

在进行静态分析时，W32Dasm 给出了一种简便的复制操作，如图 10.9 所示。首先在想要复制的代码段的开始代码行前面单击，这时会看见代码行的前面被标记了一个红色的点；然后将鼠标指针移动到代码段的结束行前面，按下 Shift 键的同时单击，想要选中的代码段就会被标记为选中状态；最后按 Ctrl+C 组合键就能把代码复制到剪贴板，这样就可以将代码粘贴到记录的文本或其他文档中。

图 10.9　复制汇编代码

除了 W32Dasm 外，还有很多优秀的静态分析工具，如 IDA Pro、C32asm 等，感兴趣的读者可以查阅相关材料。

10.2.4　可执行文件代码编辑工具

W32Dasm 和 IDA Pro 等工具适合分析程序文件，但不能对分析的程序进行修改。如果需要对可执行文件进行编辑和修改，则需要使用专门的编辑工具。常用的十六进制编辑工具有 Hiew、UltraEdit 和 WinHex 等。这里简单介绍 Hiew 的使用。

Hiew 的运行界面如图 10.10 所示。

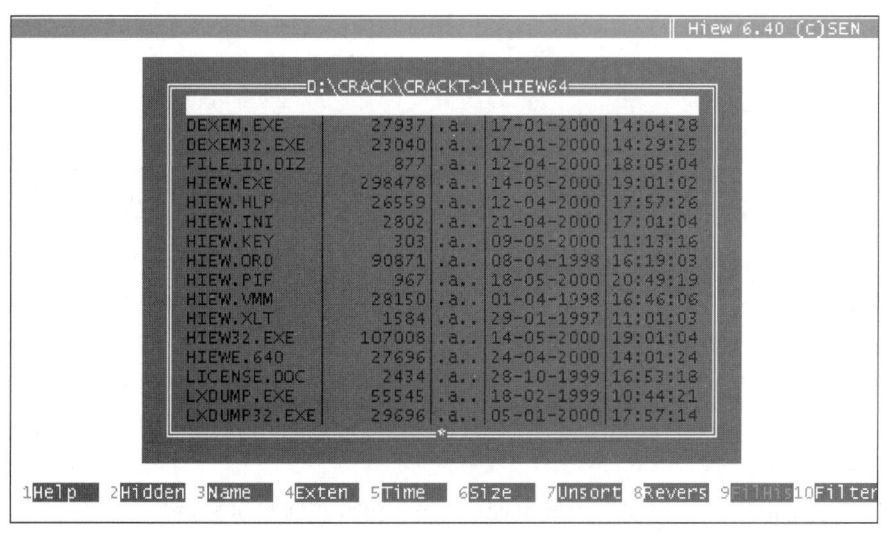

图 10.10　Hiew 的运行界面

此时在图 10.10 的屏幕底部的命令行有相关提示，对应的是功能键 F(n)，例如，按 F1 键出现帮助提示。Hiew 功能键的作用如表 10.1 所示。

表 10.1 Hiew 功能键的作用

键 名	说 明	键 名	说 明
F1	帮助	F10	Filter—设置过滤
F2	Hidden—打开或关闭隐藏文件显示	Ctrl + \	来到驱动器的根目录
F3	Name—按文件排序	Ctrl + PgUp	回到上一目录
F4	Exten—按扩展名排序	Insert	打开/创建文件
F5	Time—按文件时间排序	Alt + F1	选择驱动器
F6	Size—按文件大小排序	Alt + F4	重新读取目录文件
F7	Unsort—未分类排序	Ctrl + F(n)	将当前目录路径保存
F8	Revers—反转排序	Ctrl + F(n+1)	回到保存的目录中
F9	Files—查看曾打开的文件历史	Enter	可进入子目录或从子目录退出

Hiew 的基本操作步骤如下。

（1）参考表 10.1 中的操作，打开待修改的文件。

（2）按 F1 键，屏幕会出现相关的帮助信息（在此略）。

（3）打开文件后，观察屏幕底部的 4（Mode），此时按 F4 键将出现一对话框，让用户选择 Text（文本）、Hex（十六进制）和 Decode（反汇编）模式。

（4）根据需要选择相关的模式。在这里以 Decode 模式为例，在此模式下将出现汇编代码，此时可以修改这些代码。按 F3 键（Edit）将进入编辑模式，按 F5 键（Goto）将跳到指定的地址，按 F7 键（Search）将查找 ASCII 或十六进制数据。

（5）按 F3 键进入编辑模式后，移动鼠标指针到相应的行，按 F2 键或 Enter 键会弹出相应对话框，此时可修改汇编代码。修改好后，按 F9 键存盘（按 Enter 键后到下一行，再按 Esc 键关闭对话框，然后按 F9 键）。

10.3 动态分析技术

从 10.2 节的内容可以看到，用静态分析方法可以了解编写程序的思路，但有时并不能真正了解软件编写的整个细节和执行过程，特别是碰到加密和压缩程序时，静态分析就无能为力了。对程序进行静态分析无效或困难的情况下，可以对程序进行动态分析。

动态分析是指利用调试器（如 OllyDbg），通过调试程序、设置断点、控制调试程序的执行过程来发现问题。动态分析的优势在于它是一种交互式的分析，可以通过调试器对目标程序的各种操作来更加有效地理解程序的逻辑。这个过程是静态分析不能有效完成的。动态分析的过程千变万化，无法给出具体的模式。通常可以采用着色和黑盒测试等方法来提高动态分析的效率。

着色其实是沿用了生物技术领域里面的一个概念，在细胞研究过程中，经常需要对细胞结构进行着色来研究本身很难观察的微小结构的运作过程。在软件分析的技术中，也存在类似原理的分析方法。这里的着色对象是各种存储体，如内存空间、寄存器等。在代码运行过程中,最重要的信息就是数据传送。可以说,除了特定的功能代码外,其他代码的数据传送对程序的正常运行都是极其重要的。数据传送包括内存数据传送和寄存器中的数据传送。这里的着色是指通过调试工具,将需要观察的数据存储体中的数据修改为相互分离的直观数值,而这些数值很容易区别于数据正常使用的数值,从而有效避开带有"垃圾"的复杂代码,进而了解需要分析代码的实际意图的方法。

黑盒测试在很多领域都有不同的定义,在动态分析中,通常是通过某种技术对一系列的代码组合进行测试,从而猜测一些非常复杂的指令的意图,以此避免对这些指令进行具体分析的一种方法。

常见的调试器有 SoftICE、OllyDbg(OD) 和 RW2000 等。其中,SoftICE 是一款经典调试工具,运行在 Ring0 级,可以调试驱动,并常驻在内存中,是一个由命令行操控的工具。由于平时调试的程序都是 Ring3 级,因此建议用户使用 OllyDbg 对软件进行动态分析。该工具具有可视化界面,支持对反汇编译后的代码加上自己的注释,可以定义复杂的断点条件。除此功能外,OllyDbg 还将静态分析和动态调试功能完美地结合在一起,调试多线程的应用程序,从一个线程切换到另一个线程、挂起、恢复和终止,以及改变其优先级。此外,它还可附加正在运行的应用程序,并支持 DLL 动态链接库的调试。

SoftICE 是 Compuware NuMega 公司开发的最著名的动态调试工具,可以调试各种应用程序和设备驱动程序,还可以通过网络连接进行远程调试。由于现在最普及的操作系统是 Windows XP、Windows 7/10,因此下面主要介绍 SoftICE 在 Windows 平台安装时的一些注意事项。

SoftICE 安装后的配置如下。

1. Symbol Loader 的使用

在 SoftICE 的开始菜单里有一项 Symbol Loader 快捷方式,运行该快捷方式,在其菜单 Edit 下有 SoftICE Initialization Settings 选项,打开后如图 10.11 所示,在这里就可以配置 SoftICE 了。

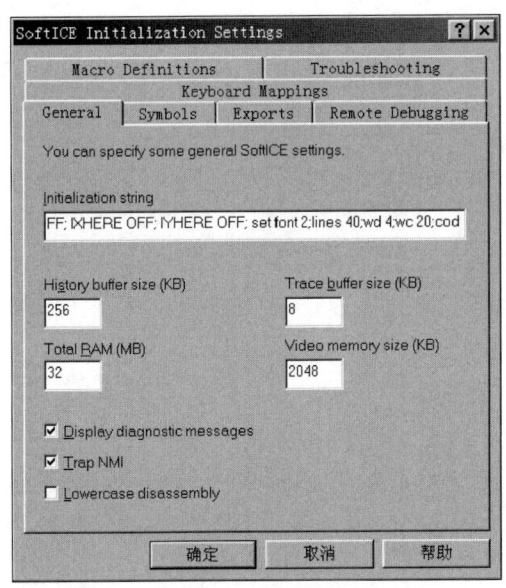

图 10.11 SoftICE 初始化配置界面

（1） General 选项卡。在 Initialization string 文本框中，可填上需要 SoftICE 一启动就自动运行的命令。例如，"WD 2；WC 14；FAULTS OFF；IXHERE OFF；IYHERE OFF；set font 2；lines 40；x；"（各行以分号分开）。

（2） Exports 选项卡。添加相关的 DLL 文件，以便在 SoftICE 下拦截这些 DLL 的函数。特别是破解 VB 程序时，一定要先装载 VB 运行库。

（3） Keyboard Mappings 选项卡。配置各功能热键。例如，F5="^x；"是用 F5 键代替命令 x。

（4） Macro Definitions 选项卡。宏定义可定制各种命令宏，以方便平时的操作。例如 s7878="S 30；0 L ffffffff '78787878' "是用命令 s7878 代替一串命令 S 30；0 L ffffffff '78787878'。

（5） Remote Debugging 选项卡。利用网络远程调试配置。

注意：以上所有配置好后的参数都保存在 winice.dat 文件中。

2. winice.dat 配置

在 Windows XP 系统中，除了用上面的方法进行 SoftICE 配置外，也可通过对文件 winice.dat 的直接修改来实现。SoftICE 在启动时通过该文件装载一些 DLL/EXE 的信息。

winice.dat 文件通常在 SoftICE 的安装目录下，可以用任何文本编辑软件（如记事本）打开它。下面是一个典型的 winice.dat 文件内容。

```
；注意分号后是描述语言，不被执行
PENTIUM = ON； <= Pentium Op - Codes
NMI = ON
ECHOKEYS = OFF
NOLEDS = OFF
NOPAGE = OFF
SIWVIDRANGE = ON
THREADP = ON
LOWERCASE = OFF
WDMEXPORTS = OFF
MONITOR = 0
PHYSMB = 128； <= 这个值是物理内存大小
SYM = 1024
HST = 256； <= 历史缓冲区为 256KB
TRA = 8
MACROS = 32； <= 宏操作的最大个数，此处是 32 个
DRAWSIZE = 2048； <= 显卡内存是 2MB
INIT = " wd 2; wc 20; FAULTS OFF; IXHERE OFF; IYHERE OFF; set font 2; lines 40; code on; x; "; <= 初始化，此处默认的是 800×600 分辨率
；如是全屏请换上 lines 57
F1 = "h; "
F2 = "^wr; "
F3 = "^src; "
F4 = "^rs; "
F5 = "^x; "
F6 = "^ec; "
F7 = "^here; "
F8 = "^t; "
F9 = "^bpx; "
F10 = "^p; "
```

F11 = "^G @SS: ESP; "
F12 = "^p ret; "
SF3 = "^format; "
CF8 = "^XT; "
CF9 = "TRACE OFF; "
CF10 = "^XP; "
CF11 = "SHOW B; "
CF12 = "TRACE B; "
AF1 = "^wr; "
AF2 = "^wd; "
AF3 = "^S 0 L FFFFFFFF 8B,CA,F3,A6,74,01,9F,92,8D,5E,08; "; <= VB3 特征字符串
AF4 = "^s 0 l ffffffff 56,57,8B,7C,24,10,8B,74,24,0C,8B,4C,24,14,33,C0,F3,66,A7; " ; <= VB4 特征字符串
AF5 = "^s 0 l ffffffff FF,75,E0,E8,85,EF,FF,FF,DC,1D,28,10,40,00,DF,E0,9E,75,03; " ; <= VB5 特征字符串

AF8 = "^XT R; "
AF11 = "^dd dataaddr −> 0; "
AF12 = "^dd dataaddr −> 4; "
CF1 = "altscr off; lines 60; wc 32; wd 8; "
CF2 = "^wr; ^wd; ^wc; "
; <= 以下是宏操作命令
MACRO s7878 = "S 30: 0 L ffffffff '78787878' "
MACRO sname = "S 0 L FFFFFFFF 'toye' "
MACRO swide = "s 0 l FFFFFFFF '7','8','7','8','7','8','7','8','7','8','7','8','7','8','7','8' "
MACRO reg = "bpx regqueryvalueexa if *(esp−>8)>= 'Soft' do "d(esp−>14)" "
MACRO bpxpe = "bpx loadlibrarya do "dd esp−>4" "
MACRO bpxgeta = "bpx GetDlgItemTextA; bpx getwindowtexta; bpx getdlgitemint; bpx getdlgitemtext; "
EXP = c:\windows\system\advapi32.dll
; <= 以下 4 行前不要加分号,否则不被装载,SOFTICE 可能什么也拦不到：
EXP = c:\windows\system\kernel32.dll
EXP = c:\windows\system\user32.dll
exp = c:\windows\system\gdi32.dll
exp = c:\windows\system\comctl32.dll ;
EXP = c:\windows\system\msvbvm50.dll
; <= Visual Basic 5 注意以上含有 *.dll 的 5 行语句中最好不要同时装载两个以上的 *.dll
; ***** Examples of export symbols that can be included for Windows 95 *****
; Change the path to the appropriate drive and directory
EXP = c:\windows\system\kernel32.dll
EXP = c:\windows\system\user32.dll
EXP = c:\windows\system\gdi32.dll
EXP = c:\windows\system\comdlg32.dll
EXP = c:\windows\system\shell32.dll
EXP = c:\windows\system\advapi32.dll
EXP = c:\windows\system\shell232.dll
EXP = c:\windows\system\comctl32.dll
; EXP = c:\windows\system\crtdll.dll
; EXP = c:\windows\system\version.dll
EXP = c:\windows\system\netlib32.dll
; EXP = c:\windows\system\msshrui.dll
EXP = c:\windows\system\msnet32.dll
EXP = c:\windows\system\mspwl32.dll
; EXP = c:\windows\system\mpr.dll

装载 SoftICE 后,按 Ctrl+D 组合键就可以看到调试界面,再次按 Ctrl+D 组合键或 F5 键回到 Windows 状态。此时调试窗口类似 Windows 中的窗口。如果出现类似全屏 DOS 的窗口,则说明安装显卡时参数没设置好,此时参照上述文件修改即可。

具体 SoftICE 的使用方法请参考软件自带的帮助文档,这里不再赘述。

10.4 常用软件保护技术

10.4.1 序列号保护机制

在下载和安装软件时,经常会碰到序列号这种软件保护机制。先来看看序列号方式的工作过程。当用户从网络上下载某个共享软件后,一般都有使用时间上的限制,当过了共享软件的试用期后,用户必须到这个软件的公司去注册后才能继续使用。注册过程一般是用户将自己的私人信息(一般主要指名字)连同信用卡号码告诉给软件公司,软件公司会根据用户的信息计算出一个序列码,在用户得到这个序列码后,按照注册需要的步骤在软件中输入注册信息和注册码,其注册信息的合法性由软件验证通过后,软件就会去掉试用版的各种限制。这种保护方式实现起来比较简单,不需要额外的成本,用户购买也非常方便,在 Internet 上的软件大多采用这种方式进行保护。

软件验证序列号的合法性过程其实就是验证用户名和序列号之间的换算关系是否正确的过程。验证方法通常有两种。一种是按用户输入的用户名信息来生成注册码,再与用户输入的注册码进行比较,公式表达如下。

$$序列号 = F(用户名)$$

但这种方法等同于在用户软件中再现了软件公司生成注册码的过程,在实际应用中这是非常不安全的,无论其换算过程多么复杂,解密者只需要将换算过程从程序中提取出来就可以编制一个通用的注册程序。

另一种是通过注册码来验证用户名的正确性,公式表示如下。

$$用户名 = F^{-1}(序列号)$$

在这种验证方法中,用来生成注册码的函数 F 未直接在程序中出现,而且正确注册码的明文也未出现在内容中,因此这种方法相对第一种要安全一些。这其实是软件公司注册码计算过程的逆算法,如果正向算法与反向算法不是对称算法的话,则对于解密者来说的确有些困难,但这种算法相当不好设计。

于是有人考虑设计以下算法:

$$F1(用户名称) = F2(序列号)$$

F1、F2 是两种完全不同的算法,用户名通过 F1 算法计算出的特征值与序列号通过 F2 算法计算出的特征值进行比较,如果两者相同,则表示输入了正确的注册码。这种算法在设计上比较简单,保密性相对以上两种算法也要好得多。如果能够将 F1、F2 算法设计成不可逆算法,则保密性会更好。可一旦解密者找到其中之一的逆算法,这种算法就不安全了。从上述描述可以看出,采用一元函数的算法设计很难有太大的突破,因此,有人开始尝试采用二元函数的算法来提高算法的安全性,即

$$\text{特征值} = F(\text{用户名}, \text{序列号})$$

这个算法看上去相当不错,在这种算法中,用户名与序列号之间的关系不再那么清晰,但同时也失去了用户名与序列号的一一对应关系。软件开发者必须自己维护用户名与序列号之间的唯一性,但这似乎不难办到,建个数据库就好了。当然,也可以根据这一思路将用户名称和序列号分为几部分来构造多元的算法。

$$\text{特征值} = F(\text{用户名}1, \text{用户名}2, \cdots, \text{序列号}1, \text{序列号}2, \cdots)$$

现有的序列号加密算法大多是软件开发者自行设计的,大部分相当简单,而且有些算法作者虽然下了很大的功夫,却往往得不到所希望的结果。实际上,现在有很多现成的加密算法可以用,如 RSA、DES、SHA、MD5 等,只不过这些算法是为了加密密文或密码用的,与序列号加密多少有些不同。举例如下。

(1) 在软件程序中有一段加密过的密文 S。
(2) 密钥 = F(用户名,序列号)。用上面的二元算法得到密钥。
(3) 明文 D = F-DES(密文 S,密钥)。用得到的密钥来解密密文得到明文 D。
(4) CRC = F-CRC(明文 D)。对得到的明文应用某种 CRC 统计。
(5) 检查 CRC 是否正确。最好多设计几种 CRC 算法,检查多个 CRC 结果是否都正确。

采用这种方法,在没有一个已知正确的序列号情况下永远推算不出正确的序列号。

10.4.2 警告窗口

警告窗口是软件设计者用来不时提醒用户购买正式版本的窗口。软件设计者认为,当用户受不了试用版中的这些烦人的窗口时就会考虑购买正式版本。它可能会在程序启动或退出时弹出,或者在软件运行的某个时刻随机或定时地弹出,确实比较烦人。

去除警告窗口常用的方法是修改程序的资源,将可执行文件中警告窗口的属性改成透明、不可见,这样就变相去除了警告窗口。

如果需要完全去除警告窗口,则只需要找到创建此窗口的代码,跳过该代码执行即可。常用的显示窗口的函数有 MessageBox()、MessageBoxEx()、ShowWindow()和 CreateWindowEx()等。利用消息设断点,一般都能进行对应的窗口拦截。

10.4.3 功能限制的程序

功能限制程序一般是 DEMO 版或菜单中部分选项是灰色。有些 DEMO 版本的部分程序功能根本就没有,而有些程序功能全有,只要注册后就正常了。功能限制的程序一般分为以下两种。

(1) 试用版和正式版是完全分开的两个版本,被禁止的功能在试用版的程序中没有对应的代码,这些代码只有正式版中才有,而正式版只能向软件作者购买。对于这种程序,破解者破解该软件是没有什么意义的,因为破解以后仍然不会得到相应的功能。

(2) 试用版和注册版为同一个文件,没有注册时,按照试用版运行,禁止某些功能的使用。一旦注册以后,就以正式版模式运行,用户可以使用全部功能。对于这种类型的程序,破解者只要通过一定的方法恢复被限制的功能,就能使该试用版的软件与正式版相同。

使用这些 DEMO 程序部分被禁止的功能时会跳出提示框,提示"这是 DEMO 版"等信息,它们一般都是调用 MessageBox()或 DialogBox()等函数。破解者可在 W32Dasm 反汇编后找到对应的提示信息,作为破解的指示器。

另外,菜单中部分选项是灰色的不能用,一般是通过以下两种函数实现的。

1. EnableMenuItem

功能:允许、禁止或变灰指定的菜单条目。

```
BOOL EnableMenuItem(
HMENU hMenu,                    //菜单句柄
UINT uIDEnableItem,             //菜单 ID,形式为允许、禁止或变灰
UINT uEnable                    //菜单项目旗帜
);
Returns
```

ASM 代码形式如下。

```
USH uEnable                     //uEnable = 0,则菜单选项允许
PUSH uIDEnableItem
PUSH hWnd
CALL [KERNEL32!EnableMenuItem]
```

2. EnableWindow

功能:允许或禁止鼠标和键盘控制指定窗口和条目(禁止时菜单变灰)。

```
BOOL EnableWindow(
HWND hWnd,                      //窗口句柄
BOOL bEnable                    //允许/禁止输入
);
Returns
```

如果窗口以前被禁止,则返回 TRUE;否则,返回 FALSE。

10.4.4 时间限制

时间限制程序通常有两类:一类是对每次运行程序的时间进行限制;另一类是每次运行时间不限,但有时间段限制,如软件只能使用 30 天等。

如果设置程序运行 10 分钟或 20 分钟后就停止执行,则必须重新启动该程序才能正常工作,即对程序实行运行时间的限制。要实现时间限制,应用程序中必须有计时器来统计程序运行的时间。在 Windows 中使用计时器有以下几个 API 函数。

(1) SetTimer():应用程序可以在初始化时调用这个 API 函数来向系统申请一个计时器,并且指定计时器的时间间隔,同时还可以提供一个处理计时器超时的回调函数。当计时器超时时,系统会向申请该计时器的窗口发送消息 WM_TIMER,或者调用应用程序所提供的回调函数。

(2) TimeSetEvent():应用程序通过调用 TimeSetEvent()来设定回调函数的激活,从而提高计时的精度。

(3) GetTickCount():该函数返回系统自成功启动以来所经过的毫秒数。将该函数的两次返回值相减,就可以知道程序运行的总时间。

(4) TimeGetTime()：多媒体计时器函数 TimeGetTime()也可以返回 Windows 自启动后所经过的时间，以毫秒为单位。一般情况下，不需要使用高精度的多媒体计时器。精度太高会对系统性能产生影响。

10.4.5 注册保护

注册文件(Key File)是一种利用文件来实现注册软件保护的方式。Key File 一般是一个小文件，可以是纯文本文件，也可以是包含不可显示字符的二进制文件。Key File 的内容是一些加密或未加密的数据，其中可能有用户名、注册码等信息。当用户向软件作者付费注册之后，就会收到软件作者的注册文件，用户只要将该文件存入到指定的目录中，就可以让软件成为正式版。软件每次启动时，将从该注册文件中读取数据，然后利用某种算法进行处理，根据处理的结果判断是否为正确的注册文件，如果正确，则以注册版模式来运行。

为增加破解难度，可以采用大一些的文件作为 Key File，可以在 Key File 中加入一些垃圾信息来干扰解密者的企图；对于注册文件的合法性检查要尽可能地分成几部分，并分散在软件的不同模块中进行判断；对注册文件内的数据处理也尽可能采用复杂算法，不要使用简单的异或运算；可以让注册文件中的部分数据和软件中的关键代码或数据相互关联，以使软件无法被暴力破解。

10.5 软件加壳与脱壳

10.5.1 壳的介绍

所谓"加壳"，就是用专门的工具或方法在应用程序上加入一段如同保护层一样的代码，使原程序失去本来面目，从而防止程序被非法修改和反汇编。这段如同保护层的代码一般都是先于程序运行，拿到控制权，然后完成它们保护软件的任务。由于这段程序和自然界的壳在功能上有很多相同的地方，因此形象地将这样的程序称为"壳"。

用户在执行被加壳的程序时，实际上首先执行的是外壳程序，由外壳程序负责将原程序解压缩，并将控制权交给解压缩后的原程序执行。在程序的执行过程中，用户不知道加壳软件的执行过程，而且壳的出现并不会影响程序执行速度，因此人们通常不会察觉到壳的存在。对软件加壳的主要目的有两个：一是保护，二是压缩。

(1) 保护功能。软件在发布出去以后，程序不可避免地会受到各种破解或攻击。给软件加壳的主要目的就是通过给程序加上一段保护层代码，使原来的程序失去本来面目，从而给破解、跟踪带来障碍。如果用反汇编工具对加壳的软件进行反汇编，则根本看不到真实的可执行文件代码，也无法对程序进行修改。要想修改程序，必须首先将壳脱掉，还原本来面目。

(2) 压缩功能。随着应用软件功能的日渐强大，程序的体积也越来越大。现在的一个程序，动辄就是几十或几百 MB，这给程序在网上传播和存储带来了不小的麻烦。可以在对程序进行加壳处理的同时对程序进行压缩，既是对软件的一种保护，也能有效减小程序的体积。当然，这里的压缩与常用的 WinZip、WinRAR 的压缩还是有差别的，这里的压缩要用专用的压缩工具对 PE 格式的 EXE 或 DLL 文件进行压缩，压缩以后的程序与正常的 EXE

文件一样可以执行。

软件的壳分为加密壳、压缩壳、伪装壳、多层壳等，但它们的目的都是为了隐藏程序真正的入口点，防止被破解。

10.5.2 软件加壳工具简介

现在以压缩为主要目的的常见加壳软件主要有 ASPacK、UPX 和 PECompact 等。以保护程序为主要目的的常见加壳软件主要有 ASProtect、Armadillo 和 EXECryptor 等。随着加壳技术的发展，这两类软件之间的界线越来越模糊，很多加壳软件在具有较强压缩性的同时，也具有较强的保护性能。下面分别介绍几种常用的加壳软件。

1. 压缩壳

1) ASPack

ASPack 是一款 Win32 可执行文件压缩软件，可压缩 Windows 32 位可执行文件（.exe）和库文件（.dll、.ocx），文件压缩比率高达 40%～70%。ASPack 软件无内置解压缩程序，不能自解压自己压缩过的程序，即不能用于自脱壳。ASPack 的主界面如图 10.12 所示。可以在 Open File 选项卡中单击"Open"按钮，在弹出的"Select File to Compress"窗口中选择要加壳的.exe 文件后，ASPack 就自动开始加壳，加壳完成后在软件目录下会生成备份文件。可以比较一下加壳后的软件与原文件有什么不同。

2) UPX

UPX（Ultimate Packer for eXecutables）是一款先进的可执行程序文件压缩器，压缩过的可执行文件体积可以缩小 50%～70%。UPX 支持许多种可执行文件格式，包括 Windows 95/98/Me/NT/2000/XP 程序和动态链接库、DOS 程序、Linux 可执行文件和核心。在 UPX 中内置了解压缩程序，可以同时实现加壳和脱壳功能。UPX 的压缩算法实现速度极快，软件界面如图 10.13 所示。

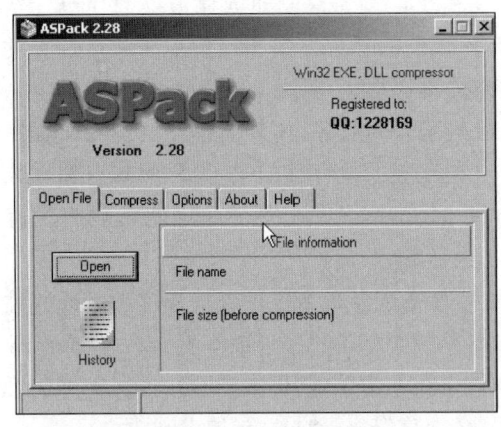

图 10.12　ASPack 的主界面

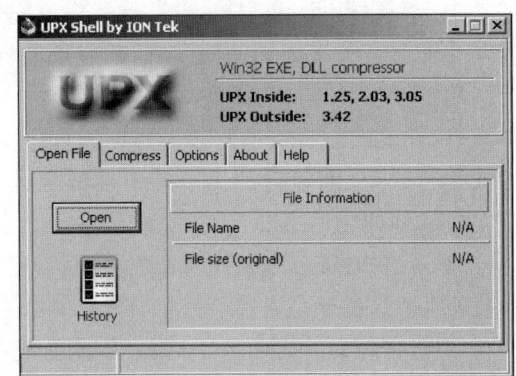

图 10.13　UPX 的主界面

3) PECompact

PECompact 同样也是一款能压缩可执行文件的工具（支持 EXE、DLL、SCR 和 OCX 等文件）。相比同类软件，PECompact 提供了多种压缩项目的选择，用户可以根据需要确定哪些内部资源需要压缩处理。同时，该软件还提供了加解密的插件接口功能。PECompact 的主界面如图 10.14 所示。

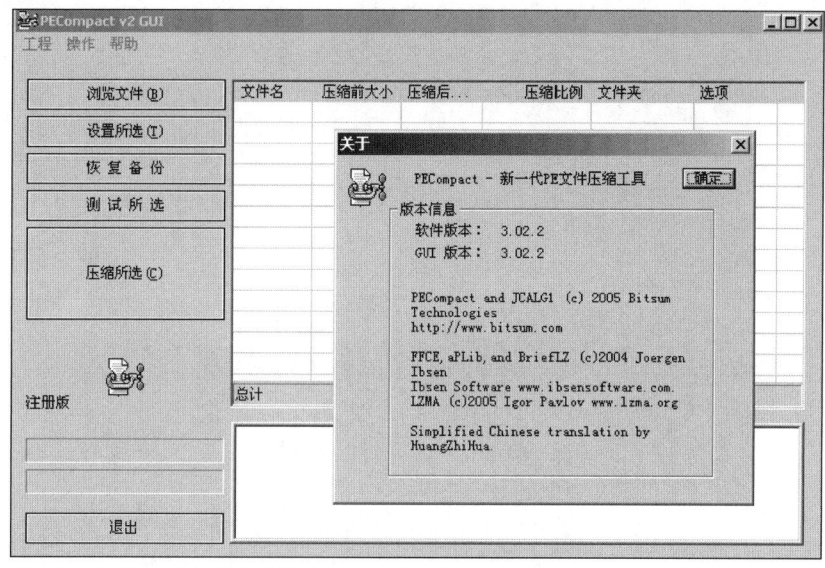

图 10.14　PECompact 的主界面

2. 加密保护壳介绍

除了压缩功能外,另一类壳就是保护壳。为了保护自己的软件不轻易地被他人"借鉴"和被他人非法使用,有必要对软件进行一些加密保护。需要特别注意的是,不能太依赖壳的保护,大多数壳都是可以被攻破的,还是在软件算法的自身保护上下些功夫比较重要。

现在壳发展的一个趋势是虚拟机保护,利用虚拟机保护后,能大大提高保护强度,因此建议尽可能使用此类技术保护软件。例如,Themida、WinLicense 和 EXECryptor 等壳都带有虚拟机保护功能。

1) ASProtect

ASProtect 是一款非常强大的 Windows 32 位保护工具。它拥有压缩、加密、反跟踪代码、反-反汇编代码、CRC 校验和花指令等保护措施。它使用 Blowfish、Twofish 和 TEA 等强劲的加密算法,还用 RSA1024 作为注册密钥生成器。它通过 API 钩子(APIhooks,包括 Import hooks 和 Export hooks)与加壳的程序进行通信,甚至用到了多态变形引擎(Polymorphic Engine)、反 APIhook 代码(Anti-APIhook Code)和 BPE32 的多态变形引擎(BPE32 Polymorphic Engine)。ASProtect 为软件开发人员提供了 SDK,可以实现加密程序的内外结合。

ASProtect SKE 系列已采用了部分虚拟机技术,主要是在 Protect Original EntryPoint 与 SDK 上。保护过程中建议使用 SDK,SDK 的使用请参考其帮助文档。在使用时注意 SDK 不要嵌套,并且同一组标签要用在同一个子程序段里。ASProtect 的使用相当简单,主界面如图 10.15 所示,打开被保护的 EXE/DLL 文件后,选上需要的保护选项,再选择"模式"选项卡,单击"添加模式"按钮,将"激活此模式"选中,最后选择"保护"选项卡,对软件进行保护即可。ASProtect 加壳过程中也可外挂用户自己写的 DLL 文件,方法是在图 10.15 中的"外部选项"选项区域中加上目标 DLL 即可。这样,用户可以在 DLL 加入自己的反跟踪代码,以提高软件的反跟踪能力。

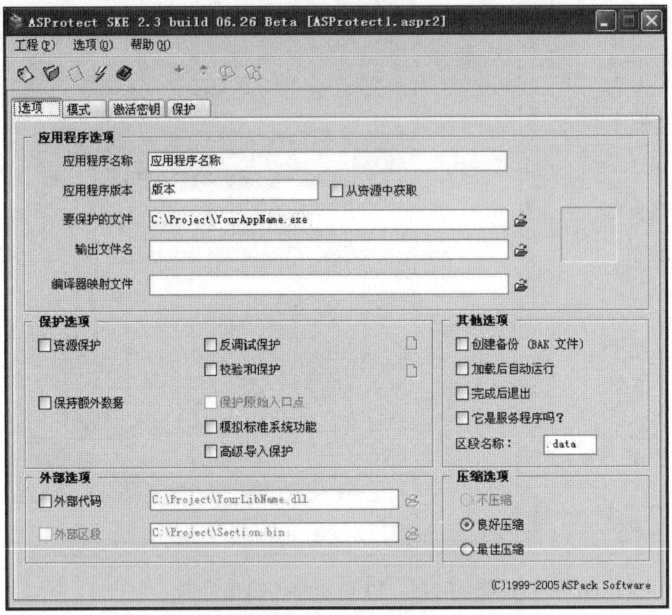

图 10.15 ASProtect 的主界面

强度评价:由于 ASProtect 名气太大,研究它的人很多,因此很容易被脱壳,不推荐使用。

2) Armadillo 加密壳

Armadillo 也称为穿山甲,是一款应用面较广的壳,其界面如图 10.16 所示。它可以运用多种手段来保护软件,同时也可以为软件加上种种功能限制,包括时间、次数、启动画面等。很多商用软件采用其加壳。Armadillo 对外发行时有 Public 和 Custom 两个版本。Public 是公开演示的版本,Custom 是注册用户拿到的版本。只有 Custom 才有完整的功能,Public 版有功能限制且没什么强度,不建议采用。

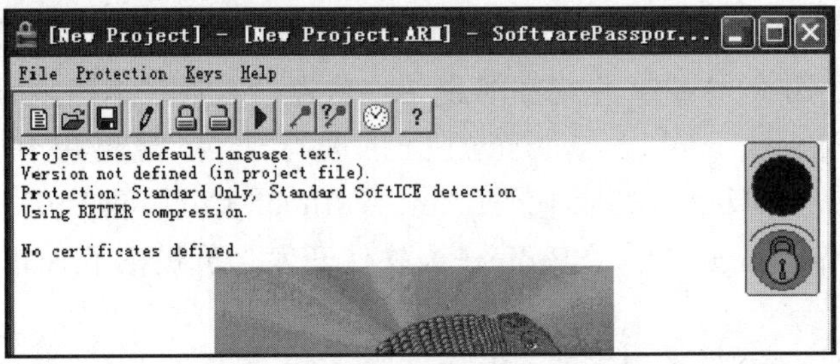

图 10.16 Armadillo 加密壳界面

强度评价:Armadillo 中比较强大的保护选项是 Nanomites 保护(即 CC 保护),用好能提高强度,其他选项没什么强度。

3) EXECryptor 加密壳

EXECryptor 也是一款性能较好的加密壳工具,可能由于兼容性等原因,采用其保护的商业软件不是太多。这款壳的特点是 Anti-Debug 做得比较隐蔽,另外就是采用了虚拟机保护它的部分关键代码,其主界面如图 10.17 所示。

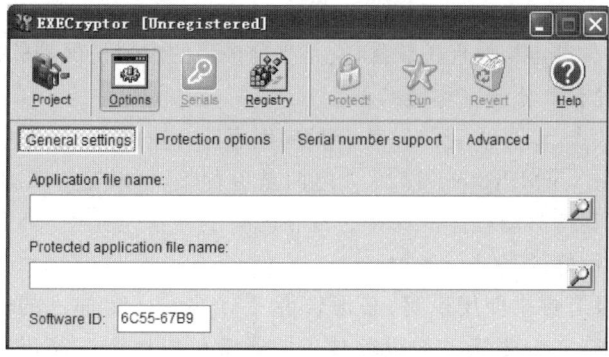

图 10.17　EXECryptor 加密壳主界面

强度评价:用好 EXECryptor 虚拟机保护功能,将关键敏感代码用虚拟机保护起来能有效提高保护强度。能脱掉 EXECryptor 壳的人很多,但能对付其虚拟机代码的人不多。

4) Themida 加密壳

Themida 是 Oreans 的一款商业壳软件。Themida 的最大特点就是其虚拟机保护技术,因此在程序中使用 SDK,将关键代码让 Themida 用虚拟机保护起来。Themida 最大的缺点就是生成的软件有些大。WinLicense 这款壳和 Themida 是同一公司的一个系列产品,WinLicense 主要多了一个协议,可以设定使用时间、运行次数等功能,两者的核心保护是一样的。Themida 的界面如图 10.18 所示。

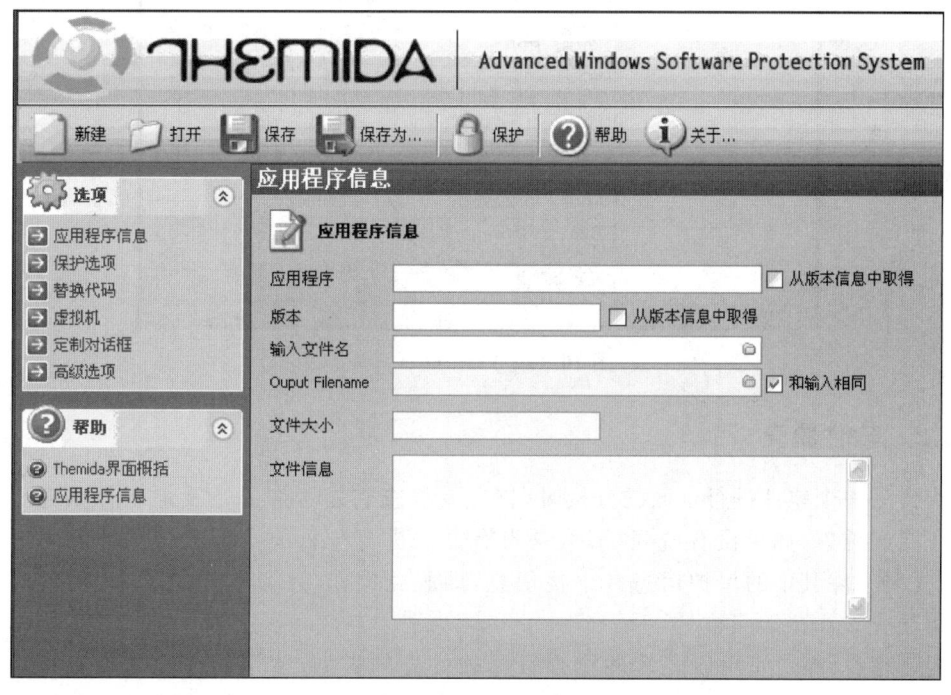

图 10.18　Themida 的界面

强度评价:用好其虚拟机保护功能,将关键敏感代码用虚拟机保护起来能提高保护强度。

5）VMProtect

VMProtect 是一款纯虚拟机保护软件，它是当前最强的虚拟机保护软件，经 VMProtect 处理过的代码至今还没有人公开宣称能破解。

但该软件也有缺点，就是该壳的加载会影响程序运行速度，因此在一些对速度要求很高的场合就不适合采用。VMProtect 1.22.3 之前是免费版，可以支持 EXE、DLL 等文件。更高版本需要购买，其支持驱动程序的保护。现在流行的做法是先用 VMProtect 处理核心代码，再选用一款兼容性好的壳进行保护。

VMProtect 并没有提供使用说明，必须告诉 VMProtect 要加密的代码具体地址，这对使用者有一定的要求，至少要懂一些跟踪技术。通常可以用调试器，如 OllyDbg 跟踪到程序需要保护的地址，然后添加地址到 VMProtect。下面以一个记事本程序为例，演示 VMProtect 的使用方法。

运行 VMProtect 后，打开 NOTEPAD.EXE 文件。选择 Dump 选项卡，输入要加密的起始地址，光标跳转到要加密代码起始地址后，选择"Project"→"new procedure"命令，此时会出现一个新的项目，如图 10.19 所示。需要处理其他地址时，请依次操作。

图 10.19　VMProtect 界面

10.5.3　软件脱壳

当要对一个软件进行全面的分析时，首先要检查它是否加了壳及加了什么壳。对一个加了壳的软件，如果没有脱壳，那么是没有办法进行分析的。为了对软件代码进行分析，首先要去除其中的保护信息和干扰信息，即脱壳操作，还原软件的本来面目，这个过程称为脱壳。

脱壳之前，首先使用侦壳软件检查目标软件壳的类型，常用的侦壳软件有 FileInfo、PEiDentifer 和 Language2000 等，这些软件的使用都很简单，这里不再详细介绍。对软件脱壳可以使用脱壳软件，也可以采用手动脱壳的方式。

手动脱壳时,需要熟悉 Windows 中可执行文件的标准格式,即 PE(Portable Executable)文件格式,同时还需要借助一些辅助工具,如 W32Dasm、LordPE、文件位置计算器(File Location Calculator)、冲击波(Blast Wave2000)等。手动脱壳的基本步骤有查找程序入口点、获取内存映像文件、重建输入表等。

自动脱壳就是用专门的脱壳工具软件和通用的脱壳软件进行脱壳的过程。通常每个专用脱壳软件只能脱掉特定的一种或两种加壳软件所加的壳。通用的脱壳软件具有通用性,可以脱掉许多不同种类的壳。一般来说,专用的脱壳软件使用范围比较狭窄,但对特定的壳十分有效,通用的壳往往不能精确地适用于某些软件脱壳。

最常用的加壳软件都有对应的脱壳工具,有些压缩工具自身能解压,如 UPX;有些不提供自脱壳功能,如 ASPACK,需要通过 UNASPACK 进行脱壳。

目前除了专用的脱壳软件外,另一类就是通用脱壳软件,如 ProcDump、GUW32 和 UN-PACK 等。ProcDump 是一个著名的通用脱壳软件,它有一个脚本文件 script.ini。用户可以编写新的脚本存入该文件中来对付新的加壳软件,这个特点是其他脱壳软件所不具备的。ProcDump 的运行界面如图 10.20 所示。

GUW32 是一个智能化的全自动脱壳软件,其原理是通过模拟单步跟踪实现自动脱壳。使用它时,用户不需要了解壳的信息,也不需要侦测所加壳的类型,只需要选定脱壳软件即可。

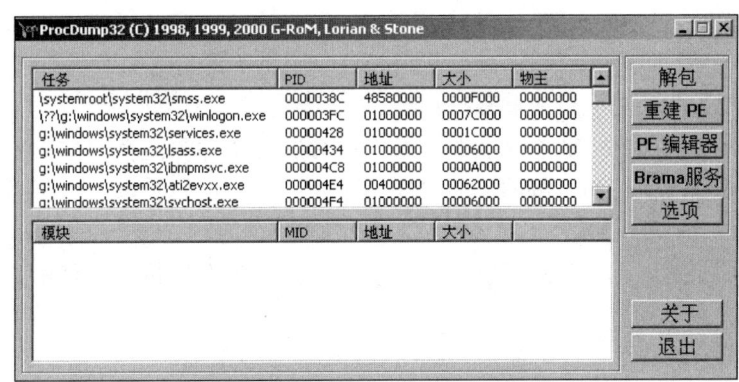

图 10.20　ProcDump 运行界面

脱壳成功的标志是脱壳以后的软件能够正常运行,并且功能没有减少。一般来说,脱壳后的软件长度要大于原文件长度。即使同一个文件,采用不同脱壳软件进行脱壳以后,得到的文件大小也不尽相同。除了上述介绍的几种脱壳软件外,还有其他的脱壳工具,感兴趣的读者可以查阅相关材料。

常用壳的脱壳方式汇总如下。

(1) ASPack 壳:用得最普遍,对这种壳通常只要用 UNASPACK 或 ProcDump 脱壳即可。

(2) ASProtect+aspack 壳:国外的软件多用它来加壳,脱壳时需要用到 SoftICE+ICEDUMP,需要一定的专业知识,但最新版现在暂时没有办法。

(3) UPX 壳:可以用 UPX 本身来脱壳,但要注意版本是否一致,用-D 参数。

(4) Armadillo 壳:可以用 SoftICE+ICEDUMP 脱壳,比较麻烦。

（5）DBPE 壳：国内比较好的加密软件，新版本暂时不能脱，但可以破解。

（6）NeoLite 壳：可以用自己来脱壳。

（7）Pcguard 壳：可以用 SoftICE＋ICEDUMP＋FROGICE 来脱壳。

（8）PECompat 壳：用 SoftICE 配合 PEDUMP32 来脱壳。

（9）Petite 壳：有一部分旧版本可以用 PEDUMP32 直接脱壳，新版本脱壳时需要用到 SoftICE＋ICEDUMP，需要一定的专业知识。

（10）WWPack32 壳：与 PECOMPACT 类似，其实有一部分的旧版本可以用 PEDUMP32 直接脱壳，不过有的资源无法修改，也就无法汉化，所以最好还是用 SoftICE 配合 PEDUMP32 脱壳。

10.6　设计软件的一般性建议

本节将给出设计软件保护的一般性建议，这些都是无数人经验的总结。程序员在设计自己的软件时，最好能够遵守这些准则，这样会大大提高软件的保护强度。

（1）软件最终发行之前，一定要将可执行程序进行加壳/压缩，使得解密者无法直接修改程序。如果时间允许并且有相应的技术能力，则最好设计自己的加壳/压缩方法。如果采用现成的加壳工具，则最好不要选择流行的工具，因为这些工具已被广泛深入地加以研究，有了通用的脱壳/解压办法。另外，最好采用两种以上不同的工具来对程序进行加壳/压缩，并尽可能地利用这些工具提供的反跟踪特性。

（2）增加对软件自身的完整性检查。这包括对磁盘文件和内存映像的检查，以防止有人未经允许修改程序而达到破解的目的。DLL 和 EXE 之间可以互相检查完整性。

（3）不要采用一目了然的名称来命名函数和文件，如 IsLicensedVersion( )、key.dat 等。所有与软件保护相关的字符串都不能以明文形式直接存放在可执行文件中，这些字符串最好是动态生成。

（4）尽可能少地给用户提示信息，因为这些蛛丝马迹都可能导致解密者直接深入保护的核心。例如，当检测到破解企图后，不要立即给用户提示信息，而是在系统的某个地方做一个记号，随机地过一段时间后使软件停止工作，或者装作正常工作，但实际上却在所处理的数据中加入了一些垃圾。

（5）将注册码、安装时间记录在多个不同的地方。

（6）检查注册信息和时间的代码越分散越好。不要调用同一个函数或判断同一个全局标志，因为这样做的话只要修改了一个地方则全部都被破解了。

（7）不要依赖 GetLocalTime( )、GetSystemTime( )这样众所周知的函数来获取系统时间，可以通过读取关键的系统文件的修改时间来得到系统时间的信息。

（8）建议采用联网检查注册码的方法，且数据在网上传输时要加密。

（9）除了加壳/压缩外，还需要自己编程在软件中嵌入反跟踪的代码，以增加安全性。

（10）在检查注册信息时插入大量无用的运算以误导解密者，并在检查出错误的注册信息后加入延时。

（11）给软件保护加入一定的随机性，比如除了启动时检查注册码外，还可以在软件运行的某个时刻随机地检查注册码。随机值还可以很好地防止那些模拟工具,如软件狗模拟程序。

(12) 如果采用注册码的保护方式,则最好是一机一码,即注册码与机器特征相关,这样一台机器上的注册码就无法在另外一台机器上使用,可以防止有人散播注册码。同时,机器号的算法不要太迷信硬盘序列号,因用相关工具可以修改其值。

(13) 如果试用版与正式版是分开的两个版本,且试用版的软件没有某项功能,则不要仅仅使相关的菜单变灰,而应彻底删除相关的代码,使得编译后的程序中根本没有相关的功能代码。

(14) 如果软件中包含驱动程序,则最好将保护判断加在驱动程序中。驱动程序在访问系统资源时受到的限制比普通应用程序少得多,这也给了软件设计者发挥的余地。

(15) 如果采用注册文件的保护方式,则注册文件的尺寸不能太小,可将其结构设计得比较复杂,在程序中不同的位置对注册文件的不同部分进行复杂的运算和检查。

(16) 自己设计的检查注册信息的算法不能过于简单,最好是采用比较成熟的密码学算法。对于相关算法,可以在网上找到大量的源码。

习 题 10

在线测试

简答题

1. 为什么要对软件进行保护?在你的周围,最常见的软件保护方法是什么?
2. 常用的软件保护技术有哪些?在这些软件保护技术中,你认为哪种方式最有效?
3. 简述软件破解的一般流程。
4. 一个加过壳的软件在经过脱壳之后,是否还会和原文件保持一样?请说明理由。
5. 在使用注册机算出软件注册码并成功注册后,软件正常使用了一段时间,突然提示用户"该软件已经注册过期,需要重新注册",为什么会出现这样的情况?
6. 目前网络上有很多软件都不可以长期免费使用,怎样才能够下载可以免费使用的软件,且能够无限期地免费使用它们?

第 11 章　虚拟专用网技术

在经济全球化的今天,随着网络,尤其是网络经济的发展,客户分布日益广泛,合作伙伴增多,移动办公人员也随之剧增。传统企业网基于固定地点的专线连接方式很难适应现代企业的需求。在这样的背景下,远程办公室、公司各分支机构、公司与合作伙伴、供应商、公司与客户之间都有需求建立专门的连接通道,以进行信息传送。

在传统的企业组网方案中,要进行远程 LAN 到 LAN 互联,除了租用 DDN 专线或帧中继外,并没有更好的解决方法。对于移动用户与远端用户而言,只能通过拨号线路进入企业各自独立的局域网。这样的方案必然导致昂贵的长途线路租用费和长途电话费。于是,虚拟专用网(VPN)的概念与市场随之出现。利用 VPN 网络能够获得语音、视频方面的服务,如 IP 电话业务、电视会议、远程教学,甚至证券行业的网上路演、网上交易等。

11.1　VPN 的基本概念

早在 1993 年,欧洲虚拟专用网联盟就成立了,力图在全欧洲范围内推广 VPN,但那时的 VPN 主要是一个技术名词,VPN 服务的真正发展还是近几年的事。Internet 是目前世界上最大和使用最广泛的网络,它所采用的 IP 技术包容性好,同时又是业界比较流行的通信机制。另外,Internet 的迅猛发展为 VPN 提供了技术基础,全球化的企业为 VPN 提供了市场。正是基于上述理由,业内人士认为基于 IP 的 VPN 具有非常广阔的发展前景。

VPN 可分为传统意义的 VPN 和 IP VPN。所谓传统意义上的 VPN,即在 DDN 网、公用分组交换网或帧中继网上组建 VPN,利用 DDN 网、公用分组交换网或帧中继网的部分网络资源(如传输线路、网络模块、网络端口等)划分成一个分区,并设置相对独立的网络管理机构,对分区内的数据流量及各种资源进行管理。分区内的各节点共享分区内的网络资源,它们之间的数据处理和传送相对独立,就好像真正的专用网一样。所谓 IP VPN 是依靠 ISP(Internet 服务提供商)和其他 NSP(网络服务提供商)在公用网络中建立专用的数据通信网络的技术。所谓"虚拟"是指用户不再需要拥有实际的长途数据线路,而是使用 Internet 公众数据网络的长途数据线路。所谓"专用网络"是指用户可以为自己制定一个最符合自己需求的网络。尽管 VPN 有上述区分,但目前业界所讨论的主要是基于 IP 的 VPN。

11.1.1　VPN 的工作原理

顾名思义,虚拟专用网络(Virtual Private Network,VPN)可以理解为虚拟出来的企业内部专线。它可以通过特殊加密的通信协议在位于不同地方的两个或多个企业内部网之间建立一条专有的通信线路,就好比是架设了一条专线一样,但是它并不需要真正地去铺设光缆之类的物理线路。这就像是去电信局申请专线,但是不用给铺设线路的费用,也不用购买路由器等硬件设备。VPN技术原是路由器具有的重要技术之一,目前在交换机、防火墙设备或操作系统软件里都支持VPN功能。综上所述,VPN的核心就是利用公共网络建立虚拟私有网。这里所指的公用网络有多种,包括IP网络、帧中继网络和ATM网络。

IETF对基于IP的VPN定义:使用IP机制仿真出一个私有的广域网。

从原理上来说,VPN就是利用公用网络(通常是Internet)将远程站点或用户连接到一起的专用网络,与使用实际的专用连接(如租用线路)不同,VPN使用的是通过Internet路由的"虚拟"连接将公司的专用网络同远程站点或员工连接到一起,如图11.1所示。

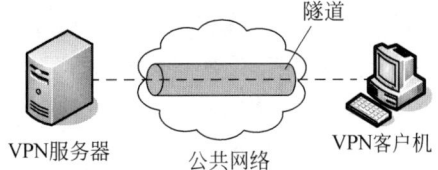

图11.1 VPN工作原理示意图

VPN采用"隧道"技术,可以模仿点对点连接技术,依靠Internet服务提供商(ISP)和其他的网络服务提供商(NSP)在公用网中建立自己专用的"隧道",让数据包通过这条隧道传输。对于不同的信息来源,可分别给它们开出不同的隧道。

11.1.2 VPN的分类

VPN的分类方法比较多,实际使用中,需要通过客户机与服务器端的交互实现认证与隧道的建立。基于二层、三层的VPN都需要安装专门的客户机系统(硬件或软件),完成VPN相关的工作。

一个VPN解决方案不仅是一个经过加密的隧道,而且还包含访问控制、认证、加密、隧道传输、路由选择、过滤、高可用性、服务质量及管理。

VPN系统大体分为4部分:专用的VPN硬件、支持VPN的硬件或软件防火墙、VPN软件和VPN服务提供商。

1. 按VPN的接入方式进行分类

一般情况下,用户可能是用网络专线连接Internet,也可能是通过电话拨号连接Internet。建立在IP网上的VPN也就对应两种接入方式:专线VPN和拨号VPN。

(1) 专线VPN:为已经通过专线接入ISP边缘路由器的用户提供的VPN解决方案。这是一种"永远在线"的VPN,可以节省传统的长途专线费用。

(2) 拨号VPN(又称VPDN):向利用拨号PSTN或ISDN接入ISP的用户提供的VPN业务。这是一种"按需连接"的VPN,可以节省用户的长途电话费用。需要指出的是,因为用户一般是"按需连接"的漫游用户,因此VPDN通常需要做身份认证。

2. 按VPN的应用平台分类

VPN的应用平台分为3类:软件平台VPN、专用硬件平台VPN和辅助硬件平台VPN。

(1) 软件平台VPN:当对数据连接速率要求不高,对性能和安全性需求不强时,可以利用一些软件公司所提供的完全基于软件的VPN产品来实现简单的VPN功能。

(2) 专用硬件平台VPN:使用专用硬件平台的VPN设备可以满足企业和个人用户对提高数据安全及通信性能的需求,尤其是从通信性能的角度来看,指定的硬件平台可以完成数据加密、数据乱码等对CPU处理能力需求很高的功能。提供这些平台的硬件厂商比较多,如川大能士、Nortel、Cisco和3Com等。

(3) 辅助硬件平台 VPN：这类 VPN 介于软件平台 VPN 和专用硬件平台 VPN 之间。辅助硬件平台 VPN 主要是指以现有网络设备为基础，再增加适当的 VPN 软件以实现 VPN 的功能。

3. 按 VPN 的协议分类

按 VPN 协议方面分类主要是指按构建 VPN 的隧道协议分类。VPN 的隧道协议可分为第二层、第三层、第二层～第三层（2.5 层）、第四层隧道协议。

（1）第二层隧道协议：包括点到点隧道协议（PPTP）、第二层转发协议（L2F）、第二层隧道协议（L2TP）、多协议标记交换（MPLS）等。

（2）第三层隧道协议：包括通用路由封装协议（GRE）、IP 安全（IPSec）。这是目前最流行的两种三层协议。

第二层和第三层隧道协议的区别主要在于用户数据在网络协议栈的第几层被封装，其中 GRE、IPSec 和 MPLS 主要用于实现专线 VPN 业务，L2TP 主要用于实现拨号 VPN 业务（但也可以用于实现专线 VPN 业务）。当然这些协议之间本身是不冲突的，可以相互结合使用。各层隧道协议的内容在 11.2 节将详细介绍。

4. 按 VPN 的服务类型分类

根据服务类型，VPN 业务按用户需求定义有 3 种：Intranet VPN、Access VPN 和 Extranet VPN。

（1）Intranet VPN（内部网 VPN）：企业的总部与分支机构间通过公网构筑的虚拟网。这种类型的连接带来的风险最小，因为公司通常认为他们的分支机构是可信的，并将它作为公司网络的扩展。内部网 VPN 的安全性取决于两个 VPN 服务器之间的加密和验证手段。内部网 VPN 的结构如图 11.2 所示。

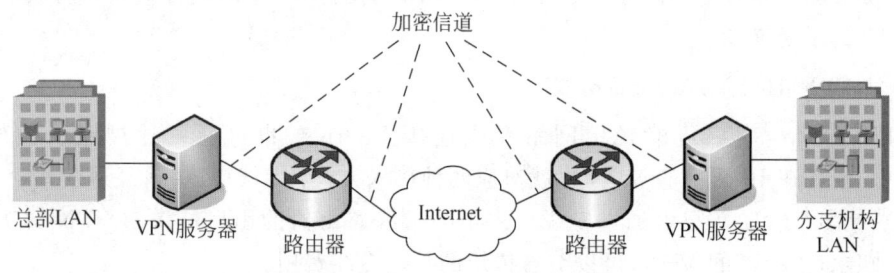

图 11.2 内部网 VPN 的结构示意图

（2）Access VPN（远程访问 VPN）：又称为拨号 VPN（即 VPDN），是指企业员工或企业的小分支机构通过公网远程拨号的方式构筑的虚拟网。典型的远程访问 VPN 是用户通过本地的信息服务提供商登录 Internet，并在现有的办公室和公司内部网之间建立一条加密信道。远程访问 VPN 的结构如图 11.3 所示。

（3）Extranet VPN（外联网 VPN）：企业间发生收购、兼并或企业间建立战略联盟后，使不同企业网通过公网来构筑的虚拟网。它能保证包括 TCP 和 UDP 服务在内的各种应用服务的安全，如 E-mail、HTTP、FTP、RealAudio、数据库的安全，以及一些应用程序（如 Java、ActiveX）的安全。外联网 VPN 的结构如图 11.4 所示。

5. 按 VPN 的部署模式分类

VPN 可以通过部署模式来区分，部署模式从本质上描述了 VPN 的通道是如何建立和

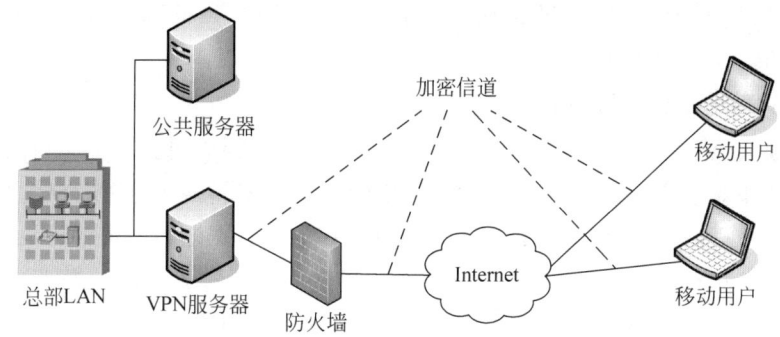

图 11.3 远程访问 VPN 的结构示意图

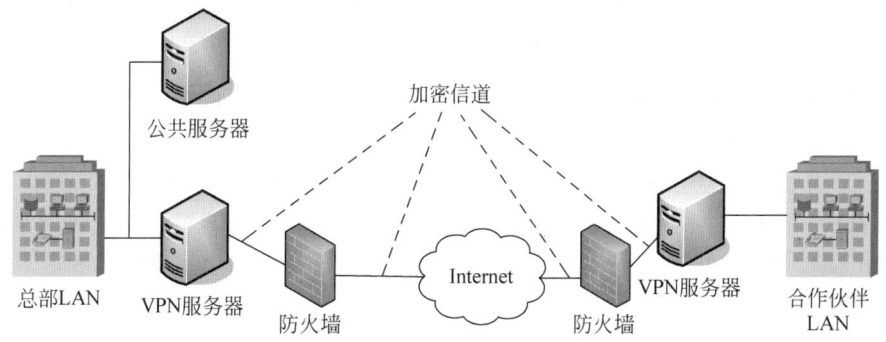

图 11.4 外联网 VPN 的结构示意图

终止的,一般有 3 种 VPN 部署模式。

(1) 端到端(end-to-end)模式:典型的由自建 VPN 的客户所采用的模式,最常见的隧道协议是 IPSec 和 PPTP。

(2) 供应商-企业(provider-enterprise)模式:隧道通常在 VPN 服务器或路由器中创建,在客户前端关闭。在该模式中,客户不需要购买专门的隧道软件,由服务商的设备来建立通道并验证。最常见的隧道协议有 L2TP、L2F 和 PPTP。

(3) 内部供应商(intra-provider)模式:服务商保持了对整个 VPN 设施的控制。在该模式中,通道的建立和终止都是在服务商的网络设施中实现的。客户不需要做任何实现 VPN 的工作。

11.1.3 VPN 的特点与功能

随着商务活动的日益频繁,各企业开始允许其生意伙伴、供应商访问本企业的局域网,简化信息交流的途径,增加信息交换速度。这些合作和联系是动态的,并依靠网络来维持和加强,于是各企业发现,这样的信息交流不但带来了网络的复杂性,还带来了管理和安全性的问题,因为 Internet 是一个全球性和开放性的、基于 TCP/IP 技术的、不可管理的国际互联网络。因此,基于 Internet 的商务活动就面临非善意的信息威胁和安全隐患。还有一类用户,随着自身的发展壮大与跨国化,企业的分支机构不仅越来越多,而且相互间的网络基础设施互不兼容也更为普遍。同时,用户的信息技术部门在连接分支机构方面也感到日益棘手。

Access VPN、Intranet VPN 和 Extranet VPN 为用户提供了 3 种 VPN 组网方式,但在

实际应用中，用户所需要的VPN又应当具备哪些特点呢？一般而言，一个高效、成功的VPN应具备以下几个主要特点。

1. 具备完善的安全保障机制

虽然实现IP VPN的技术和方式很多，但所有的VPN均应保证通过公用网络平台传输数据的专用性和安全性。在非面向连接的公用IP网络上建立一个逻辑的、点对点的连接，称为建立一个隧道，可以利用加密技术对经过隧道传输的数据进行加密，以保证数据仅被指定的发送者和接收者了解，从而保证了数据的私有性和安全性。在安全性方面，由于VPN直接构建在公用网上，实现简单、方便、灵活，但同时其安全问题也更为突出。企业必须确保其VPN上传送的数据不被攻击者窥视和篡改，并且要防止非法用户对网络资源或私有信息的访问。Extranet VPN将企业网扩展到合作伙伴和客户，对安全性提出了更高的要求。

2. 具备用户可接受的服务质量保证（QoS）

IP VPN应当为企业数据提供不同等级的服务质量保证，不同的用户和业务对服务质量保证的要求差别较大。例如，对于移动办公用户，提供广泛的连接和覆盖性是Access VPN保证服务的一个主要因素。而对于拥有众多分支机构的Intranet VPN或基于多家合作伙伴的Extranet VPN而言，能够提供良好的网络稳定性是满足交互式的企业网应用首要考虑的问题。另外，对于其他诸如视频等具体应用则对网络提出了更明确的要求，包括网络时延和误码率等。所有以上网络应用均要求VPN网络根据需要提供不同等级的服务质量。在网络优化方面，构建VPN的另一个重要需求是充分有效地利用有限的广域网资源，为重要数据提供可靠的带宽。广域网流量的不确定性使其带宽的利用率较低，在流量高峰时引起网络拥塞，产生网络瓶颈，难于满足实时性要求高的业务服务质量保证；而在流量低谷时又造成大量的网络带宽空闲。QoS通过流量预测与流量控制策略，可以按照优先级分配带宽资源，实现带宽优化管理，使得各类数据能够被合理地先后发送，并预防拥塞的发生。

3. 具备良好的可扩充性与灵活性

IP VPN必须能够支持通过Intranet和Extranet的任何类型的数据流，方便增加新的节点，支持多种类型的传输媒介，可以满足同时传输语音、图像和数据等新应用对高质量传输及带宽增加的需求。

4. 具备完善的可管理性

在IP VPN管理方面，要求企业将其网络管理功能从局域网无缝地延伸到公用网，甚至是客户和合作伙伴。尽管可以将一些次要的网络管理任务交给服务提供商去完成，但企业自己仍需要完成许多网络管理任务，所以，一个完善的VPN管理系统是必不可少的。VPN管理的目标为减小网络风险、具有高扩展性、经济性、高可靠性等优点。事实上，VPN管理主要包括安全管理、设备管理、配置管理、访问控制列表管理、QoS管理等内容。

由此可见，VPN的基本功能至少应包括以下几方面。

（1）加密数据。保证通过公网传输的信息即使被他人截获也不会泄露。

（2）信息验证和身份认证。保证信息的完整性、合理性，并能鉴别用户的身份。

（3）访问控制。不同的用户有不同的访问权限。

（4）地址管理。VPN方案必须能够为用户分配专用网络上的地址并确保地址的安全性。

（5）密钥管理。VPN方案必须能够生成并更新客户机和服务器的加密密钥。

（6）多协议支持。VPN方案必须支持公共Internet上普遍使用的基本协议，包括IP、IPX等。

11.1.4 VPN安全技术

由于IP VPN是在不安全的Internet中进行通信的，而通信的内容可能涉及企业的机密数据，因此其安全性就显得非常重要，必须采取一系列的安全机制来保证VPN的安全。IP VPN的安全机制通常由加密/解密技术、认证技术和密钥管理技术组成。

1. 加密/解密技术

在VPN中为了保证重要的数据在公共网上传输时不被他人窃取，采用了加密机制。在现代密码学中，加密算法被分为对称加密算法和非对称加密算法。

对称加密算法采用同一密钥进行加密和解密，优点是速度快，但密钥的分发与交换不便于管理。而采用非对称加密算法进行加密时，通信各方使用两个不同的密钥，一个是只有发送方知道的私人密钥，另一个则是对应的公开密钥。私人密钥和公开密钥在加密算法上成对出现，一个用于数据加密，另一个用于数据解密。非对称加密还有一个重要用途，即数字签名。

2. 认证技术

认证技术可以用来保证数据避免被伪造、篡改，这对于网络数据传输，特别是电子商务是极其重要的。认证协议一般都要采用一种称为摘要的技术。摘要技术主要采用哈希函数将一段长的报文通过函数变换映射为一段短的报文，即摘要。由于哈希函数的特性，使得要找到两个不同的报文具有相同的摘要是相当困难的。该特性使得摘要技术在VPN中有以下两个用途。

（1）验证数据的完整性。发送方将数据报文和报文摘要一同发送，接收方通过计算报文摘要与发来数据报文比较，若相同则说明数据报文未经修改。由于在报文摘要的计算过程中一般是将一个双方共享的秘密信息连接上实际报文一同参与摘要的计算，因此不知道秘密信息将很难伪造一个匹配的摘要，从而保证了接收方可以辨认出伪造或篡改过的报文。

（2）用户认证。该功能实际上是验证数据的完整性功能的延伸。有时一方希望验证对方，但又不希望验证秘密在网络上传送。这时一方可以发送一段随机报文，要求对方将秘密信息连接上该报文作摘要后发回，接收方可以通过验证摘要是否正确来确定对方是否拥有秘密信息，从而达到验证对方的目的。

3. 密钥管理技术

VPN中无论是认证还是加密都需要秘密信息，因而密钥的分发与管理显得非常重要。密钥的分发有两种方法：一种是通过手工配置的方式；另一种是采用密钥交换协议，动态分发。手工配置的方法由于密钥更新困难，因此只适合于简单网络的情况。密钥交换协议采用软件方式动态生成密钥，适合于复杂网络的情况且密钥可快速更新，可以显著地提高VPN的安全性。

11.2 VPN实现技术

VPN现有的实现都依赖于隧道,隧道技术又称为Tunneling。通常是利用协议的封装来实现,用一种网络协议来传输另外一种网络协议。也就是说,在本地网关将第二种协议报文包含在第一种协议报文中,然后按照第一种协议来传输,等报文到达对端网关时,由该网关从第一种协议报文中解析出第二种协议报文,这是一个基本的隧道技术的实现过程。

对于两个网关之外的用户,可以忽视使用隧道技术的影响,因为对他们来说报文是透明传输的。隧道技术的应用为VPN的实现提供了许多优良的特性,不仅扩大了VPN的应用面,而且为利用VPN组网提供了极大的灵活性。

11.2.1 第二层隧道协议

在这一层的VPN实现中共有3种方法:PPTP(Point to Point Tunneling Protocol,点到点隧道协议)、L2F(Layer 2 Forwarding,链路层转发协议)和L2TP(Layer 2 Tunneling Protocol,链路层隧道协议)。

1. PPTP

PPTP由PPTP Forum开发,PPTP Forum是一个联盟,其成员包括US Robotics、Microsoft、3COM、Ascend和ECI Telematics。PPTP是点到点协议(PPP)的扩充,即PPTP是基于PPP且应用了Tunneling技术的协议。它用"PPP质询握手验证协议(CHAP)"来实现对用户的认证。简单地说,PPTP用于将PPP分组通过IP网络封装传输,如图11.5所示。

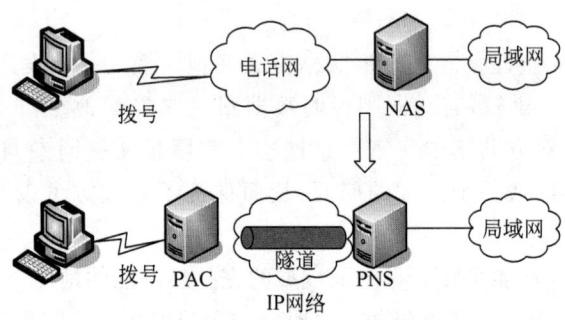

图 11.5 PPTP 工作示意图

PPTP的体系结构主要由以下3部分组成。

(1) PPP连接和通信。按照PPP和对方建立链路层的连接。

(2) PPTP控制连接。建立到Internet的PPTP服务器上的连接,并建立一个虚拟隧道。

(3) PPTP数据隧道。PPTP在隧道中建立包含加密的PPP包的IP数据报,这些数据报通过PPTP隧道进行发送。

第二个和第三个过程都取决于它们前一个过程的成功。如果有一个失败了,则整个过程必须重来。

PPTP 使用一个 TCP 连接对隧道进行维护,使用通用路由封装(GRE)技术将数据封装成 PPP 数据帧,然后再通过隧道传送。此时可以对封装 PPP 帧中的负载数据进行加密和压缩,如图 11.6 所示。

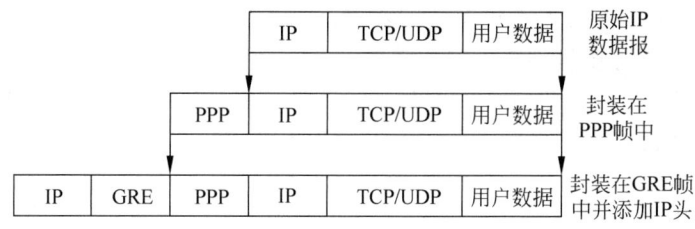

图 11.6 PPTP 协议帧结构

2. L2F

该协议是由 CISCO 提出并倡导使用的链路层安全协议,当然它也采用了 Tunneling 技术,主要面向远程或拨号用户的使用。

L2F 主要强调的是将物理层协议移到链路层,并允许通过 Internet 光缆的链路层和较高层协议进行传输。物理层协议仍然保持在对该 ISP 的拨号连接中。一旦建立连接,L2F 将通过在保持初始拨号服务器位置不可见的 Internet 中的虚拟隧道传送包含验证、授权和记账信息的数据包。该用户只能看见连接被终止的那个网络,即公司的 LAN。

L2F 还可以解决 IP 写地址和记账的问题,它对可靠地处理这两个问题提供建议和基础。

对于 ISP 的初始连接,L2F 将使用标准 PPP。对于验证,L2F 将使用标准 CHAP(或进行某些修改)。对于封装,L2F 指定在 L2F 数据报中封装整个 PPP 或 SLIP 包所需要的协议。同时这些操作尽可能地对用户透明,以方便应用 L2F 来构建灵活的 VPN 网络。

3. L2TP

通过以上说明,可以看到 PPTP 和 L2F 尽管有很多不同,但是二者却部分兼容。为此,由 PPTP Forum 各成员、思科公司和 IETF(Internet 工程工作组)联手打造了一个新的协议——L2TP。它不仅提供了以 CHAP 为基础的用户身份认证,支持对内部地址的分配,而且还提供了灵活有效的记账功能和较为完善的管理功能。

在链路层上实现 VPN 有一定的优点。假定两个主机或路由器之间存在一条专用通信链路,而且为避免有人"窥视",所有通信需要加密,数据加密可用硬件设备来进行。这样做的最大好处在于速度的提高。

然而,在链路层上实现 VPN 也有一定的缺点,该方案不易扩展,而且仅在专用链路上才能很好地工作。另外,进行通信的两个实体必须在物理上连接到一起,这也给在链路层上实现 VPN 带来了一定的难度。

PPTP、L2F 和 L2TP 这 3 种协议都是运行在链路层中的,通常是基于 PPP 的,并且主要面向的是拨号用户,由此导致了这 3 种协议应用的局限性。

而当前在 Internet 及其他网络中,绝大部分的数据都是通过 IP 来传输的,逐渐形成了一种"Everything on IP"的观点,而基于 IP 的 VPN 技术则是近来在网络安全领域迅速发展的 IPSec。

PPTP 与 L2TP 均使用 PPP 对数据进行封装,然后添加附加包头用于数据在网络中传输。虽然它们有很多相似的功能,但仍然存在以下一些区别。

(1) PPTP 要求 Internet 为 IP 网络,而 L2TP 能够在 IP、X.25 和 ATM 等网络上使用。

(2) PPTP 只能在两端点间建立单一隧道,L2TP 可以在两个端点之间建立多个隧道。用户可根据不同的服务质量创建不同的隧道。

(3) PPTP 不支持隧道验证,L2TP 提供了此项功能。L2TP 可通过与 IPSec 共同使用,由 IPSec 提供隧道认证。

11.2.2 第三层隧道协议

在网络层的实现中,有两种常用的实现方式:GRE 和 IPSec。

1. GRE

GRE(Generic Routing Encapsulation,通用路由封装协议)对某些网络层协议(如 IP 和 IPX)的数据报进行封装,使这些被封装的数据报能够在另一个网络层协议(如 IP)中传输。GRE 提供了将一种协议的报文封装在另一种协议报文中的机制。

GRE 是 VPN 的第三层隧道协议,即在协议层之间采用了一种被称为 Tunnel(隧道)的技术。Tunnel 是一个虚拟的点对点连接,在实际中可以看成是仅支持点对点连接的虚拟接口,这个接口提供了一条通路,使封装的数据报能够在这个通路上传输,使报文能够在异种网络中传输。异种报文传输的通道称为 Tunnel,并且在一个 Tunnel 的两端分别对数据报进行封装及解封。

GRE 在 RFC1701/RFC1702 中定义,具体结构如图 11.7 所示,它规定了用一种网络层协议去封装另一种网络层协议的方法。GRE 的隧道由其源 IP 地址和目的 IP 地址来定义。它允许用户使用 IP 去封装 IP、IPX、AppleTalk,并支持全部的路由协议,如 RIP、OSPF、IGRP 和 EIGRP。通过 GRE 封装,用户可以利用公用 IP 网络去连接 IPX 网络、AppleTalk 网络,以及使用保留地址进行网络互联,或者对公网隐藏企业网的 IP 地址。

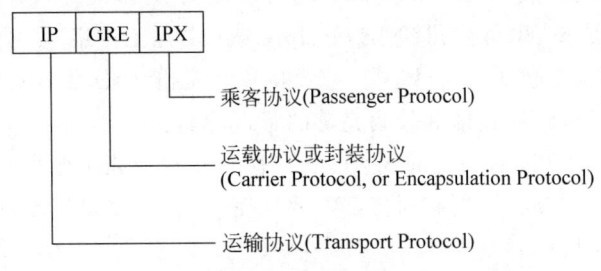

图 11.7 GRE 协议

它的运行过程通常是这样的:当路由器接收了一个需要封装的上层协议数据报文时,首先这个报文按照 GRE 协议的规则被封装在 GRE 协议报文中,而后再交给 IP 层,由 IP 层再封装成 IP 协议报文便于网络的传输,等到达对端的 GRE 协议处理网关时,按照相反的过程处理,就可以得到所需的上层协议的数据报文了。

标准的 GRE 在虚拟通道中的数据是没有进行加密传输的,一旦数据被截获,重要数据将有失密的危险。而与 GRE 相比,IPSec 只能进行通道内的数据加密,无法在 Internet 上建立虚拟的通道互联,使异地的两个局域网不像访问本地网一样方便;也无法在加密的数据连接上采用路由协议,网络管理很不方便。所以 GRE+IPSec 联合应用方式成为实际中 VPN 建网的首选。

标准 GRE 需要建立隧道的两端设备的 IP 地址固定,这就要求隧道两端的设备都是采用类似专线的线路进行互联。如果某一端是 PSTN/ISDN/ADSL 接入,则因接入端 IP 地址不固定而将无法建立连接。

GRE 的优点是为网络的互联提供了一些解决手段,它可以解决数据在多协议网络中传输的困难,可以将无法连接的子网连接起来,同时还可以扩大某些类型网络的工作范围。

2. IPSec

IPSec(IP Security,IP 安全协议)实际上是一套协议包而不是一个独立的协议,这一点对于认识 IPSec 是很重要的。自 1995 年开始 IPSec 的研究以来,IETF IPSec 工作组在它的主页上发布了几十个 Internet 草案文献和 12 个 RFC 文件。其中,比较重要的有 RFC2409 IKE(Internet 密钥交换)、RFC2401 IPSec 协议、RFC2402 AH 验证包头、RFC2406 ESP 加密数据等文件。

IPSec 位于网络层,对通信双方的 IP 数据分组进行保护和认证,对高层应用透明。IPSec 能够保证 IP 网络上数据的保密性、完整性,并提供身份认证。IPSec 拥有密钥自动管理功能,优于 PPTP/L2TP。

IPSec 提供了以下网络安全性服务,而这些服务是可选的。通常,本地安全策略将规定使用以下服务的一种或多种。

(1) 数据机密性:IPSec 发送方在通过网络传输 IP 包前对包进行加密,用来确保在数据的传输过程中不被第三方偷窥。

(2) 数据完整性:IPSec 接收方对发送方发送来的包进行认证,以确保数据在传输过程中没有被篡改。

(3) 数据来源认证:IPSec 接收方对 IPSec 包的来源进行认证,即对连接用户的身份进行认证。

(4) 抗重放:一种安全性服务,使得接收者可以拒绝接收过时包或包复制,以保护自己不被攻击。IPSec 用一个序列号来提供这一可选服务,以配合数据认证的使用。

一旦有了 IPSec,数据在通过公共网络传输时就不用担心被监视、篡改和伪造。这使得虚拟专用网络,包括内部网、外部网及远端用户的访问得以实现。

IPSec 通过使用各种加密算法、验证算法、封装协议和一些特殊的安全保护机制来实现这些目的,而这些算法及其参数保存在进行 IPSec 通信两端的 SA(Security Association,安全关联)中,当两端的 SA 中的设置匹配时,两端就可以进行 IPSec 通信了。IPSec 使用的加密算法包括 DES-56 位、3DES 168 位和 RSA 等国际较为通用的算法。验证算法采用的也是流行的 HMAC-MD5 和 HMAC-SHA 算法。

IPSec 安全体系如图 11.8 所示,包括 3 个基本协议:AH 协议为 IP 包提供信息源验证和完整性保证,ESP 协议提供加密机制,密钥管理协议(ISAKMP)提供双方交流时的共享安全信息。ESP 和 AH 协议都有相关的一系列支持文件,规定了加密和认证的算法。最后,解释域(DOI)通过一系列命令、算法、属性和参数连接所有的 IPSec 组件。而策略决定两个实体之间能否进行通信及如何通信。策略的核心部分由安全关联(SA)、安全关联数据库(SAD)、安全策略(SP)、安全策略数据库(SPD)组成。

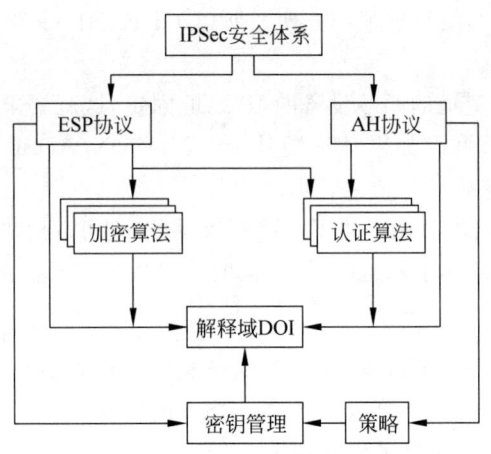

图 11.8　IPSec 安全体系结构

安全关联是发送者和接收者两个 IPSec 应用实体之间经协商建立起来的一种共同协定,它规定了通信双方用于保护数据安全所使用的 IPSec 协议、应用的算法标识、加密和验证的密钥取值及密钥的生存周期等安全属性值。

安全关联数据库用于存放 SA,为接收/发送包处理维持一个活动的 SA 列表。

安全策略是一个描述规则,定义了对什么样的数据流实施什么样的安全处理,至于安全处理需要的参数在 SP 指向的一个结构 SA 中存储。

安全策略数据库中每个记录就是一条 SP,定义类似上例中的描述规则,一般分为应用 IPSec 处理、绕过、丢弃。

1) AH 协议

AH(Authentication Header)定义于 RFC2402 中。该协议用于保证 IP 数据包的完整性和真实性,防止黑客截获数据包或向网络中插入伪造的数据包。出于对计算效率的考虑,AH 没有采用数字签名,而是采用了安全散列算法对数据包进行保护。AH 没有对用户数据进行加密,当需要身份验证而不需要机密性时,使用 AH 协议是最好的选择。

AH 有以下两种工作模式。

(1) 传输模式。传输模式不改变数据包 IP 地址,在 IP 头和 IP 数据负载间插入一个 AH 头,如图 11.9 所示。

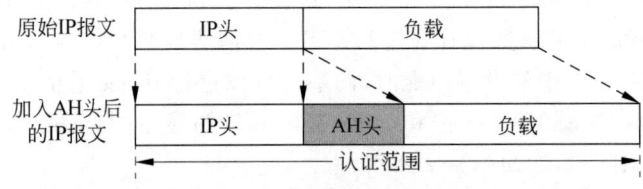

图 11.9　AH 协议的传输模式

(2) 隧道模式。隧道模式生成一个新的 IP 头,将 AH 和原来的整个 IP 包放到新 IP 包的负载数据中,如图 11.10 所示。

2) ESP 协议

ESP(Encapsulating Security Payload)定义于 RFC2406 协议中。它用于确保 IP 数据

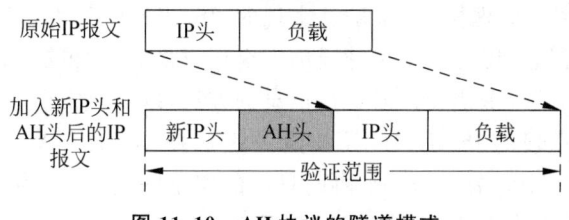

图 11.10　AH 协议的隧道模式

包的机密性(对第三方不可见)、数据的完整性及对数据源地址的验证,同时还具有抗重播的特性。

ESP 主要用于提供加密和认证功能。它通过在 IP 分组层次进行加密从而提供保密性,并为 IP 分组载荷和 ESP 报头提供认证。ESP 是与具体的加密算法相独立的,几乎支持各种对称密钥加密算法,默认为 3DES 和 DES。

ESP 也有两种工作模式,即 ESP 传输模式和 ESP 隧道模式。ESP 传输模式与 AH 传输模式作用相同,并且 ESP 头也位于 IP 头部之后和需要保护的上层协议之间。图 11.11 所示为 ESP 的传输模式,从图中可以看出,与 AH 传输模式相比较,ESP 的传输模式还多了 ESP 尾和 ESP 验证数据。

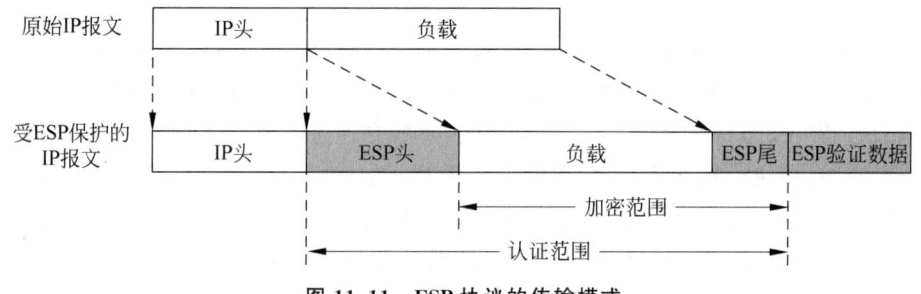

图 11.11　ESP 协议的传输模式

ESP 隧道模式与 AH 隧道模式功能相同。它在隧道模式中,IP 报头是认证的一部分。图 11.12 所示为 ESP 隧道模式,可以对整个原始数据分组进行加密和认证。而在数据传输时,仅对 IP 包有效载荷加密,不对 IP 头加密。

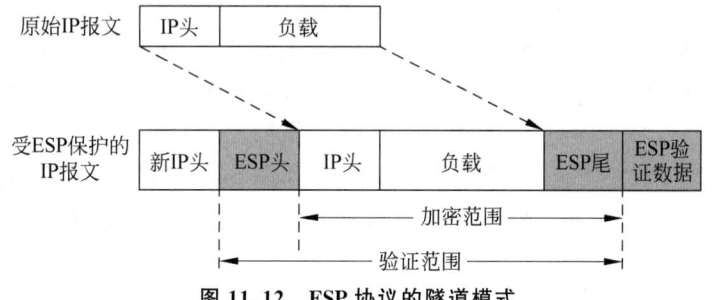

图 11.12　ESP 协议的隧道模式

3) 密钥管理——IKE

IKE(Internet Key Exchange,Internet 密钥交换协议)主要是用来协商和建立 IPSec 通信双方的 SA,实际上就是对双方所采用的加密算法、验证算法、封装协议和有效期进行协商,同时安全地生成以上算法所需的密钥。

IKE 是在 ISAKMP(Internet Security Association and Key Management Protocol,

Internet 安全关联及密钥管理协议)基础上实现的,ISAKMP 定义了双方如何沟通,如何构建彼此间用以沟通的消息,还定义了保障通信安全所需的状态变换。ISAKMP 提供了对对方的身份进行验证的方法,密钥交换时交换信息的方法,以及对安全服务进行协商的方法。

IKE 使用了两个阶段的 ISAKMP,第一阶段建立 ISAKMP-SA,或称为 IKE-SA;第二阶段利用这个既定的安全联盟为 IPSec 协商具体的安全联盟,可称为 IPSec-SA。在第一阶段中,IKE 定义了两种交换模式:"主模式"和"野蛮模式"。相比之下,"主模式"的安全性和可靠性要比"野蛮模式"高。在第二阶段中,IKE 定义了"快速模式"。

在这两个阶段中都会用到 DH(Diffie-Hellman)算法,IKE 协商生成的安全密钥是通过这种算法实现的。这种算法是基于公钥体系的,在整个通信过程中,通信的双方都只向对方传输属于公钥的那一部分。这种算法的另一个优点是即使有第三方窃听了整个协议的交互通信过程,也很难破解通信内容。

在第一阶段中,IKE 提供了对对方的身份验证机制,有 Pre-shared Key(预共享密钥)、RSA 加密验证和 RSA 签名验证,其中 RSA 签名验证需要 CA(Certificate Authority)的支持。对于 CA 支持的引入,可以扩大 VPN 的应用环境,并提高 VPN 的安全性。

11.2.3 多协议标签交换

MPLS(Multi-Protocol Label Switching,多协议标签交换)属于第三代网络架构,是新一代的 IP 高速骨干网络交换标准,由 IETF 所提出。它结合了 IP 和 ATM 的特点,即在 Frame Relay 及 ATM Switch 上结合路由功能,使数据包通过虚拟电路来传送,并在 OSI 第二层(数据链路层)执行硬件式交换,以此取代了第三层(即网络层)软件式路由的交换方式。

MPLS 介于第二层和第三层之间,将第二层的链路状态信息集成到第三层的协议数据单元中,将第二层的高速交换能力和第三层的灵活特性结合起来,并且引入了基于标记的机制。

在 MPLS 中,数据传输发生在标签交换路径(Label Switching Path,LSP)上。LSP 是每一个沿着从源端到终端的路径上的节点的标签序列。常用的标签分发协议有标签分发协议(Label Distribution Protocol,LDP)和资源预留协议(Resource Reservation Protocol,RSVP),建于路由协议之上的一些协议有边界网关协议(Border Gateway Protocol,BGP)和开放式最短路径优先协议(Open Shortest Path First,OSPF)。因为固定长度标签被插入每一个包或信元的开始处,并且可被硬件用来在两个链接间快速交换包,所以使数据的快速交换成为可能。

传统的 VPN 一般是通过 GRE、L2TP、PPTP 和 IPSec 协议等隧道协议来实现私有网络间数据流在公网上的传送。而 LSP 本身就是公网上的隧道,所以用 MPLS 来实现 VPN 有天然的优势。

11.2.4 第四层隧道协议

SSL VPN 是解决远程用户访问敏感公司数据最简单最安全的解决技术。与复杂的 IPSec VPN 相比,SSL 通过简单易用的方法实现信息远程连通。任何安装浏览器的机器都可以使用 SSL VPN,这是因为 SSL 内嵌在浏览器中,它不需要像传统 IPSec VPN 一样必须为每一台客户机安装客户机软件。

SSL 是由 Netscape 公司开发的一套 Internet 数据安全协议,当前版本为 3.0。它已被广泛地用于 Web 浏览器与服务器之间的身份认证和加密数据传输。SSL 协议位于 TCP/IP 协议与各种应用层协议之间,为数据通信提供安全支持。SSL 协议可分为两层:SSL 记录协议(SSL Record Protocol)建立在可靠的传输协议(如 TCP)之上,为高层协议提供数据封装、压缩、加密等基本功能的支持;SSL 握手协议(SSL Handshake Protocol)建立在 SSL 记录协议之上,用于在实际的数据传输开始前,通信双方进行身份认证、协商加密算法、交换加密密钥等。

SSL VPN 的工作原理:首先,由 SSL VPN 生成自己的根证书和服务器证书。然后,客户机浏览器下载并导入 SSL VPN 的证书,通过 HTTPS 向 SSL VPN 发送认证请求。接着,SSL VPN 接受请求,客户机实现对 SSL VPN 服务器的认证。最后,服务器通过口令方式(或数字证书等多重认证方式)认证客户机。这样,浏览器和 SSL VPN 服务器之间就建立了一条 SSL 安全通道。

SSL VPN 工作在传输层之上,使用标准的 HTTPS 传输数据,可以穿越防火墙,避免了地址转换 NAT 的问题。而在 IPSec VPN 中,由于工作在网络层之上,并不能很好地解决包括 NAT 转换、防火墙穿越的问题。但是当使用基于 SSL 协议通过 Web 浏览器进行 VPN 通信时,对用户来说外部环境并不是完全安全的,因为 SSL VPN 只对通信双方的某个应用通道进行加密,而不是对在通信双方的主机之间的整个通道进行加密。

不管怎样,SSL VPN 是一种低成本、高安全性、简便易用的远程访问 VPN 解决方案,具有相当大的发展潜力。随着越来越多的公司将自己的应用转向 Web 平台,SSL VPN 会得到更为广泛的应用。

11.3 VPN 的应用方案

11.3.1 L2TP 应用方案

在链路层中,VPN 提供了 PPTP、L2F 和 L2TP 3 种实现方案。由于 L2TP 集合了 PPTP、L2F 的优点,因此下面只介绍关于 L2TP 的应用方案。

L2TP 主要用于通过拨号连接企业内部网络的情况。如图 11.13 所示,外出人员 1 可以先拨入提供 VPN 服务的 PSTN1,由该 PSTN 提供的 VPN 网关通过公用网络和企业本部的 VPN 网关建立安全通道,随后外出人员 1 便可以利用这条通道访问企业的内部网络了。而外出人员 2 无法接入提供 VPN 服务的 PSTN1,或者本身主机已带有 L2TP 功能的软件,那么可以通过普通的 PSTN2 及公用网络直接和企业本部的 VPN 网关建立安全通道,获得访问企业内部网络的权利。

11.3.2 IPSec 应用方案

IPSec 是 VPN 在网络层的实现,IPSec 的灵活性可以给 VPN 的实现带来极大的便利。如图 11.14 所示,用户可以定义 3 个保护级别,用来确保 Telnet、SMTP 及其他所有通信的安全。为了确保 Telnet 连接时不被第三方篡改,可以对网关 A 到网关 B 之间的 Telnet 数

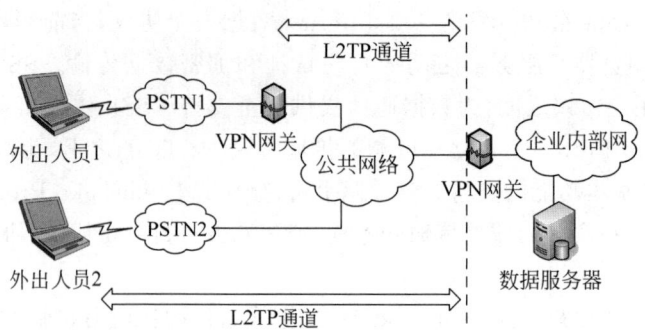

图 11.13 L2TP 构建的 VPN

据流进行验证；为了确保发送的信件不被别人偷窥和篡改，可以对网关 A 到网关 B 的 SMTP 数据采用加密和验证；而对网关 A 到网关 B 的其他通信数据，则可以不采用 IPSec 保护或仅采用 NULL 加密(IPSec 中 ESP 封装类型的一种)。这样就形成了 3 个保护强度的 IPSec 通信通道，其中以保护 SMTP 的强度最高，保护 Telnet 的强度次之，而对于其他通信数据的保护强度最弱。

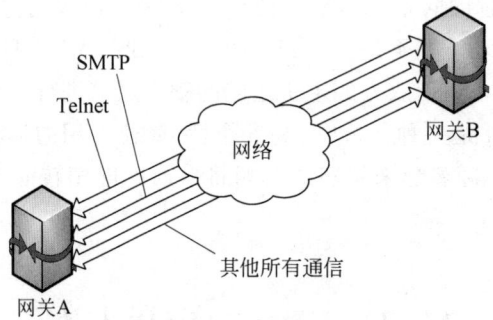

图 11.14 不同强度级别 IPSec 保护的数据流

下面介绍几种常见的 VPN 在网络层的应用方案。

1. 针对 VPN 网关类型为"路由器-路由器"的解决方案

当远地办事机构或合作企业需要访问企业本部时，可以通过本地的 VPN 路由器连接公用网络，由 VPN 路由器和企业本部的 VPN 网关路由器建立 IPSec 通道。在这条安全通道的保护下，双方可以访问对方，如果再配置 NAT，则可以完全屏蔽公用网络对地址的影响，访问对方就好像是访问局域网中的另一台主机一样，如图 11.15 所示。

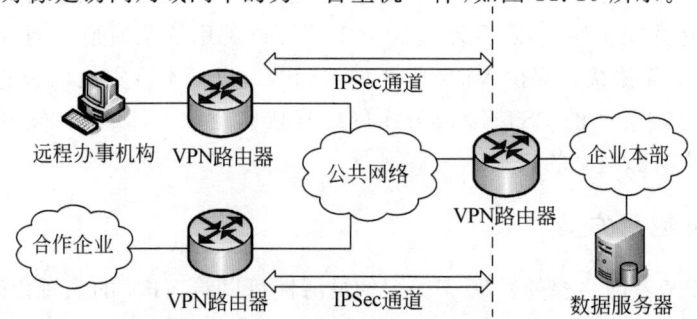

图 11.15 VPN 网关类型为"路由器-路由器"

2. 针对 VPN 网关类型为"路由器-防火墙"的解决方案

由于实现 VPN 网关功能的设备或软件很多,因此在许多企业的内部网络和公用网络的连接处可能会设置具有 VPN 功能的防火墙。这时通信的另外一方可以通过 VPN 路由器和防火墙建立安全通道,以此来确保通信的安全。

如图 11.16 所示,当远地办事机构最外端的 VPN 路由器 1 与企业本部的防火墙(如著名的 Check-Point 的 Firewall-1)建立了安全通道后,远地办事机构的主机 A 和 B 都可以访问企业的数据服务器。而当企业内部的 VPN 路由器设置了保护 Server 后,A 就无法访问 Server 了。此时,在远地办事机构内部的 VPN 路由器 2 可以与企业内部的 VPN 路由器建立另外一条安全通道,并且这条安全通道凌驾在第一条安全通道之上,这样主机 B 就可以访问到 Server 了。

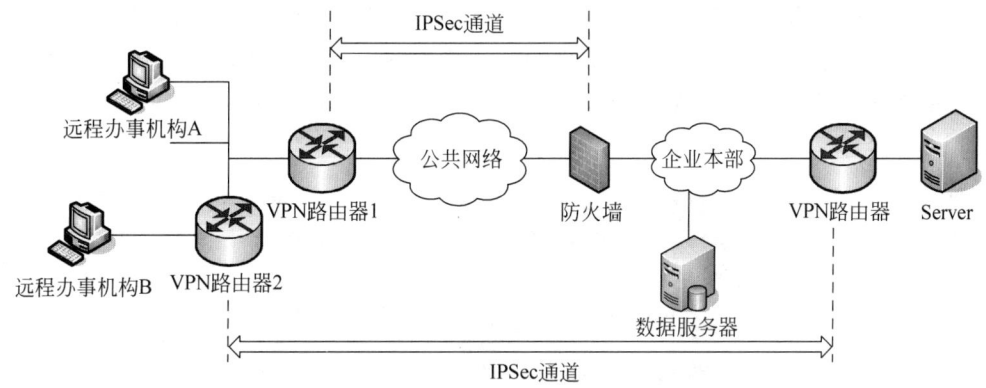

图 11.16　VPN 网关类型为"路由器-防火墙"

这种情况称为 IPSec 的嵌套,它可以提供更加灵活的组网方案,并且提供更加安全的通信通道。

3. 针对 VPN 网关类型为"路由器-移动用户"的解决方案

当外出人员需要与企业本部进行网络安全的连接时,需要进行图 11.17 所示的连接。

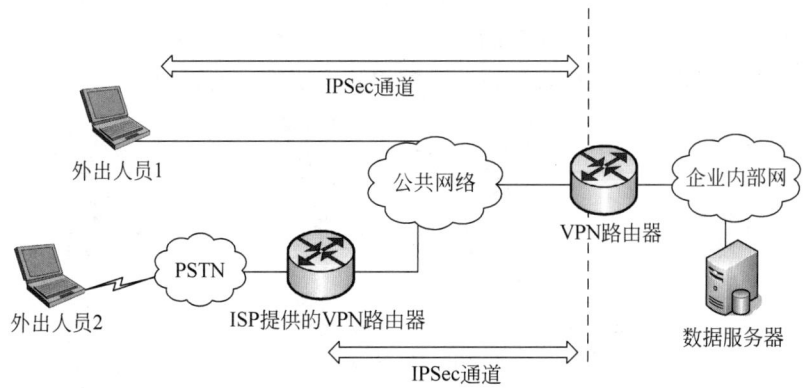

图 11.17　VPN 网关类型为"路由器-移动用户"

外出人员 1 可以通过带 IPSec 功能的软件(如 Windows 系列)直接与企业本部的 VPN 网关路由器建立安全连接;而外出人员 2 可以通过拨号方式拨入提供 VPN 服务的 ISP 服

务商,由它提供的 VPN 路由器与企业的 VPN 网关路由器建立安全连接。两种方式都可以有效地保护数据的传输。

路由器具有比较完善的 VPN 网关功能,可以为 VPN 组网提供许多高效、安全、可靠和灵活的方案。路由器支持各种 VPN 技术,包括隧道技术、IPSec、密钥交换技术、协议封装技术(GRE)等,在今后的发展中,开发者还将提供更加先进、完善的 VPN 技术来发挥 VPN 技术在网络建设中灵活、安全、可靠的优点,同时提高 VPN 网络的可管理性。

11.3.3 SSL VPN 应用方案

1. Web 浏览器模式的解决方案

Web 浏览器的广泛部署及其内置的 SSL 协议,使得 SSL VPN 在这种模式下只要在 SSL VPN 服务器上集中配置安全策略,几乎不用为客户机做什么配置就可以使用,大大减少了管理的工作量,也更加方便用户的使用。这样做的缺点是仅能保护 Web 通信传输安全。远程计算机使用 Web 浏览器通过 SSL VPN 服务器来访问企业内部网中的资源,如图 11.18 所示。

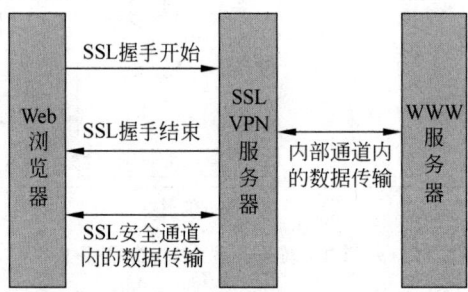

图 11.18 Web 浏览器模式的解决方案

2. 客户机模式的解决方案

SSL VPN 客户机模式为远程访问提供安全保护,用户需要在客户机安装一个客户机软件,在进行一些简单的配置后即可使用,无须对系统做改动,如图 11.19 所示。这种模式的优点是支持所有建立在 TCP/IP 和 UDP/IP 上的应用通信传输的安全,Web 浏览器也可以在这种模式下正常工作。这种模式的缺点是客户机需要额外的开销。

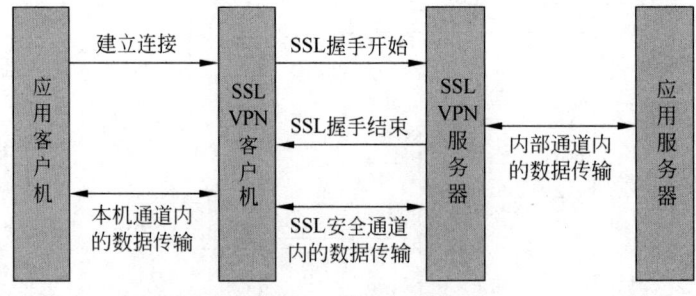

图 11.19 客户机模式的解决方案

3. LAN 到 LAN 模式的解决方案

LAN 到 LAN 模式对 LAN(局域网)与 LAN 之间的通信传输进行安全保护。与基于

IPSec 协议的 LAN 到 LAN 的 VPN 相比,它的优点就是拥有更多访问控制的方式,缺点是仅能保护应用数据的安全且性能较低,如图 11.20 所示。

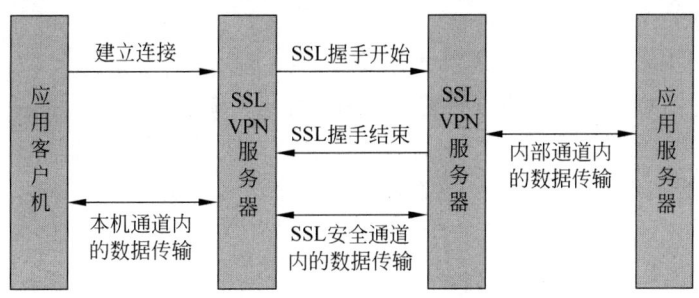

图 11.20 LAN 到 LAN 模式的解决方案

习 题 11

在线测试

一、选择题

1. IPSec 是( )VPN 协议标准。
   A. 第一层　　　B. 第二层　　　C. 第三层　　　D. 第四层
2. ( )是 IPSec 规定的一种用来自动管理 SA 的协议,包括建立、协商、修改和删除 SA 等。
   A. IKE　　　　B. AH　　　　C. ESP　　　　D. SSL
3. 以下关于 VPN 的说法中,错误的是( )。
   A. VPN 的实现需要借助 SSL
   B. VPN 可以实现远程站点身份认证
   C. VPN 只支持 TCP/IP
   D. VPN 是指用户自己租用线路和公共网络物理上完全隔离的、安全的线路
4. VPN 不能提供( )功能。
   A. 数据有序到达目的主机　　　B. 数据加密
   C. 信息认证和身份认证　　　　D. 访问权限控制
5. 以下关于虚拟专用网的说法中,错误的是( )。
   A. VPN 是指建立在私有网络上的、由某一组织或某一群用户专用的通信网络
   B. VPN 的虚拟性表现在任意一对 VPN 用户之间没有专用的物理连接,而是通过 ISP 提供的公用网络来实现通信
   C. VPN 的专用型表现在 VPN 之外的用户无法访问 VPN 内部资源
   D. 隧道技术是实现 VPN 的关键技术之一

二、填空题

1. IETF 对基于 IP 的 VPN 定义:使用_____仿真出一个私有的广域网。
2. VPN 系统中的认证技术包括_____和_____两种类型。
3. IPSec 在_____模式下将数据封装在一个 IP 包传输以隐藏路由信息。
4. 第三层隧道协议有两种常用的实现方式,即 GRE 和_____。

5. VPN 业务按用户需求定义，根据 VPN 服务类型进行分类，可以分为 Intranet VPN、_____和_____ 3 种。

三、简答题

1. 什么是 VPN？VPN 的系统特性有哪些？
2. IPSec 包括哪几种基本协议？它们之间有什么关系？
3. AH 包括哪几种工作模式？它们的数据包格式分别是什么样的？
4. ESP 包括哪几种工作模式？它们的数据包格式分别是什么样的？
5. IKE 的作用是什么？
6. SA 的作用是什么？
7. L2TP 协议的优点是什么？
8. SSL 工作在哪一层？简单比较 SSL VPN 和 IPSec VPN。

第 12 章　电子商务安全

12.1　电子商务安全概述

电子商务(E-Commerce)是指买卖双方通过通信网络,在双方没有见面的情况下进行的各种商务活动的总称。随着 Internet 技术的成熟和广泛应用,电子商务真正的发展将是建立在 Internet 技术上的,因此也有人将电子商务简称为 IC(Internet Commerce)。

电子商务依托于信息技术和计算机网络,作为一种商务活动,必然不同于传统的商务活动。传统的商务活动是在实体市场中进行,而电子商务是在网络环境中的虚拟市场中进行的。因此,与传统商务对比,电子商务有着以下无可比拟的优势。

(1) 全球化的市场。凡是能够上网的用户都将包含在一个市场中,成为网上企业的客户。

(2) 快捷的交易。电子商务中的交易过程都能通过网络快速传递,并由计算机自动处理,不需要人员的干预,加快了交易的速度。

(3) 低廉的成本。电子商务的所有活动都可以在网络上完成,可以实现足不出户,不需要中介代理的参与,不需要专门的店面,商务成本大大地降低了。

(4) 透明、标准的交易。电子商务的所有交易都要求按照统一的标准来进行,整个交易的详细过程都是透明公开的。

(5) 交易的连续化。通过网页的形式,电子商务可以实现 24 小时的咨询服务,企业的网址成为永不打烊的门店,让全球的用户在任何时候都能进行访问。

但与此同时,电子商务也存在着一定的安全问题。电子商务的主要安全威胁有:计算机系统的破坏,信息的截获、窃取、篡改和伪造,黑客的入侵,软件和协议的漏洞,计算机病毒的攻击,用户身份的假冒及交易的抵赖等。

因此,要保证电子商务的安全,就应该充分考虑上述安全威胁,为电子商务提供可靠的安全保障。具体来说,电子商务的安全需求如下。

(1) 可靠性。电子商务以电子形式取代书面形式,应采取一定的措施来保证电子贸易信息的有效性。通常需要对网络故障、操作错误、应用程序错误、硬件故障、系统软件错误及计算机病毒所产生的潜在威胁加以控制和预防,以保证贸易数据在确定的时刻、确定的地点是有效的。同时要制定较好的安全策略,在系统遭受破坏时具有快速反应的能力。在系统已经受到破坏时,如何在灾难中恢复系统和数据,如何尽量减少损失,如何避免引发连带灾害,如何对外公布消息以减少负面影响等都是应当考虑的事情。

(2) 机密性。信息的机密性是电子商务对网络安全的核心需求,其目的就是要求信息不被泄露给非授权的人或实体。电子商务作为贸易的一种手段,其信息直接代表着个人、企业或国家的商业机密。传统的纸面贸易都是通过邮寄封装的信件或通过可靠的通信渠道发送商业报文来达到保守机密的目的。电子商务是建立在一个较为开放的网络环境上的,维护商业机密是电子商务全面推广应用的重要保障。因此,要预防非法的信息存取和非法的信息窃取。机密性一般通过密码技术对信息进行加密来实现。

(3) 完整性。信息的完整性就是要保证数据的一致性,防止数据被伪造、篡改和破坏。数据输入时的意外差错或欺诈行为可能会导致贸易各方信息的差异,数据传输过程中信息的丢失、信息重复或信息传送的次序差异也会导致贸易各方信息的不同。贸易各方信息的完整性将影响贸易各方的交易和经营策略,保持贸易各方信息的完整性是电子商务应用的基础。因此,要预防对信息的随意生成、修改和删除,同时要防止数据传送过程中信息的丢失和重复,并保证信息传送次序的统一。完整性一般可通过提取消息摘要的方式来实现。

(4) 不可抵赖性。不可抵赖性的目的就是防止交易双方中的一方对自己之前的交易活动进行否认。电子商务直接关系到交易双方的商业交易,如何确定进行交易的对方正是所期望的交易对象是保证电子商务顺利进行的关键。在传统的纸面贸易中,交易双方通过在合同、契约或贸易单据等书面文件上手写签名或印章来鉴别贸易伙伴,确保合同、契约、单据的可靠性并预防抵赖行为的发生。这就是人们常说的"白纸黑字"。在无纸化的电子商务方式下,不可能通过手写签名和印章进行交易双方的鉴别。因此,要在交易信息的传输过程中为参与交易双方提供可靠的标识。不可抵赖性一般可通过数字签名来保证。

(5) 身份认证能力。电子商务系统应该提供通信双方进行身份认证的机制。一般可以通过数字签名、数字证书和身份认证协议相结合的方式来实现对用户身份的认证。数字证书应该由可靠的证书权威机构颁发,颁发证书时应对申请用户提供的身份信息的真实性进行验证。

12.2 SSL 协 议

随着计算机网络技术向经济社会的各层次延伸,整个社会对 Internet、Intranet、Extranet 的使用产生了更大的依赖性。随着企业间信息交互的不断增加,任何一种网络应用和增值服务的使用程度将取决于所使用网络的信息安全有无保障,网络安全已成为现代计算机网络应用的最大障碍,也是急需解决的难题之一。

12.2.1 SSL 概述

SSL 是 Netscape 公司在推出 Web 浏览器的同时提出的一种安全通信协议,其目的是保护在 Web 上传输重要或敏感的数据信息,目前已推出了 2.0 和 3.0 版本。SSL 采用对称密钥算法(主要是 DES)和公开密钥算法(主要是 RSA)两种加密方式,并使用了 X.509 数字证书技术,其目标是保证两个应用间通信的保密性和可靠性,并可在服务器和客户机两端同时实现支持。目前,利用公开密钥技术的 SSL 协议已成为 Internet 上保密通信的工业标准。现行 Web 浏览器普遍将 HTTP 和 SSL 相结合,从而实现安全通信。

SSL 协议的设计目标是在 TCP 基础上提供一种可靠的端到端的安全服务,其服务对象一般是 Web 应用。SSL 是在 Internet 基础上提供的一种保证私密性的安全协议。它能使客户机/服务器应用之间的通信不被攻击者窃听,并且始终对服务器进行认证,还可选择对客户进行认证。SSL 协议要求建立在可靠的传输层协议（如 TCP）之上。SSL 协议的优势在于它是与应用层协议独立无关的。高层的应用层协议（如 HTTP、FTP 和 Telnet 等）能透明地建立于 SSL 协议之上。SSL 协议在应用层协议通信之前就已经完成加密算法、通信密钥的协商及服务器认证工作。在此之后，应用层协议所传送的数据都会被加密，从而保证通信的私密性。

SSL 协议分为两层，其中底层是 SSL 记录协议，它为高层协议提供基本的安全服务，对 HTTP 进行了特别的设计，使得超文本传输能在 SSL 上运行。记录协议还封装了压缩解压缩、加密解密、计算和校验 MAC 等与安全相关的操作。高层协议由 3 部分组成：握手协议、加密规范修改协议和报警协议。这些高层协议用于管理 SSL 信息交换，允许应用协议传送数据之前相互验证、协商加密算法和生成密钥等。SSL 协议栈如图 12.1 所示。

握手协议	加密规范修改协议	报警协议	HTTP
SSL 记录协议			
TCP			
IP			

图 12.1　SSL 协议栈

SSL 安全协议主要提供的安全服务如下。

（1）认证用户和服务器，使得它们能够确保信息能被安全地发送到合法的通信对方。

（2）对数据进行加密，隐藏要传输的信息。

（3）维护数据的完整性，确保数据在传输过程中不被篡改。

通过以上叙述，SSL 协议提供的服务具有以下 3 个特性。

（1）机密性。SSL 既采用了对称密钥加密，也采用了公开密钥加密。在客户机与服务器交换数据之前，先交换 SSL 的初始握手信息。SSL 的初始握手信息采用了各种加密技术，并通过数字证书认证，可以有效地防止非授权用户的攻击。

（2）完整性。SSL 使用哈希函数和共享密钥对需要传送的消息产生消息认证码（Message Authentication Code，MAC）进行检查，提供数据的完整性服务。所有经过 SSL 处理的数据都能够完整、准确地传输。

（3）可靠性。为了使客户机与服务器确信数据能正确发送，SSL 对用户和服务器都进行了认证，使用公开密钥，让客户机和服务器都有各自的识别号，并在 SSL 的握手信息中进行认证，以确认用户的合法性。

12.2.2　SSL 协议规范

SSL 协议由 SSL 记录协议、SSL 握手协议、加密规范修改协议、报警协议和主密钥的计算组成。

1. SSL 记录协议

在 SSL 协议中，所有的传输数据都被封装在记录中。记录是由记录头和长度不为 0 的记录数据组成的。所有 SSL 通信消息（包括握手消息、报警消息）和应用数据都使用 SSL 记录协议进行封装。SSL 记录协议包括了记录头和记录数据格式的规定。SSL 记录协议为 SSL 提供了机密性和完整性服务。

SSL 记录协议的工作步骤如图 12.2 所示。

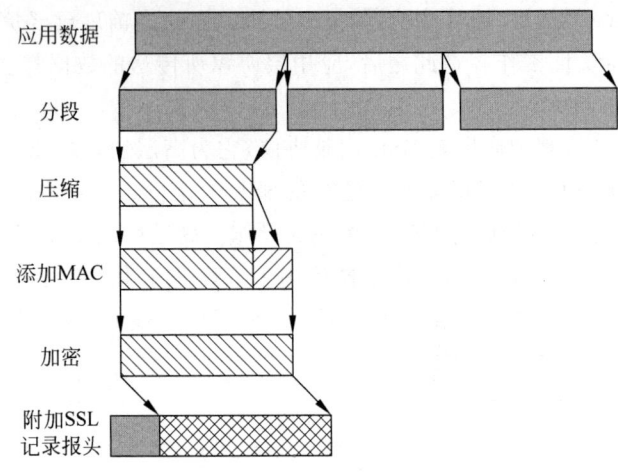

图 12.2　SSL 记录协议的操作

(1) 分段。将从上层接收到的要进行发送的数据进行分段，分成长度为 2^{14} 字节或更小的分段。

(2) 压缩。对分段数据进行压缩，压缩必须是无损的，而且不会增加 1024 字节以上长度的内容。SSL3.0 中没有指定压缩算法，因此默认压缩算法为空，该步骤为可选的。

(3) 使用 MAC 算法对压缩数据计算消息认证码，具体计算过程如下。

H(MAC_write_secret ‖ pad_2 ‖ H(MAC_write_secret ‖ pad_1 ‖ seq_num ‖ SSLCompressed.type ‖ SSLCompressed.Length ‖ SSLCompressed.fragment))

其中：

① H(·) 是哈希函数，可采用 MD5 或 SHA-1 算法，具体的算法由会话状态中的加密规范指定。

② MAC_write_secret 是双方共享的保密密钥。

③ pad_2 为填充字段，由字节 0x5c 构成。若使用 MD5 算法，则重复 48 次；若使用 SHA-1 算法，则重复 40 次。

④ pad_1 为填充字段，由字节 0x36 构成。若使用 MD5 算法，则重复 48 次；若使用 SHA-1 算法，则重复 40 次。

⑤ seq_num 为消息序列号。

⑥ SSLCompressed.type 为用来处理分段的高层协议的类型。

⑦ SSLCompressed.length 为压缩后的分段长度。

⑧ SSLCompressed.fragment 为压缩后的数据分段，如果未压缩，则为明文分段。

(4) 对附加了 MAC 的消息进行加密。加密对内容长度的增大不得超过 1024 字节。由于 SSL 要求压缩操作后长度的增加不能超过 1024 字节，因此报文加 MAC 的总长度将不超过 (16 384+2048) 字节。加密采用对称加密，加密算法也在会话状态中的加密规范中指定。SSL 支持的加密算法有 IDEA(128 位密钥)、RC2-40(40 位密钥)、RC4-40(40 位密钥)、RC4-128(128 位密钥)、DES-40(40 位密钥)、DES(56 位密钥)、3-DES(168 位密钥) 和 Fortezza

(80位密钥)等。其中,RC4-40、RC4-128属于序列密码,Fortezza可用于智能卡加密。

(5) 生成一个 SSL 记录报头,构成一个 SSL 记录,如图 12.3 所示。SSL 记录报头中包含了以下字段。

① 内容类型(8位):用于说明处理该数据片的高层协议的类型。内容类型包括修改加密规范(change_cipher_spec)、报警(alert)、握手(handshake)和应用数据(application_data)。

② 主版本号(8位):说明报文使用的 SSL 的主版本号。对于 SSLv3,主版本号为 3。

③ 次版本号(8位):说明报文使用的 SSL 的次版本号。对于 SSLv3,次版本号为 0。

④ 压缩长度(16位):压缩长度定义了分段的字节长度(包括 MAC),最大值为(16 384+2048)字节。

图 12.3 SSL 记录的格式

2. SSL 握手协议

SSL 握手协议是位于 SSL 记录协议之上的最重要的协议。该协议使客户机和服务器相互认证,鉴别对方的身份,协商安全参数,包括加密算法、MAC 算法和加密密钥等。SSL 握手协议是在传送应用程序数据之前使用的。

握手协议由一系列客户机与服务器之间交换的消息组成,每个消息都有 3 个字段。

(1) 类型(1字节):表示本次握手消息的类型。

(2) 长度(3字节):表示消息的长度。

(3) 内容(不少于 1 字节):表示与消息有关的参数。

SSL 握手协议定义的消息类型有以下几种。

(1) hello_request:握手请求,使用 hello_request 消息可以在客户机和服务器之间交换涉及安全的属性内容。

(2) client_hello:客户机启动握手请求,该消息是客户机第一次连接服务器时发送的第一条消息,并为连接设置相应的安全属性,包括支持的各种算法。客户机发送该消息后等待服务器的回应,只有服务器回应相应的 hello 消息才能建立连接,否则其他任何响应均认为连接不成功。

(3) server_hello:该消息是服务器对客户机 client_hello 消息的回复。

(4) certificate:该消息分为 server_certificate 和 client_certificate,server_certificate 为服务器提供的证书,服务器在发送了 server_hello 消息的同时发送自己的证书,证书的类型一般为 X.509v3;client_certificate 为客户机提供的证书,是客户机在收到服务器的

certificate_request 消息后对服务器作出的响应。

(5) server_key_exchange：服务器密钥交换，当服务器没有证书或证书只提供签名功能而不提供加密功能时，需要用该消息来交换密钥。

(6) certificate_request：用于服务器向客户请求证书。

(7) server_hello_done：该消息表示服务器的握手请求已经发送完成，之后的工作是等待客户机的响应。

(8) client_key_exchange：客户机密钥交换，当客户机没有证书或证书只提供签名功能而不提供加密功能时，需要用该消息来交换密钥。

(9) certificate_verify：该消息用于向服务器提供对客户机证书的验证，主要目的是为了验证客户机私钥的所有权。

(10) finished：该消息在修改加密规范消息发送之后发送，以证实握手成功。通信双方可以在此消息发送后使用新的安全参数进行通信，交换数据。finished 必须双向发送，表示服务器和客户机双方都已接收了修改加密规范消息。

密钥交换算法和加密规范是 SSL 协议信息交换的两个重要的安全参数。在 SSL 协议中，密钥交换算法有以下几种。

(1) RSA：使用接收方的公钥对会话密钥进行加密。

(2) 固定的 Diffie-Hellman：当服务器的证书包含有证书中心（CA）的 Diffie-Hellman 公钥参数时，使用固定的 Diffie-Hellman 密钥交换算法。客户机需要在证书中提供它的 Diffie-Hellman 公钥参数，或者在密钥交换消息中提供证书。

(3) 匿名的 Diffie-Hellman：使用基本的 Diffie-Hellman 算法，没有对发送方发送的 Diffie-Hellman 公钥参数进行认证。该方法容易遭受中间人的攻击。

(4) 瞬时的 Diffie-Hellman：该方法用于创建临时或一次性的加密密钥。此时使用发送方的 RSA 或 DSS 私钥对 Diffie-Hellman 公钥参数进行签名，接收方使用相应的公钥验证签名。由于该方法使用的是临时密钥，因此它是 3 种 Diffie-Hellman 方法中最安全的。

(5) Fortezza：使用 Fortezza 模式所用的方法。

加密规范是另一个重要的安全参数，加密规范包含以下内容：

(1) 密码算法：IDEA（128 位密钥）、RC2-40（40 位密钥）、RC4-40（40 位密钥）、RC4-128（128 位密钥）、DES-40（40 位密钥）、DES-56（56 位密钥）、3-DES（168 位密钥）、Fortezza（80 位密钥）等。

(2) MAC 算法：MD5 或 SHA-1。

(3) 密码类型：序列密码或分组密码。

(4) 散列长度：0、128 位（MD5）或 160 位（SHA-1）。

(5) 密钥素材：生成密钥所使用的数据。

(6) 初始值 IV 的大小：分组密码 CBC 加密使用的初始向量的大小。

整个 SSL 协议的握手过程如图 12.4 所示。

(1) 由客户机发起连接，建立逻辑连接。发起 SSL 通信的客户机向服务器发送 client_hello 消息，并等待包含与消息 client_hello 参数相同的 server_hello 消息的到来，该消息中包含了以下几个参数。

① 版本号：客户机能够支持的 SSL 的最高版本号。

② 随机数：由客户机产生的一个随机数，一个由 32 位的时间戳和一个安全的随机数发生器产生的 28 字节的随机数。该随机数用于做现时值(nonce)，用于密钥交换中的抗重放攻击。

③ 会话 ID：一个可变长的会话标识符。如果 ID 为 0，则表示客户机希望在新的会话上建立新的连接；如果 ID 不为 0，则表示希望更新已有连接上的参数。

④ 加密算法列表：包含了客户机所能够支持的加密算法的列表，按优先级降序排列。表中的每一项都定义密钥交换算法和加密规范。

⑤ 压缩方法：客户机支持的压缩算法列表。

（2）服务器向客户机发送 server_certificate 消息，将自己的证书发给客户机，以便客户机进行验证，当然证书中的公钥算法必须适合选定的密钥交换算法及其他的协议约定（该步骤可选，对于匿名的 Diffie-Hellman 方法不需要证书消息）。对于固定的 Diffie-Hellman 方法，因为证书中包含了服务器的 Diffie-Hellman 公钥参数，所以证书必须作为服务器的密钥交换消息。

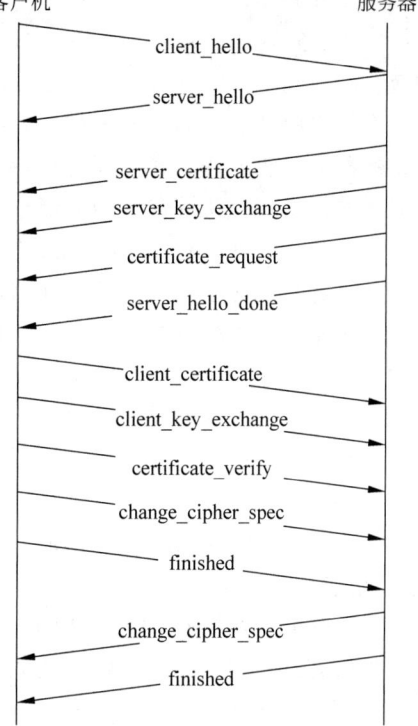

图 12.4　SSL 协议的握手过程

（3）服务器立即向客户机发送 server_key_exchange 消息，协商密钥交换算法。对于固定的 Diffie-Hellman 和 RSA 加密密钥方法，服务器不需要发送此消息。

根据密钥交换方法的不同，server_key_exchange 消息的内容分别如下。

① 匿名的 Diffie-Hellman：包含两个全局的 Diffie-Hellman 值（素数及其本原根），再加上服务器的 Diffie-Hellman 公钥。

② 瞬时的 Diffie-Hellman：除了两个全局的 Diffie-Hellman 值（素数及其本原根）和服务器的 Diffie-Hellman 公钥外，还加上这些参数的签名。

③ RSA 密钥交换：当服务器只使用 RSA 的签名密钥时，客户机不能通过使用服务器的公钥对会话密钥进行加密来传送密钥，而是需要服务器产生临时的 RSA 密钥对，然后使用 server_key_exchange 发送公钥。消息内容包括临时的公钥参数（指数和模）和参数的签名。

如果服务器需要对客户机进行认证，则服务器需要向客户机发送 certificate_request 消息，certificate_request 需要客户机的证书以对客户机进行鉴别。证书类型表示所使用的公钥算法和用途。

① RSA：仅用于签名。

② DSS：仅用于签名。

③ 固定 Diffie-Hellman 的 RSA：此时，发送 RSA 签名证书，其签名仅用于认证。

④ 固定 Diffie-Hellman 的 DSS：仅用于认证。

⑤ 瞬时 Diffie-Hellman 的 RSA。

⑥ 瞬时 Diffie-Hellman 的 DSS。

⑦ Fortezza。

(4) 服务器发送 server_hello_done,表示结束服务器的消息,此时服务器等待客户机的响应。

客户机收到服务器发送来的 server_hello_done 消息后,首先验证服务器证书和服务器提供的参数是否合法。如果都合法,则客户机向服务器发起响应,响应消息就是客户机发送给服务器提供自身认证和密钥的消息。

当客户机收到 certificate_request 消息后,应将自己的证书发送给服务器,以便进行鉴别。如果客户机无法提供合适的证书,则发送"无证书"的警告消息。

(5) 客户机创建密钥 K,并发送 client_key_exchange 消息,完成对密钥 K 的协商。消息的内容取决于密钥交换的类型。

① RSA:客户机生成一个 48 字节的次主密钥,并用从服务器证书中得到的公钥或从 server_key_exchange 消息中得到的临时 RSA 密钥进行加密。

② 瞬时或匿名 Diffie-Hellman:发送客户机的公共 Diffie-Hellman 参数。

③ 固定 Diffie-Hellman:在证书消息中发送客户机的公共 Diffie-Hellman 参数。因此,该消息内容为空。

④ Fortezza:发送客户机的 Fortezza 参数。

如果客户机的证书具有签名功能,则客户机还应发送 certificate_verify 消息,以提供对客户机证书的验证功能。certificate_verify 消息包含数字签名,该签名保证了客户对证书中私钥的所有权,避免有人误用或盗用证书而产生的攻击。certificate_verify 中签名的内容如下。

```
CertificateVerify.signature.md5_hash
        MD5(master_secret ‖ pad_2 ‖ MD5(handshake_messages ‖ master_secret ‖ pad_1));
CertificateVerify.signature.SHA_hash
        SHA(master_secret ‖ pad_2 ‖ SHA(handshake_messages ‖ master_secret ‖ pad_1));
```

其中,pad_1 和 pad_2 是之前 MAC 定义的值,handshake_messages 是指从 client_hello 开始到本消息之前的所有握手协议消息,master_secret 是主密钥。如果用户私钥是 DSS,则用于加密 SHA-1 的散列值。如果用户私钥是 RSA,则计算 MD5 和 SHA-1 两个算法的散列值,并将两个散列值连接后再进行加密。

(6) 客户机发送 change_cipher_spec 消息启动新的加密参数,然后使用新的密码算法,密钥发送新的 finished 消息,对密钥交换和身份认证的正确性进行验证。结束消息的内容如下。

```
MD5(master_secret ‖ pad_2 ‖ MD5(handshake_messages ‖ Sender ‖ master_secret ‖ pad_1))
SHA(master_secret ‖ pad_2 ‖ SHA(handshake_messages ‖ Sender ‖ master_secret ‖ pad_1))
```

其中,Sender 是用来认证发送方是客户机的代码,handshake_messages 是除本消息外的所有握手消息的数据。

服务器收到后也同样发送加密规范 change_cipher_spec,并发送 finished 消息。至此,所有的协商工作均已经完成,下面可以开始发送应用程序数据。

3. 加密规范修改协议

加密规范修改协议是一个位于 SSL 记录协议之上的协议。该协议由单个消息(change_

cipher_spec)组成,消息中只包含一个值为 1 的字节,该消息的作用是改变连接所使用的加密规范。

在 SSL 中,通信双方都有各自独立的读状态(read_state)和写状态(write_state)。读状态包含解压、解密、验证 MAC 的算法和解密密钥等,写状态包含压缩、加密、计算 MAC 的算法和加密密钥等。

同时,SSL 中定义了两种状态:待定状态和当前操作状态。待定状态包含当前协商好的压缩、加密、MAC 算法及密钥等,当前操作状态包含正在使用的压缩、加密、MAC 算法及密钥等。

当通信中的一方收到加密规范修改协议的消息后,就将待定的读状态中的内容复制到当前读状态中;当通信中的一方发送了加密规范修改协议的消息后,就将待定的写状态中的内容复制到当前写状态中。

4. 报警协议

报警协议用于为对方实体传递 SSL 的相关报警。报警协议的消息报文与其他应用程序一样,根据当前的状态进行压缩和加密,封装在 SSL 记录协议中,由 SSL 记录协议发送。报警协议的每条消息有两个字节。第一个字节说明报警的级别,用于表示消息的严重性。协议定义了警告(warning)和致命错误(fatal)两个级别,对应的代码值分别为 1 和 2。如果是警告级别,则接收方将判断按哪一个级别来处理消息;如果是致命错误级别,则 SSL 立即终止该连接,同一会话的其他连接可以继续,但该会话中不再产生新的连接。消息的第二个字节包含了特定报警代码。

5. 主密钥的计算

主密钥的计算分为两个阶段:交换次密钥和双方共同计算主密钥。次密钥的交换有以下两种可能。

(1) RSA:由客户机生成 48 字节的次密钥,用服务器的 RSA 公钥加密后发往服务器。服务器用其私钥解密后得到次密钥。

(2) Diffie-Hellman:客户机和服务器同时生成 Diffie-Hellman 公钥,密钥交换后,通信双方进行相应的运算,创建共享次密钥。

交换完次密钥后,双方共同计算主密钥,计算方法如下。

```
master_secret = MD5(pre_master_secret ‖ SHA('A' ‖ pre_master_secret ‖
                client_hello.random ‖ server_hello.random)) ‖
            MD5(pre_master_secret ‖ SHA('BB' ‖ pre_master_secret ‖
                client_hello.random ‖ server_hello.random)) ‖
            MD5(pre_master_secret ‖ SHA('CCC' ‖ pre_master_secret ‖
                client_hello.random ‖ server_hello.random)) ‖
```

其中,pre_master_secret 是次密钥,client_hello.random 和 server_hello.random 是两个初始化 hello 消息中的随机数。

12.2.3 SSL 安全性

SSL 协议是为客户机和服务器之间在不安全通道上的通信建立安全连接而设计的,它在进行数据交换前启动握手协议进行相应的安全信息交换。SSL协议的安全特性主要体现在以下几方面。

（1）SSL握手协议中采用了DES等加密算法对客户机和服务器之间传送的数据进行加密处理，保证了数据的机密性，能够防止"窃听"及"中间人"的攻击。

（2）SSL使用哈希函数产生所需要传输数据的消息验证码，在消息验证码中加入了一个不断变化的随机数，在保证数据完整性的基础上，还具有很好的抗重放攻击特性。

（3）SSL采用X.509数字证书进行认证，让客户机和服务器可以相互认证对方的身份，具有认证的能力。

（4）SSL与应用层协议相互独立，高层的HTTP、FTP和Telnet等都透明地建立于SSL协议之上，这使得SSL具有与应用协议无关的特性。

SSL协议是为解决数据传输的安全问题而设计的，实践也证明了它针对窃听和其他的被动攻击相当有效。但是由于协议本身的一些缺陷及在使用过程中的不规范行为，SSL协议仍然存在不可忽略的安全脆弱性。

（1）SSL协议无法提供基于UDP应用的安全保护。SSL协议需要在握手之前建立TCP连接，不能对UDP应用进行保护。因此，在UDP协议层之上的安全保护，可以采用IP层的安全解决方案。

（2）加密强度问题。由于美国的限制，出口的SSL所使用的RC4算法密钥强度只有40位，这就导致出口的SSL产品的加密强度大大减弱。这项规定使得128位密钥在美国之外的地方变成不合法。

（3）SSL不能提供交易的不可否认性。SSL协议没有数字签名功能，没有提供不可抵赖性的功能。若要增加数字签名功能，则必须使用PKI体系加以完善，将加密密钥和数字签名密钥二者分开，成为双证书机制。

（4）SSL只能提供客户机到服务器之间的两方认证，无法适应电子商务中的多方交易业务。

（5）SSL易遭受change_cipher_spec消息丢弃攻击。SSL握手协议中存在一个漏洞：在finished消息中没有对变换加密的说明消息进行认证处理，在接收到该消息前不做任何加密处理和MAC保护，只有在接收到change_cipher_spec消息后，记录层才开始对通信数据进行加密和完整性保护。这种处理机制使得SSL易遭受change_cipher_spec消息丢弃攻击。

（6）SSL无法避免通信业务流分析攻击。由于SSL位于TCP协议之上，攻击者往往能够得到从数据链路层或IP层到SSL的所有网络数据，因此，SSL无法对各层的数据报头信息进行保护，从而可能导致潜在的隐患。

12.3　SET 协 议

SET（Secure Electronic Transaction）是VISA International和MasterCard International两大信用卡公司与IBM、Microsoft、Netscape、GTE、VeriSign、SAIC、Terisa等厂商合作开发的。SET Specification Version 1.0于1997年5月底发布，它是面向B2C模式的，完全针对信用卡来制定，涵盖了信用卡在电子商务交易中的交易协定、信息保密、资料完整等各个方面。

12.3.1 SET 概述

SET 协议主要是为了解决用户、商家和银行之间通过信用卡支付的交易而设计的，保证交易的安全性，确保支付信息的机密、完整及合法的身份认证。SET 协议主要是通过使用公钥密码算法和 X.509 数字证书的方式来解决电子商务交易过程中的安全性问题。

SET 协议要达到的主要目标如下。

（1）保证信息在 Internet 上的安全传输，保护敏感数据不被非授权人员窃取。

（2）保证信息的完整性，要求 SET 必须保证信息在传输过程中不会被篡改。

（3）实现订单信息和账号信息的隔离，在将包括消费者账号信息的订单送到商家时，商家只能看到订货信息，而看不到消费者的账号信息。

（4）各个参与方相互认证，以确定通信各方的身份，不仅是客户和在线商家之间能够进行认证，而且与银行之间也能进行认证。一般由第三方机构负责为在线通信双方提供信用担保。

（5）采用最好的安全策略和设计，通过严格测试的协议保护电子商务交易中的所有合法方。

（6）要求软件遵循相同的协议和消息格式，使不同厂家开发的软件具有兼容和互操作性，并且可以运行在不同的硬件和操作系统平台上。

SET 协议的安全要求有以下几方面。

（1）机密性。SET 协议中通过对传输的信息进行加密处理，使用公钥加密算法与对称加密算法相结合的混合加密算法对支付信息进行加密来保证信息的机密性。通过使用支付网关的公钥加密会话密钥，保证只让应该看到某信息的主体看到信息。SET 协议使用安全可靠的支付流程，使得商家解密后得到订单信息，银行解密后得到支付信息，这样即使支付信息是通过商家传给银行的，但是商家无法看到支付信息的详细情况，同时银行也看不到订单信息，从而确保商家看不到持卡人的账号和密码信息，银行看不到持卡人的购物信息。

（2）数据完整性。SET 协议使用数字签名来保证数据的完整性。SET 协议使用安全哈希函数（如 SHA-1）的数字签名。SHA-1 能将任意长度的消息生成 160 位的散列值，因此，如果散列值中的某几位发生变换，那么消息摘要中的数据就会有很大的变化。哈希函数的单向性使得从消息摘要得出消息原文在计算上是不可行的。消息摘要和消息一起传输，以便接收者验证消息在传输过程中是否被篡改，如果消息在传输的过程中被篡改，则此时接收者用哈希函数对接收到的消息进行运算后得到的消息摘要与发送者发来的消息摘要就会不同，从而检测到消息已被篡改，这样就保证了消息的完整性。

（3）可审性。可审性是电子商务中非常重要的环节，在 SET 中，可审性主要由身份认证来实现。SET 协议使用数字证书来确认商家、持卡人、发卡行和支付网关的身份，为网上交易提供了一个完整的可信赖环境。SET 协议是一个基于可信的第三方认证中心的方案，证书授权机构在 SET 协议中扮演了很重要的角色。SET 协议提供了通过证书授权机构对各个参与方颁发证书的方法，以此保证进行交易的各个参与方能够互相信任。

（4）不可否认性。因为交易双方在发出信息时是经过自己的私钥作数字签名的，而私钥只有用户自己保管，所以可以认为只有拥有该私钥的人才能发出经过其数字签名的信息，即保证了消息的不可否认性。

SET 协议的参与方主要由持卡人、商家、支付网关、证书授权机构、发卡行和收单行等 6 部分组成,如图 12.5 所示。

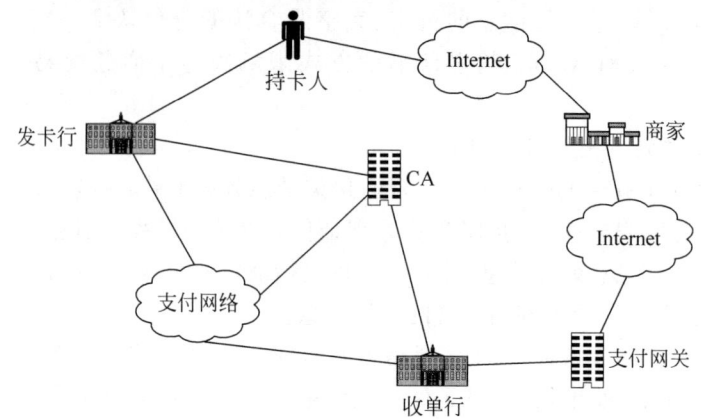

图 12.5 SET 的各个参与方

(1) 持卡人。持卡人是网上消费者或客户。SET 支付系统中的网上消费者或客户首先必须是信用卡或借记卡的持卡人。持卡人要参与网上交易,首先要向所属发卡行申请,经发卡行认可,由发卡行委托第三方中立机构——证书授权机构(CA)发放数字证书后,持卡人才具备上网交易资格。

持卡人上网交易是由一个嵌入在浏览器中的电子钱包来实现的。持卡人的电子钱包具有发送、接收信息,存储自身的公钥签名密钥和交易参与方的公开密钥交换密钥,申请、接收和保存认证等功能。除了这些基本功能外,电子钱包还必须支持网上购物的其他功能,如增删信用卡、改变密码口令、检查认证状态、显示信用卡信息和交易历史记录等功能。

(2) 商家。商家是 SET 支付系统中网上商店的经营者。商家首先必须在收单银行开设账户,由收单银行负责交易中的清算工作。商家要取得网上交易资格,首先要由收单银行对其进行审定和信用评估,只有通过审定才能由收单银行委托证书授权机构发给商家数字证书。有了证书,商家方可上网营业。商家上网必须有商户软件支持。商家软件必须能完成服务器和客户机的功能。它必须具备处理持卡人的申请和与支付网关进行通信,存储自身的公钥签名密钥和公钥交换密钥,以及交易参与方的公开密钥交换密钥,申请和接收认证,与后台数据库进行通信及保留交易记录等方面的功能。

(3) 支付网关。支付网关一边连接 Internet,一边通过银行网络与收单银行相连。它完成 SET 协议和现存银行交易系统协议(如 ISO8583 协议)之间的信息格式转换,实现传统银行网络上的支付功能在 Internet 上的延伸。SET 支付系统中的支付网关首先必须由收单银行授权,再由 CA 发放数字证书,方可参与网上支付活动。

支付网关具有确认商家,解密从持卡人处得到的支付信息,验证持卡人的证书与在购物中所使用的账号是否匹配,验证持卡人和商家申请信息的完整性、签署数字响应等功能。

(4) 证书授权机构。证书授权机构,有时也称为证书权威机构,是可信的第三方组织,为交易各方所信赖。它接受发卡行和收单行的委托,对持卡人、商家和支付网关发放数字证书,以便交易中的所有成员作为身份验证。

(5) 发卡行。为持卡人建立银行账号,为持卡人发行信用卡或借记卡。发卡行主要进行授权支付和资金清算的工作。

(6) 收单行。为在线交易的商家建立银行账号,并且处理持卡人信用卡的授权和商家信用卡的授权工作。

12.3.2 SET 的安全技术

1. 数字信封

为了充分发挥对称加密和非对称加密各自的优点,在 SET 协议中对信息进行加密时,通常将两者充分结合起来同时使用。数字信封类似于普通信封,是为了解决密钥传送过程的安全而产生的技术。

如图 12.6 所示,数字信封的基本原理是:首先将要传送的消息用对称密钥加密,但这个密钥不是由双方约定的,而是由发送方随机产生的,用此随机产生的对称密钥对消息进行加密;然后将此对称密钥用接收方的公开密钥加密,就好像用信封封装起来,所以称为数字信封;接着接收方收到消息后,用自己的私人密钥解密数字信封,得到随机产生的对称密钥;最后用此对称密钥对所收到的密文解密,得到消息原文。

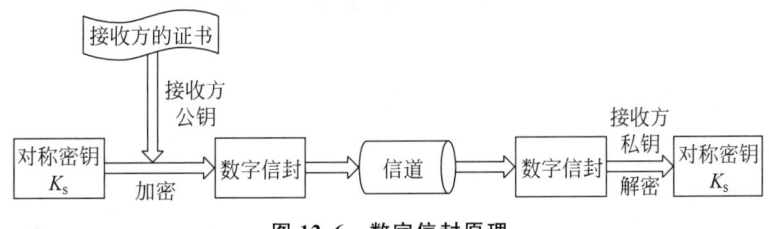

图 12.6 数字信封原理

由于数字信封用消息接收方的公开密钥加密,因此只能用接收方的私人密钥才能解密,其他人无法得到信封中的对称密钥,从而确保了信息的安全。

2. 双重签名

持卡人在网上向商家要求购买商品,如果商家接受这笔交易,则在网上向银行要求授权,但是持卡人不愿意让商家知道自己的账号等信息,也不愿意让银行知道他用这笔钱买了什么物品,为了解决这个问题就可以采用双重签名。SET 系统中双重数字签名的产生和验证过程如下。

1) 双重数字签名的产生过程

(1) 持卡人通过 SHA-1 算法分别生成订购信息 OI 与支付指令 PI 的消息摘要 H(OI) 和 H(PI)。

(2) 将消息摘要 H(OI) 和 H(PI) 连接起来得到消息 OP。

(3) 通过 Hash 算法生成 OP 的消息摘要 H(OP)。

(4) 用持卡人的私人密钥加密 H(OP) 得到双重数字签名 Sign(H(OP))。

(5) 持卡人将消息(OI,H(PI),Sign(H(OP)))用临时密钥 K_s 进行加密,接着使用商家的公开密钥对临时密钥 K_s 进行加密,将加密后的结果发送给商家;将消息(PI,H(OI),Sign(H(OP)))用临时密钥 K_s 进行加密,接着使用银行的公开密钥对临时密钥 K_s 进行加密,将加密后的结果发送给银行。

双重签名的产生过程如图 12.7～图 12.9 所示。

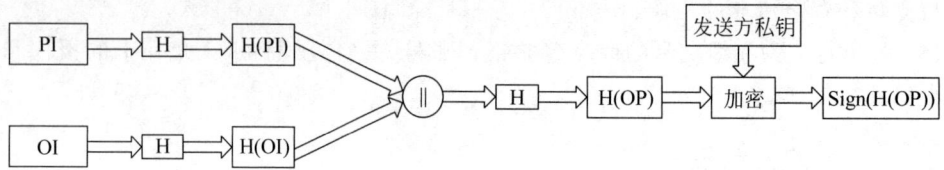

图 12.7　双重签名的产生过程

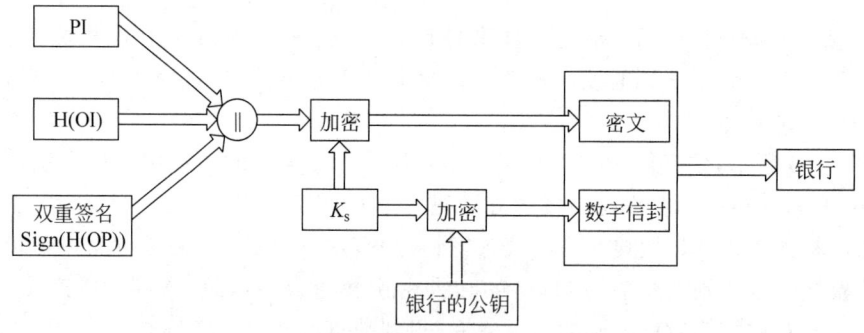

图 12.8　消费者发给银行的消息

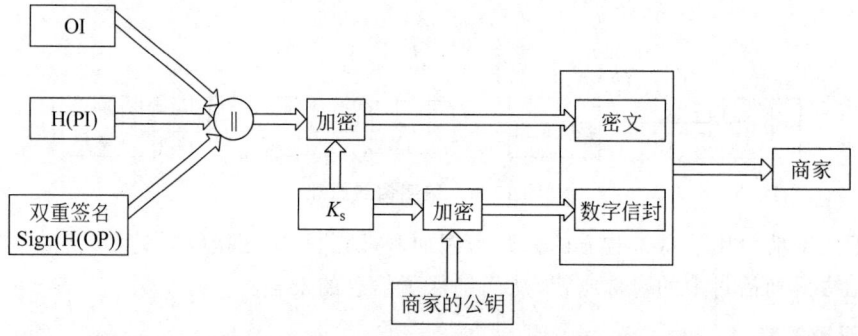

图 12.9　消费者发给商家的消息

2) 双重签名的验证过程

(1) 商家将收到的消息用自己的私人密钥对数字信封进行解密得到临时会话密钥,然后使用临时会话密钥对密文进行解密,将消息 OI 生成消息摘要 H(OI);同样,银行将收到的消息用自己的私人密钥对数字信封进行解密得到临时会话密钥,然后使用临时会话密钥对密文进行解密,将消息 PI 生成消息摘要 H(PI)。

(2) 商家将生成的消息摘要 H(OI) 和接收到的消息摘要 H(PI) 连接成新的消息 NOP;银行将生成的消息摘要 H(PI) 和接收到的消息摘要 H(OI) 连接成新的消息 NOP。

(3) 商家将消息 NOP 生成消息摘要 H(NOP);银行将消息 NOP 生成消息摘要 H(NOP)。

(4) 商家和银行均用持卡人的公开密钥解密收到的双重数字签名 Sign(H(OP)) 得到 H(OP)。

(5) 商家将 H(NOP) 和 H(OP) 进行比较,银行将 H(NOP) 和 H(OP) 进行比较,若相同,则证明商家和银行所接收到的消息是完整有效的。经过这样处理后,商家就只能看到订购信息(OI),而看不到持卡人的支付信息(PI);同样,银行只能看到持卡人的支付信息(PI),而看不到持卡人的订购信息(OI)。

双重签名的验证过程如图 12.10 和图 12.11 所示。

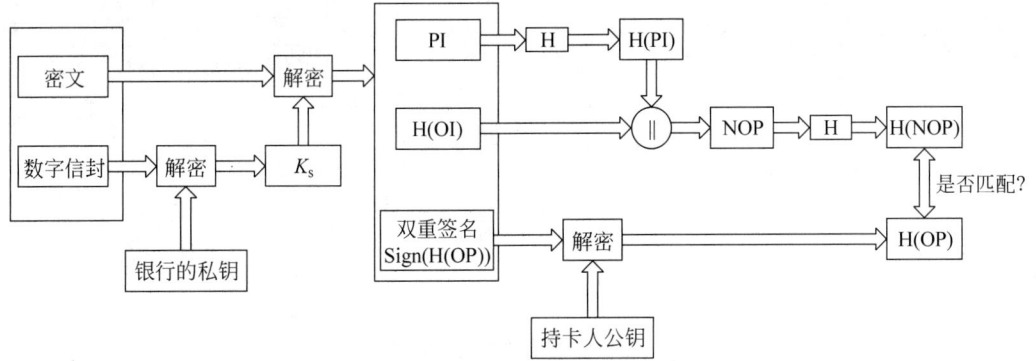

图 12.10　银行验证双重签名的过程

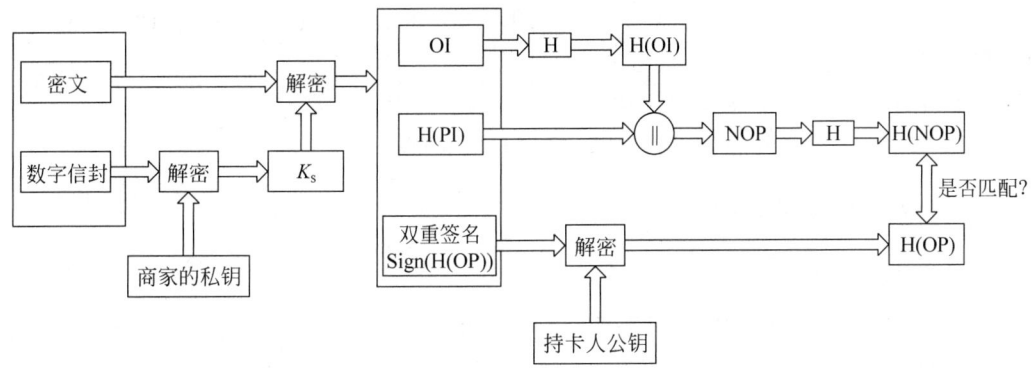

图 12.11　商家验证双重签名的过程

3. SET 协议的混合加密过程

在实际应用中,SET 协议的加密和解密是以上各种安全技术的综合运用,只有这样才能保证信息的机密性、完整性、真实性、有效性和不可否认性,才能确保电子商务的顺利进行。SET 协议的混合加密过程如图 12.12 所示,具体步骤如下。

(1) 发送方对接收方的数字证书进行认证。

(2) 发送方将交易数据进行 Hash 运算,生成消息摘要。

(3) 用发送方的私钥对消息摘要进行加密,得到数字签名。

(4) 发送方用随机生成的对称密钥对交易数据、数字签名及发送方的数字证书进行加密,得到密文。每次交易对称密钥都是随机生成的,都不相同。

(5) 发送方用从接收方数字证书中得到的接收方的公开密钥对对称密钥加密,生成数字信封。

(6) 发送方将密文、数字信封一起发送给接收方。

(7) 接收方收到消息后,使用自己的私钥对数字信封进行解密,得到对称密钥。

(8) 接收方用对称密钥对密文进行解密,得到交易数据、数字签名和发送方的数字

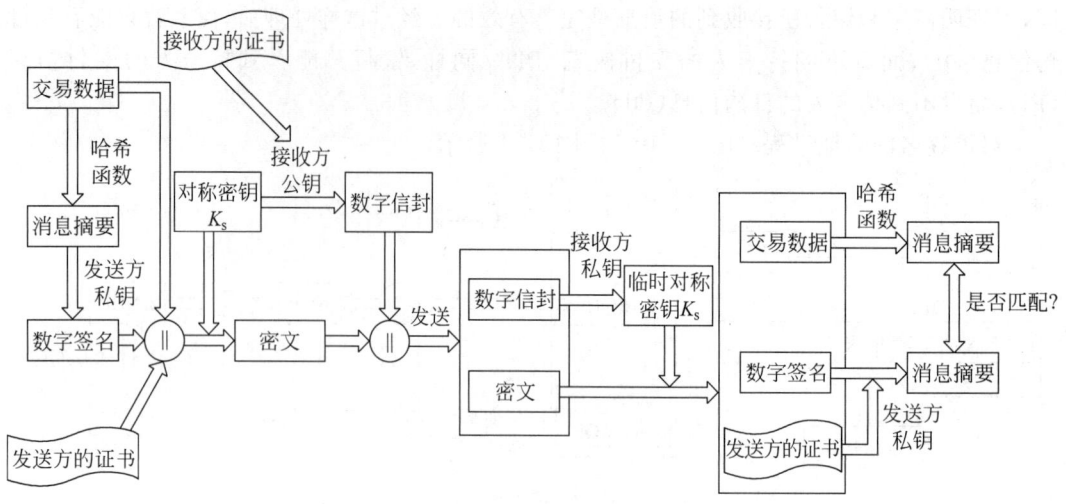

图 12.12 SET 协议的混合加密过程

证书。

(9) 接收方用从发送方数字证书中得到的发送方的公钥对数字签名进行解密,得到消息摘要。

(10) 接收方对交易数据进行 Hash 运算,生成新的消息摘要。

(11) 接收方比较两个消息摘要,以确定消息的完整性。

12.3.3　SET 的工作原理

1. SET 的购物流程

SET 协议的工作流程与实际的购物流程非常接近,使得电子商务与传统商务可以很容易融合,用户使用起来也没有什么障碍。从顾客通过浏览器进入在线商店开始,一直到所订货物送货上门或所订服务完成,以及账户上的资金转移,所有这些都是通过 Internet 来完成的。如何保证网上传输数据的安全和交易对方的身份确认是电子商务能否得到推广的关键。这正是 SET 所要解决的最主要的问题。一个完整的基于 SET 的购物处理流程如下。

(1) 持卡人利用浏览器在商家的主页上查看,并选定所要购买的物品,然后填写相应的订货单。订单中包括商品名称及数量、交货时间及地点等相关信息。订单可以从商家的服务器以电子形式发放,也可以通过电子购物软件在持卡人自己的计算机上创建。

(2) 持卡人选择支付方式,此时 SET 协议开始介入。

(3) 持卡人在验证商家的身份之后,向商家发送一个包含完整的订购信息和支付信息的订单。

(4) 商家收到持卡人发送过来的订单后,验证持卡人的身份,同时向持卡人的信用卡所属的发卡行请求支付授权,通过支付网关到银行,再到发卡行确认。发卡行批准交易,然后返回应答给商家,支付授权被批准。

(5) 商家向持卡人发送订单确认信息。

(6) 持卡人收到订单确认信息后,其 SET 软件记录交易日志,以备将来查询。

(7) 商家发送货物(由物流公司)或提供服务。

(8)商家请求支付,支付网关根据支付网络的处理流程将货款从持卡人的信用卡账户转到商家的账户中。

从以上 SET 交易过程可知,从第(2)步开始,SET 起作用,一直到第(8)步。在处理过程中,通信协议、请求信息的格式、数据类型的定义等,SET 都有明确的规定。在操作的每一步,持卡人、商家、支付网关都通过 CA 来验证通信主体的身份,以确保通信的对方不是冒名顶替。因此也可以简单地认为,SET 协议充分发挥了认证中心的作用,以维护在任何开放网络上的电子商务参与者所提供信息的真实性和保密性。

2. SET 的支付流程

一项 SET 交易需要持卡人、商家、CA、支付网关、发卡行和收单行共同参与,而且持卡人、商家和支付网关之间的每次交易都需要经过认证,支付网关处理商家的每次交易,持卡人没有直接参与和支付网关的对话。整个 SET 的支付过程需要经历证书注册、购买请求、支付授权、资金清算 4 个阶段。

1) 证书注册

在 SET 中,每个主体都有自己相应的数字证书,证书包括账号、有效期等信息,用来标识自己的合法身份。因此在 SET 协议开始之前,用户都必须向 CA 申请证书。

CA 申请和审核证书的过程如下。

(1) 用户向 CA 发出申请,请求注册。

(2) CA 响应用户的申请消息,并发送自己的证书。

(3) 用户收到 CA 的应答,验证证书合格后,向 CA 申请注册表格。

(4) CA 处理用户请求,发出相应的注册登记表。

(5) 用户填写注册登记表,同时产生密钥对,将公钥和登记表发送给 CA,并请求证书。

(6) CA 通过验证用户信息,处理证书请求,创建证书并生成 CA 对该证书的数字签名,将其发回给用户。

其中,用户生成的密钥对是基于 RSA 算法的,以后就是通过它们来进行数字签名和身份认证,公钥将置于用户的数字证书中,确保私钥安全是用户自身的责任。

2) 购买请求

在进入购买请求之前,持卡人必须先完成浏览、选购和订货,此时商家向持卡人发送一张完整的订单,持卡人才开始进入购买请求阶段。购买请求阶段的交互信息由 4 种消息组成:初始请求(Initiate Request)、初始响应(Initiate Response)、购买请求(Purchase Request)、购买响应(Purchase Response)。

(1) 初始请求。为了能够实现与商家之间的 SET 消息报文的交互,持卡人需要使用商家的证书及支付网关的证书。为取得这些证书,持卡人向商家发出"初始请求",请求得到商家和支付网关的数字证书,包括用户为该请求分配的 ID 号、一个用于表示时效性的随机数、持卡人的证书等。

(2) 初始响应。商家收到初始请求后,对持卡人作出响应。该响应消息包括标识本次交易的订单的 ID 号、初始请求中表示时效性的随机数、商家新生成的表示时效性的随机数,并使用商家的私钥对该消息进行签名。将签名后的响应消息连同支付网关证书和商家证书构成一个完整的初始响应的消息报文一起发送给持卡人。

(3) 购买请求。持卡者通过 CA 签名验证商家和支付网关的证书,然后生成订购信息

(Order Instruction,OI)和支付信息(Payment Instruction,PI)。OI 包括本次交易的订单号、表示时效性的随机数和种子,PI 包括本次交易的订单号、表示时效性的随机数、银行账号、银行卡口令和本次交易费用。OI 不包含显式的订购数据,如商品数量和价格,但包含一条订单应用。订单应用是在第一条 SET 消息之前的购物阶段中由客户和商家的信息交换过程中产生的。

为了保护支付信息的机密性,持卡人产生一次性的对称加密的会话密钥 $K1$ 用于对支付信息进行加密。

持卡人首先构造双重签名 $Sign(H(OP))$。先由持卡人计算 PI 和 OI 的消息摘要 $H(PI)$ 和 $H(OI)$,再使用自身私钥对其进行双重签名,产生签名 $Sign(H(OP))$。整个购买请求报文由 3 部分组成,如图 12.13 所示。

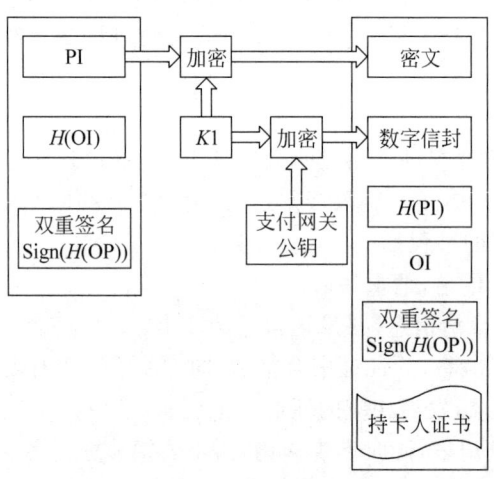

图 12.13　持卡人发送购买请求

① 第一部分是持卡人使用会话密钥 $K1$ 对支付信息、双重签名 $Sign(H(OP))$ 和订购信息的消息摘要 $H(OI)$ 进行加密,并使用支付网关的公钥对会话密钥 $K1$ 进行加密,称为数字信封,形成购买请求的第一部分。这部分是与支付相关的信息,由商家转发给支付网关。

② 第二部分是与订购相关的信息,这部分信息是商家处理交易所需要的信息,包含订购信息、双重签名 $Sign(H(OP))$ 和支付信息的消息摘要 $H(PI)$。"购买请求"消息报文还需要包含持卡人的证书,商家和支付网关都需要使用证书上的公钥来对签名进行验证。

③ 第三部分是持卡人使用密钥 $K2$ 对"购买请求"的消息报文进行加密,使用商家的公钥对 $K2$ 进行加密,并发送给商家。

(4) 购买响应。商家收到购买请求信息后,将做出相应的购买响应。

① 商家通过 CA 的签名验证持卡人的证书。

② 使用持卡人的公钥对双重签名 $Sign(H(OP))$ 进行验证,检查订单信息在传送过程中是否被篡改过。

③ 处理订购信息,同时将支付信息转发给支付网关。

④ 向持卡人发送"购买响应"的消息报文。

"购买响应"消息报文包含交易的订单号、表示时效性的随机数和用于确认订购的响应数据,该响应数据需要用商家的私钥进行签名,并连同商家的证书一起发送给持卡人。

持卡人收到"购买响应"消息报文后首先验证商家的证书,然后验证响应数据上的签名,如图 12.14 所示。

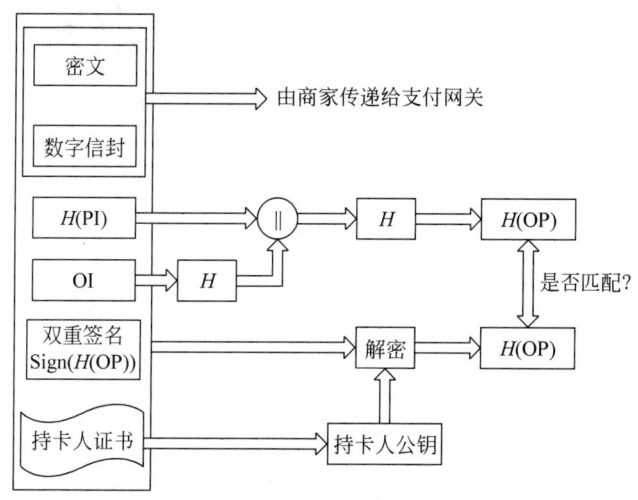

图 12.14　商家验证持卡人的购买请求

3) 支付授权

支付授权消息是在商家与支付网关之间交换的信息。在商家处理客户订购信息的过程中,需要支付网关认可和授权。授权支付确保这笔交易是经发卡行确认的,保证商家能收到货款或服务费,因此商家可以向顾客提供商品或服务。

支付授权的交互过程由两条消息组成:授权请求和授权响应。授权请求是商家向支付网关发送的消息报文,其内容如下。

(1) 来自持卡人与支付有关的信息。

① 支付信息。

② 双重签名 $Sign(H(OP))$。

③ 订购信息的消息摘要 $H(OI)$。

④ 数字信封:使用支付网关的公钥对会话密钥 $K1$ 进行加密的密文。

(2) 商家产生的与授权支付有关的信息。

① 将表示本次交易的订单号、表示时效性的随机数和本次交易费用合起来组成一个数据块,使用商家的私钥进行数字签名,并使用一个由商家生成的会话密钥 K_s 进行加密。

② 数字信封:使用支付网关的公钥对商家生成的会话密钥 K_s 进行加密后的密文。

③ 持卡人和商家的证书。

(3) 支付网关处理授权支付请求。支付网关接收到授权支付请求,执行以下操作。

① 验证持卡人和商家的证书。

② 使用自身的公钥对来自持卡人的与支付相关的信息的数字信封进行解密,获得会话密钥 $K1$。

③ 使用密钥 $K1$ 对持卡人的支付信息进行解密。

④ 使用自身的公钥对来自商家的授权支付信息的数字信封进行解密,获得会话密钥 K_s。

⑤ 使用密钥 K_s 对商家的授权支付信息进行解密。

⑥ 验证与支付相关的信息中的双重签名 Sign(H(OP))。

⑦ 验证从商家提交的交易 ID 与持卡人支付信息中交易 ID 是否一致。

⑧ 从持卡人的支付信息得到持卡人卡号,根据卡号识别发卡银行,然后请求发卡行验证发卡人的支付能力。

⑨ 得到发卡行响应后,支付网关向商家返回授权响应消息。

授权响应消息包括以下内容。

① 由支付网关对本次交易订单号、表示时效性的随机数和本次交易费用进行的签名,并用支付网关生成的一次性密钥进行加密的授权数据块。

② 用商家公钥加密一次性密钥的数字信封。

③ 捕获标记(Capture Token)。

④ 支付网关的证书。有了支付网关的证书,商家就可以给持卡人提供货物或服务了。

(4) 获得支付网关的授权后,商家就可以向用户提供货物或服务了。

4) 资金清算

为了切实地得到客户支付的款项,商家还需要与支付网关交互,进行支付资金交易。整个过程主要由资金清算请求和资金清算响应两部分组成,具体步骤如下。

(1) 商家向支付网关发出资金清算请求,资金清算请求消息包含商家签名并加密的请求数据(包括支付总额、交易 ID 和之前收到的捕获标记等)和商家证书。

(2) 支付网关收到资金清算请求的消息后,解密并验证资金清算数据和捕获标记,同时检验它们的一致性。接着,支付网关通过专用的支付网络向发卡行发送转账请求。发卡行处理转账请求,进行资金转账,将购物款从持卡人的账号转到收单银行商家账号上。收单行得到购物款后,向支付网关发出资金已收的消息,然后支付网关将从收单行收到的消息进行签名和加密,形成资金清算响应并发送给商家。

(3) 商家解密资金清算响应并验证,将其保存下来,用于与收单行得到的付款进行对账。

12.3.4 SET 的优缺点

1. 优点

SET 协议与其他电子商务安全协议相比主要有以下优点。

(1) SET 协议对商家提供了保护自己的手段,使商家免受欺诈的困扰。

(2) 对消费者而言,SET 协议替消费者保守了更多的秘密,使其在线购物更加轻松。

(3) 银行和发卡机构及各种信用卡组织,如 VISA 和 MasterCard 非常喜爱 SET 协议,因为 SET 协议帮助它们将业务扩展到 Internet 这个广阔的空间中,从而使得信用卡网上支付具有更低的欺骗概率,这使得它比其他支付方式具有更大的竞争力。

(4) SET 协议对于参与交易的各方定义了互操作接口,一个系统可以由不同厂商的产品构筑。

(5) SET 协议可以用在系统的一部分或全部。例如,一些商家正在考虑与银行连接中使用 SET 协议,而与顾客连接时仍然使用 SSL 协议。

2. 缺点

SET 协议是通过 Internet 进行在线交易的安全协议标准，是为了解决用户、商家和银行之间通过信用卡进行支付而设计的，以保证支付信息的机密、支付过程的完整、各参与方的合法身份及不可否认等。虽然 SET 协议从诸多方面保证了网上支付的安全问题，但通过前面的分析研究可知，SET 协议还存在许多不足，现分述如下。

(1) SET 协议采用 DES 算法和 RSA 算法进行加密、解密，由于美国政府对安全产品的出口限制，出口的分组加密算法 DES 的密钥是 56 位，而公钥加密算法 RSA 的密钥也只有 512 位，致使 SET 协议的安全性不高且适应性不强。签名算法所使用的 MD5 和 SHA-1 哈希函数已经被清华大学的王小云教授等所破解，SET 的安全机制已经开始动摇。

(2) SET 协议过于复杂，要求安装的软件包太多，处理速度慢，价格昂贵。

(3) SET 协议没有说明发卡银行在给商家付款前，是否必须收到消费者的货物接受证书。当商家提供的货物不符合质量标准，或者消费者故意说质量有问题而拒不接收货物时，责任由谁来承担并没有明确。

(4) SET 技术规范没有提及在事务处理完成后，如何安全地保存或销毁此类数据，是否应当将数据保存在消费者、在线商店或收单银行的计算机里。这种漏洞可能使这些数据以后受到潜在的攻击。

(5) SET 协议中对于持卡人的隐私问题考虑不够，因为商家仍然知道某个持卡人所购买的物品，没有给消费者的消费带来匿名性。

(6) 在交易文件中，时间是十分重要的信息。在书面合同中，文件签署的日期和签名是防止伪造和篡改的关键性内容，而在计算机上改变某个文件的时间标记是轻而易举的事。因此，在电子交易中也需要对文件的日期和时间信息采取相应的安全措施，防止以后当事人对交易的否认和抵赖。

尽管 SET 协议还存在一些不足，但 SET 仍是目前电子商务所有安全协议中最规范、安全性最强的一种协议，是安全电子支付的国际标准。

12.4 SSL 与 SET 的比较

SSL 和 SET 协议都能提供安全交易的机制并应用于电子商务中，都通过认证进行身份的识别，都通过对传输数据的加密实现保密性。但从运行方式上看，SSL 和 SET 有明显的不同，具体表现在以下几方面。

(1) 从认证机制上看，早期的 SSL 并没有提供商家身份认证机制，虽然在 SSL3.0 中可以通过数字签名和数字证书实现浏览器和服务器双方的认证，但仍然不能实现多方认证。而 SET 协议的安全要求较高，所有参与 SET 交易的成员（持卡人、商家、发卡行、收单行和支付网关）都必须通过申请数字证书进行身份认证。

(2) 从安全性上看，SSL 只对持卡人与商店端的信息交换进行加密保护，可以看作是用于传输的那部分的技术规范。从电子商务特性上看，它并不具备商务性、服务性、协调性和集成性。而 SET 协议规范了整个商务活动的流程，从持卡人到商家，到支付网关，再到认证中心，以及信用卡结算中心之间的信息流走向和必须采用的加密、认证都制定了严密的标准,从而最大限度地保证了商务性、服务性、协调性和集成性。因此,SET 的安全性比 SSL 高。

(3) 从网络协议位置上看,SSL 位于传输层与应用层之间,因此 SSL 能很好地封装应用层数据,不用改变位于应用层的应用程序,对用户是透明的。同时,SSL 通过交易前的"握手"过程来建立客户机与服务器之间一条安全通信的信道,保证数据传输的安全。整个过程相对简单,因此 SSL 协议主要是和 Web 应用一起工作。而 SET 协议位于应用层,是为信用卡交易提供安全保障,其认证体系十分完善,能实现多方认证。在 SET 的实现中,消费者账户信息对商家来说是保密的,安全性较好。但是 SET 协议十分复杂,存在身份验证复杂、加密环节多、处理效率低等缺点,还有待改进。

习　题　12

在线测试

一、选择题

1. SSL 协议的 Server_Hello 使用随机数的目的是(　　)。
   A. 作为加密密钥　　　　　　　　B. 用于密钥交换中的抗重放攻击
   C. 作为客户机的 ID　　　　　　　D. 可以省略,没用
2. SET 协议中的数字信封对要传送的消息密钥是通过(　　)产生的。
   A. 接收方的公钥　　　　　　　　B. 接收方随机产生
   C. 发送方随机产生　　　　　　　D. 事先通过协商
3. SSL 协议使用的加密算法是(　　)。
   A. 仅使用对称加密算法
   B. 仅使用公钥加密算法
   C. 同时使用 DES 加密算法和散列密码
   D. 同时使用对称加密算法和公钥加密算法
4. 认证中心的核心职责是(　　)。
   A. 签发和管理数字证书　　　　　B. 验证信息
   C. 公布黑名单　　　　　　　　　D. 撤销用户的证书
5. 以下关于 SSL 的说法,错误的是(　　)。
   A. 目前大部分 Web 浏览器都内置了 SSL 协议
   B. SSL 协议分为 SSL 握手协议和 SSL 记录协议两部分
   C. SSL 协议中的数据压缩功能是可选的
   D. SET 协议在功能和结构上与 SSL 完全相同

二、填空题

1. SSL 是一种综合利用＿＿＿＿和＿＿＿＿技术进行安全通信的工业标准。
2. SET 协议的参与方主要由持卡人、商家、＿＿＿＿、＿＿＿＿、发卡行和收单行 6 部分组成。
3. SSL 协议由 SSL 记录协议、＿＿＿＿、＿＿＿＿和报警协议组成。
4. SET 协议主要通过使用＿＿＿＿和＿＿＿＿的方式解决电子商务交易过程中的安

全性问题。

三、简答题

1. 电子商务有哪些优点？
2. 电子商务的安全需求有哪些？
3. SSL 记录协议的工作步骤有哪些？
4. 试以图形化的方式画出 SSL 协议的握手过程。
5. SET 提供了哪些安全服务？
6. 试列举 SET 协议中的各个参与方。
7. 数字信封的作用是什么？
8. 双重签名的定义和目的是什么？
9. 为什么在 SSL 中有单独的修改密码规范协议，而在握手协议中不包含修改密码规范？
10. 分析 SSL 协议，并说明 SSL 如何抵抗下列 Web 安全性威胁。

（1）穷举密码分析攻击：穷举传统加密算法的密钥空间。

（2）重放攻击：重放先前的 SSL 握手消息。

（3）中间人攻击：在密钥交换时，攻击者针对服务器假扮成客户机，针对客户机又假扮成服务器。

第13章 网络安全检测与评估

网络安全检测与评估是保证计算机网络信息系统安全运行的重要手段,对于准确掌握计算机网络信息系统的安全状况具有重要意义。由于计算机网络信息系统的安全状况是动态变化的,因此网络安全检测与评估也是一个动态过程。在计算机信息系统的整个生命周期内,随着系统结构的变化、新的漏洞的发现,以及管理员/用户的操作,主机的安全状况是不断在变化着的,随时都可能需要对系统的安全性进行检测与评估。只有让安全意识和安全制度贯穿整个过程,才有可能做到尽可能相对的安全。一劳永逸的网络安全检测与评估技术是不存在的,也是不切实际的。

13.1 网络安全评估标准

13.1.1 网络安全评估标准的发展历程

标准是评估的灵魂,作为一种依据和尺度,没有标准就没有准确可靠的评估。在信息安全这一特殊的高技术领域,没有标准,国家有关的立法执法就会因缺乏相应的技术尺度而失之偏颇,最终会给国家信息安全领域的管理带来严重后果。一般来说,完整的评估标准应涵盖方法、手段和途径。

国际上信息安全测评标准的发展经历了以下几个阶段。

1. 首创而孤立的阶段

根据国防信息系统的保密需要,美国国防部首次于1983年开发了《可信计算机系统安全评估准则》,简称为TCSEC(Trusted Computer System Evaluation Criteria)。1985年,TCSEC经修改后正式发布,由于采用了橘色书皮,因此人们通常称其为橘皮书。美国国防部国家计算机安全中心后续制定了一系列相关准则,每本书使用不同颜色的书皮,称为彩虹系列。

这些准则从用户登录、授权管理、访问控制、审计总计、隐通道建立、安全检测、生命周期保障、文本写作和用户指南等方面均提出了规范性要求。准则根据所采用的安全策略和系统所具备的安全功能将系统分为四类7个安全级别,这7个安全级别如表13.1所示。

表13.1 TCSEC的安全级别

类别	级别	名 称	主 要 特 征
A	A	验证设计级	形式化的最高级描述和验证,形式化的隐蔽通道分析,非形式化的代码一致性证明

续表

类别	级别	名称	主要特征
B	B3	安全域级	安全内核,访问控制具有最高抗渗透能力
	B2	结构化安全保护级	面向安全的体系结构,遵循最小授权原则,有较好的抗渗透能力,对所有的主体和客体提供访问控制保护,对系统进行隐蔽通道分析
	B1	标记安全保护级	在 C2 安全级的基础上增加安全策略模型,对数据进行标记
C	C2	访问控制环境保护级	以用户为单位进行广泛的审计
	C1	选择性安全保护级	有选择的访问控制,用户与数据分离,数据以用户组为单位进行保护
D	D	最低安全保护级	保护措施很少,相当于没有安全功能的个人计算机

TCSEC 第一次采用了公正的第三方,利用技术分析和测试手段,获取证据来证明开发者正确有效地实现了标准要求的安全功能。它运用的主要安全策略是访问控制机制,考虑的安全问题大体上局限于信息的保密性,所依据的安全模型则是 Bell&Lapadula 模型,该模型所制定的最重要的安全准则严禁上读下写所针对的就是信息的保密要求。

TCSEC 最主要的不足是其只针对操作系统的评估,而且只考虑了保密性需求,但它极大地推动了国际计算机安全的评估研究,使安全信息系统评估准则的研究进入了第二个阶段。

2. 普及而分散的阶段

欧洲各国不甘落后于美国,曾纷纷效仿 TCSEC,先后制定了各国自己的评估标准。但欧共体认为评估标准的多样性有违欧共体的一体化进程,也不利于各国在评估结果之间的互认,因此标准不统一是极为不妥的现象。德国信息安全局在 1990 年发出号召,与英、法、荷一起迈开了联合制定评估标准的步伐。终于推出了《信息技术安全评估标准》,简称 ITSEC。除了吸取 TCSEC 的成功经验外,ITSEC 首次提出了信息安全的保密性、完整性、可用性的概念,将可信计算机的概念提高到可信信息技术的高度上来认识。他们的工作成为欧共体信息安全计划的基础,并对国际信息安全的研究实施带来了深刻的影响。

ITSEC 也定义了 7 个安全级别,即 E6(形式化验证)、E5(形式化分析)、E4(半形式化分析)、E3(数字化测试分析)、E2(数字化测试)、E1(功能测试)、E0(不能充分满足保证)。

加拿大也在同期制定了《加拿大计算机产品评估准则》第一版,称为 CTCPEC。该准则的第三版于 1993 年公布,吸取了 ITSEC 和 TCSEC 的优点,并将安全清晰地分为功能性要求和保证性要求两部分。

上述这两个安全性测评准则不仅包含了对计算机操作系统的评估,还包含了现代信息网络系统所包含的通信网络和数据库方面的安全性评估准则。

美国政府在此期间并没有停止对评估准则的研究,于 1993 年公开发布了《联邦准则》的 1.0 版草案,简称 FC。在 FC 中首次引入了保护轮廓(Protection Profile,PP)的重要概念,每一保护轮廓都包括功能部分、开发保证部分和测评部分。FC 的分级方式与 TCSEC 不同,而充分吸取了 ITSEC 和 CTCPEC 的优点,供民用及政府商业使用。

总体来说,这一阶段的安全性评估准则不仅全面包含了现代信息网络系统的整体安全性,而且内容也有了很大的扩展,不再局限于安全功能要求,增加了开发保证要求和评估(分析、测试)要求。但这些标准分散于各国,度量标准也不尽相同,在客观上阻碍了信息安全保障的国际合作和交流。统一的安全评估准则呼之欲出。

3. 集中统一阶段

为了能集中世界各国安全评估准则的优点,集合成单一的、能被广泛接受的信息技术评估准则,国际标准化组织在1990年就开始着手编写国际性评估准则,但由于任务庞大及协调困难,该工作一度进展缓慢。直到1993年6月,在6国7方(英、加、法、德、荷、美国国家安全局及国家标准技术研究所)的合作下,前述的几个评估标准终于走到了一起,形成了《信息技术安全通用评估准则》,简称CC。CC的0.9版于1994年问世,1.0版于1996年出版。1997年,有关方面提交了CC的2.0版草案版,1998年正式发行,1999年发行了现在的CC2.1版,后者于1999年12月被ISO批准为国际标准编号ISO/IEC15408。至此,国际上统一度量安全性的评估准则宣告形成。CC吸收了各先进国家对现代信息系统安全的经验和知识,对信息安全的研究与应用形成了深刻的影响。

CC的评估等级共分7级,即EAL1~EAL7,分别为功能测试,结构测试,系统测试和检验,系统设计、测试和审评,半形式化设计和测试,半形式化验证的设计和测试,以及形式化验证的设计和测试。

图13.1所示为安全信息系统评估准则的发展史,包括各准则的衍生关系。表13.2对上述各标准的等级对照关系做了说明。为了便于参照,同时对比了我国于1999年发布,2001年开始执行的国家标准《计算机信息系统安全保护等级划分准则》,简称GB17859。

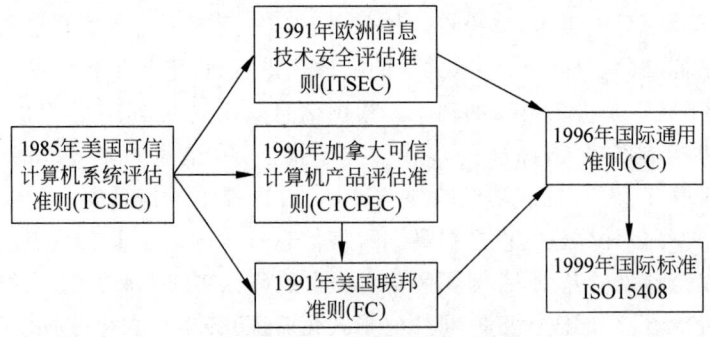

图13.1 测评标准的发展

表13.2 各标准的等级划分对照表

CC	TCSEC	FC	ITSEC	CTCPEC	GB 17859—1999
…	D		E0	T0	…
EAL1	…		…	T1	1:用户自主保护
EAL2	C1		E1	T2	2:系统审计保护
EAL3	C2	T1	E2	T3	3:安全标记保护
EAL4	B1	T2	E3	T4	4:结构变化保护
…	…	T3	…	…	…
…	…	T4	…	…	…
EAL5	B2	T5	E4	T5	5:访问验证保护
EAL6	B3	T6	E5	T6	…
EAL7	A	T7	E6	T7	…

需要指出的是,对于这样一个对照关系,只能认为是大致和模糊的,有很多专家对此有不同的意见。主要原因在于 TCSEC 只关注保密性,因此与其他标准对安全性的要求大不相同,不可在一起对比。但该表确实可以使人们对各标准的等级对照形成基本的认识,可以作为重要的参考。

13.1.2　TCSEC、ITSEC 和 CC 的基本构成

1. TCSEC

TCSEC 可以从安全策略模型、可追究性(accountability)、保证(assurance)和文档(documentation)4 方面进行描述。

(1) 安全策略模型:B1 级与 B1 级以下的安全测评级别,其安全策略模型是非形式化定义的。从 B2 级开始,其安全策略模型是更加严格的形式化定义,甚至引用形式化验证方法。最早的形式化安全模型是 Bell-Lapadula 状态转移模型。安全策略制定的基础是所谓的可信计算基(Trusted Computing Base,TCB)结构。TCSEC 在测评标准上给出了 11 个安全策略内容,其中以自主访问控制(DAC)(在 C 级及以上级别采用的)、客体重用、标识(有 8 个)和强制访问控制(MAC)(B 级及以上级别采用)作为主要特征。

(2) 可追究性:在 TCSEC 测评标准上给出了 3 个可追究性特性,分别是识别与授权、审计和可信通路。

(3) 保证:在 TCSEC 测评标准上给出了 9 个安全保证特性,主要解决安全测试验证分析等特性。

(4) 文档:在 TCSEC 测评标准上还给出了对文档的要求。

应当说明的是,C2 级对于一般意义上的攻击具有一定的抵抗能力;B1 级对于一般意义上的攻击具有较高的抵抗能力,而对于抵抗高威胁的渗透入侵能力还是较低的;B2 级有一定的抵抗高威胁的渗透入侵能力;B3 级有较高的抵抗高威胁的渗透入侵能力。

TCSEC 是第一代的安全评估标准,有其不足,但这并不意味着人们不去继承它。目前,不止我国,即使在世界上也都存在着对 TCSEC 与 CC 优劣的争论,有很多还未达成一致性意见。以下是当前已经得到公认的对 TCSEC 局限性的认识。

(1) TCSEC 是针对建立无漏洞和非侵入系统制定的分级标准。TCSEC 的安全模型不是基于时间的,而是基于功能、角色和规则等空间与功能概念意义上的安全模型。安全概念仅仅是为了防护,对防护的安全功能如何检查,以及检查出的安全漏洞又如何弥补和反应等问题没有讨论和研究。

(2) TCSEC 是针对单一计算机,特别是对小型计算机和主机结构的大型计算机制定的测评标准。TCSEC 的网络解释目前缺少成功的实践支持,尤其对于互联网络和商用网络很少有成功的实例支持。

(3) TCSEC 主要用于军事和政府信息系统,对于个人和商用系统采用这个方案是有困难的。也就是说其安全性主要是针对保密性而制定的,而对完整性和可用性研究不够,忽略了不同行业的计算机应用的安全性差别。

(4) 安全的本质之一是管理,而 TCSEC 缺少对管理的讨论。

(5) TCSEC 的安全策略也是固定的,缺少安全威胁的针对性,其安全策略不能针对不同的安全威胁实施相应的组合。

（6）TCSEC 的安全概念脱离了对 IT 和非 IT 环境的讨论，如果不能将安全功能与安全环境相结合，那么安全建设就是抽象和非实际的。

（7）美国 NSA 测评一个安全操作系统需要花费 1~2 年的时间，这个时间已经超过目前一代信息技术发展的时间，也就是说 TCSEC 测评的可操作性较差，缺少测评方法框架和具体标准的支持。

2. ITSEC

以 ITSEC 为代表的 20 世纪 90 年代出的一批评估标准对后来的 CC 产生了重要影响。ITSEC 于 1991 年得到批准发布，在此之后，进一步的细则仍在不断制定。在相当长的一段时间内，它是欧洲信息安全评估的主要依据。

ITSEC 的安全功能分为标识与鉴别、访问控制、可追究性、审计、客体重用、精确性、服务可靠性和数据交换。其保证准则为有效性（effectiveness）和正确性（correctness）。有效性准则从结构（construction）和操作（operation）两方面体现。结构准则要求中，包括功能的适用性、功能捆绑、机制强度和结构脆弱性评估。操作准则可划分为两方面：易用性和操作脆弱性评估。

欧盟曾在 1997 年发布了 ITSEC 评估互认协定，并在 1999 年 4 月协定修改后发布了新的互认协定第 2 版。目前，签署双方承担义务并相互承认的是英国、法国和德国，接受这 3 个国家的评估结果的有芬兰、希腊、荷兰、挪威、西班牙、瑞士和瑞典。

ITSEC 的生命力很强，其系列文档一直在以 UKSPXX（United Kindom ITSEC Scheme Publication）为编号不断制定。甚至其 1996 年发布的基础性文件 UKSP01《框架描述》在 2000 年 2 月又重新进行了第 4 版的修订，最大的改动是增加了对 CC 最新动态的反应。

3. CC

CC 最早引入中国时，由于当时与国外相比起步较晚，对 CC 早期版本的消化经历了较长的过程。如今，作为 ISO/IEC 15408 的 CC 已经被引为国家标准 GB/T 18336，并已经成为国家信息安全测评认证中心的测评依据。

CC 是目前国际上最全面的信息技术安全性评估准则。它主要有以下两个核心思想。

（1）CC 的核心思想之一是信息安全提供的安全功能本身和对信息安全技术的保证承诺之间独立。这一思想在 CC 标准中主要反映在以下两方面。

① 信息系统的安全功能和安全保证措施互相独立，并且通过独立的安全功能需求和安全保证需求来定义一个产品或系统的完整信息安全需求。

② 信息系统的安全功能及说明与对信息系统安全性的评价完全独立。

（2）CC 的另一个核心思想是安全工程的思想，即通过对信息安全产品的开发、评价、使用全过程的各个环节实施安全工程来确保产品的安全性。

CC 分为三部分，相互依存，缺一不可。第一部分介绍 CC 的基本概念和基本原理，定义 IT 安全评估的一般概念与原则，并提出一个评估的一般模型，描述 CC 的每一部分对每一目标读者的用途，附录中还详细介绍了保护轮廓（PP）、安全目标（ST）的结构和内容；第二部分提出了安全功能要求，包含良好定义的且较易理解的安全功能要求目录，它将作为一个表示 IT 产品和系统安全要求的标准方式；第三部分提出了非技术的安全保证要求，包含建立保证组件所用到的一个目录，它可被作为表示 IT 产品和系统保证要求的标准方式。CC

将安全要求分为安全功能要求,以及用来解决如何正确有效地实施这些功能的保证要求,这是从 ITSEC 和 CTCPEC 中吸取的优点,同时 CC 还从 FC 中吸取了保护轮廓的概念。

CC 的功能要求和保证要求均以类-族-组件(Class-Family-Component)的结构来表述。功能要求包括 12 个功能类(安全审计、通信、密码支持、用户数据保护、标识和鉴别、安全管理、隐秘、TSF 保护、资源利用、TOE 访问、可信路径、信道),保证要求包括 7 个保证类(配置管理、交付和运行、开发、指导性文件、生命周期支持、测试、脆弱性评定)。

CC 将通过对安全保证功能的评估划分安全等级,每一等级对保证功能的强度要求会增加。CC 的结构关系如图 13.2 所示。

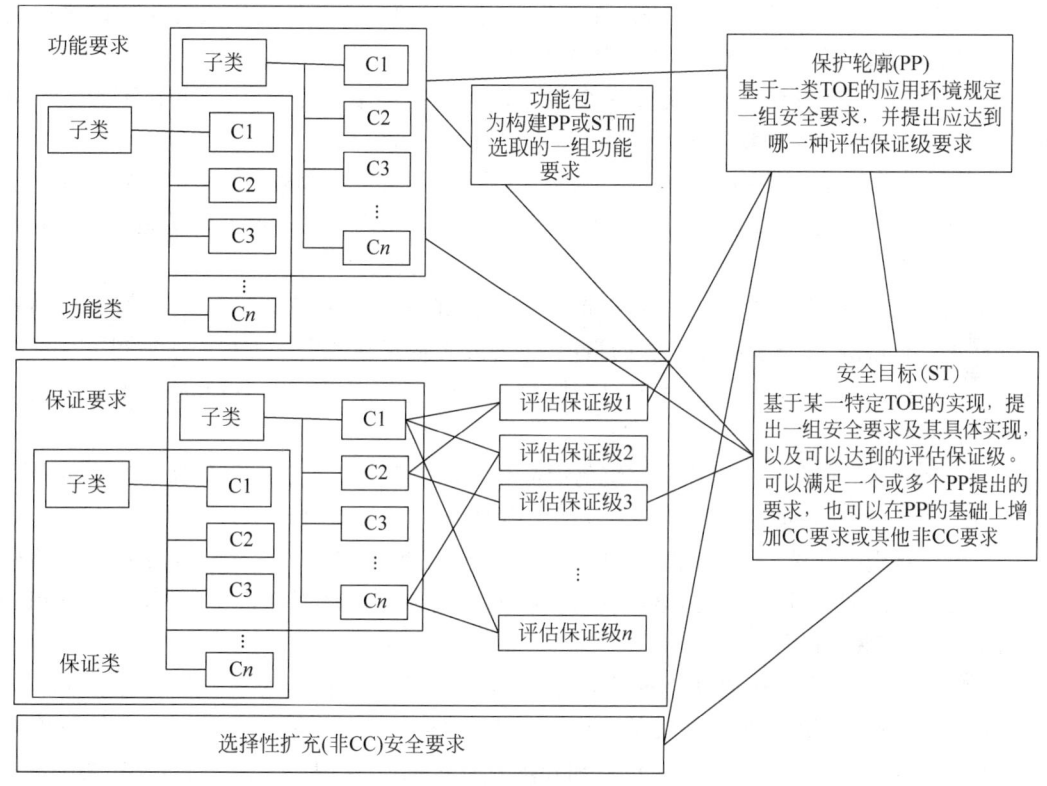

图 13.2 CC 的结构关系

评估保证级是评估保证要求的一种特定组合——保证包,是度量保证措施的一个尺度,这种尺度的确定权衡了所获得的保证级,以及达到该保证级所需的代价和可能性。

在 CC 中定义了 7 个递增的评估保证级,这种递增依靠替换成同一保证子类中的一个更高级别的保证组件(即增加严格性、范围或深度)和添加另外一个保证子类的保证组件(如添加新的要求)来实现。

以下是 7 个评估保证级别的介绍。

(1) EAL1——功能测试。EAL1 适用于对正确运行需要一定信任的场合,但在该场合中对安全的威胁应视为并不严重。此外,EAL1 还适用于需要独立的保证来支持"认为在人员或信息的保护方面已经给予足够的重视"这一情形。

该级依据一个规范的独立性测试和对所提供指导性文档的检查来为用户评估 TOE

(Target Of Evaluation)。在该级别上，没有 TOE 开发者的帮助也能成功地进行评估，并且所需费用也最少。通过该级别的一个评估，可以确信 TOE 的功能与其文档在形式上是一致的，并且对已标识的威胁提供了有效的保护。

（2）EAL2——结构测试。EAL2 要求开发者递交设计信息和测试结果，但不需要开发者增加过多的费用或事件的投入。

EAL2 适用于在缺乏现成可用的完整的开发记录时，开发者或用户需要一种低到中等级别的独立保证的安全性。例如，对传统的保密系统进行评估或不便于对开发者进行现场核查时。

（3）EAL3——系统测试和检查。在不需要对现有的合理开发规则进行实质改进的情况下，EAL3 可使开发者在设计阶段能从正确的安全工程中获得最大限度的保证。

EAL3 适用于开发者或用户需要一个中等级别的独立保证的安全性，并在不带来大量的再构建费用的前提下，对 TOE 及其开发过程进行彻底审查。

开展该级的评估，需要分析基于"灰盒子"的测试结果、开发者测试结果的选择性独立确认，以及开发者搜索已知脆弱性的证据等。此外，还要求使用开发环境控制措施、TOE 的配置管理和安全交付程序。

（4）EAL4——系统设计、测试和评审。基于良好而严格的商业开发规则，在无须额外增加大量专业知识、技巧和其他资源的情况下，开发者从正确的安全工程中所获得的保证级别最高可达到 EAL4。在现有条件下，只对一个已经存在的生产线进行改进时，EAL4 是所能达到的最高级别。

EAL4 适用于开发者或用户对传统的商品化的 TOE 需要一个中等到高等级别的独立保证的安全性，并准备负担额外的安全专用工程费用。

开展该级别的评估，需要分析 TOE 模块的底层设计和实现的子集。在测试方面将侧重于对已知的脆弱性进行独立搜索。在开发控制方面涉及生命周期模型、开发工具标识和自动化配置管理等方面。

（5）EAL5——半形式化设计和测试。适当应用一些专业性的安全工程技术，并基于严格的商业开发实践，EAL5 可使开发者从安全工程中获得最大限度的保证。如果某个 TOE 要达到 EAL5 的要求，则开发者需要在设计和开发方面下一定的功夫，但如果具备一些相关的专业技术，也许额外的开销不会很大。

EAL5 适用于开发者和使用者在有计划的开发中，采用严格的开发手段，以获得一个高级别的独立保证的安全性需要，但不会因采取专业性安全工程技术而增加一些不合理的开销。

开展该级别的评估，需要分析所有的实现。此外，还需要额外分析功能规范和高层设计的形式化模型和半形式化标识，以及它们之间对应性的半形式化论证。在对已知脆弱性的搜索方面，必须确保 TOE 可抵御中等攻击潜力的穿透性攻击者，同时要求采取隐蔽信道分析和模块化的 TOE 设计。

（6）EAL6——半形式化验证的设计和测试。EAL6 可使开发者将专业性安全工程技术应用到严格的开发环境中而获得高级别的保证，以便生产一个昂贵的 TOE（TCP 卸载引擎）来保护高价值的资产，从而得以对抗重大的风险。

因此，EAL6 适用于将用在高风险环境下的特定安全产品或系统的开发，且要保护的资源值得花费一些额外的人力、物力和财力。

开展该级别的评估,需要分析设计的模块和层次化方法,以及实现的机构化标识。在对已知脆弱性的独立搜索方面,必须确保 TOE 可抵御高等级攻击潜力的穿透性攻击者。对隐蔽信道的搜索也必须是系统的,且开发环境和配置管理的控制也应进一步增强。

(7) EAL7——形式化验证的设计和测试。EAL7 适用于安全性要求很高的 TOE 开发,这些 TOE 将应用在风险非常高的地方或所保护资产价值很高的地方。目前,该级别的 TOE 比较少,一方面是对安全功能全面的形式化分析难以实现,另一方面在实际应用中也很少有这类需求。

开展该级别的评估,需要分析 TOE 的形式化模型,包括功能规范和高层设计的形式化表示。通常要求开发者提供基于"白盒子"测试的证据,在评估时必须对这些测试结果全部进行独立确认,并且设计的复杂程度必须是最小的。

CC 的先进性体现在以下几方面。

(1) 适用于各类 IT 产品的评估,并且全面考虑了信息安全中的保密性、完整性、可用性及不可否认性概念,突出了安全保证的重要性,与信息保障概念的发展一致。

(2) 开放性。安全功能要求和安全保证要求都可以在具体的"保护轮廓"和"安全目标"中进一步细化和扩展。例如,在基于 CC 制定防火墙的评估标准时,就可以加入对 VPN 功能的要求。这样做增加了 CC 的实用性,同时也保证了 CC 能够与时俱进。

(3) 语言的通用性。所有的目标读者都可以理解和接受 CC 的语言,使得互认成为可能。当然,这种通用性是靠高度精练的对安全的描述来实现的,如果没有保护轮廓,则有可能适得其反,通用性也会导致晦涩性。

(4) 保护轮廓和安全目标的引入在通用安全要求与具体的安全要求之间架起了桥梁,以用户需求为中心的保护轮廓突出体现了安全以需求为目标的宗旨。

13.1.3 CC 的评估类型

CC 评估共分为 3 种类型,它们用来评估各种需求文档及最终的产品系统,评估将得到相应的评估结果和文档,这些评估结果又可以应用于其他的评估过程或直接被使用和引用。CC 评估的类型有以下几种。

(1) PP 评估。PP 评估的目的是为了证明 PP 是完备的、一致的、技术合理的,并适合于表达一个可评估的 TOE 要求。PP 评估应得到一个"通过/未通过"的陈述。

(2) ST 评估。ST 评估的目的首先是为了证明 ST 是完备的、一致的、技术合理的,适合作为相应 TOE 评估的基础;其次,当某一个 ST 宣称与某一个 PP 一致时,证明 ST 满足该 PP 的要求。

(3) TOE 评估。评估者依照 CC 第三部分的评估准则,遵从 CEM 中的 EAL1~EAL4 部分进行评估。TOE 评估是使用一个已经评估过的 ST 作为基础,其目标是为了证明 TOE 满足 ST 中的安全要求。TOE 评估应得到一个"通过/未通过"的陈述。

上述三者之间的关系如图 13.3 所示。

由图 13.3 中可以看出,如果 PP 评估成功,那么这个 PP 就会被编目,它可以被 ST 引用。ST 评估的结果只能作为 TOE 评估的基础。评估完 TOE 后,如果成功就可以编目证书。

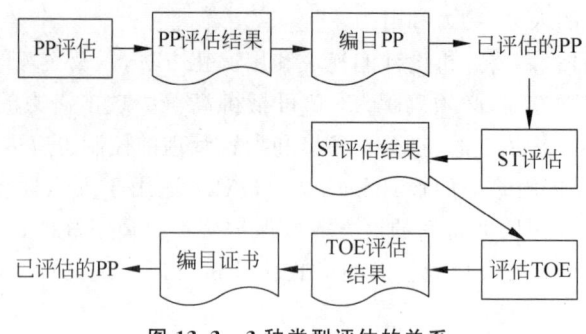

图 13.3　3 种类型评估的关系

在 TOE 开始使用后,如果环境假设、TOE 本身等发生变化,则需要对产品进行再次评估。CC 中专门定义了两个需求类:APE(保护轮廓评估)和 ASE(安全目标评估),分别作为 PP 和 ST 的评估标准。这两个类和其他的安全保证类要求同时被编在 CC 标准的第三部分。但是这些类没有明确地细化给出评估时的工作,因此开发了通用评估方法(Common Evaluation Methodology,CEM)作为评估的指导细则。

13.2　网络安全评估方法和流程

CC 作为通用的评估准则,本身并不涉及具体的评估方法,信息技术的评估方法论主要由通用评估方法(CEM)给出。CEM 主要包括评估的一般原则:PP 评估、ST(Security Target)评估和 EAL1~EAL4 的评估。CEM 与 CC 中的保证要求相对应,但 CEM 不涉及互认方面的有关安排。目前 CEM 中还不包括与通用准则(CC)中评估保证级别 EAL5~EAL7、ALC、FLR 和 AMA 类相关的评估活动。

CEM 是实施信息技术安全评估工作的评估人员在评估时遵循的工作准则,但对从事信息安全产品或系统集成的开发人员、评估申请者,以及评估认证机构的工作人员也有很重要的参考价值。

CEM 由两部分组成:第一部分为简介与一般模型,包括评估的一般原则、评估过程中的角色、评估全过程概况和相关术语解释;第二部分为评估方法,详细介绍适用于所有评估的通过用评估任务、PP 评估、ST 评估、EAL1~EAL4 评估及评估过程中使用的一般技术。第二部分按照 EAL 来组织,只涉及保证要求对应的评估活动,以工作单元的形式进行描述,即评估人员在评估时应执行什么动作。

按 CEM 进行评估,在评估过程中至少有 4 种角色值得重视。这 4 种角色分别是评估申请者、开发人员、评估人员和评估认证机构。评估申请者申请评估,是评估任务的来源,在评估过程中负责收集评估所需的评估证据。开发人员可能是 TOE 的开发者或系统集成商,也可能是 PP 的制定者。开发人员可能参与评估活动,但评估证据最终由开发人员提供。评估人员的责任是接收来自评估申请者的评估证据,执行具体的评估动作,确定每层次的裁决结果,整理评估结论并证明其正确性。评估认证机构在评估过程中扮演监督和管理者的角色,其任务是建立评估体制和监督评估过程。

13.2.1 CC 评估的流程

进行 CC 评估的大体流程如图 13.4 所示。用户通常最感兴趣的是对 TOE 评估的结果，以便产品可以用于更广泛的市场，所以图 13.4 中主要描述了 TOE 评估，这里假设使用的 PP 是经过评估的，ST 引用了某些 PP。

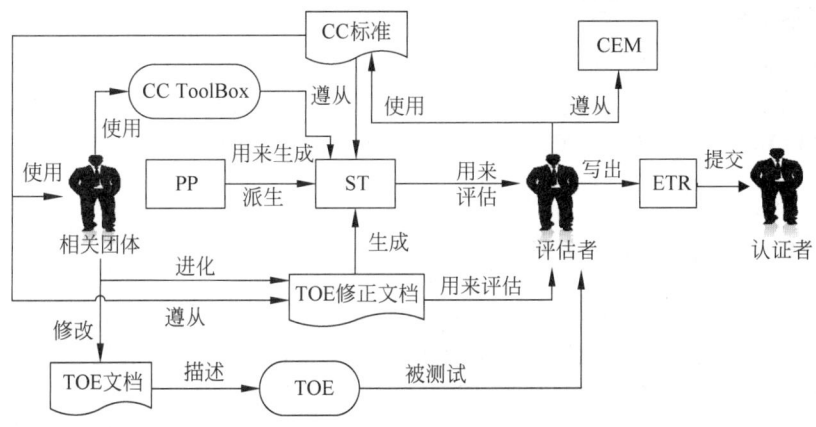

图 13.4 CC 评估的流程

首先，评估相关团体（如评估发起者、TOE 开发者等）使用和遵从 CC 标准对描述 TOE 的 TOE 文档进行修改，生成 TOE 修正文档。然后，评估相关团体使用 CC Tool box、CC 标准、相关的 PP，以及 TOE 修正文档生成的 ST，其中 CC Tool box 是一款用于生成 PP 和 ST 文档的软件。此时，评估的准备工作就完成了。当 ST、TOE 修正文档、TOE 被提交给评估者后，评估者使用 CC 标准，遵从 CEM 进行 CC 评估，审查 ST、PP（如果 ST 和从某个 PP 派生的）、TOE 修正文档，测试 TOE，完成 ETR 报告。最后，评估者将 ETR 报告提交给认证者进行认证。至此，整个 CC 评估结束。在整个 CC 评估期间，评估监督者对整个评估过程进行监督，从而保证评估的公正性、客观性。

在评估过程中，评估者按照每个行为包含的动作进行评估，然后为评估者行为元素确定评估结果。评估的结果有 3 种：成功、失败、不确定。评估行为结果不确定是指评估者没有完成评估行为包含的所有评估动作。只要存在一个评估行为结果为不确定，那么整个评估就为不确定。

评估者依照下面的算法确定评估最终结果。

```
FOR 每个活动 Activity
    FOR 每个子活动 Sub-Activity
        FOR 每个行为 Action
            FOR 每个动作 Work unit 依照 CEM 给的指南,进行评估,给予评估结果(成功、失败、不确定)
                IF 任何动作失败,则行为失败
            IF 任何行为失败,则子活动失败
        IF 任何子活动失败,则活动失败,并且要写观察报告 OR(Observation Report)
    IF 任何活动失败,评估的结果失败
IF 任何动作不确定,则整个评估是不确定的
```

上述算法的理念是：一个动作的失败将会导致整个行为的失败，直至整个评估的失败。但是在 CEM 中的活动、子活动、行为和动作是不能最终赋予评估结果的，CC 评估中评估结果只能最终赋予保证类、组件和评估者行为元素。因为 CEM 结构和 CC 保证要求的对应关系，所以可以用该算法进行评估。值得注意的是，在最终评估结果或评估技术报告(Evaluation Technology Report，ETR)中，只有 CC 保证要求的各个类、组件和评估者行为元素才有评估结果。

在完成评估后，评估者要提交评估技术报告。即使评估失败，也要提交评估技术报告，并且还要在其中包含观察报告。观察报告用于记载评估失败的原因，并给出解决方案和建议。ETR 和 OR 都有固定的格式。评估者提交的 ETR 和 OR 是认证者对产品认证的主要依据。

13.2.2 CC 评估的现状和存在的问题

CC 评估的结果具有国际互认的优势，但是仅限于 EAL1～EAL4 级。通用评估方法中目前不包括 EAL4 级以上的评估方法，而且国际上可以受理 CC 评估的机构还不多，主要集中在欧美等国家机构，许多国家还处于消化吸收标准的阶段。

CC 评估是一个复杂、费时的过程。造成这一问题的主要原因除了 CC 本身的复杂性外，还和以下几个问题相关。

(1) 针对 CC 评估的辅助工具缺乏，目前比较著名的工具有前面提到的 CC Toolbox。缺少优秀的评估工具，评估的效率很难得到提高。

(2) 专业性安全需求文档(如 PP 文档等)缺乏。PP 不仅仅是一个简单的安全需求文档，它同时也是能够被用来作为某类产品安全特征需求模板。目前存在一些数据库、操作系统、防火墙等方面的 PP，但总体上来说这些文档还是缺少的。这在一定程度上降低了 CC 评估的效率。

(3) ST 编写的难度大。ST 是 CC 评估的重要基础，ST 不仅要充分体现 TOE 安全方面的特性，还要符合 CC 的规范。这就要求 ST 的编写者不仅需要熟悉 TOE，还要会用 CC 的语言去表述 TOE 的安全性。这从另一个方面影响了 CC 评估的效率。CC 评估结果只适用于一定的 TOE 版本和配置，当 TOE 发生一定变化时，CC 评估的结果将不再适用，需要再次评估。此外，CC 评估需要耗费巨大的资源。这不仅限制了开发者对产品的升级，同时还限制了产品用户对系统的改进。

13.2.3 CC 评估发展趋势

目前 CC 评估主要的问题有提高评估的效率、加强国际互认性。因此，CC 评估发展主要有以下的趋势。

(1) 流程性评估方法的研究。流程性评估方法能够提高 CC 评估及再评估的效率，保证评估结果的科学性。

(2) EAL5～EAL7 通用评估方法的研究。目前 CEM 中对 EAL4 以上的评估保证级没有通用的评估方法，因此需要开发技术、工具和方法来支持 EAL5～EAL7 评估。这个问题的解决不仅能加强 CC 评估结果的国际互认，更能够帮助识别产品系统中的脆弱性。

(3) TOE 安全环境的标准化。TOE 安全环境包括 3 部分：假设、威胁和组织安全策略。TOE安全环境是PP和ST的基础,而且安全环境具有一定的普适性,因此,安全环境的标准化将会使PP和ST的编写更标准化,从而提高评估的效率。CC Tool box的数据库就存储了一部分常见的TOE安全环境,但还需要不断扩充与升级。

(4) 评估工具的开发。评估工具能够提高评估的效率,提高评估的准确性。

13.3 信息系统安全等级保护

信息系统安全等级保护是我国的基本网络安全制度、基本国策,也是一套完整和完善的网络安全管理体系。遵循等级保护相关标准开始安全建设是目前企事业单位的普遍要求,也是国家关键信息基础措施保护的基本要求。

信息安全等级保护要求不同安全等级的信息系统应具有不同的安全保护能力,一方面通过在安全技术和安全管理上选用与安全等级相适应的安全控制来实现;另一方面分布在信息系统中的安全技术和安全管理上不同的安全控制,通过连接、交互、依赖、协调、协同等相互关联关系,共同作用于信息系统的安全功能,使信息系统的整体安全功能与信息系统的结构以及安全控制间、层面间和区域间的相互关联关系密切相关。因此,信息系统安全等级测评在安全控制测评的基础上,还要包括系统整体测评。

13.3.1 信息系统安全等级保护等级划分

《信息安全等级保护管理办法》规定,国家信息安全等级保护坚持自主定级、自主保护的原则。信息系统的安全保护等级应当根据信息系统在国家安全、经济建设、社会生活中的重要程度,信息系统遭到破坏后对国家安全、社会秩序、公共利益以及公民、法人和其他组织的合法权益的危害程度等因素确定。

信息系统的安全保护等级分为以下五级,一至五级等级逐级增高:

第一级,信息系统受到破坏后,会对公民、法人和其他组织的合法权益造成损害,但不损害国家安全、社会秩序和公共利益。第一级信息系统运营、使用单位应当依据国家有关管理规范和技术标准进行保护。

第二级,信息系统受到破坏后,会对公民、法人和其他组织的合法权益产生严重损害,或者对社会秩序和公共利益造成损害,但不损害国家安全。国家信息安全监管部门对该级信息系统安全等级保护工作进行指导。

第三级,信息系统受到破坏后,会对社会秩序和公共利益造成严重损害,或者对国家安全造成损害。国家信息安全监管部门对该级信息系统安全等级保护工作进行监督、检查。

第四级,信息系统受到破坏后,会对社会秩序和公共利益造成特别严重损害,或者对国家安全造成严重损害。国家信息安全监管部门对该级信息系统安全等级保护工作进行强制监督、检查。

第五级,信息系统受到破坏后,会对国家安全造成特别严重损害。国家信息安全监管部门对该级信息系统安全等级保护工作进行专门监督、检查。

13.3.2 信息系统安全等级保护的实施

对信息系统应用的企业来说,办理信息系统等级保护可以由各企业自主选择,办理以后可以起到的作用如下。

(1) 通过等级保护工作发现单位信息系统存在的安全隐患和不足,进行安全整改之后,提高信息系统的信息安全防护能力,降低系统被各种攻击的风险,维护单位良好的形象。

(2) 等级保护是我国关于信息安全的基本政策,国家法律法规、相关政策制度要求单位开展等级保护工作。如《网络安全等级保护管理办法》和《中华人民共和国网络安全法》。

(3) 落实个人及单位的网络安全保护义务,合理规避风险。

对信息系统进行等级保护的实施都是依据《信息系统安全等级保护实施指南》的精神,在具体实施过程中明确了以下的基本原则。

(1) 自主保护原则:信息系统运营、使用单位及其主管部门按照国家相关法规和标准,自主确定信息系统的安全保护等级,自行组织实施安全保护。

(2) 重点保护原则:根据信息系统的重要程度、业务特点,通过划分不同安全保护等级的信息系统,实现不同强度的安全保护,集中资源优先保护涉及核心业务或关键信息资产的信息系统。

(3) 同步建设原则:信息系统在新建、改建、扩建时应当同步规划和设计安全方案,投入一定比例的资金建设信息安全设施,保障信息安全与信息化建设相适应。

(4) 动态调整原则:要跟踪信息系统的变化情况,调整安全保护措施。由于信息系统的应用类型、范围等条件的变化及其他原因,安全保护等级需要变更的,应当根据等级保护的管理规范和技术标准的要求,重新确定信息系统的安全保护等级,根据信息系统安全保护等级的调整情况,重新实施安全保护。

13.4 国内外漏洞知识库

13.4.1 通用漏洞与纰漏

通用漏洞与纰漏(Common Vulnerabilities and Exposures,CVE)是国际上一个著名的漏洞知识库,它对漏洞与纰漏进行了统一标识,使得用户和厂商对漏洞和纰漏有了统一的认识,从而能更加快速而有效地去鉴别、发现和修复软件产品的脆弱性。CVE 是一个由企业界、政府、和学术界综合参与的国际性组织,通过非盈利的组织形式解决安全产业中存在的安全漏洞与系统缺陷等安全问题,使得入侵检测和漏洞扫描产品知识库的交叉引用、协同工作、信息共享成为可能。

1. CVE 基本概念。

漏洞(vulnerabilities):在所有合理的安全策略中都被认为是有安全问题的情况,称为漏洞。漏洞可能导致攻击者以其他用户身份运行,从而突破访问限制转攻另一个实体,或者导致拒绝服务供给等。

纰漏(exposures):在一些安全策略中被认为有问题,而在另一些安全策略中可以被接受的情况,称为纰漏。纰漏可能仅仅让攻击者获得一些边缘性的信息,隐藏一些行为;可能仅仅是为供给这提供了一些尝试攻击的可能性;也可能仅仅是一些可以忍受的行为,只有在某些安全策略下才会被认为是严重问题。例如,Finger 服务可能会为入侵者提供很多有用的资料,但该服务本身是业务必不可少的部分,不能说该服务本身有安全问题,因此被定义为纰漏而非漏洞。

2. CVE 编码

CVE 编码也称为 CVE 号码或 CVE-ID,是已知信息安全漏洞的唯一常用标识符。CVE 编码具有准入或候选状态,其中准入状态表示该 CVE 编码已被接受并纳入 CVE 列表,候选状态表示该编码正在审查以决定是否列入列表中。每个 CVE 编码包括以下组成部分。

(1) 名称(Name):CVE 标识号,例如 CVE-1999-0067。

(2) 状态(Status):指出准入或候选状态。

(3) 摘要(Summary):简要描述安全漏洞或隐患。

(4) 引用(Reference):任何相关的参考,如微软漏洞报告或咨询意见或 OVAL-ID。

以下是关于 CVE-2004-0571 的部分相关信息。

Name:CVE-2004-0571

Status:Candidate

Summary:Microsoft Word for Windows 6.0 Converter does not properly validate certain data lengths, which allows remote attackers to execute arbitrary code via a .wri, .rtf, and .doc file sent by email or malicious website, aka "Table Conversion Vulnerability", a different vulnerability than CVE-2004-0901.

Reference:MS:04-041

Reference:OVAL:oval:org.mitr.oval:def:4328

Reference:https://oval.cisecurity.org/repository/search/definition/oval%3Aort.mitre.oval%3Adef%3A4328

3. CVE 特点

CVE 给出漏洞以及其他信息安全纰漏的标准化的编码,其目的是将所有已知漏洞和安全纰漏的名称标准化,具有以下特点。

(1) 为每个漏洞和纰漏确定一个唯一的标准化名称和编码。

(2) 采用统一的语言给每个漏洞和纰漏一个标准化的描述,可以使安全事件报告被更好地理解,从而更好地实现协同工作。

(3) CVE 不是一个数据库,而是一个字典,其目的是利于在各个漏洞数据库和安全工具之间发布数据,使得在其他数据库中进行搜索信息更加简便。

(4) 任何不同的漏洞库都可以用同一种语言进行表述。

13.4.2 通用漏洞打分系统

通用漏洞打分系统(Common Vulnerability Scoring System,CVSS)是一种用于评估漏洞威胁程度的系统,由计算机安全技术协会(CSTA)联手美国国家实验室(NIST)及其他组织开发,采用安全风险管理模型而诞生,主要应用于计算机安全行业他们将计算机系统漏洞等安全事件综合评估,根据现有的漏洞评语建立一套合理的漏洞评分系统,便于更精准地了解漏洞的影响程度。CVSS 是一个开放的并且能够被各种产品厂商免费采用的一个行业标准,美国国土安全部在 2005 年最早公布了 CVSS,随后在 2007 年由 FIRST 发布了更高的版本 CVSS2.0,2019 年发布了 CVSS3.1 版本。

CVSS 采用 3 种基础分组,分别为基础影响矢量(base score)、环境影响矢量(environment score)和改进影响矢量(modified score),且 3 种分组中包含两个子分组,分别为攻击复杂度分组(attack complexity)和授权分组(privileges required)。

基础影响矢量用于衡量漏洞本身威胁程度,按照漏洞攻击成功率评估,根据威胁程度分为 10 个等级。环境影响矢量是对评估环境的因素,根据环境的可用性、安全态势等级,按 10 级评估漏洞的实际危害程度,可以帮助开发人员更有针对性的改进漏洞。改进影响矢量根据改进行为来评估漏洞危害程度,在开发人员解决漏洞后,再次评估漏洞威胁程度。

CVSS 有效地识别漏洞危害程度,可确定漏洞威胁优先级,为决策者提供定性信息,可以明确漏洞的存在,依据系统提供的指标把漏洞类型、程度、危害等多方面的信息分类,以便采取适当的方法进行处理。CVSS 可以及时解决安全漏洞,减少恶意攻击,降低安全风险。

由于 CVSS 的开放向、免费性和权威性,一经推出就得到了美国政府和 IT 界代表的广泛支持,包括 CISCO、HP、Oracle 和 IBM 等计算机厂商,CVSS 目前已经成为全球计算机系统安全漏洞评估领域主流的行业标准。CVSS 是安全内容自动化协议(SCAP)的一部分,与 CVE 一同由美国国家漏洞库(NVD)发布并进行数据更新。

13.4.3 国家信息安全漏洞共享平台

国家信息安全漏洞共享平台(China National Vulnerability Database,CNVD)是由国家计算机网络应急技术处理协调中心联合国内重要信息系统单位、基础电信运营商、网络安全厂商、软件厂商和互联网企业建立的国家安全漏洞库,其主要目标是与国家政府部门、重要信息系统用户、运营商、主要安全厂商、软件厂商、科研机构、公共互联网用户等共同建立软件安全漏洞的统一收集验证、预警发布及应急处置体系,切实提高我国在安全漏洞方面的整体研究水平及及时预防能力,进而提高我国信息系统级国产软件的安全性,带动国内相关安全产品的发展。

建立整套的漏洞收集、分析验证、预警发布及应急处置体系是漏洞共享平台工作的重点,以让广大信息系统用户及时获知其系统的安全威胁,及时安装补丁进行漏洞修复。当前的漏洞库中主要包含应用漏洞和行业漏洞,具体如图 13.5 所示。

CNVD 不仅可以提供漏洞信息、补丁信息、安全公告,还能根据漏洞产生原因、漏洞引发的威胁、漏洞严重程度、漏洞利用的攻击位置、漏洞影响对象类型等信息,对已收集的漏洞信息进行统计趋势分析。图 13.6 和图 13.7 分别为截止到 2023 年 7 月从漏洞产生原因、漏洞引发的威胁得到的统计图。

信息安全漏洞共享平台实现了"多方参与、多方受益",对于基础信息网络和重要信息系统单位,可以通过漏洞信息通报及时获知漏洞信息,及早采取预防措施,积极应对漏洞威胁;对于网络信息安全厂商,可以彰显其漏洞发现、分析、验证的技术能力,体现其产品优势,扩大品牌影响;对信息产品和服务提供商,可以帮助其提高产品和服务的安全质量水平;对科研院所,可以引导其信息安全漏洞挖掘、分析的科研方向;对于广大网民,有助于提高终端系统的安全防护能力,减少被攻击入侵的风险。

第 13 章 网络安全检测与评估

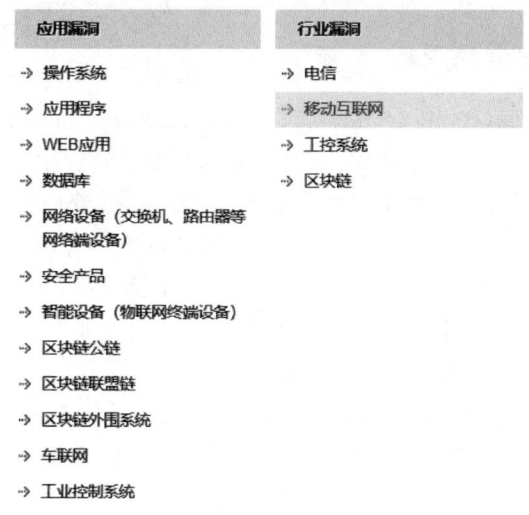

图 13.5 CNVD 漏洞集合

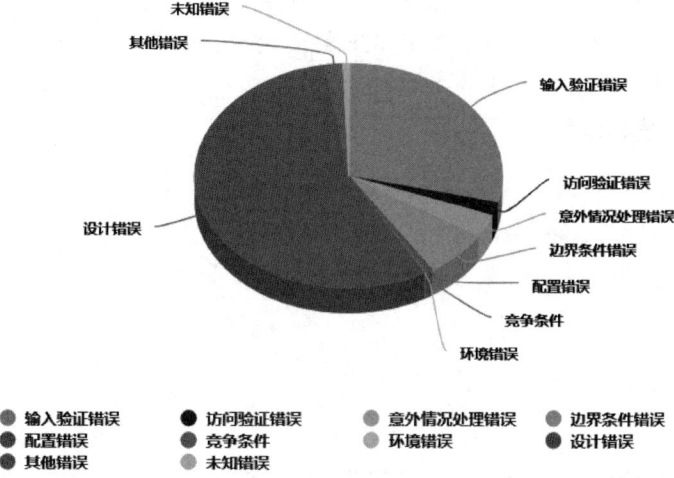

图 13.6 基于漏洞产生原因进行的漏洞统计

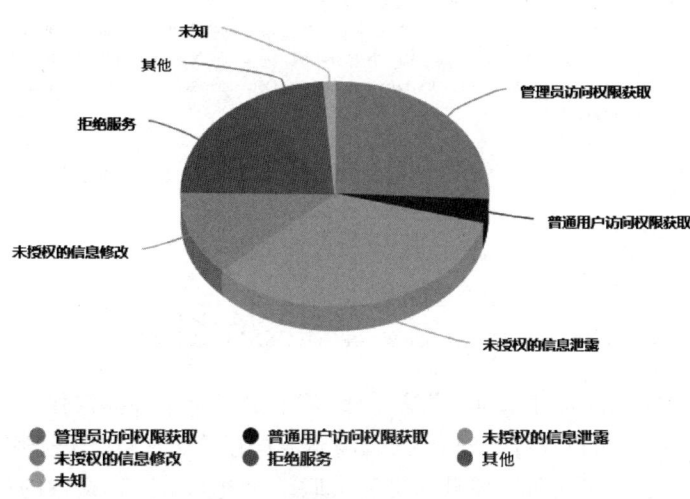

图 13.7 基于漏洞引发的威胁的漏洞统计

13.4.4 国家信息安全漏洞库

国家信息安全漏洞库(China National Vulnerability Database of Information Security, CNNVD)于2009年10月18日正式成立,是国家信息安全测评中心为切实履行漏洞分析和风险评估的职能,负责建设运维的国家级信息安全漏洞数据管理平台,面向国家、行业和公众提供灵活多样的信息安全数据服务,旨在为我国信息安全保障提供基础服务。CNNVD通过自主挖掘、社会提交、协作共享、网络搜集以及技术检测等多种方式,联系政府部门、行业用户、安全厂商、高校和科研机构等社会力量,对涉及国内外主流应用软件、操作系统和网络设备等软硬件系统的信息安全漏洞开展采集收录、分析验证、预警通报和修复消控工作,建立了规范的漏洞研判处置流程、通畅的信息共享通报机制和完善的技术协作体系。CNNVD所处置的漏洞涉及国内外各大厂商上千家,为我国重要行业和关键基础设施安全保障工作提供了重要的技术支撑和数据支持。由此可见,CNNVD在提升全行业的信息安全分析预警能力,提高我国网络和信息安全保障工作等方面发挥了重要作用。

CNNVD提供了漏洞信息、补丁信息、漏洞预警、数据立方、网安时情等服务。图13.8给出了CNNVD编号为CNNVD-202307-826的微软Office安全漏洞的详情,并给出了主要的危害和相应的修复措施等信息。

← 返回 | **漏洞基本信息**

漏洞名称	Microsoft Office 安全漏洞	厂商	微软
CNNVD编号	CNNVD-202307-826	危害等级	超危
CVE编号	CVE-2023-33150	漏洞类型	其他
收录时间	2023-07-11	更新时间	2023-07-17

漏洞简介

Microsoft Office是美国微软(Microsoft)公司的一款办公软件套件产品。该产品常用组件包括Word、Excel、Access、Powerpoint、FrontPage等。

Microsoft Office存在安全漏洞。攻击者利用该漏洞可以绕过某些功能。以下产品和版本受到影响:Microsoft Office 2019 for 32-bit editions,Microsoft Office 2019 for 64-bit editions,Microsoft 365 Apps for Enterprise for 32-bit Systems,Microsoft 365 Apps for Enterprise for 64-bit Systems,Microsoft Office LTSC 2021 for 64-bit editions,Microsoft Office LTSC 2021 for 32-bit editions,Microsoft Word 2016 (32-bit edition),Microsoft Word 2016 (64-bit edition),Microsoft Word 2013 RT Service Pack 1,Microsoft Word 2013 Service Pack 1 (32-bit editions),Microsoft Word 2013 Service Pack 1 (64-bit editions)。

参考网址

来源:MISC

链接: https://msrc.microsoft.com/update-guide/vulnerability/CVE-2023-33150

图13.8 微软Office安全漏洞(CNNVD-202307-826)

同时,CNNVD还可以根据时间、危害等级、漏洞数量等条件提供相应的趋势分布。通过使用CNNVD标识,可以在各类安全工具、漏洞数据存储库和信息安全服务之间,以及与其他漏洞披露平台之间实现漏洞信息的交叉关联。通过CNNVD提供的信息安全产品服务,可以实现对漏洞信息的规范性命名与标准化描述,从而提高和加强国内信息安全行业对漏洞信息资源的共享与服务能力。图13.9给出了根据危害等级统计的2022年7月至2023年7月的漏洞分布图,图13.10给出了2023年4月—6月按季度统计的漏洞发布趋势图。

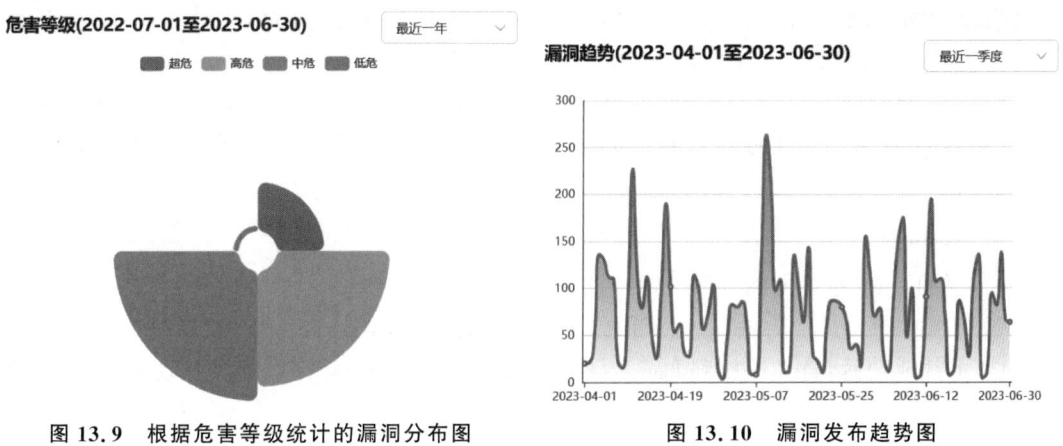

图13.9 根据危害等级统计的漏洞分布图　　　图13.10 漏洞发布趋势图

13.5 网络安全检测评估系统简介

计算机网络信息系统安全检测评估系统的发展非常迅速,现在已经成为计算机网络信息系统安全解决方案的重要组成部分。下面以Tenable公司的Nessus和IBM公司的AppScan为例来介绍网络安全检测评估系统。

13.5.1 Nessus

1. Nessus简介

Nessus是一套功能强大的网络安全检测工具,它被认为是目前使用人数最多的系统漏洞扫描与分析软件。很多机构使用Nessus作为扫描机构内部网络系统的软件。Nessus 2.x以前的版本是以开源代码的形式发布的,而Nessus3以后的版本已经不再开放源代码。Nessus对个人用户是免费的,只需要在官方网站上通过邮箱申请激活号码就可以使用,但对商业用户是收费的。

Nessus主要有以下特点。

(1) 支持多种操作系统。Nessus支持在Microsoft Windows、Linux、Mac OS和FreeBSD等多种操作系统上运行,用户可以根据需要选择相应的版本。

(2) 采用B/S架构。新版Nessus采用B/S架构进行扫描检测。Nessus服务器包括一个扫描引擎和一个Web服务器,客户端只需要通过一个Web浏览器就可以对Nessus进行操作控制。

(3) 采用Plugin技术。Nessus通过Plugin技术不断扩展自身的扫描能力,每个Plugin只完成特定漏洞的检测或某些特定的功能。Nessus的Plugin都在随时更新,官方每天都有新的 Plugin 弱点检测项目公布,使得 Nessus 可以及时检测出更新和更多的漏洞。这种利用漏洞插件的扫描技术极大地方便了漏洞数据的维护与更新,也是 Nessus 之所以强大的主要原因。

(4) 调用外部程序增强测试能力。Nessus 在扫描时可以通过调用一些外部程序来额外增强检测能力,如调用 Nmap 来扫描端口和操作系统类型、调用 Hydra 来测试系统上的脆弱密码,以及调用 Nikto 来检测 Web 程序的弱点等。

(5) 生成详细报告。Nessus 可以生成多种格式的扫描结果报告,包括 HTML、CSV、PDF、Nessus 和 Nessus DB 等。报告的内容包括扫描目标的安全漏洞、修补漏洞的建议和危害级别等。

2. Nessus 的安装

(1) 在 Linux 系统上的安装。

① 下载最新版本 Nessus。这里假设下载的文件为 Nessus-6.9.1-es6.i386.rpm。

② 下载成功后,将文件放到 home 目录中,然后在 Terminal 终端中执行以下命令,启动安装过程。

```
Sudodpkg - INessus - 6.9.1 - es6.i386.rpm
```

③ 安装后出现以下提示,表示安装成功。这里假设计算机名称为 mine。

```
Processing the Nessus plugins ···
[ ################################### ]
All plugins loaded
 - You can start nessusd by typing /etc/init.d/nessusd start
 - Then go to https://mine:8834/ to configure your scanner
```

④ 根据提示,先启动 Nessus 服务器,命令为 sudo /etc/init.d/nessusd start。

⑤ 通过浏览器,打开 https://localhost:8834/,根据提示配置 Nessus 扫描器。Nessus 欢迎界面如图 13.11 所示。

图 13.11 Nessus 欢迎界面

⑥ 完成注册获得激活码,输入激活码后就可以直接使用。

(2) 在 Windows 系统上的安装。在 Windows 系统上的安装较为简单,直接下载相应版本的安装软件,进行安装即可。安装完成后在浏览器中输入"https://localhost:8834/",根据提示输入激活码即可使用。

3. Nessus 的使用

(1) 登录。Nessus 安装好后,在 Web 浏览器中输入"https://localhost:8834/"就可以进入 Nessus 登录界面,如图 13.12 所示。需要注意的是,Nessus 只支持通过 SSL 加密保护 HTTP 访问,不支持未加密的 HTTP。

图 13.12　Nessus 登录界面

使用安装阶段创建的管理账户和密码通过身份验证,就可以进入图 13.13 所示的主操作界面,包括管理策略(Policies)和扫描任务(Scans)菜单。

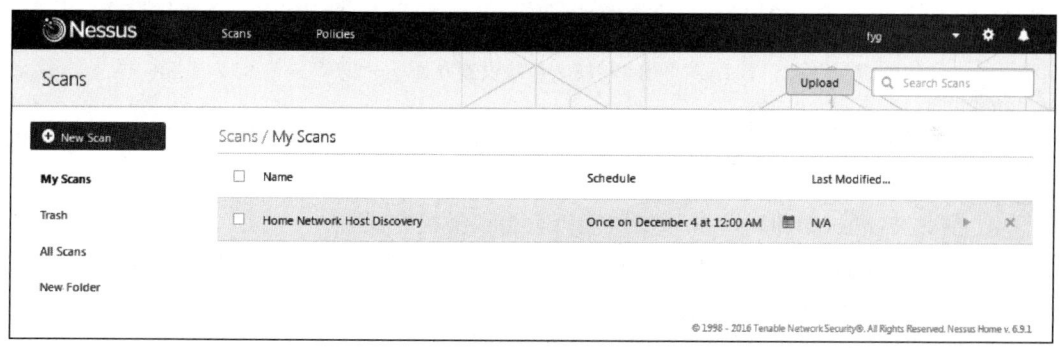

图 13.13　Nessus 主操作界面

(2) 基本设置。在界面中单击当前登录的用户名,就可以对该用户的配置文件 User Profile 进行设置,也可以对 Nessus 系统配置 Setting 进行设置。"用户配置文件"设置界面如图 13.14 所示。

在"用户配置文件"设置界面中可以设置账户信息、修改密码,以及设置 Plugin 插件规则。"插件规则"选项可以创建一套规则,规定插件的执行行为。一个规则可以基于主机、插件 ID、可选的到期日期和危险程度等进行设置。

在 Setting 设置菜单下,可以进行 Scanners(扫描引擎)、SMTP Server(邮件服务器)、Advanced(具体参数)和 Proxy(代理)等设置,如图 13.15 所示。

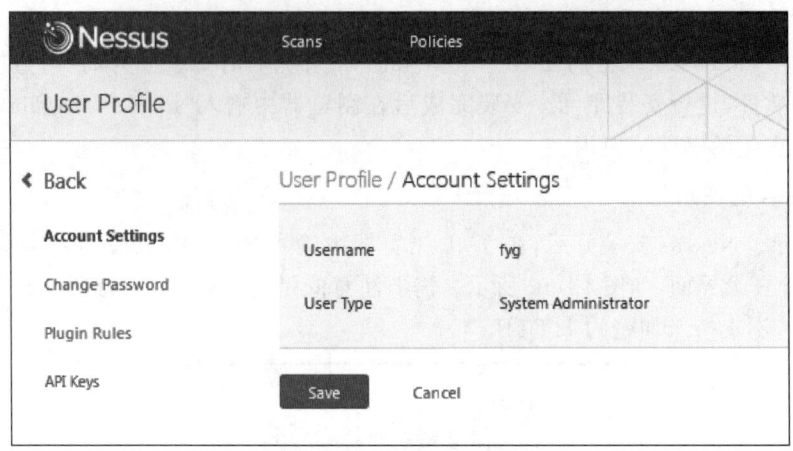

图 13.14 用户配置文件设置界面

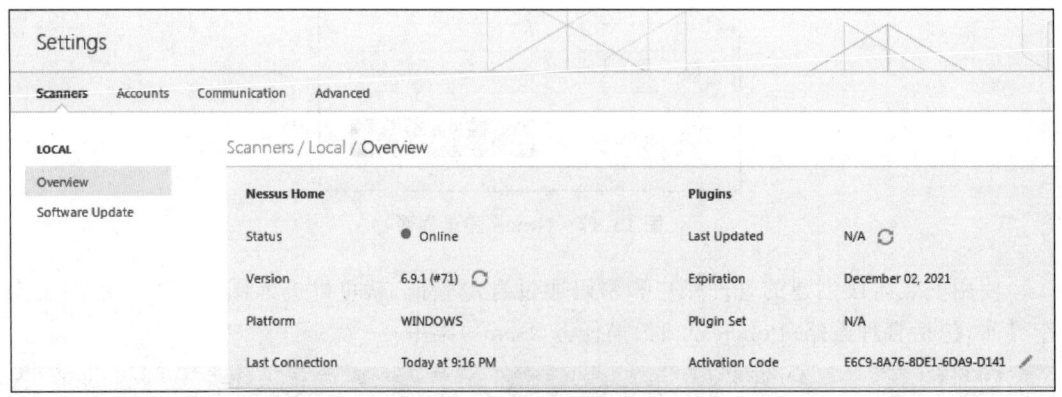

图 13.15 参数设置界面

(3) 制订扫描策略。Nessus 扫描策略包括了与漏洞任务相关的各种配置选项,主要包括以下几类。

① 控制类参数,如超时、主机数目、端口类型和扫描方式等。

② 本地扫描的身份验证凭据,如 Windows、SSH、数据库扫描、HTTP、FTP、POP、IMAP 或基于 Kerberos 身份验证等。

③ 扫描插件选择。

④ 法规遵从性策略检查、报告的详细程度和服务检测扫描设置。

Nessus 策略分为两大类:默认策略和用户创建策略。默认策略存储在策略库中,主要策略模板如图 13.16 所示。

Nessus 的策略设置包括 5 部分:Basic、Discovery、Assessment、Report 和 Advanced。提供这些部分的参数设置可以调整用户的策略设置。

其中,Basic 部分主要设置策略名称及其基本描述信息;Discovery 部分主要设置主机发现、端口扫描和服务发现机制的策略,如图 13.17 所示;Assessment 部分主要配置 Web 应用的扫描设置和 Windows 的扫描设置;Report 部分主要配置报告显示方式;Advanced 部分主要配置更高级的功能,包括性能设置、额外的检查和日志记录功能等。

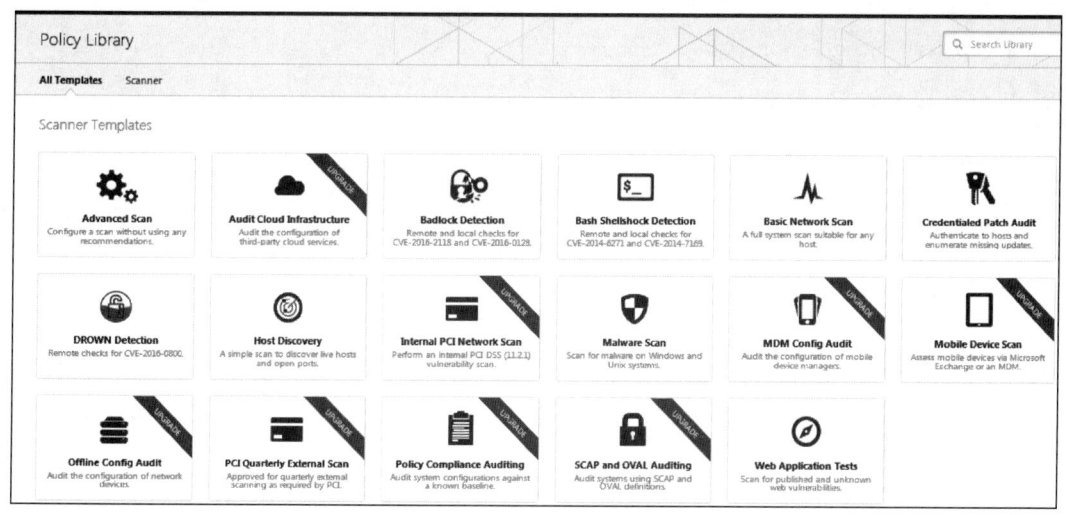

图 13.16　Nessus 主要策略模板

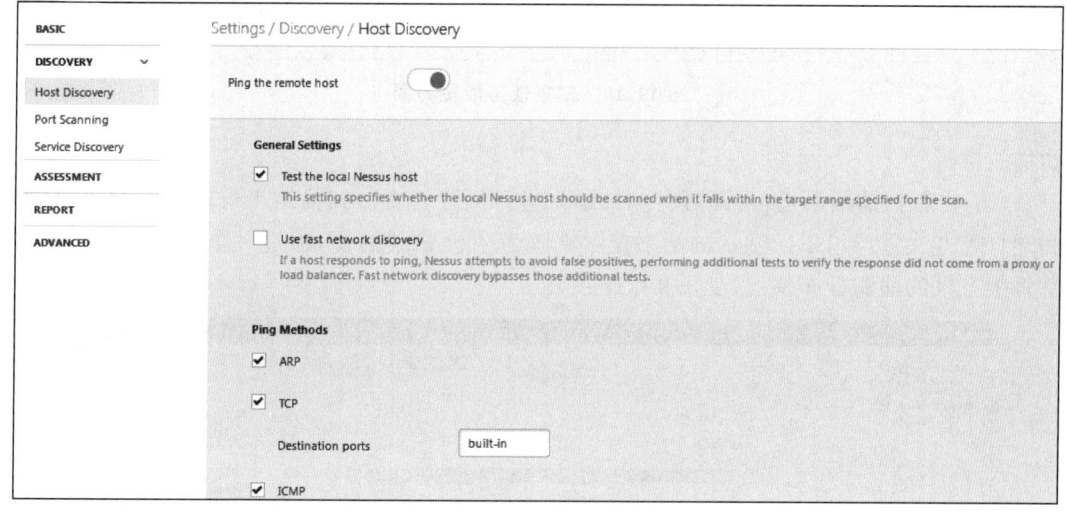

图 13.17　扫描策略 Discovery 部分设置

如果不想用策略向导来创建用户扫描策略,则可以通过 Advanced Scan 选项自主地创建自己的策略。在此模式下,用户拥有对所有选项的控制权,但同时也需要用户对各选项有较深入的了解,否则不仅不能提高扫描质量和效率,甚至可能造成一些负面的影响。

(4) 创建、启动和调度扫描任务。通过单击 Scans 中的 New Scan 按钮可以进入如图 13.18 所示的任务配置界面。

其中,Targets 部分用来设置要扫描的目标主机范围;Nessus 支持多种形式表达的目标地址,包括单个 IP 地址(如 192.168.1.1)、IP 范围(如 192.168.1.1~192.168.1.10)、可解析主机域名(如 www.nessus.org)或一个单一的 IPv6 地址等;Schedule 部分用来设定扫描任务的执行时机,可以是立即执行、请求执行、执行一次、每日执行、每周执行、每月执行和每年执行。

扫描任务配置完成以后,单击 Save 按钮可以保存扫描任务,并按设定的计划时间进行

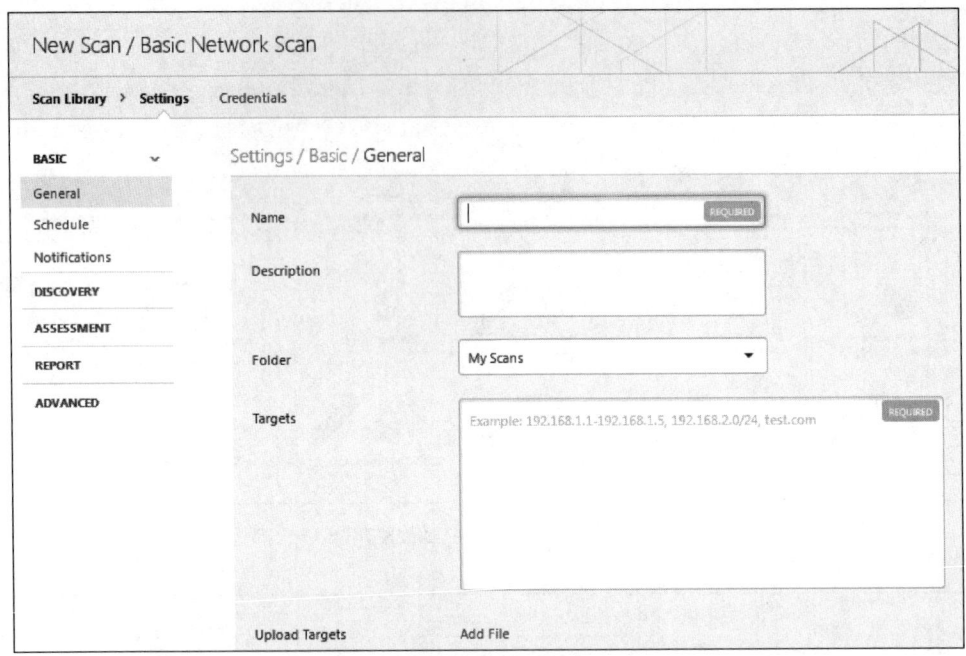

图 13.18　扫描任务配置界面

扫描的执行。

(5) 查看扫描结果报告，即可对扫描结果进行浏览查看。扫描结果可以按照主机、漏洞和端口等方式进行组织。默认的结果显示视图为主机漏洞摘要，通过一个彩色编码条来汇总每个主机的漏洞分布情况，如图 13.19 所示。

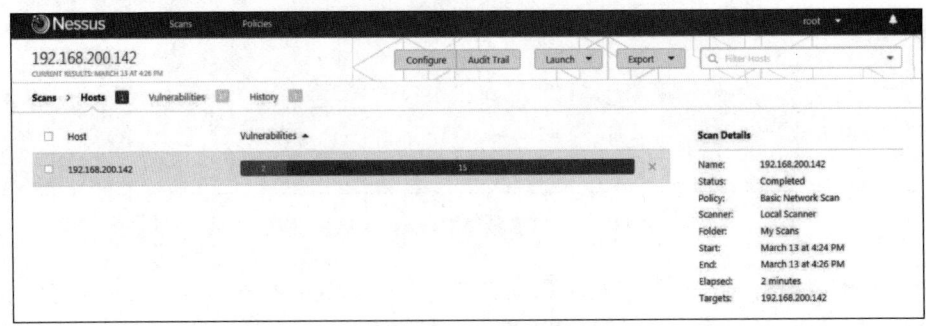

图 13.19　扫描结果报告

(6) 导出扫描结果。从 Scans 界面中选择一个扫描任务。在扫描结果报告界面中单击 Export 下拉按钮，选择扫描结果的报告格式，确定报告格式后可以进一步选择报告中要包含的内容。

13.5.2　AppScan

1. AppScan 简介

AppScan 的全称为 IBM Security AppScan，是 IBM 公司面向 Web 应用的商用安全检

测工具。AppScan 的早期名称为 IBM Rational AppScan，现在已经改名为 IBM Security AppScan。

AppScan 是业界领先的 Web 应用安全检测工具，提供了扫描、报告和修复建议等功能，能够在 Web 应用开发、测试、维护级运营的整个生命周期中，帮助用户高效地发现和处理安全漏洞，最大限度地保证 Web 应用的安全性。

AppScan 采用以下 3 种彼此互补和增强的测试方法。

（1）动态分析（黑盒扫描）。动态分析是 AppScan 的主要方法，用于测试和评估运行时的应用程序响应。因此，AppScan 有时也被称为黑盒测试工具。

（2）静态分析（白盒扫描）。静态分析适用于在完整 Web 页面上下文中分析 JavaScript 代码的独特技术。

（3）交互分析（Glass box 扫描）。动态测试引擎可与驻留在 Web 服务器的专用 Glass-box 代理程序交互，从而使 AppScan 能够比仅通过传统动态测试时识别更多的问题，并具有更高的准确性。

AppScan 的安装比较简单，其对运行环境的基本要求如下。

① 操作系统要求 Microsoft Windows Server 2008 或 Windows 7 以上版本。

② 浏览器要求 IE 8 以上版本。

③ .NET 框架要求 Microsoft .NET Framework 4.5 版本。

2. AppScan 的使用

（1）创建扫描任务。在默认配置情况下，启动 AppScan 会打开如图 13.20 所示的任务创建向导界面。在此界面下可以查看最近的扫描任务，也可以创建新的扫描任务。

图 13.20　任务创建向导界面

在图 13.20 所示的界面中，单击"创建新的扫描"按钮，将弹出如图 13.21 所示的"新建扫描"对话框。在该对话框中，有最近使用的模板和预定义的模板，用户可以根据需要选择模板，启动相应类型的扫描任务的配置向导，如图 13.22 所示。

在"扫描配置向导"对话框中选择想要使用的扫描方法，通常使用默认设置的"AppScan（自动或手动）"，单击"下一步"按钮，进入"URL 和服务器"配置向导界面，如图 13.23 所示。

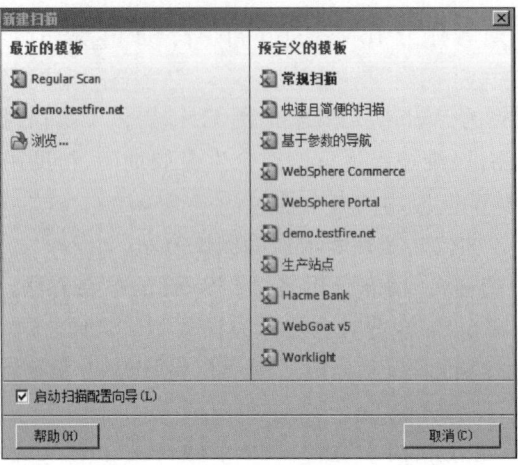

图 13.21 "新建扫描"对话框

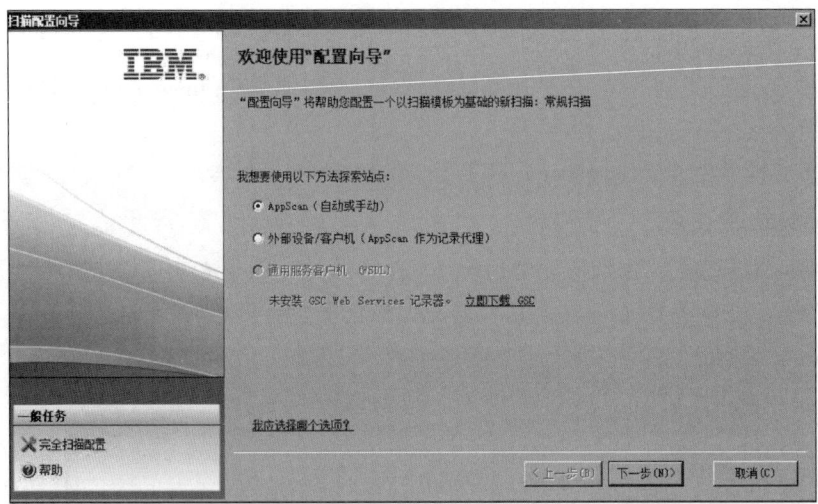

图 13.22 扫描配置向导

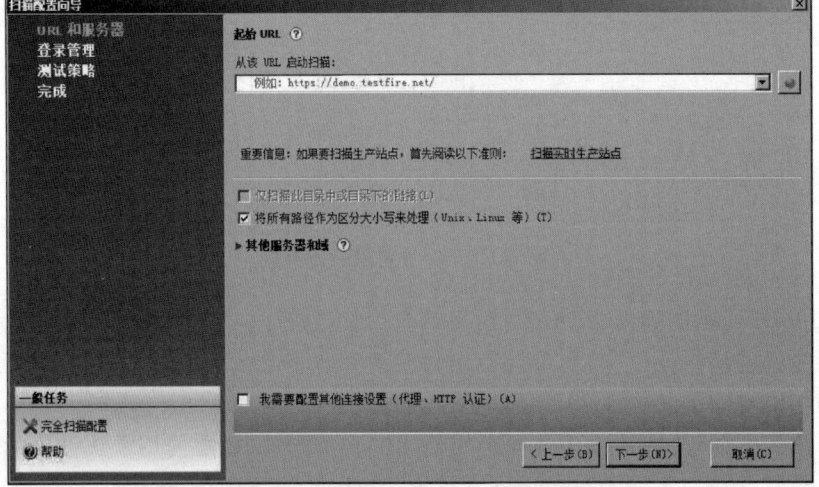

图 13.23 "URL 和服务器"配置向导界面

这里的"起始 URL"可以是完整的 URL 地址,也可以是 IP 地址或域名等,然后根据需要设置其他选项,单击"下一步"按钮,进入如图 13.24 所示的"登录管理"配置向导界面。在这里设置希望使用的登录目标服务器的方法,包括"记录""提示""自动"等,每种方法的含义在选择后对应的界面中都有相应的介绍。单击"下一步"按钮进入如图 13.25 所示的"测试策略"配置向导界面。

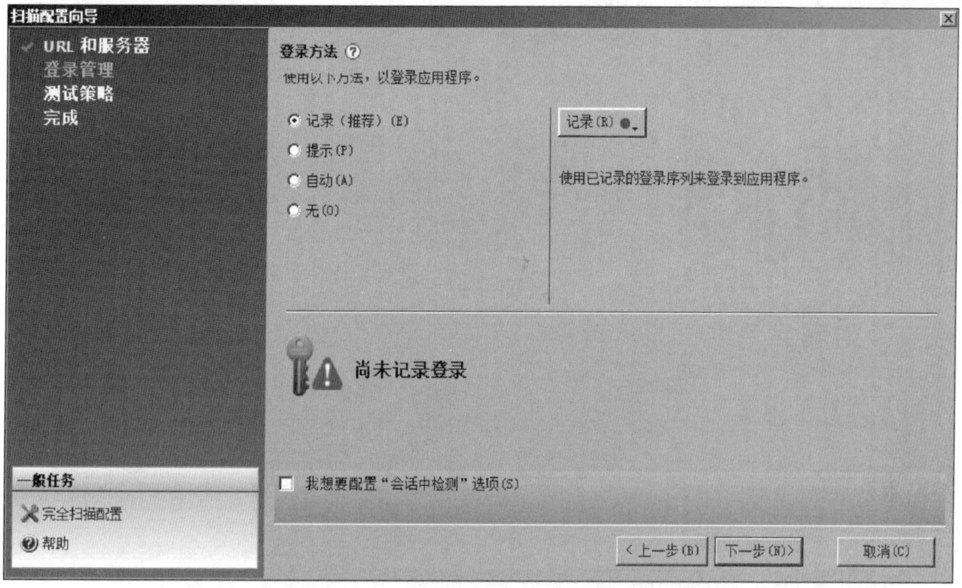

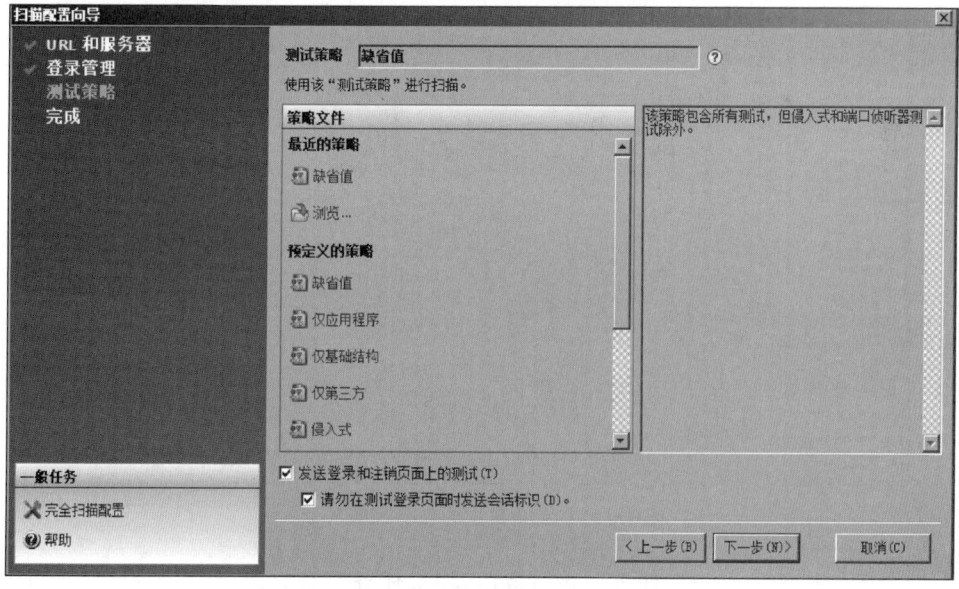

图 13.24 "登录管理"配置向导界面

图 13.25 "测试策略"配置向导界面

AppScan 预定义了多种测试策略,每种策略的含义在选择后界面中都有相应的介绍。单击"下一步"按钮进入如图 13.26 所示的"完成扫描配置向导"界面。

在图13.26所示的界面中选择希望的启动方式,单击"完成"按钮完成扫描任务的创建,如果选中"完成'扫描配置向导'后启动'扫描专家'"复选框,则可以立即启动扫描任务。

如果希望对扫描参数进行深入的自主配置,可以在如图13.17的界面中单击"完全扫描配置"链接,进入完全自主的任务配置界面,如图13.27所示。

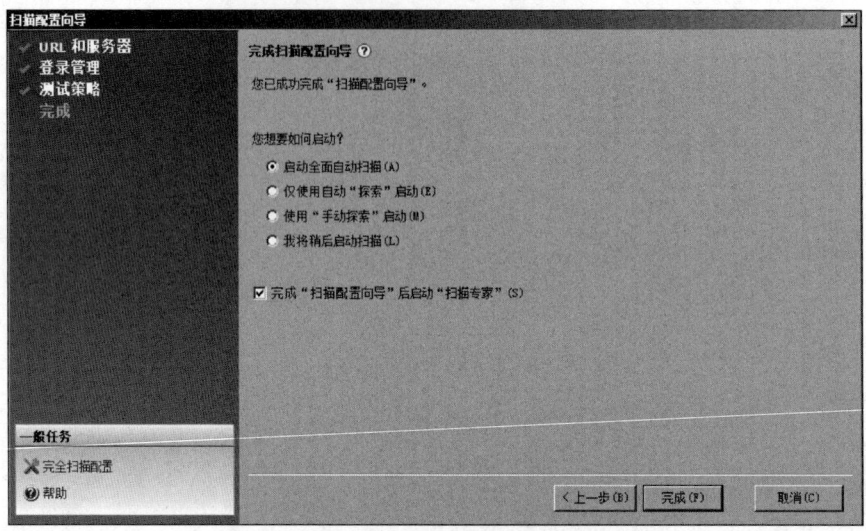

图13.26 "完成扫描配置向导"界面

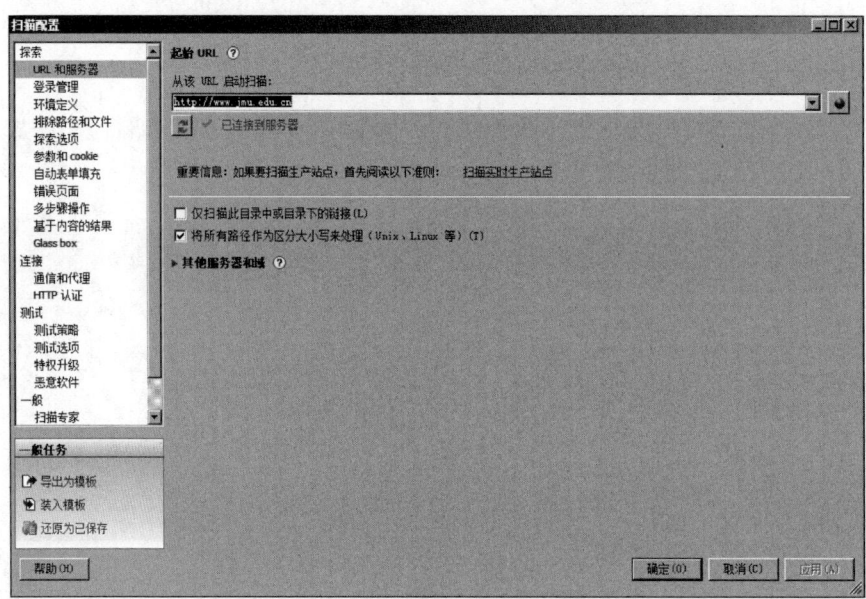

图13.27 完全自主的任务配置界面

(2) 执行扫描任务。扫描任务创建完成后,如果任务没有立即启动,则可以在AppScan主界面中单击"扫描"菜单项启动该任务。

(3) 查看扫描结果。在扫描任务执行过程中,可以查看扫描发现的问题,如图13.28所示。

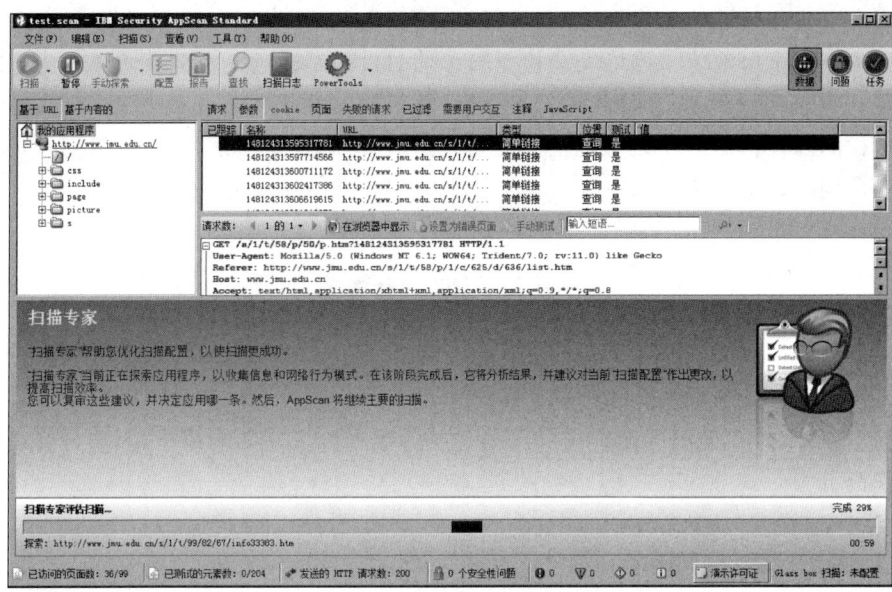

图 13.28 查看扫描结果

在 AppScan 中,扫描结果能以多种规范报告的形式呈现,如图 13.29 所示。通常可以按照安全报告、行业标准报告、合规一致性报告和自己指定的企业模板等方式来生成报告。

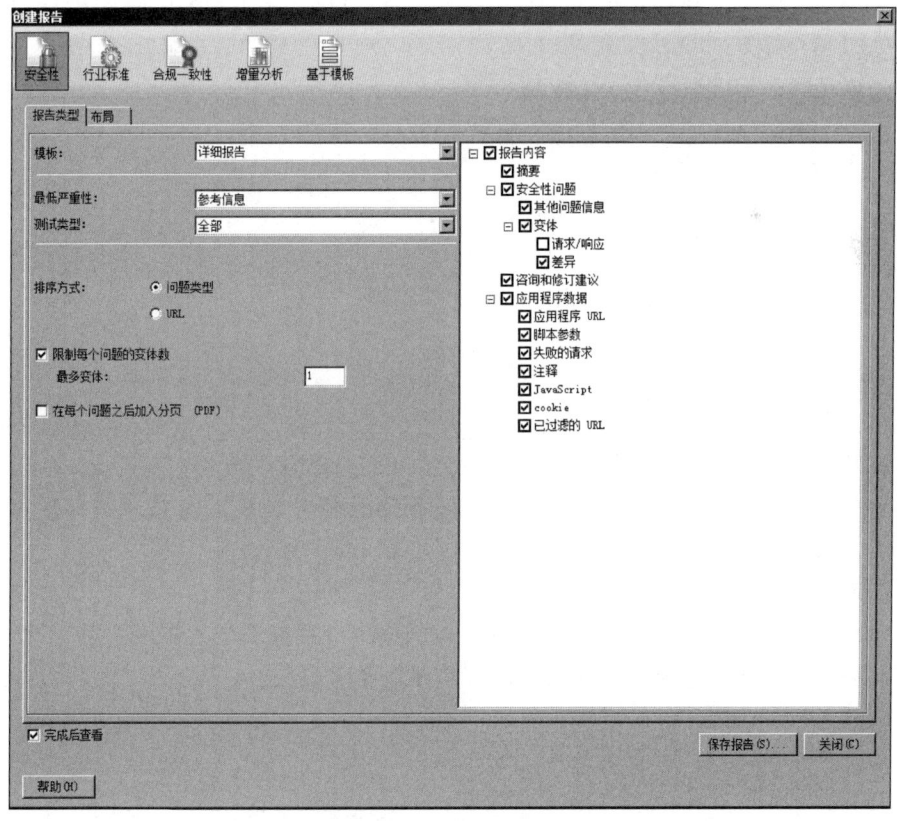

图 13.29 创建报告界面

网络安全检测与评估是保证计算机网络系统安全的有效手段,在计算机网络系统安全解决方案中占有重要地位。网络安全检测与评估的目的是通过一定的技术手段先于攻击者发现计算机网络系统存在的安全漏洞,并对计算机网络系统的安全状况做出正确的评价。网络安全检测与评估的主要概念包括网络安全漏洞、网络安全评估标准、网络安全评估方法和网络安全检测评估系统等。

在线测试

习 题 13

一、选择题

1. 在 TCSEC 中,美国国防部按处理信息的等级和应采用的响应措施,将计算机信息安全从低到高分为(　　)。
　　A. A、C1、C2、B1、B2、B3、D　　　　B. D、B1、B2、C1、C2、C3、A
　　C. D、C1、C2、B1、B2、B3、A　　　　D. A、B1、B2、C1、C2、C3、D

2. UNIX、Linux、Windows 在 TCSEC 中属于(　　)安全级别的操作系统。
　　A. A　　　　B. D　　　　C. C2　　　　D. B1

3. 端口扫描主要检测端口开放性问题,SQL Server、IIS 和 FTP 的默认端口号分别是(　　)。
　　A. 1433 端口、80 端口和 23 端口　　　B. 1414 端口、8080 端口、21 端口
　　C. 1434 端口、80 端口、21 端口　　　　D. 1433 端口、80 端口、21 端口

4. 通常所说的 CC 是指(　　)标准。
　　A. TCSEC　　　B. SSE-CMM　　　C. ISO17799　　　D. ISO15408

5. 信息安全风险管理应该(　　)。
　　A. 将所有的信息安全风险都消除
　　B. 在风险评估之前实施
　　C. 基于可接受的成本采取相应的方法和措施
　　D. 以上说法都不对

二、填空题

1. TCSEC 可以从安全策略模型、_____、_____和_____ 4 方面进行描述。

2. 通用评估方法 CC 中目前不包括_____级以上的评估方法。

3. CC 作为通用的评估准则,本身并不涉及具体的评估方法,信息技术的评估方法主要由_____给出。

三、简答题

1. 简述网络安全检测与评估对保障计算机网络信息系统安全的作用。

2. 简述 CC 评估标准的 7 个评估保证级的评估要求。

3. 简述 CEM 评估模型的评估流程。

附录 A 实　　验

本书提供 8 个详细的实验案例，即数据的加密与解密、Windows 口令破解与安全、网络嗅探与 FTP 密码破解、网络攻击与防范、冰河木马的攻击与防范、个人防火墙配置、软件动态分析、Windows 2000/XP/2003 安全设置，扫描下方的文档说明二维码即可获取附录实验案例。

文档说明

参 考 文 献

[1] 甘刚,曹荻华,王敏,等.网络攻击与防御[M].北京:清华大学出版社,2009.
[2] 贺雪晨.信息对抗与网络安全[M].北京:清华大学出版社,2010.
[3] 步山岳,张有东.计算机信息安全技术[M].北京:高等教育出版社,2005.
[4] 沈昌祥.信息安全导论[M].北京:电子工业出版社,2009.
[5] 王宇,阎慧.信息安全保密技术[M].北京:国防工业出版社,2010.
[6] 王昭,袁春.信息安全原理与应用[M].北京:电子工业出版社,2010.
[7] 谢东青,冷健,雄伟.计算机网络安全技术教程[M].北京:机械工业出版社,2007.
[8] 徐茂智,邹维.信息安全概论[M].北京:人民邮电出版社,2007.
[9] 薛质,苏波,李建华.信息安全技术基础和安全策略[M].北京:清华大学出版社,2007.
[10] 闫宏生,王雪莉,杨军.计算机网络安全与防护[M].北京:电子工业出版社,2007.
[11] 傅建明,彭国军,张焕国.计算机病毒分析与对抗[M].武汉:武汉大学出版社,2004.
[12] 刘功申.计算机病毒及其防范技术[M].北京:清华大学出版社,2008.
[13] DELFS H,KNEBL H.密码学导引:原理与应用[M].肖国镇,张宁,译.北京:清华大学出版社,2008.
[14] 罗守山.密码学与信息安全技术[M].北京:北京邮电大学出版社,2009.
[15] 邱卫东.密码协议基础[M].北京:高等教育出版社,2009.
[16] 赵树升.计算机病毒分析与防治简明教程[M].北京:清华大学出版社,2007.
[17] FOROUZAN B A.密码学与网络安全:中文导读英文版[M].北京:清华大学出版社,2009.
[18] KAHATE A.密码学与网络安全[M].邱仲潘,等译.北京:清华大学出版社,2005.
[19] 王路群.计算机病毒原理及防范技术[M].北京:中国水利水电出版社,2009.
[20] 胡道元,闵京华.网络安全[M].2版.北京:清华大学出版社,2008.
[21] STALLINGS W. Cryptography and Network Security Principles and Practices,Fourth Edition(英文影印版)[M].北京:电子工业出版社,2006.
[22] SCHENIER B.应用密码学——协议、算法与C源程序[M].吴世忠,等译.北京:机械工业出版社,2000.
[23] 张红旗,王鲁.信息安全技术[M].北京:高等教育出版社,2008.
[24] 石淑华,池瑞楠.计算机网络安全基础[M].北京:高等教育出版社,2005.
[25] 吴金龙,蔡灿辉,王晋隆.网络安全[M].北京:高等教育出版社,2004.
[26] 蒋良英.基于SSL协议的电子商务系统的设计与实现[D].成都:西南交通大学硕士学位论文,2004.
[27] 孙久鸿.安全电子交易SET协议的研究[D].大连:大连交通大学硕士学位论文,2006.
[28] 陆小飞.基于SET协议的电子交易安全解决方案的研究[D].哈尔滨:哈尔滨工程大学硕士学位论文,2004.
[29] 童光才.电子商务中安全协议的研究——SET协议的完善与改进[D].重庆:重庆大学硕士学位论文,2004.
[30] MACGREGOR R, EZVAN C, LIGUORI L, et al. Secure Electronic Transactions: Credit Card Payment on the Web in Theory and Practice[M]. IBM RedBooks SG24-4978-00,1997.
[31] 吴秀梅.防火墙技术及应用教程[M].北京:清华大学出版社,2010.
[32] 阎慧.防火墙原理与技术[M].北京:机械工业出版社,2004.

[33] 杨远红,刘飞,王旭,等.通信网络安全技术[M].北京:机械工业出版社,2003.
[34] PREETHAM V. Internet 安全与防火墙[M].冉晓昱,译.北京:清华大学出版社,2004.
[35] 杨富国.网络设备安全与防火墙[M].北京:北京交通大学出版社,2004.
[36] JACK K. Snort 入侵检测实用解决方案[M].吴溥峰,孙默,许诚,等译.北京:机械工业出版社,2005.
[37] 唐正军,李建华.入侵检测技术[M].北京:清华大学出版社,2004.
[38] 唐正军.入侵检测技术[M].北京:清华大学出版社,2008.
[39] 褚永刚,吕慧勤,杨义先,等.大规模分布式入侵检测系统的体系结构模型[J].计算机应用研究,2004,21(12):105-107.
[40] 汪静,王能.入侵检测系统设计方案的改进[J].计算机应用研究,2004,21(7):208-211.
[41] 金汉均,仲红,汪双顶.VPN 虚拟专用网安全实践教程[M].北京:清华大学出版社,2010.
[42] JIM G,IVAN P. MPLS 和 VPN 体系结构[M].北京:人民邮电出版社,2010.
[43] 王达.虚拟专用网(VPN)精解[M].北京:清华大学出版社,2004.
[44] 赵阿群,吉逸,顾冠群.VPN 的隧道技术研究[J].通信学报,1999,21(6):85-91.
[45] 赵金萍,熊君星,罗华群.VPN 关键技术的研究[J].电脑知识与技术,2007,4(22):998-1000.
[46] 张亮,崔京玉.虚拟网络技术关键及发展趋势[J].中国人民公安大学学报:自然科学版,2007(2):76-79.
[47] 成卫青,龚俭.网络安全评估[J].计算机工程,2003,29(2):182-184.
[48] 谷利泽.现代密码学教程[M].北京:北京邮电大学出版社,2004.
[49] 郎荣玲.高级加密标准算法的研究[J].小型微型计算机系统,2003,24(5):905-908.
[50] 吴洋.电子商务安全方法研究[M].天津:天津大学出版社,2006.
[51] 伍彬山.基于硬件可重构的可信计算协处理器设计研究[M].厦门:厦门大学出版社,2010.
[52] 许春香.现代密码学[M].成都:电子科技大学出版社,2008.
[53] 章照止.现代密码学基础[M].北京:北京邮电大学出版社,2004.
[54] 朱稼兴.电子商务大全[M].北京:北京航空航天大学出版社,2004.
[55] 梁亚声,汪永益,刘京菊,等.计算机网络安全教程[M].北京:机械工业出版社,2016.
[56] WILLIAM S,LAWRIE B.计算机安全原理与实践[M].贾春福,高敏芬,译.北京:机械工业出版社,2016.
[57] 吴英.网络安全技术教程[M].北京:机械工业出版社,2015.
[58] 章立春.软件保护及分析技术——原理与实践[M].北京:电子工业出版社,2016.
[59] 张焕国,杜瑞颖,傅建明,等.信息安全工程师教程[M].北京:清华大学出版社,2016.
[60] CHRIS S.JASON S. 网络安全监控——收集、检测和分析[M].李柏松,李燕宏,译.北京:机械工业出版社,2015.
[61] 赵彦,江虎,胡乾威.互联网企业安全高级指南[M].北京:机械工业出版社,2016.
[62] JAMES R,ANMDL M. 软件安全——从源头开始[M].丁丽萍,卢国庆,李彦峰,等译.北京:机械工业出版社,2016.
[63] 林英,张雁,康雁.网络攻击与防御技术[M].北京:清华大学出版社,2015.
[64] 赵建超,龚茜茹.计算机实用信息安全技术[M].北京:中国青年出版社,2016.
[65] 陈性元,杨艳,任志宇.网络安全通信协议[M].北京:高等教育出版社,2008.
[66] 刘功申,孟魁.恶意代码与计算机病毒——原理、技术和实践[M].北京:清华大学出版社,2016.

图书资源支持

感谢您一直以来对清华版图书的支持和爱护。为了配合本书的使用,本书提供配套的资源,有需求的读者请扫描下方的"书圈"微信公众号二维码,在图书专区下载,也可以拨打电话或发送电子邮件咨询。

如果您在使用本书的过程中遇到了什么问题,或者有相关图书出版计划,也请您发邮件告诉我们,以便我们更好地为您服务。

我们的联系方式:

清华大学出版社计算机与信息分社网站:https://www.shuimushuhui.com/

地　　址:北京市海淀区双清路学研大厦A座714

邮　　编:100084

电　　话:010-83470236　　010-83470237

客服邮箱:2301891038@qq.com

QQ:2301891038(请写明您的单位和姓名)

资源下载:关注公众号"书圈"下载配套资源。

资源下载、样书申请

书　圈

图书案例

清华计算机学堂

观看课程直播